谨以此书献给为全球统一标准、规模产业化而奋斗过的标准工作者们！

5G新技术丛书

5G系统设计
——端到端标准详解

Wan Lei [美]Anthony C.K. Soong Liu Jianghua
Wu Yong [美]Brian Classon [美]Weimin Xiao 著
[法]David Mazzarese Zhao Yang [美]Tony Saboorian
刘江华 张雷鸣 郭志恒 邵家枫
李 岩 赵 旸 程型清 余 政 译

電子工業出版社
Publishing House of Electronics Industry
北京 • BEIJING

内 容 简 介

本书详细介绍了5G新空口（5G NR）和5G核心网（5GC）的设计，同时全面介绍了5G端到端系统设计和关键功能。本书首先讨论5G的应用场景、需求，以及主要的标准化组织和相关活动；然后详细介绍了NR和LTE的空口设计、NR流程（IAM / 波束管理 / 功率控制 / HARQ）、协议栈（CP/UP / 移动性）、RAN 架构、端到端系统架构、5GC、网络切片、服务连续性、5GC与EPC的对接、网络虚拟化、边缘计算；接着详细介绍了ITU-R提交的5G能力评估报告，以及NR如何满足5G要求和外场测试结果；最后对5G市场和产业进行了展望。

本书适合通信领域相关人士阅读，不仅可以作为5G研发和工程人员的研究资料，还可作为通信相关专业的高校老师、学生和研究人员的参考书。

First published in English under the title
5G System Design: An End to End Perspective
by Wan Lei, Anthony C.K. Soong, Liu Jianghua, Wu Yong, Brian Classon, Weimin Xiao, David Mazzarese, Zhao Yang and Tony Saboorian

图书在版编目（CIP）数据

5G系统设计：端到端标准详解 / 万蕾等著；刘江华等译. —北京：电子工业出版社，2021.1
（5G新技术丛书）
书名原文：5G System Design: An End to End Perspective
ISBN 978-7-121-40313-2

Ⅰ. ①5… Ⅱ. ①万… ②刘… Ⅲ. ①无线电通信－移动通信－通信技术 Ⅳ. ①TN929.5

中国版本图书馆CIP数据核字（2020）第260913号

责任编辑：李树林
印　　刷：天津千鹤文化传播有限公司
装　　订：天津千鹤文化传播有限公司
出版发行：电子工业出版社
　　　　　北京市海淀区万寿路173信箱　　邮编：100036
开　　本：720×1000　1/16　印张：28　　字数：470千字
版　　次：2021年1月第1版（原著第1版）
印　　次：2021年5月第2次印刷
定　　价：138.00元

凡所购买电子工业出版社图书有缺损问题，请向购买书店调换。若书店售缺，请与本社发行部联系，联系及邮购电话：（010）88254888，88258888。

质量投诉请发邮件至zlts@phei.com.cn，盗版侵权举报请发邮件至dbqq@phei.com.cn。

本书咨询和投稿联系方式：（010）88254463，lisl@phei.com.cn。

序

移动通信的发展和普及对人类社会带来了巨大的影响，彻底改变了人们的生产生活方式以及全球商业模式。今天，移动通信用户已达数十亿。经过十年一代的发展，移动通信峰值速率实现了近千倍的增长,现在 5G 技术已经步入了历史的舞台。

2019 年，中国与发达国家同步商用 5G。2020 年疫情期间，广大民众对网络应用的需求急剧增长，进一步加速了 5G 建设的进程。我国原定计划在 2020 年年底建设 60 万个 5G 基站，实际上有希望完成 70 万个，在地级及以上城市实现主城区的 5G 覆盖。截至 2020 年 10 月底，我国 5G 用户已超过 1.5 亿，约占全世界 5G 用户数量的 70%。到 2035 年，5G 将为全球经济平均产出增加 4.6%，对应于中国 GDP 增长接近一万亿美元，为中国净增加就业岗位 950 万个。

5G 带动经济增长的能力获得大家一致的认可，5G 技术的落地和应用已成为人们关注的焦点。回顾移动通信的发展历史，新技术的发展都会激发新应用的诞生：1991 年全球开启 2G 时代，数字终端催生了短信、QQ 等应用；此后的 3G 时代催生了智能手机、移动电子商务、微博、微信等一系列应用；4G 则为人们带来了快手、抖音等内容形式更加丰富的产品，移动宽带业务如网页浏览、社交应用程序、文件共享、音乐下载和视频流等都已经非常流行。随着 5G 时代的到来，新的应用如超高清视频、3D 视频，以及增强现实和虚拟现实将会得到更好的服务，其高宽带、低时延、大连接的技术优势为 5G 的应用奠定了坚实的基础，今后随着网络覆盖与用户规模的增长，一定会出现我们现在还想象不到的新业态。

除了满足消费者更丰富多样的应用需求，5G 也在行业应用场景中发挥着越来越重要的作用。今天，中国的多个数字化港口已经部署了 5G，遍布港口各个角落的高清摄像头可以实时上传监控视频到港口的边缘计算控制器，支撑自动化港口实现毫秒级时延的远程装卸操控。现在利用工业高清摄像头在生产线上拍摄产品视频，通过 5G 传到边缘计算和云端进行 AI 分析，与预存的合格产品的视频比对，这种机器视觉质检效率与准确度远优于人工检测。5G 是连接云计算、大数据、人工智能、物联网、区块链与工业互联网的纽带，将新一代信息技术融入各行各业，赋能数据，发挥数据作为生产要素的作用，为大数据、人工智能创造了很多应用机会。

5G 作为未来社会生产生活的信息化基础设施，其技术基石正是汇聚各国通信专家智慧打造的全球统一标准。本书由 5G 标准的核心制定者之一的华为无线标准团队撰写，详细介绍了 5G 新空口（5G NR）和核心网（5GC）的设计，全面介绍了 5G 端到端系统以及关键特性，并提供了 5G 与 4G 系统的比较，非常适合于移动通信的从业者和 5G 应用的开发者阅读和参考。

信息技术革命方兴未艾，宽带化需求将持续发展，随着 5G 网络部署的规模化覆盖，未来的应用空间会远超今天的预期；5G 的价值发掘需要各行各业在实践中持续丰富其应用场景，推动企业数字化转型，从而真正实现社会的全面信息化和智能化。

中国工程院院士

邬贺铨

2020 年 11 月

译者序

随着 2018 年 6 月的 5G NR 第一个标准版本（Rel-15）的发布，遵从 5G 标准的商用网络已在全球范围开始进行规模商用，5G 的产业链也在逐步成熟。同时，3GPP 在同步开展 Rel-16 NR 的标准化，以扩展 5G 对垂直业务的支持。与此同时，产业界也在积极探索 5G 与行业的结合，促进各行业的数字化。5G 端到端的系统设计是实现各种功能的基础，也是 5G 演进的基石。

《5G 系统设计——端到端标准详解》是在无线通信领域耕耘多年，并亲自参与了 5G 标准化制定的资深专家们的思考、论述的总结。这本书全面而系统地论述了 5G 端到端的系统设计，主要包括：5G 的应用场景和需求，5G 空口基本设计及上下行解耦技术，5G 流程、RAN 架构和协议栈，5G 系统架构，5G 能力展望，以及 5G 市场与产业等内容。本书在论述的过程中，以 4G LTE 作为对比，从各个维度有针对性地介绍了 5G NR 设计的不同考虑及创新之处。本书一方面可使读者认识 5G 系统的全貌，另一方面也能使其全面了解 5G 标准的整个产生过程，对需要了解 5G 系统和标准化过程的读者将有很大的帮助。

本书的前言、第 2 章 LTE 和 NR 信道部分的内容由刘江华翻译，第 2 章和第 3 章中 NR MIMO 的相关内容由张雷鸣翻译，第 2 章中 5G NR 频谱和频段、LTE/NR 共存的相关内容由郭志恒翻译，第 2 章中的波形、信道编码和 mMTC 部分内容由程型清翻译，第 1 章和第 5 章由邵家枫翻译，第 4 章由李岩翻译，第 3 章的 RAN 协议栈部分由赵旸翻译，第 6 章由余政翻译，同时刘江华负责全书统稿。感谢同事刘建琴在翻译过程中提供了技术支持。在本书翻译的过程中，在技术术语的使用上再三斟酌，以确保读者更易理解和掌握相关技术知识。最后，非常感谢电子工业出版社的编辑李树林老师为本书的出版付出的辛勤劳动，对翻译内容的规范提供了很多的建议，从而保证了翻译的质量。由于译者水平有限，译文若有不当之处，敬请读者不吝指正。

译　者

前 言

HSPA 和 LTE 技术对全球社会带来了很大的影响，改变了人们的生活以及世界各地的商业模式。现在，使用这些技术的移动用户已达数十亿，这些是如何发生的呢？这些 3GPP 技术的优势并不是在其研究开始阶段就是很确定的。有许多因素可以解释其成功的原因，但是可以肯定的是，这些因素包括标准和技术的质量以及全球部署带来的规模经济。对于第五代移动通信网络（5G），情形有所不同，由于全球统一了标准，可以预期 3GPP 技术将主导未来的全球部署。5G 的愿景超越了传统的移动宽带业务范畴。2015 年，ITU-R 针对 IMT-2020 制定了 5G 的需求目标，针对三种主要应用场景提出了不同需求：增强移动宽带（eMBB）、海量机器类通信（mMTC）和超可靠低时延通信（URLLC）。

移动宽带业务如网页浏览、社交应用程序、文件共享、音乐下载和视频流等都已经非常流行，并在 4G 通信系统中已得到支持。在 5G 时代，新的应用如超高清视频、3D 视频、增强现实和虚拟现实将会以每秒几百兆比特甚至千兆比特的数据速率得到更好的服务。另外，上行链路高数据速率业务的需求也将出现，例如高清视频共享。针对这些业务需求以及高用户密度和用户移动条件下随时随地的体验需求，为 eMBB 场景定义了新的目标。

将来，可以从连接中受益的任何事物都可通过无线技术被连接起来。这种趋势就要求把广泛应用中的对象／机

器 / 事物都进行连接。无人驾驶汽车，增强的移动云服务、实时流量控制优化、紧急情况和灾难响应、智能电网、远程医疗和工业通信等都期望通过无线连接来实现或改善。通过仔细观察这些应用，这些业务有两个主要特征：一个是所需的连接数，另一个是在给定时延之内要求达到的可靠性。 这两个重要特征推动了 mMTC 和 URLLC 场景的定义。

针对上述的所有潜在用例，ITU-R 定义了对应的 IMT-2020（5G）需求，包括八项关键能力：20 Gbps 峰值速率，小区边缘用户的 100 Mbps 感知数据速率，IMT-Advanced 频谱效率的 3 倍，移动性高达 500 km/h，低于 1 ms 的空口往返时间，每平方千米 100 万的连接密度，IMT-Advanced 能效的 100 倍和每平方米 10 Mbps 的流量密度。可以预见，5G 的区域流量容量将增加至少 100 倍，可用带宽将增加 10 倍。总而言之，5G 系统可以为人和机器提供使用所有这些应用的基础信息设施，类似于我们现在所使用的交通运输和电力系统基础设施。

世界上的每个地区都在规划或分配其 5G 频谱。在欧洲，多个国家 / 地区已分配了 5G 频谱，主要在 C 频段，并给多个移动网络运营商发放了 5G 运营许可证。英国已经拍卖了 6 GHz 以下的 190 MHz 频谱用于 5G 部署，另外还有 200 MHz 的低频频谱在进行拍卖。在亚洲，中国已经给四大移动运营商总共分配了处于 700 MHz、2.6 GHz、3.5 GHz 和 4.9 GHz 附近频段的约 620 MHz 带宽，以便在 2020 年实现 5G 规模部署。日本给四个移动运营商总共分配了 2.2 GHz 5G 频谱，其中包括 C 频段的 600 MHz 和 28 GHz 毫米波频段的 1.6 GHz 频谱，未来五年 5G 投资约为 1.6 万亿日元（约 144 亿美元）。韩国已经在三家电信运营商中为 5G 网络拍卖了 3.5 GHz 附近频段的 280 MHz 和 28 GHz 附近频段的 2.4 GHz 带宽的频谱，而 SKT 在 2019 年 4 月 3 日就发布了首批 5G 商用服务。在美国，5G 许可已把现有的 600 MHz 附近频段、2.6 GHz 附近频段，以及 28 GHz 和 38 GHz 的毫米波频段授予 5G 使用。2019 年，美国对 24 GHz、28 GHz，以及更高的毫米波频谱 37 GHz、39 GHz 和 47 GHz 进行了拍卖并用于 5G。欧洲、亚洲和北美洲都宣布了 2021 年以前的 5G 网络早期部署计划。

本书详细介绍了 5G 新空口（5G NR）和核心网（5G NC）的设计，同时全面介绍了 5G 端到端系统以及关键特性。此外，本书提供了 5G NR 与长期演进（LTE，也称为 4G）的比较，以体现相似性与差异性，这对熟悉 LTE 系统的读者很有帮助。3GPP Rel-15（即 5G 标准的第一个版本）已完成 5G 非独立（NSA）和独立（SA）架构的标准化。5G 部署最终将转为基于新载波的 SA 部署，其具有切片、移动边缘计算（MEC）等先进的核心网功能。但是，对于某些运营商而言，由于重大投资和快速部署之间的商业考虑，可以从一开始就进行 NSA 部署，即与 LTE 主连接和与 NR 辅连接。除了网络架构，NR 还具有与 LTE 共存的配置和操作。这包括低频频谱中 NR 和 LTE 的相同频带（甚至相同信道）部署。其中，有一个特别重要的用例——更高频率的 NR TDD 部署，出于覆盖原因，该部署还包括在现有 LTE 频段中放置补充上行链路（SUL）。

本书共 6 章。第 1 章主要讨论 5G 的应用场景、需求、主要的标准化组织和相关活动。所讨论的需求是 5G 需求，而不是 NR 的需求，因为从 ITU 的角度，任何满足此需求的技术都可以作为 5G 候选技术提交给 ITU，包括一组由 NR 和 LTE 组成的无线接入技术（RAT），每个 RAT 都可以满足 5G 需求的不同方面。第 2 章详细介绍了 NR 和 LTE 的空口设计。首先描述了用于 NR 设计的一部分 LTE 基本技术，随后是关于 NR 特定技术，例如载波 / 信道、频谱 / 双工（包括 SUL）、LTE/NR 共存和新的物理层技术（包括波形、Polar/LDPC、MIMO 和 URLLC/mMTC）。在这些方面，对 NR 相对于 LTE 所做的创新都进行了阐述。第 3 章包含 NR 流程（初始接入和移动性 / 波束管理 / 功率控制 / HARQ）、协议栈（CP/UP / 移动性，包括免调度）和 RAN 架构的说明。第 4 章详细讨论了端到端系统架构、5G 核心网（5GC）、网络切片、业务连续性、5GC 与 EPC 的对接、网络虚拟化和边缘计算。第 5 章由负责 3GPP 5G 自评估的议题报告人撰写，详细介绍 ITU-R 提交的 5G 能力评估报告，以及 NR 和 LTE 如何满足 5G 要求。最后，本书对 5G 市场和产业进行了展望。

目录

CONTENTS

第1章　从4G到5G的应用场景与需求

本章将探讨第五代移动通信网络（The Fifth Generation Mobile Networks，5G）及技术的发展动机和驱动力，并介绍5G的应用场景与技术需求。5G是致力于将人与机器连接起来的第一代通信技术。与此同时，业务和技术性能的需求已从移动宽带（Mobile Broadband，MBB）服务的应用场景扩展到新的应用场景。多样化的需求给系统设计带来了严峻的挑战。

本章将介绍如何基于产业界的合作进而更好地发展5G。在5G发展过程中，ITU-R和3GPP发挥着关键的作用。本章还介绍了IMT-2020在ITU-R中制定的流程及3GPP 5G标准化的过程。5G技术在ITU-R的指导下以及3GPP标准化过程中很好地进行了技术融合和发展，这是5G成功的关键因素之一。

1.1　引言

自1970年以来，移动通信网络一直在发展。第一代移动通信网络（The First Generation Mobile Networks，1G）是基于频分多址（Frequency Division Multiple Access，FDMA）技术的，如图1-1所示，它为移动用户提供模拟语音服务。大约十年后，第二代移动通信网络（The Second Generation Mobile Networks，2G）使用了时分多址（Time Division Multiple Access，TDMA）技术，从而实现了数字语音服务和低速率数据服务。在20世纪90年代中期至2000年，基于码分多址（Code Division Multiple Access，CDMA）技术开发了第三代移动通信网络（The Third Generation Mobile Networks，3G）。相比第一代移动通信网络和第二代移动通信网络，3G在指定的带宽下通过CDMA接入技术实现了更有效的多用户接入。通过这种方式，使数据速率从每秒几千比特提升到每秒几兆比特，从而实现了支持多媒体的快速数据传输。

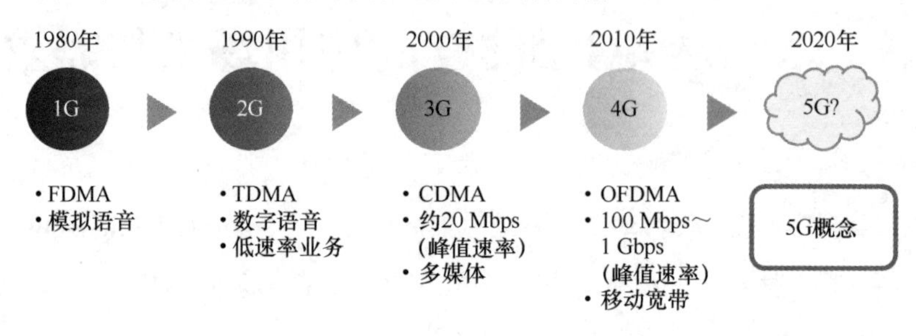

图 1-1　蜂窝通信历史的示意图

在 2000—2010 年的中期，无处不在的数据开始改变移动通信服务的含义。数据服务不断增长的需求给 3G 带来很大压力。用户期望在旅途、在家中乃至在任何地方都可以连接到网络。频繁的数据传输以及更快的数据速率变得至关重要。用户需求开始扩展到在无线移动网络中获得移动宽带服务的体验。

2005 年，通信行业开始开发第四代移动通信网络（The Fourth Generation Mobile Networks，4G），旨在提供无处不在的移动宽带（MBB）服务。3GPP 制定了长期演进（Long Term Evolution，LTE）系统。LTE 采用了正交频分多址（Orthogonal Frequency Division Multiple Access，OFDMA）技术，可以在多用户数据速率和复杂性之间达到很好的平衡。OFDMA 技术与多输入多输出（Multiple Input Multiple Output，MIMO）技术可以很好地结合在一起，大大降低了系统的复杂性。LTE 的发展也得到了广泛的行业支持。

自 3G 以来，国际电信联盟（International Telecommunication Union，ITU），特别是其无线电通信部门（ITU-R）在移动网络发展中发挥了重要作用。由于 1G 和 2G 的巨大成功，产业和研究领域对 3G 的发展表现出巨大的兴趣。因此，许多参与 2G 的厂家也加入到了 3G 领域。由于各级网络供应商、用户终端制造商和芯片提供商的参与，全球标准化变得更为必要。全球频谱协调已成为技术发展成功和移动通信网络部署的关键因素。为了协调 3G 技术在不同地区使用的频谱，ITU-R 建立了分配 3G 频谱的流程，ITU-R 也同时确认可以在这些频谱上进行全球部署的无线接入技术。在这种情况下，ITU-R 定义了国际移动技术 IMT-2000，并将一系列 IMT-2000 技术确定为 3G 的无线接入技术。这样的流程不仅可以为致力于移动通信网络发展的技术提交者提供公平的提交候选技术机会，还设定了必须满足的 3G 性能需求，以评价候选技术是否可以有效满足 3G 的性能要求。该 ITU-R 的流程在 4G 和 5G 发展中得到了进一步的演进，进而形成了一系列国际移动技术规范：IMT-2000（3G）、IMT-Advanced（4G）和 IMT-2020（5G）。

尽管 ITU-R 在为每一代移动通信网络定义合适的技术方面发挥着核心的作用，但标准开发组织（Standard Development Organization，SDO）在技术开发方面也做出了贡献。1998 年，移动通信网络发展的主要参与者发起第三代合作伙伴计划（3GPP），并获得了来自欧洲、中国、日本、韩国和美国等六个区域 SDO 的支持。3GPP 的成立奠定了全球移动技术发展的基础，并吸引了众多行业和学术界人士的参与。自 3G 以来，3GPP 已成长为必不可少的移动通信技术开发标准组织。

1.2　全球 5G 发展

2012 年 7 月，ITU-R 开始制定 2020 年及以后的国际移动通信技术愿景，即被称为“IMT-2020”。继 ITU-R 开始研究活动之后，为了推进 5G 发展，2013 年至 2015 年，区域推进小组和研究论坛在中国、欧洲、韩国、日本和美国分别成立。各区域对 5G 应用场景和能力需求进行了广泛的研究，为全球制定 ITU-R 5G 愿景奠定了基础。2015 年，ITU-R 将各区域的观点融合，进而确定了 5G 的愿景。

随着 5G 愿景的逐渐成熟，到 2014 年年底，5G 技术研究受到越来越多的关注，这体现在产业界和学术界提出了许多新技术和想法。2015 年，当 ITU-R 制定 5G 愿景时，作为受广泛支持、通过新技术研究和开发的全球标准化组织之一的 3GPP 开始着手技术需求研究和部署场景调研，旨在全面实现 5G 愿景。2016 年，3GPP 发起了 5G 新空口（New Radio，NR）技术研究。产业界、研究机构和大学积极参与 3GPP 的 5G 研究，这就为 5G 无线接口技术涵盖广泛使用场景和功能奠定了坚实的基础。

2017 年 12 月，3GPP 完成了 5G 标准规范的第一个里程碑。最初的特性描述已于 2018 年 2 月提交给 ITU-R。正在进行的全球 5G 发展为通向完全互联的世界打开了大门，而全球的协调和统一是整个 5G 发展的关键。

1.2.1 IMT-2020（5G）研究工作在 ITU-R 的开展过程

不同的无线业务共存依靠于分配的频谱资源。ITU-R 负责协调各种不同无线业务的频谱分配和使用，包括卫星、广播、科学研究和移动服务。无线频谱的资源是非常有限的，因此务必保证每个无线业务对频谱的合理、有效利用。这就需要进行以不断提高频谱使用效率为目标的技术研究，同时也要在无线业务之间进行兼容性研究，以确保具有适当频谱分配的不同无线业务之间可以共存。这是 ITU-R 职责的一部分。为此，ITU-R 成立了一系列研究组（Study Group，SG），并在一个特定的 SG 下设立了多个工作组（Working Party，WP）。在研究组和工作组下面聚集了大量的具有丰富专业知识的技术专家和频谱专家，来进行特定无线业务的技术研究和频谱分配。

5D 工作组是第 5 研究组的专家组，在 ITU-R 中负责研究国际移动通信（International Mobile Telecommunications，IMT）技术业务。为了确保 IMT 技术可以有效利用频谱并与其他无线业务很好地共存，专家组致力于开发可在全球实施的无线接口标准，该标准应具有高频谱使用效率和其他关键功能，并得到各网络供应商、用户终端制造商和芯片提供商的广泛支持。

IMT-2000（3G）、IMT-Advanced（4G）和 IMT-2020（5G）的开发和部署时间如图 1-2 所示，具体介绍另请参阅参考文献[1]。

从图 1-2 可以看出，通常 ITU-R 用大约 10 年时间来开发一代移动通信网络（或 ITU-R 的 IMT 网络）。从 IMT-Advanced 开始，愿景就在技术开发之前制定了。愿景的研究通常涵盖下一代移动网络所需的总体需求、应用场景和关键性能指标的调研。这是汇聚来自全球不同地区需求的重要一步。通常，制定愿景需要 3～4 年的 ITU-R 研究周期。此后，需要另外一到两个（甚至更多）研究期来进行技术研究。如果请求的新 IMT 频谱已经被其他无线业务使用，那么同时还需要进行兼容性研究。每一代移动通信网络产业和成熟的时间表取决于达成愿景的技术复杂性以及实现所需功能的新频谱。

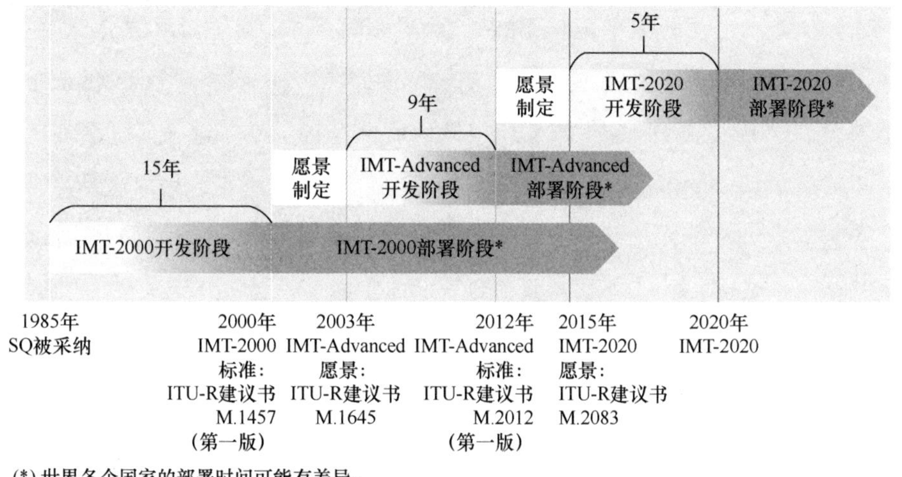

图 1-2　IMT 开发和部署的时间

5G 愿景的研究是在 2012 年至 2015 年进行的。在此期间，各地区为了收集和汇聚 5G 愿景的区域观点，相继成立了 5G 推进小组和研究论坛。这些地区性观点是通过国家成员和区域成员向 ITU-R 贡献的。

ITU-R 从 2015 年开始进行 5G 的技术开发，其目的是在 2020 年年底之前定义 IMT-2020（5G）全球规范。技术开发阶段通常包含技术的最低需求指标、评估方法的定义，以及 IMT-2020 提交和评估流程。技术的最低需求指标和评估方法的定义确保候选技术可以实现愿景和有效利用频谱（包括潜在的新 IMT 频谱）。IMT-2020 提交和评估流程定义了 IMT-2020 候选技术提交的接收标准、邀请外部组织提交 IMT-2020 候选技术的程序、邀请独立评估组评估候选技术的程序，以及 ITU-R 批准候选技术为 IMR-2020 技术的程序。像 3GPP 这样的外部组织遵循 ITU-R 流程从 2015 年开始了他们的 5G 技术开发工作，这部分内容将在本书 1.2.3 节详细介绍。有关 5G 时间节点以及 5G 提交和评估流程的内容，请参见本书 1.4 节。

同时，ITU-R 还开始对 5G 部署潜在新频谱进行兼容性研究。这些研究包括两个部分：一部分是针对 2015 年世界无线电通信大会（World Radiocommunication Conferences，WRC）分配的新 IMT 频谱。例如，WRC-15 确定了 3.3～3.8 GHz 和 4.5～4.8 GHz 的频率范围（通常称之为 C 频段）作为全球或区域 IMT 频谱。ITU-R 5D 工作组继续进行这些频段的兼容性研究。另一部分是潜在的新 IMT 频谱，这些频谱在 2019 年世界无线电通信大会 WRC-19 上进行了讨论。ITU-R 不断评估新频谱的工作，具体工作内容包括：可有效利用这些潜在新频段的技术开发，以及可在这些潜在新频段上与其他无线业务有效地共存的兼容性研究。在本书 2.3.1.1 节中将更详细地讨论 5G 频谱。

1.2.2 5G 在区域中的发展与推进过程

ITU-R 自 2012 年开始进行 5G 愿景研究后，在中国、欧洲、韩国、日本和美国分别成立了区域推进小组和研究论坛。这些区域性活动包括：5G 需求、应用场景和部署场景的研究，以及探索 5G 频谱的关键技术和需求。下面对这些区域推进小组和研究论坛进行简要介绍。

1.2.2.1 下一代移动网络（NGMN）

下一代移动网络（Next Generation Mobile Networks，NGMN）是全球领先的运营商和供应商结成的联盟，旨在为最终用户提供价格合理的移动宽带服务的通信体验。NGMN 在关注 5G 的同时，还加快了 LTE-Advanced 及其生态系统的发展。

NGMN 于 2015 年 2 月发布了《5G 白皮书》[2]，从运营商角度提供了 5G 网络的一系列需求。它包括的需求有系统容量增加，以及从城市到农村地区的统一用户体验数据速率。它还包括 5G 网络应提供多样化的业务（例如，传感器网络等大型物联网、触觉互联网等超实时通信，远程医疗服务等超可靠通信），以及其他业务。这些业务应当在高速火车、飞机和热点地区等多种场景中考虑。这种多样性的需求与 ITU 设想的 5G 应用场景十分匹配，相关内容将在本书 1.3 节中介绍。

1.2.2.2 IMT-2020（5G）推进组

2013 年 2 月，工业和信息化部（MIIT）、国家发展和改革委员会和科学技术部三个部门在中国成立了 IMT-2020（5G）推进组。它是推动中国 5G 研究与开发的主要平台。IMT-2020（5G）推进组由中国领先的运营商、网络设备供应商、研究机构和大学组成。

IMT-2020（5G）推进组于 2014 年 5 月发布了《5G 愿景白皮书》[3]。该白皮书指出了两个重要的 5G 应用场景：移动宽带和物联网。一方面，5G 网络将继续解决移动宽带应用场景，应在许多部署场景中可提供 1 Gbps 用户体验数据速率。另一方面，物联网应用场景将成为 5G 网络部署的另一个主要推动力。这需要功能强大的 5G 网络提供海量连接、低时延和高可靠性的服务。《5G 愿景白皮书》首次给出了 5G 应用场景的概述，这就是后来被发展为 ITU-R 所确定的三种 5G 应用场景。

1.2.2.3 欧洲：5G 基础设施公私合作伙伴关系（5G PPP）

5G 基础设施公私合作伙伴关系（The 5G Infrastructure Public Private Partnership，5G PPP）是欧盟委员会与欧洲信息通信技术（Information and Communications Technology，ICT）行业共同发起的一项在欧洲进行 5G 研究的倡议。5G PPP 的第一阶段从 2015 年 7 月开始，一直持续到 2017 年的第二阶段开始。

在 5G PPP 倡议的第一阶段之前，2012 年 11 月成立了一个名为面向 2020 年信息社会的移动和无线通信实现者[Mobile and wireless communications Enablers for Twenty-twenty（2020）Information Society，METIS]。2013 年 4 月，METIS 发布了他们关于 5G 应用场景、需求和部署场景的研究（请参阅参考文

献[4])。在这项研究项目中，METIS 提到 5G 除移动宽带应用之外，还有许多新型工业和机器类型通信。2015 年 4 月，根据 ITU-R 关于 5G 应用场景的定义，METIS 在参考文献[5]中将这些应用场景归纳为三类，这三类应用场景分别是极限移动宽带（extreme Mobile Broadband，xMBB）、海量机器类通信（massive Machine Type Communications，mMTC）和超可靠机器类型通信（ultra-reliable Machine- Type Communications，uMTC），它们已经融合到 ITU-R 关于 5G 的需求愿景和应用场景中，具体参见本书 1.3.1 节。

1.2.2.4 韩国：5G 论坛（5G Forum）

2013 年 5 月，5G 论坛由韩国科学部、信息通信技术部、未来规划部和移动产业成立。5G 论坛的成员包括移动电信运营商、制造商和学术界人士。5G 论坛的目标是协助标准开发并促进 5G 全球化。

5G 论坛认为 5G 有六项核心业务，包括社交网络业务、移动 3D 成像、人工智能、高速业务、超高清分辨率功能和全息技术。5G 网络将通过超高容量和数据速率的强大功能来实现这些新业务。

1.2.2.5 日本：第五代移动通信推进论坛（5GMF）

第五代移动通信推进论坛（The Fifth Generation Mobile Communications Promotion Forum，5GMF）于 2014 年 9 月在日本成立。5GMF 从事与 5G 相关的研究与发展，主要包括标准化工作、与相关组织的协调和其他推广活动等。

5GMF 于 2016 年 7 月发布了白皮书“2020 年及以后的 5G 移动通信系统”[6]，该白皮书重点介绍了高数据速率业务、自动驾驶、基于位置的业务服务等 5G 应用场景。该白皮书认为 5G 网络应能够灵活地满足多样化需求。

1.2.2.6 北美与南美：5G 美洲（5G Americas）

5G Americas 是一个由领先的电信服务提供商和制造商组成的行业贸易组织。2015 年，它由 4G 美洲（4G Americas）演进而来。该组织致力于在整个美洲打造涵盖网络、服务、应用和无线连接设备的生态系统，倡导并促进 LTE

无线技术的全功能发展，乃至使其向 5G 演进。5G Americas 在引领美洲 5G 发展的同时，还投资建立了一个无线连接社区。

5G Americas 于 2017 年 11 月发布了有关 5G 业务和应用场景的白皮书[7]。它提供了一份富有远见的 5G 技术报告。为了应对各种应用场景和业务模型的新趋势，这份报告提出了与新趋势对应的技术要求以及 5G 能力。这份报告可用于未来的 5G 应用场景的持续研究。

1.2.2.7　全球 5G 事件

5G 区域发展需要一个全球协调、全球统一且全球适用的 5G 标准。为了满足这样的需求，包括 IMT-2020（5G）推进组、5G PPP、5G Forum、5GMF、5G Americas 和 5G Brazil 在内的区域性 5G 发展成员，建立了全球范围内的 5G 大会，在这些 5G 大会中每个地区都分享其在 5G 方面的观点和发展状况。这些大会将有助于在世界范围内 5G 推进组织就 5G 观点达成共识。这一系列大会通过邀请关键的行业参与者、主管部门和监管机构参加讨论，致力于推动 5G 在不同垂直行业中的应用和打造 5G 生态系统。IMT-2020（5G）推进组于 2016 年 5 月在北京主办了首届全球 5G 大会，该大会每年将举行两次。

1.2.3　标准制定过程

自 2014 年以来，随着针对 5G 的 ITU-R 会议和区域性活动的开展，标准化组织也将注意力集中在 5G 上面，3GPP 已成为 5G 发展的关键标准组织。自 3G 网络发展以来，3GPP 已成为移动通信标准的全球倡导者。它开发的 4G LTE 移动宽带标准，目前是全球使用的、最成功的移动通信标准之一。

3GPP 是一个在全球范围内联合开发电信标准的组织。各标准开发组织（Standard Development Organization，SDO）在 3GPP 中被称为组织合作伙伴（Organization Partner，OP），目前共有 7 个 OP：日本的 ARIB 和 TTC，美国的 ATIS，中国的 CCSA，欧洲的 ETSI，印度的 TSDSI 和韩国的 TTA。7 个 OP 为成员开发 3GPP 技术提供了稳定的环境。OP 的成员包括关键行业参与者、领先的运营商、供应商、用户终端制造商和芯片开发商，还包括具有区域影响力的研究机构、学术组织和大学。这些 OP 的成员几乎涵盖了所有移动通信标准的关键参与方。正是由于这些 OP 的成员深入参与到技术标准开发过程中，这就确保了 3GPP 技术可以解决不同参与方和不同地区关心的问题。基于不同 OP 的成员达成的一致共识，OP 会将 3GPP 定义的技术规范转换为其所在区域的规范。正是通过这种方式才形成了全球统一的移动通信标准。可以说，这是 3GPP 标准制定成功的关键所在。

在这种基于共识发展的精神下，LTE 就是一个先例。全球广泛的参与为 LTE 开发、标准化和实施的成功奠定了基础。由于 LTE 的巨大成功，3GPP 已成为 5G 必不可少的标准开发机构。2014 年年底，随着 5G 愿景的逐渐成熟，3GPP 发起了 5G 研究与标准制定。

在 2015 年年末至 2017 年年初之间，在 Rel-14 阶段，3GPP 进行了有关技术需求和部署场景的 5G 研究。这些研究旨在实现 ITU-R 在 2015 年 6 月定义的 5G 愿景。在需求研究之后，3GPP 启动了对新空口（NR）接入技术的研究。NR 的关键基础技术是从 2017 年年初到 2018 年 6 月的发布版本（即 Rel-15）中定义的。按照计划，全功能 3GPP 5G 技术是包括 NR 和 LTE 在内的，并且包括在 2018 年至 2019 年年底之间制定的 Rel-16 版本。通过这种分阶段分版本的方法，3GPP 在 2020 年为 ITU-R 提供其 IMT-2020 的 5G 解决方案。

1.3 应用场景扩展和需求

从第一代移动通信网络开始，移动通信系统就致力于人类的连接。1G 和 2G 系统提供了人与人之间无处不在的语音服务，使我们无论在家、在办公室或在旅途中都可以与朋友自由交谈。从 3G 到 4G，多媒体和其他移动宽带应用程序的支持使得我们能够在移动中做更多的事情，例如浏览网页、与我们的朋友共享漂亮的图片以及在短视频上聊天等。移动宽带（MBB）的主要目的是连接人，但是 5G 应用场景研究揭示了一些超出移动宽带（MBB）业务的新需求。接下来将就 5G 应用场景、需求和关键能力进行介绍。

1.3.1　5G 应用场景和业务需求

2020 年，5G 通信已实现大规模商用并互联世界。这种全连接性的目标不仅实现了人与人之间的交流，还可以使机器与物之间的通信成为可能。这些机器和物之间的通信可以带来额外的社会运营效率的提高，改善我们的日常生活。在此愿景下，5G 应用场景已经从移动宽带（MBB）扩展到物联网（Internet of Things，IoT）。

1.3.1.1　扩展使用场景：从 eMBB 到 IoT（mMTC 和 URLLC）

ITU-R 通过其 ITU-R M.2083 建议书在 2015 年确立了 5G 愿景，指出 5G 将把使用场景从增强移动宽带（eMBB）扩展到海量机器类通信（mMTC），以及超可靠低时延通信（Ultra-reliable and Low Latency Communications，URLLC）。mMTC 和 URLLC 业务是物联网服务的子集。一方面，它们被认为是 5G 网络迈向以关键业务需求为特征的各种物联网服务的第一步。另一方面，5G 也不再局限于人与人之间的连接，而是以扩展无线连接到物为目标的第一代通信系统。从 eMBB 到 mMTC 与 URLLC 的 5G 应用扩展源自对用户与应用趋势的观察和需求。

一方面，人们期望高数据速率的视频流既可向下至用户（例如，视频下载），也可向上至云服务器（例如，用户将其制作的视频分享给他们的朋友）。与此同时，对于包括增强现实（Augmented Reality，AR）和虚拟现实（Virtual Reality，VR）在内的用户体验来说，瞬时和低时延的连接变得至关重要。特别是在城区，高需求的用户密度显著增加，而在农村和 / 或高移动性的场景中，用户也希望获得令人满意的使用体验。因此，具有挑战性的每个用户高数据速率请求、高用户密度和用户移动性的三个因素相结合成为 5G 发展的基本驱动力，这需要 5G 具有显著增强移动宽带服务的能力。

另一方面，在将来，通过无线技术可以连接任何在可连接中受益的对象。

这种趋势提出了在广泛应用中大量连接人 / 机器 / 物的需求。例如，无人驾驶汽车，增强的移动云服务，实时交通控制优化，紧急情况和灾难响应，智能电网，远程医疗或高效的工业通信等都希望通过无线技术实现连接或改善连接，其中一些名词可参考文献[1]。通过仔细观察这些应用，可以发现这些业务的两个主要特征：一个是所需的连接数， 另一个是在给定时延内达到一定的可靠性要求。这两个重要特征正是 mMTC 和 URLLC 的实质。

因此，5G 的目标是支持包括 eMBB、mMTC 和 URLLC 的各种应用场景及其应用。以下是参考文献[1]中这三种应用场景的内容：

- 增强移动宽带（eMBB）。移动宽带解决了以人为中心的访问多媒体内容、服务和数据的应用场景。移动宽带需求的继续增长牵引了移动宽带持续增强。为了提高性能和无缝连接的用户体验，增强移动宽带应用场景将在现有应用之上引入新的应用领域和要求。增强移动宽带应用场景涵盖了不同需求的广覆盖和热点在内的多种场景。对于热点场景，即具有高用户密度的区域，它的特点是：移动性的要求较低，用户数据速率高于广覆盖场景的速率，非常高的业务容量。对于广覆盖场景，它的特点是：要求无缝覆盖，中高速移动性，与现有数据速率相比用户数据速率要大大提高，但与热点场景相比数据速率要求可能降低。

- 超可靠低时延通信（URLLC）。此应用场景对吞吐量、时延和可用性等功能有严格的要求。例如，工业制造或生产过程中的无线控制，远程医疗手术，智能电网中的配电自动化，安全运输等。

- 海量机器类通信（mMTC）。此应用场景通常具有海量连接设备，但相对非时延敏感数据传输的特点。这种应用场景要求设备成本低，并具有很长的续航能力。

预计未来还会出现其他没有预知的应用场景，因此，将来的国际移动通信技术应具有足够的灵活性，以适应广泛需求的新使用场景。

接下来，我们将首先设想 5G 使用场景中的各种业务，再研究业务需求。然后，再通过将相似的业务需求分成一组，形成一类技术需求的特征。技术需求的重要性将从特定应用场景中的业务组，扩展到不同的应用场景。

1.3.1.2　5G 应用场景的多种业务和需求

5G 研究将涉及 2020 年及以后出现的各种各样的业务。通常，这些 5G 应用分为 eMBB、mMTC 和 URLLC 三种业务应用场景。

1.3.1.2.1　增强移动宽带（eMBB）业务

在 4G 通信系统中，网页浏览、文字消息的社交应用、文件共享和音乐下载等移动宽带业务得到了很好支持而且已经非常普及。未来，诸如超高清（Ultra High Definition，UHD）视频、3D 视频、增强现实和虚拟现实的更高数据速率业务预计将主导人与人之间的通信需求。除上述下行高数据速率业务之外，还出现了上行高数据速率业务的需求，例如来自用户的高清视频共享。在用户随时随地可享受数据业务的使用体验下，这些业务需求为 eMBB 发展提出了新要求。

✧　UHD / 3D 视频流

4K/8K UHD 视频流需要高达 300 Mbps 的用户体验数据速率。根据 3GPP[8] 的增强移动宽带技术的研究报告，可以得到 4K 和 8K UHD 视频所需的数据速率，见表 1-1。

表 1-1　UHD 视频所需的数据速率

视频类型	视频分辨率 / 像素	帧速率 / FPS	解码方法	质量需求	需求数据速率 / Mbps
4K UHD	3 840×2 160	50	HEVC	中等质量	20～30
4K UHD	3 840×2 160	50	HEVC	高质量	～75
4K UHD	3 840×2 160	50	AVC	高质量	～150
8K UHD	7 680×4 320	50	HEVC	高质量	～300

✧　视频共享

随着社交应用的普及，从用户到云的视频共享变得越来越流行。目前主流是全高清（1080P）视频，而 4K/8K UHD 视频共享有望在 2020 年及以后流行。4K/8K UHD 视频所需的数据速率与表 1-1 中列出的相同。表 1-2 给出了 1080P 和 720P 视频所需的数据速率[9]。

表 1-2　1080P 和 720P 视频所需的数据速率

视频类型	视频分辨率 / 像素	帧速率 / FPS	质量需求	需求数据速率 / Mbps
720P	1 280×720	60	H.264	3.8
1080P	1 920×1 080	40	H.264	4.5
1080P	1 920×1 080	60	H.264	6.8

✧　面向使用者的 AR/VR

增强现实（AR）和虚拟现实（VR）应用为 eMBB 用户带来了全新使用体验。AR 通过计算机生成的“增强”视图，为用户提供了真实环境的交互式体验。VR 在由计算机创建的沉浸式环境中提供了另一种交互式体验。虚拟现实与物理现实相比，具有梦幻般的效果。AR 和 VR 都需要非常高的数据速率和低时延将计算机生成的图形和多媒体内容传输给用户，才能确保用户获得流畅的体验。

表 1-3 列出了 VR 应用所需的数据速率和往返时延[10]。

从以上示例可以看出，与当前的需求相比，未来 eMBB 业务将需要非常高的数据速率。另外，低时延对 AR 和 VR 来说将变得越来越重要。因此，高数据速率和低时延将成为 5G eMBB 业务的主要特征。

1.3.1.2.2　mMTC 业务

新兴的海量机器类通信（mMTC）业务通常是指，大量传感器将数据传输给云服务器或中央数据中心，之后数据处理中心可以根据收集到的数据做出相应的决策，从而减少人工收集的成本。3GPP 促成海量物联网的技术研究[11]涵盖了各种业务。接下来，将会讨论其中的一些业务。

表 1-3　VR 需求的数据速率

<table>
<tr><th colspan="2">VR 等级</th><th>视频分辨率 / 像素</th><th>单眼分辨率 / 像素</th><th>帧速率 / FPS</th><th>解码方法</th><th>色彩深度</th><th colspan="2">瞬时数据速率要求</th><th>往返时延</th></tr>
<tr><td rowspan="2">入门级 VR</td><td>弱交互</td><td rowspan="2">全帧分辨率 7 680×3 840（全视角 8K 2D/3D 视频）</td><td rowspan="2">1 920×1 920 （视场角度为 110°）</td><td>30</td><td rowspan="2">H.265</td><td rowspan="2">8</td><td>区域视角：40 Mbps（2D）；63 Mbps（3D）</td><td>全视角：75 Mbps（2D）；120 Mbps（3D）</td><td>30 ms（2D）
20 ms（3D）</td></tr>
<tr><td>强交互</td><td>90</td><td colspan="2">120 Mbps（2D）；200 Mbps（3D）</td><td>10 ms</td></tr>
<tr><td rowspan="2">高级 VR</td><td>弱交互</td><td rowspan="2">全帧分辨率 11 520×5 760（全视角 12K 3D 视频）</td><td rowspan="2">3 840×3 840 （视场角度为 120° ）</td><td>60</td><td rowspan="2">H.265</td><td rowspan="2">10</td><td>区域视角：340 Mbps</td><td>全视角：630 Mbps</td><td>20 ms</td></tr>
<tr><td>强交互</td><td>120</td><td colspan="2">1.4 Gbps</td><td>5 ms</td></tr>
<tr><td rowspan="2">极致 VR</td><td>弱交互</td><td rowspan="2">全帧分辨率 23 040×11 520（全视角 24K 3D 视频）</td><td rowspan="2">7 680×7 680 （视场角度为 120° ）</td><td>120</td><td rowspan="2">H.266</td><td rowspan="2">12</td><td>区域视角: 2.34 Gbps</td><td>全视角: 4.4 Gbps</td><td>10 ms</td></tr>
<tr><td>强交互</td><td>200</td><td colspan="2">3.36 Gbps</td><td>5 ms</td></tr>
</table>

示例 1，智能电表。电力公司为公寓大楼内的每套公寓安装了智能电表，同时智能电表会周期性地向公司报告公寓的用电量。

示例 2，视频监控。在街道或街道拐角处安装了大量视频监控，视频监控会连续记录视频，并将视频存储一段时间。视频监控设备会周期性地向交通警察发送指示交通状况的信息。当十字路口发生特殊情况时，视频监控设备会将事故和交通拥堵的高质量视频发送给交通警察。

示例 3，农业机械。农业机械正在日益实现自动化。农业机械可以报告各种传感器的数据，如土壤状况和农作物生长情况，以便农民可以远程监视农业状况和控制机械。

与上述应用相似的示例还有很多，它们的共同业务需求可以概括如下：

- 这些业务通常需要在特定区域内使用大量传感器。如果进一步考虑网络需要提供与多种类型的传感器或传感器应用的连接，那么连接的数量就会变得十分惊人。可以想象，在 2020 年以后，每平方米可能会有 1 个传感器。例如，一套公寓的面积为 80 m^2，假设每平方米有 1 个传感器，一套公寓有 80 个传感器（例如，各种用于电、水、室内空气质量监测的智能表，以及温度监控等）。因此，在一栋 10 层的公寓楼中至少需要安装 800 个传感器。
- 这些业务的数据速率要求是一个范围值，但是，刚开始的应用可能以小的数据包①为主。例如，智能电表和农业机械报告通常只包含少量数据，视频监控除了发生事故时其他日常情况也以小数据为主。
- 设备电池寿命对这些应用的成功有至关重要的作用。设备电池寿命过短，就会导致需要重新安装传感器。考虑到传感器的大量部署，这种重新安装费用可能会非常昂贵。在 3GPP TR38.913 规范中[12]，要求设备电池寿命应大于 10 年。

① 数据包的大小是相比于 eMBB 中的数据使用量而言的。

- 在应用场景中的覆盖能力是非常重要的。由于需要给地下室等深度覆盖环境中的传感器提供连接服务，确保网络能够覆盖到此类传感器就很重要了。

总之，mMTC 应用的业务需求主要是在特定服务质量（如数据速率）、电池寿命和可达传感器的覆盖能力下的连接密度（每单位面积的设备数量）。上述业务需求可能会有不同的特定值，然而可预见的是，高连接密度、长电池寿命和深覆盖能力是 mMTC 的主要业务需求。

1.3.1.2.3　URLLC 业务

新兴的超可靠低时延通信（URLLC）业务对时延和数据包丢失是非常敏感的。在 ITU-R M.2083[1]中给出了包括工业制造或生产过程的无线控制、远程医疗手术、智能电网的配电自动化和安全运输等示例。在 3GPP 促进海量物联的技术研究[13]中，也提到了以上的示例，并对业务应用和设想的应用场景进行了更详细的描述。

在 3GPP TR22.862[13]中总结了 URLLC 应用的业务需求。如其名称“URLLC”所示，此类应用主要要求是低时延和超高可靠性，并且它们需要同时满足；即对于一个传输数据包，应在给定的传输时间内确保高可靠性（数据丢包率非常低）。

1.3.1.3　支撑 5G 业务部署需求和运营需求

从单个用户或设备的角度上看，业务需求是独立于部署环境之外的。但是，从系统设计的角度上看，需要网络以节省成本的方式，尽可能保证支持该业务。因此，除从业务角度提出的需求之外，还需要定义相关的运营需求，从系统设计和运营角度保证一定的业务支撑水平。

1.3.1.3.1　eMBB

eMBB 业务需要考虑高数据速率的支持程度。从系统角度来看，给定环境中应有多个用户存在。进而，如果这些用户同时进行特定业务类型的数据传输，那么就可以直接考虑定义区域流量容量需求，并同时考虑定义“小区边缘”用户体验的数据速率需求，以便小区中大多数用户可以达到此业务所需的数据速率。

根据以上考虑，区域流量容量和边缘用户体验数据速率的需求就被定义出来了。

✧ 边缘用户体验数据速率

边缘用户不超过5%的用户的体验数据速率被定义为保证大多数用户（例如，大于95%的用户）可以超过此特定的用户数据速率。表1-4给出了NGMN《5G白皮书》[2]中边缘用户体验数据速率的需求。通过回顾eMBB中不同的业务需求可以看出，UHD视频有望在密集城区得到很好的支持，高级或“终极”AR/VR有望在室内得到很好的支持。1080P和720P视频有望在拥挤的环境、农村和高速车辆中得到很好的支持。

表1-4　NGMN《5G白皮书》中边缘用户体验数据速率的需求

场　景	用例类别	用户体验数据速率	移动性
密集城区	密集区域宽带接入	下行：300 Mbps 上行：50 Mbps	按需，0～100 km/h
室内	室内超宽带宽接入	下行：1 Gbps 上行：500 Mbps	行人
拥挤环境（如体育场）	人群宽带接入	下行：25 Mbps 上行：50 Mbps	行人
农村	无处不在的50+ Mbps	下行：50 Mbps 上行：25 Mbps	0～120 km/h
高速车辆	车（汽车、火车）移动宽带	下行：50 Mbps 上行：25 Mbps	按需，最高可达500 km/h

值得注意的是，移动性被定义为支持特定用户的体验数据速率需求。这是出于对在旅途中的特定业务也需要很好支持的考虑。

✧ 区域流量容量

区域流量容量是给定区域内流量的总量。总流量与具体业务需求的并发用户数相关。在保证用户平均速率的前提下，给出能够支持的用户数量。

例如，对于室内环境，假设每 1 000 平方米有 20 个用户同时传输数据，业务需求数据速率为 500 Mbps，则区域流量容量需求为 20×500 Mbps$\div1\,000$ m^2=10 Mbps/m^2。

另一种角度是预测流量的增长。预计 2020 年以后，总流量将比 2010 年增长 100 倍至 1 000 倍。在这种情况下，通过调查 2010 年的业务量，并应用增长时间进行预测，可以推导出 5G 时间框架的区域流量容量需求。除从系统角度满足 eMBB 业务成功部署的需求外，还定义了提升资源利用率、降低成本的运营需求。

✧　频谱效率

与有线通信不同，无线频谱是一种稀缺资源。因此，自 3G 时代以来，频谱使用效率对于 eMBB 业务至关重要。对于 5G，预计所需的数据速率将显著提高，区域流量容量至少提升 100 倍。这意味着在一个给定的区域，数据速率的总量将至少增加 100 倍。区域总数据速率由平均频谱效率（每基站 bps/Hz）乘以系统可用带宽（Hz）和区域内基站数量得到。假设给定区域内基站部署可以增加 3 倍，可用带宽可以增加 10 倍，那么平均频谱效率应该至少增加 3 倍。

除了平均频谱效率，业界对边缘用户频谱效率的提升需求也非常迫切。在这里，我们把这个迫切需求的定量分析讨论放在本书第 5 章中。

✧　能耗效率

能耗效率的驱动力在于，在认识到提供 100 倍网络区域流量容量的同时，伴随而来的 100 倍能耗增长是无法承受的，实际上网络能耗的增加应该是有限的[14]。具体而言，据报道目前无线接入网基础设施能源消耗约占全球能源消耗的 0.5%[15]，这已经是相当大的占比了。为了避免 5G 网络成为全球能源生产的主要消耗者，有必要限制 5G 无线接入网络的能耗增长，使其在全球能源消耗中的能耗占比低于或至少与当前持平。也就是说，无线接入的能耗增长要不快于或慢于全球能耗增长的步伐。

从图 1-3 中的数据可知[16]，从 1990 年到 2013 年，全球能源消耗的复合年增长率约为 1.91%，即 10 年增长 20%。因此，我们可以预测，到 2020 年，全球能源消耗量将比 2010 年增长不到 20%。因此，5G 网络在 2020 年的能耗不应超过 2010 年 4G 网络的 1.2 倍。

这意味着，如果该区域流量容量增加 100 倍，假设能耗非常有限或没有增加，则以每焦耳比特（或每瓦特位每秒）衡量的网络能源效率需要提高约 100 倍。

能效对 mMTC 和 URLLC 业务的运营来说也很重要。然而，eMBB 业务可能成为迫切满足该需求的第一个业务。

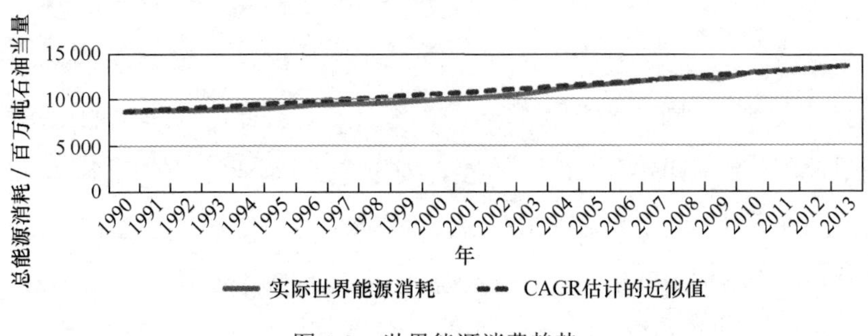

图 1-3　世界能源消费趋势

1.3.1.3.2　mMTC

区域流量容量也可以作为 mMTC 系统设计的要求之一。但是，如果目前的重点是小数据包传输，那么需求就会非常宽松。然而，对于具有较大数据速率要求的业务（例如视频监控应用），区域流量容量将成为一个重要的业务需求。

1.3.1.3.3　URLLC

为了确保区域内不同地域的用户实现业务需求（低时延和超高可靠性），NGMN 5G 白皮书[2]对可用性给出了如下定义：网络可在 *x*%的网络部署位置和 *x*%的时间进行有针对性的通信。在 *x*%的位置内，URLLC 服务需求得以实现。NGMN 需要 5G 网络能实现 99.999%的网络可用性。这是非常严格的，同时也是一个 URLLC 应用系统设计的长期目标。

1.3.1.3.4　通用要求

除上述要求外，实现网络的覆盖能力也是网络运营成本的关键。

这里的覆盖是指提供一定服务质量（QoS）的无线接入点的最大地理范围。对于不同的 QoS 等级，网络覆盖范围会有所不同。例如，对于 1 Mbps 的数据速率的业务需求，上行覆盖将比 100 kbps 的更具挑战性。覆盖与站点密度也有很大关系。如果某个 QoS 的覆盖范围较小，运营商需要部署密集的网络来提供所需的 QoS。例如，在 eMBB 应用中，如果上行 10 Mbps 的覆盖距离是 50 m，那么站间距几乎不可能超过 100 m。这种情况下，所需站点数量非常大，导致成本过高。因此，覆盖能力是 eMBB、URLLC、mMTC 等应用场景的基础。

1.3.2　5G 关键能力及技术性能需求

5G 业务需求是定义 5G 关键能力和相关技术需求的基础。ITU-R 定义了 5G 的关键能力，并定义了 5G 的预期应用场景。同时，基于 5G 愿景和关键能力，定义了技术性能需求。

1.3.2.1　5G 关键能力

5G 的关键能力（在 ITU-R 相关文件中，5G 也称为 IMT-2020）如图 1-4 所示[1]。图 1-4（a）展示了 5G 关键能力的目标以及相对于 4G（也称为 IMT-Advanced）的增强。图 1-4（b）给出了不同应用场景下每个关键能力的重要性。接下来，将讨论每个使用场景的关键能力。

1.3.2.1.1　eMBB

在 ITU-R 中，用户体验数据速率和区域流量容量被确定为与 eMBB 最相关的关键能力。如上节所述，这两种能力保证在给定系统用户数的情况下，系统能够成功地向大多数用户提供特定 eMBB 业务的服务。

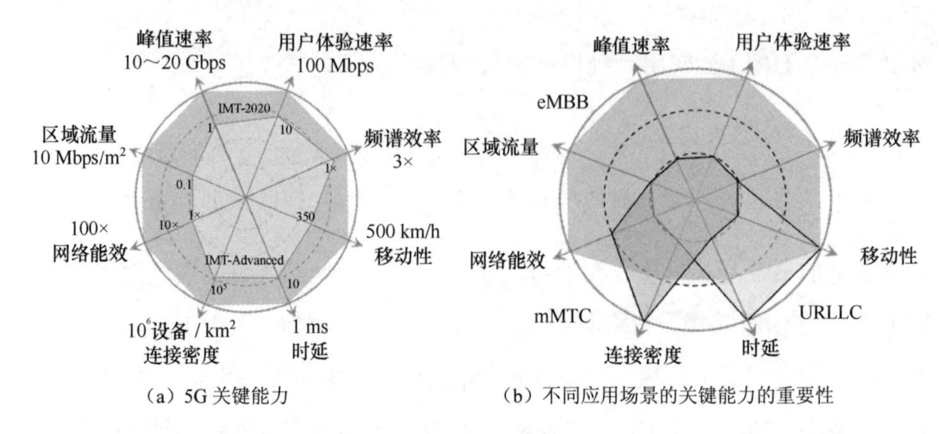

图 1-4　5G 的关键能力

✧　用户体验数据速率

用户体验数据速率定义为覆盖区域内移动用户设备普遍可获得的可实现数据速率（以 Mbps 为单位）。所谓的“无处不在”与考虑的目标覆盖区域相关，而不是意指整个区域或国家[1]。可以看出，5G 的用户体验数据速率是 4G 的 10 倍。还可以看到，在密集城区中，下行支持 100 Mbps 的边缘用户体验数据速率，如图 1-4 所示。虽然目标能力略低于 NGMN 的要求，但它仍可以保证大部分用户都能体验到良好的超高清视频，并具备部分 AR/VR 能力。毫无疑问，这个能力远远超出了 1080P 和 720P 的业务需求。

✧　区域流量容量

区域流量容量定义为每个地理区域所服务的总流量（以 Mbps/m^2 为单位）[1]。室内等高密度用户场景，区域流量能力预计为 10 Mbps/m^2。这意味着，如果在每 1 000 m^2 内有 20 个用户同时传输数据，则可以支持 500 Mbps 的服务要求数据速率。相比 4G 已提升 100 倍，这是 10 倍用户体验速率和 10 倍连接密度能力提升的结果。

✧　移动性

移动性是指支持高速移动条件下的高数据速率传输能力。具体定义为，在满足给定的 QoS 和无线节点之间[可能属于不同层和 / 或无线接入技术（多层 / 多 RAT）] 无缝转换要求下可支持的最大移动速度（以 km/h 为单位）[1]。

5G 移动性最高可支持 500 km/h，移动性等级是 4G（最高可达 350 km/h）的 1.4 倍。

✧　峰值数据速率

峰值数据速率定义为在理想条件下每个用户设备的最大可实现数据速率（以 Gbps 为单位）[1]，它是设备的最大数据速率能力。可以看到，预计将达到 10 Gbps 到 20 Gbps。这意味着理想状态下的设备可以支持 AR/VR 应用。

除上述能力外，对降低运营成本有帮助的效率能力也被识别为一项 5G 的关键能力。

✧　能效

网络能效被认为是实现 5G 经济的关键能力之一。能效有两个方面[1]：

- 在网络侧，能效是指无线接入网络（Radio Access Network，RAN）每单位能量消耗中，发送给用户或从用户接收的信息比特数（以 bit/J 为单位）。
- 对于终端侧，能效是指通信模块单位能耗的信息比特数（以 bit/J 为单位）。

在网络能效方面，要求能耗不高于当前部署的无线接入网络，同时提供增强的功能。因此，如果区域流量容量提升 100 倍，网络能效也应该提升一个类似的规模。

✧　频谱效率

频谱效率包括两个方面，即平均频谱效率和边缘用户频谱效率。平均频谱效率定义为每单位频谱资源和每个收发点的平均数据吞吐量（bps/Hz/TRxP）。边缘用户频谱效率定义为每单位频谱资源（bps/Hz）下 95%用户所能达到的用户数据吞吐量。

从本书 1.3.1.3 节可知，平均频谱效率提升需求与区域流量容量提升需求相关。ITU-R 定义了 100 倍的区域流量容量提升能力。在这种情况下，总的数据速率将至少提高 100 倍。总数据速率由平均频谱效率（bps/Hz/TRxP）乘以可用系统带宽（Hz）和该区域中的发送接收点（TRxP）数量得到。假设给定区域内 TRxP 部署可以提升 3 倍，可用带宽可以提升 10 倍，则平均频谱效率至少提升 3 倍。

对于边缘用户频谱效率提升需求与支持的边缘用户体验速率、一个 TRxP 内的用户数和可用带宽相关。假设区域内连接密度提升 10 倍（参见本书 1.3.2.1.2 节中“连接密度”），区域内 TRxP 数量提升 3 倍，则一个 TRxP 内用户数提升 3 倍。另一方面，假设一个 TRxP 内的可用带宽增加了 10 倍，那么单个用户的可用带宽增加约 3.3 倍（10/3≈3.3）。在这种情况下，考虑对 10 倍边缘用户体验数据速率的支持（见本节关于“用户体验数据速率”的能力），边缘用户频谱效率应该提高 3 倍。

1.3.2.1.2 mMTC

对于 mMTC 应用场景，连接密度和网络能效被认为是最相关的两个关键能力。除了以上两个关键能力，运行周期也被确定为 mMTC 在 5G 网络中所需的能力。接下来，对这些能力依次进行介绍。

✧ 连接密度

连接密度是指单位面积（每平方千米）上连接和 / 或可访问的设备总数。[1] 对于 mMTC 应用场景，由于 2020 年以后海量设备的接入需求，预计连接密度将达到每平方千米 100 万个。这比 4G（IMT-Advanced）提高了 10 倍。

✧ 网络能效

网络能效也是 mMTC 的重要关键能力之一。这是因为，为 mMTC 设备提供的大覆盖范围不应以能耗大幅增加为代价。

✧ 运行周期

运行周期是指每个储存能量设备的运行时间。对于需要非常长电池寿命

（例如，超过 10 年）且由于物理或经济原因而难以定期维护的机器设备而言，这一点尤其重要。[1]

1.3.2.1.3　URLLC

如前所述，时延、可靠性被确定为 URLLC 的两个最相关的关键能力。

✧　时延

在 ITU-R M.2083[1]中，重点介绍了用户面时延。时延定义为从源端发送数据包到目的端接收数据包所消耗的时间，以毫秒（ms）为单位。时延要求低至 1 ms。

✧　移动性

移动性与 URLLC 的应用场景相关，例如，移动安全应用等通常需要处于高速移动状态中。

除上述关键能力外，可靠性和可恢复性也被确定为 URLLC 对 5G 网络的期望能力。

✧　可靠性

可靠性与提供高可用性服务的能力有关[1]。

✧　可恢复性

可恢复性是指网络在自然或人为因素（如断电[1]）的影响下能够继续正确运行的能力。

1.3.2.1.4　其他能力

在 ITU-R M.2083[1]中还定义了用于 5G 的其他能力。

✧　频谱和带宽灵活性

频谱和带宽灵活性是指系统设计应对不同场景的灵活性，特别是在不同频率范围内工作的能力，包括更高的频率和更宽的信道带宽。

✧ 安全与隐私

安全与隐私是指对用户数据和信令的加密和完整性保护，防止未经授权的用户追踪，以及保护网络免受黑客攻击、欺诈、拒绝服务、中间人攻击等。

上述能力表明，5G 频谱和带宽的灵活性、安全与隐私将得到进一步增强。

1.3.2.2 5G 技术性能要求

基于 ITU-R M.2083[1]中定义的关键能力和 IMT-2020 愿景，ITU-R M.2410 报告定义了相关的技术性能要求[16]。相关技术性能需求见表 1-5～表 1-7，技术性能要求的详细定义参见参考文献[16]。

表 1-5 eMBB 技术性能需求

技术性能要求	测试环境	下行指标	上行指标	与IMT-Advanced技术的比较
峰值数据速率	eMBB 所有测试环境	20 Gbps	10 Gbps	约 6 倍的 LTE-A （Rel-10）技术
峰值频谱效率	eMBB 所有测试环境	30 bps/Hz	15 bps/Hz	约 2 倍 IMT-Advanced 技术要求
用户体验速率（第 5 个百分点用户速率）	密集城区	100 Mbps	50 Mbps	—
第 5 个百分点用户频谱效率	室内、密集城区和农村	～3 倍 IMT-Advanced	～3 倍 IMT-Advanced	～3 倍 IMT-Advanced
平均频谱效率	室内、密集城区和农村	～3 倍 IMT-Advanced	～3 倍 IMT-Advanced	～3 倍 IMT-Advanced
区域流量容量	室内	10 Mbps/m^2	—	—
能效	eMBB 所有测试环境	在低负载下的高睡眠比例和长睡眠时间		—
考虑业务信道链路速率的移动性等级	室内、密集城区和农村	—	最高 500 km/h，频谱效率 0.45 bps/Hz	1.4 倍的移动等级；1.8 倍的移动数据速率
用户面时延	eMBB 所有测试环境	4 ms	4 ms	相比 IMT-Advanced 技术要求，大于 2 倍的时延缩短
控制面时延	eMBB 所有测试环境	20 ms	20 ms	相比 IMT-Advanced 技术要求，大于 5 倍的时延缩短
移动中断时间	eMBB 所有测试环境	0	0	时延大幅缩短

表 1-6　URLLC 技术性能需求

技术性能要求	测 试 环 境	下 行 指 标	上 行 指 标	与 IMT-Advanced 技术的比较
用户面时延	URLLC 所有测试环境	1 ms	1 ms	相比 IMT-Advanced 技术要求，10 倍时延缩短
控制面时延	URLLC 所有测试环境	20 ms	20 ms	相比 IMT-Advanced 技术要求，5 倍时延缩短
移动中断时间	URLLC 所有测试环境	0	0	更多的时延缩短
可靠性	URLLC——城市宏小区	1 ms 内达到 99.999%的传输准确率	1 ms 内达到 99.999%的传输准确率	—

表 1-7　mMTC 技术性能需求

技术性能要求	测 试 环 境	下 行 指 标	上 行 指 标	与 IMT-Advanced 技术的比较
连接密度	mMTC——城市宏小区	—	每平方千米 100 万个设备	—

为了实现 ITU-R 定义的 5G 愿景，3GPP 进一步研究了部署场景以及与 3GPP TR38.913 中描述的三种应用场景相关的要求[12]。这些要求通常高于 ITU 的技术性能要求，这表明 3GPP 的雄心是提供高于 ITU 要求的功能。对 3GPP 要求的详细描述超出了本书的范围。感兴趣的读者请参考文献[12]。

1.3.3　5G 需求总结

从前面的分析可以看出，5G 的需求是多种多样的。

对于 eMBB 应用场景，边缘用户体验速率需要提升，以随时随地向终端用户提供高质量的视频。高移动性下的高数据速率传输也应成为可能。要求区域流量容量提升 100 倍以上，是为了让更多用户享受到高数据速率服务。时延对于 eMBB 也越来越重要，例如在 AR/VR 应用中。提供上述性能要求需要考虑经济的负担能力，这反过来就要求频谱效率至少提高 3 倍并且显著提高能效。需要注意的是，这些要求并非都是 eMBB 业务所特有的，例如，提供 mMTC 和 URLLC 业务的网络也希望具有较高的网络能效。

对于 mMTC 应用场景，需要支持每平方千米 100 万个设备的连接密度，满足海量传感器的 mMTC 业务，数据速率可变，同时需要长续航、深度覆盖的能力。

URLLC 应用场景，要求低时延，高可靠性。高可靠性还应从进一步确保网络覆盖范围内的大多数位置都能够满足 URLLC 服务要求的角度来考虑。

覆盖是 eMBB、URLLC、mMTC 等业务的基本要求，否则站点部署会非常密集。为了使系统设计在经济上可行，需要在密度与网络成本之间取得平衡。

此外，隐私和安全方面的要求也必不可少，这将使 5G 成为更安全的网络。鉴于 5G 的目标是连接一切，做到这一点至关重要。

1.4 标准组织和 5G 活动

5G 发展是一个巨大的工程，需要行业、SDO 和政府的广泛支持。从本书 1.2 节可以看出，不同区域对 5G 发展和应用的愿景不同。因此，为了高效地发展 5G，需要全球努力从技术角度和频谱角度统一区域概念，以开发适用于 5G 潜在频段的统一 5G 技术。

为实现这一目标，ITU-R 和 3GPP 在 5G 标准化和 5G 发展中发挥了重要作用。ITU-R 作为识别 5G（ITU-R 也称 5G 为 IMT-2020）技术以及高效使用频谱的领先组织，制定了严格的 IMT-2020 提交和评估流程。这些流程对所有技术标准开发组织开放，它们保证所提出的技术能够满足一组适合 5G 部署的特定要求，并实现设想的网络系统的远景。另一方面，3GPP 作为非常活跃的技术合作伙伴项目，成为 SDO 5G 发展必不可少的标准开发组织。接下来将讨论 IMT-2020 提交的 ITU 程序以及向 ITU-R 提交的 3GPP 进展报告。

1.4.1 ITU-R 评估流程 / IMT-2020 候选技术方案提交流程

ITU-R 是 IMT-2020 的主导组织。ITU-R 的角色是识别 IMT-2020（5G）愿

景，使其作为 2020 年及以后 5G 发展的总体目标，ITU-R 邀请技术标准开发组织提交能够实现 IMT-2020 愿景的候选技术，合格的候选技术可以部署在授权给运营商的 IMT 频段上。

ITU-R 工作组 5D（WP 5D）是 ITU-R 中负责 IMT 系统开发的工作组，为上述流程制定了总体时间计划。IMT-2020 候选技术方案的提交计划如图 1-5 所示。

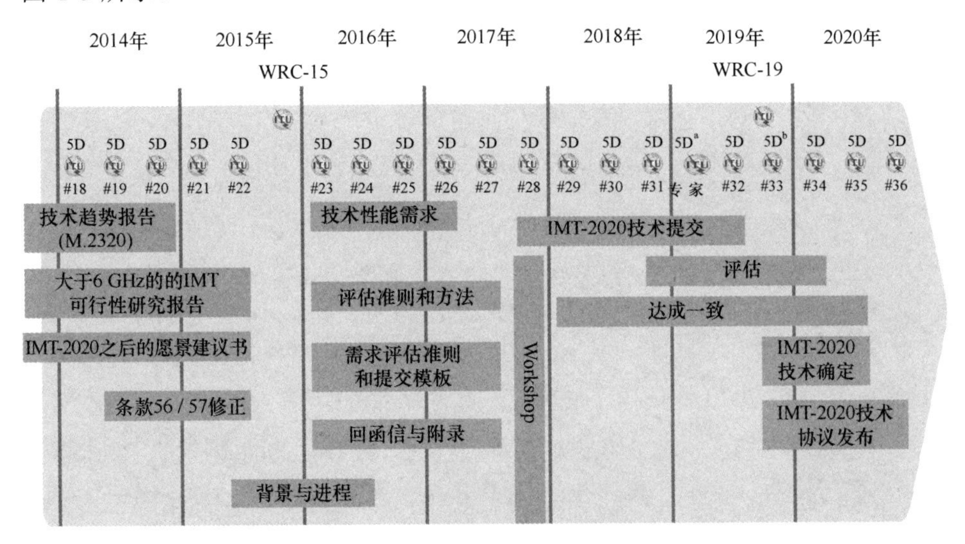

图 1-5　IMT-2020 候选技术方案的提交计划[17]

IMT-2020 的发展大致分为以下三个阶段。

✧　第一阶段：IMT-2020 愿景制定（2012—2015 年）

2012 年 7 月至 2015 年 6 月，ITU-R WP 5D 制定了 IMT-2020 愿景（建议书 ITU-R M.2083），以定义 IMT-2020 的框架。同时，对 6 GHz 以上频谱的技术趋势和移动通信技术的可行性进行了研究，为 5G 发展做准备。

✧　第二阶段：IMT-2020 技术性能和评价标准制定（2015—2017 年）

IMT-2020 愿景制定后，WP 5D 于 2016 年启动 IMT-2020 需求定义。IMT-2020 需求包括三个方面：技术性能需求、业务需求和频谱需求。这些需求用于评估提交的候选技术是否合格，合格的技术才有可能被纳入 IMT-2020

全球部署的标准中。同时，ITU-R 制定了评估标准和方法，以评估候选技术是否达到了特定要求。ITU-R 还开发了提交的模板，以便在提交者之间使用统一的提交书格式，这有助于简化 ITU-R 和独立评估组在评估所收到的候选技术时的工作。2017 年，ITU-R 发布了三篇关于上述工作的报告，分别如下：

- 报告 ITU-R M.2410：制定 IMT-2020 无线接口技术性能最低要求，定义了 IMT-2020 发展的 13 项技术性能要求。
- 报告 ITU-R M.2411：制定并定义了 IMT-2020 的要求、评价标准和提交模板。
- ITU-R M.2412：制定 IMT-2020 无线接口技术评估指南，定义了技术性能需求的测试环境、评估方法和详细评估参数。详细定义了测试环境、方法和参数，以及如何确定需求和实现的评价标准。

除上述三份重要报告外，IMT-2020/02 号文件（Rev.1）[17]进一步界定了接受进入 IMT-2020 评估程序的提交标准，以及被批准为 IMT-2020 技术的标准。目前，在进行 IMT-2020 评估流程验收时，要求候选的无线接口技术至少满足两个 eMBB 测试环境和一个 URLLC 或一个 mMTC 测试环境的要求（见本书第 5 章）。此外，一个技术提交只有当 eMBB、URLLC 和 mMTC 的所有测试环境都满足要求时，才被批准为 IMT-2020 技术。这样，在 IMT-2020 提交阶段之初，提交者就有机会进入 IMT-2020 流程，提交的技术在 IMT-2020 提交阶段获得批准后，就能够进一步开展自己的技术，从而实现完整的 IMT-2020 愿景。

✧ 第三阶段：IMT-2020 提交、评估与规范制定（2016—2020 年）

2016 年 2 月，ITU-R 发出通函，邀请 ITU 成员和外部组织提交 IMT-2020 相关技术。本通函正式宣布评估和提交程序已启动。该过程包括几个步骤，从 2017 年到 2020 年。从图 1-5 可知，大致分为以下三个阶段：

- “提交阶段”（见图 1-5 中的“IMT-2020 技术提交”）。在此阶段，提交者可以提出 IMT-2020 候选技术。提交者需要提供自评估，以证明其提议的技术可以通过 ITU-R 所要求的最少数量要求。

- “评估阶段”。在此阶段，ITU-R 将邀请独立的评估组对候选技术进行评估。5D 工作组将审查来自评估组的评估报告，以确定哪些候选技术通过预先定义的标准中所需求的要求数目。这些合格的技术将进入规范阶段。
- “规范阶段”。在此阶段，符合要求的技术将被明确纳入 ITU-R 对 IMT-2020 全球标准的建议书。IMT-2020 标准中的技术将能够部署在许可给运营商的 IMT 频段上。

另外，在整个流程中共识是实现统一 IMT-2020 技术的基础。

具体流程详见 IMT-2020/02 号文件（Rev.1）[17]。

技术标准制定组织可以根据 ITU-R 的 IMT-2020 提交流程指导，向 ITU-R 提交其候选技术。ITU-R 将邀请独立的评估组对收到的声明自己有能力满足 IMT-2020 要求的所有候选技术进行独立评估。3GPP 作为技术标准合作伙伴计划之一，为 IMT-2020 提交做出了巨大努力。

1.4.2　3GPP 向 ITU-R 提交 5G 候选技术提案

3GPP 是 3G 发展时期形成的一个合作项目，旨在为无线蜂窝系统制定全球统一的技术规范。它联合了来自全球不同地区的 7 个电信标准制定组织。这 7 个组织也被称为 3GPP 的 OP，即日本 ARIB 和 TTC、北美的 ATIS、中国的 CCSA、欧洲的 ETSI、印度的 TSDSI、韩国 TTA。这 7 个 OP 为其成员提供了一个稳定的环境，以产生定义 3GPP 技术的报告和规范。

应当指出，7 个 OP 在全球无线通信发展方面具有很好的代表性和覆盖面。通过这 7 个 OP，成员公司、大学和研究机构可以参与 3GPP 的技术讨论，为技术发展做出贡献。这是一个非常重要的基础，在这个基础上，3GPP 可以为无线系统开发在整个行业、学术界和其他利益相关者之间获得广泛的支持。因此，3GPP 仍然是 5G 必不可少的技术标准合作伙伴。

2015 年，在 ITU-R 发布 IMT-2020 愿景（ITU-R M.2083 建议书）后，3GPP 在 Rel-14 内启动了新无线空口技术研究，其目标是满足 IMT-2020 要求。3GPP 5G 时间表和 IMT-2020 提交报告如图 1-6 所示。本研究项目（Study Item，SI）包括新的子载波间隔、帧结构设计、编码方案、灵活双工研究和多址接入研究等。第一阶段，NR 研究聚焦于 IMT-2020 愿景定义的 eMBB 和 URLLC 应用场景。早期的 mMTC 应用预计将由 LTE 早期开发的 NB-IoT 或 eMTC 支持。

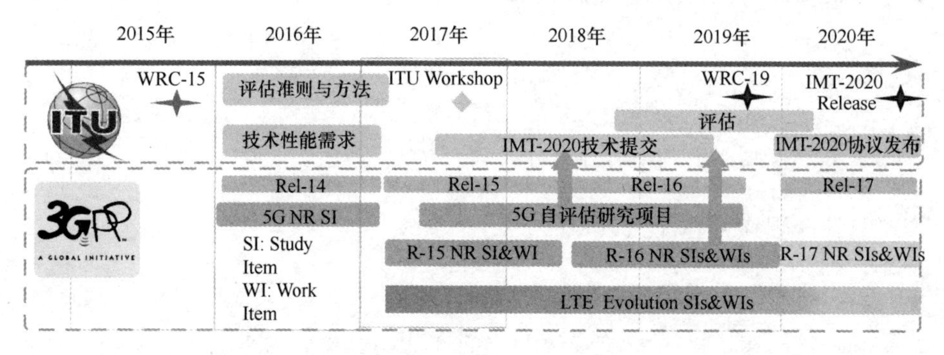

图 1-6 3GPP 5G 时间表和 IMT-2020 提交报告

2017 年，3GPP 在 Rel-15 阶段启动 NR 的标准化工作。建立了 NR 工作项目（Work Item，WI）用来标准化在 Rel-14 NR SI 中的用于 5G 开发的技术，标准化了 NR 的子载波间隔、帧结构、双工和多址接入技术，讨论并制定了 NR MIMO。该标准规范考虑了 IMT-2020 要求和 5G 潜在的频谱部署，包括高数据速率和高频谱效率要求、低时延和高可靠性要求，以及广域覆盖等。C-Band 特性在 5G 发展中也起着关键作用。为了同时解决高数据速率和低时延目标以及大覆盖问题，3GPP 开发了几个关键技术，包括适合大带宽的子载波间隔和帧结构，适合 C-Band 部署的大规模 MIMO 技术，以及适合在现有站间距下实现 C-Band 上行高速率的上行 / 下行解耦技术。

在 Rel-16 版本中，3GPP 将继续增强 NR 能力，满足 eMBB 更高的频谱效率，增强多用户场景中的 URLLC。3GPP 还计划将 NR 的应用场景扩展到更多垂直业务，包括车辆通信。

5G 自评估研究项目于 2017 年成立，旨在对 IMT-2020 提交的 Rel-15/Rel-16

的 3GPP 技术进行自评估。初步自评报告已于 2018 年 10 月提交给 ITU-R，并在 2020 年 6 月提交了最终评估结果。

1.4.3　独立评估组协助 ITU-R 批准 IMT-2020 规范

为协助 ITU-R 评估候选技术是否满足 IMT-2020 要求，ITU-R 邀请独立评估组对收到的候选技术进行评估，并向 WP 5D 报告其结论。截至 2018 年 12 月，共有 10 个已注册独立评估组：

- 5G 基础设施协会（5G Infrastructure Association）：https://5g-ppp.eu。
- ATIS WTSC IMT-2020 评估组（ATIS WTSC IMT-2020 Evaluation Group）：http://www.atis.org/01_committ_ forums/WTSC。
- 中国评估组（ChEG Chinese Evaluation Group）：http://www.imt-2020.org.cn/en。
- 加拿大评估组（Canadian Evaluation Group）：http://www.imt-ceg.ca。
- 无线世界研究论坛（Wireless World Research Forum）：http://www.wwrf.ch。
- 印度卓越电信中心（Telecom Centres of Excellence, India）：http://www.tcoe.in。
- 日本第五代移动通信促进论坛（The Fifth Generation Mobile Communications Promotion Forum, Japan）：http://5gmf.jp/en。
- TTA 5G 技术评估特别项目组（TTA 5G Technology Evaluation Special Project Group）：https://www.tta.or.kr/ eng/index.jsp。
- 跨太平洋评估组（Trans-Pacific Evaluation Group）：http://tpceg.org。
- 5G 印度论坛（5G India Forum）：https://www.coai.com/5g_india_forum。

1.5 本章小结

本章探讨了 5G 发展的驱动力，并介绍了 5G 的应用场景和技术需求。蜂窝通信系统从第一代开始就专注于连接人类，但是从 5G 开始，会从人与人连接的 MBB 应用场景扩展到机器与机器连接的 mMTC 和 URLLC 应用场景。因此，5G 将是致力于连接人类和机器的第一代技术。

相应地，业务需求和技术性能要求从 eMBB 扩展到新的应用场景。一方面，对于 eMBB 需要以可承受的能源消耗和频谱占用为代价，显著提高数据速率以适应新兴的高清视频和 AR/VR 传输。这意味着能效和频谱效率都应大大提高。此外，与现有网络部署的覆盖相似，小区边缘数据速率将大幅提升至每秒几兆或数十兆比特，这对 eMBB 5G 设计提出了巨大挑战。对于 URLLC，要求非常低的时延，同时需要保证高可靠性。对于 mMTC 来说，需要大的连接密度，以高效地提供海量连接。另一方面，5G 应该在包括移动性在内的各种条件下提供这些能力。此外，在这些应用场景中，都需要覆盖来支持可负担的网络部署。最后，从成本效益的角度考虑，上述要求应通过统一的空口框架来实现。综上所述，5G 需求多样，但同时能源消耗、频谱和部署的成本应限制在可承受的水平；所有这些问题都对系统设计提出了重大挑战。

和前几代移动通信网络一样，5G 的发展也是基于产业合作的，ITU 和 3GPP 在这一过程中起到核心作用。ITU-R 从高效利用频谱等资源（如能源、站点部署等）的角度，定义了 5G 愿景、技术性能需求和候选 5G 技术评估标准，以满足 5G 应用场景的多样化需求。ITU-R 有完善的 IMT-2020 开发流程，确保只有通过上述需求的技术才能被批准为 IMT-2020（ITU-R 中 5G 的名称）技术，并且只有通过上述需求的技术才能被允许使用 IMT 频段。通过这种方式，在使用稀有频谱等资源时，可以保证能够在 IMT 频段上部署的技术具有高性能和高效率。另一方面，3GPP 是 5G 技术发展的主要组织，它把全球的电信标准开发组织（SDO）团结起来。在 7 个 OP 的支持下，3GPP 为 5G 技术发展提供了稳定的环境。OP 成员几乎涵盖了所有关键方，这确保了 3GPP 技术解决了来自不同方和不同区域的关注点和问题。在 ITU-R 的指导下，在 3GPP 的良好技术协调下，5G 技术和 5G 标准化得到了很好的发展，这是 5G 成功的关键。

现在，已经了解了 5G 的需求和开发流程，下一章将开始研究 5G 无线系统的使能技术。从 LTE 的技术概述开始，通过与 LTE 设计进行比较，从而了解 5G NR。

参 考 文 献

[1] ITU. Recommendation ITU-R M.2083, IMT vision—Framework and overall objectives of the future development of IMT for 2020 and beyond[S]. 2015-09.

[2] NGMN. NGMN 5G white paper[R/OL]. 2015-02. https://www.ngmn.org/fileadmin/user_upload/NGMN_5G_White_Paper_V1_0_01.pdf.

[3] IMT-2020 (5G) PG. 5G vision and requirement white paper[R/OL]. 2014-05. http://www.imt-2020.cn/zh/documents/download/1.

[4] METIS. D1.1 scenarios, requirements and KPIs for 5G mobile and wireless system[R]. 2013-04.

[5] METIS. D6.6 final report on the METIS 5G system concept and technology roadmap[R]. 2015-04.

[6] 5GMF. 5G Mobile Communications Systems for 2020 and beyond[R]. 2016-07. http://5gmf.jp/en/whitepaper/5gmf-white-paper-1-01/.

[7] 5G Americas. 5G services and use cases[R/OL]. 2017-11. http://www.5gamericas.org/files/9615/1217/2471/5G_Service_and_Use_Cases_FINAL.pdf.

[8] 3GPP. 3GPP TR22.863, Feasibility study on New Services and Markets Technology Enablers—Enhanced Mobile Broadband[S]. 2016-09.

[9] Wikipedia. Bit Rate[EB/OL].[2019-05-23]. https://en.wikipedia.org/wiki/Bit_rate.

[10] Huawei.Cloud VR Bearer Networks[EB/OL]. 2017. https://www-file.huawei.com/-/media/

CORPORATE/PDF/ilab/cloud_vr_oriented_bearer_network_white_paper_en_v2.pdf?source=corp_comm.

[11] 3GPP. 3GPP TR22.861, Feasibility Study on New Services and Markets Technology Enablers for Massive Internet of Things[S]. 2016-09.

[12] 3GPP. 3GPP TR38.913, Study on Scenarios and Requirements for Next Generation Access Technologies, June 2017.

[13] 3GPP. 3GPP TR22.862, Feasibility Study on New Services and Markets Technology Enablers for Critical Communications[S]. 2018-09.

[14] The Climate Group. Smart 2020: enabling the low carbon economy in the information age[R].2008.

[15] Enerdata. Global energy statistical yearbook 2014[R/OL]. http://yearbook.enerdata.net/.

[16] ITU. Report ITU-R M.2410, Minimum requirements related to technical performance for IMT-2020 radio interface(s)[R]. ITU-R, 2017-11.

[17] IMT-2020. Document IMT-2020/02 (Rev. 1), Submission, evaluation process and consensus building for IMT-2020[R]. IMT-2020,2017-02.

第2章　5G空口基本设计

本章主要介绍NR空口设计方面的内容。首先以LTE的基本设计为基础介绍空口知识，这是因为NR的部分空口设计与LTE相关。然后介绍NR在载波、帧结构、物理信道和参考信号方面的相关设计。紧接着，介绍5G NR的全球候选频段，其较大的频谱范围和带宽特点影响着NR的设计；针对NR商用的重要部署频段 C-band，重点介绍如何提升小区覆盖的上下行解耦技术（即LTE/NR频谱共享）。最后，介绍NR的物理层新技术，具体包括波形、Polar/LDPC码、MIMO和mMTC等。

2.1　LTE空口概述

由于NR的部分空口设计借鉴了LTE，所以对于熟悉LTE的读者，认识NR最直接的方法就是了解NR和LTE之间的差异。在本节，将主要介绍有助于理解NR设计的LTE部分关键内容。对于LTE系统设计细节感兴趣的读者，可以参考相关文献[1,2]。

LTE的标准化是从3GPP Rel-8开始的，在其随后至Rel-14的几个标准版本中支持了很多新特性。在Rel-15中，开始对NR进行标准化，但是LTE标准仍持续演进，主要更新支持来自垂直行业的部分新特性。LTE网络可支持不同的业务，包括增强移动宽带（eMBB）、语音、多媒体广播多播业务（Multimedia Broadcast Multicast Service，MBMS）、设备直联（Device to Device，D2D）、物联网和车联网等业务。这些业务以单播、组播或多播广播单频网（Multicast Broadcast Single Frequency Network，MBSFN）的方式在授权频谱上进行传输，但是 eMBB 业务也可以在非授权频谱上进行传输。为方便介绍，下面 LTE 空口技术的概述将主要针对授权频谱上的下行 / 上行链路的单播传输进行描述。

2.1.1 LTE 帧结构

帧结构与特定频段上所采用的双工方式有关。LTE 支持两种双工方式，分别为频分双工和时分双工。频分双工需要用于上下行链路传输的成对频谱（见本书 2.3.1 节），其中下行和上行传输分别承载在不同的频率上。对于频分双工，下行和上行是否可以同时传输依赖于 UE 的能力。半频分双工的 UE 不能同时传输上行和下行，但是对于全频分双工方式没有这个限制。时分双工不需要成对频谱（见本书 2.3.1 节），因为下行和上行分别在同一载波上的不同时隙上传输。时分双工需要切换时间来确保下行和上行传输之间的切换。授权频谱上应用的频分双工和时分双工方式对应的帧结构不同，分别表示为帧结构类型 I 和帧结构类型 II。

对于帧结构类型 I，每个无线帧是 10 ms，具体由 10 个 1 ms 的子帧组成。每个子帧由 2 个时隙组成，每个时隙是 0.5 ms。在每 10 ms 期间，下行链路和上行链路各有 10 个子帧，分别用于下行和上行传输，如图 2-1 所示。

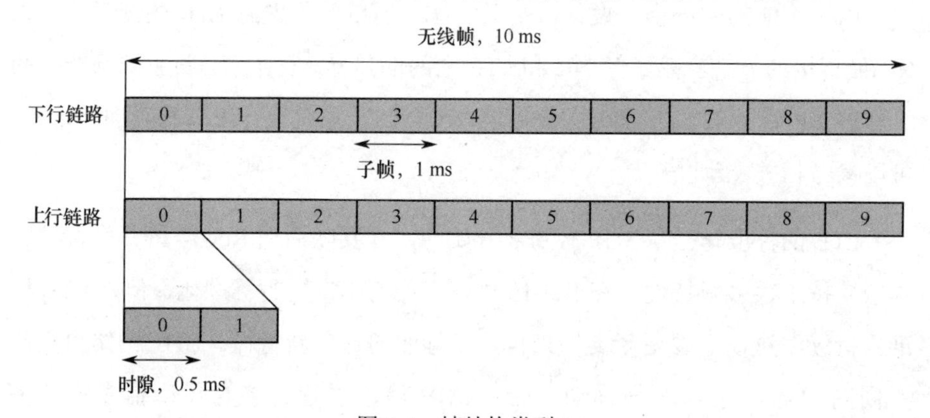

图 2-1　帧结构类型 I

对于帧结构类型 II，每个无线帧也是 10 ms，由 10 个 1 ms 的子帧组成。每个子帧由 2 个时隙组成，每个时隙是 0.5 ms。一个无线帧中的子帧可预留用于下行传输、下行到上行的切换和上行传输，其中预留用于切换传输方向的子帧称为特殊子帧。一个特殊子帧有三个区域，分别为下行导频时隙（Downlink Pilot Time Slot，DwPTS）、保护时隙（Guard Period，GP）和上行导频时隙（Uplink Pilot Time Slot ，UpPTS），其中 DwPTS 和 UpPTS 分别用于下行和上行传输，如图 2-2 所示。GP 是一段空闲的时间间隔，不用于下行和上行的数据传输，主要用来避免在基站侧发生上行接收和下行传输的冲突。GP 的长度与小区大小有关，具体由信号传播的回环时间确定。由于在实际网络中有不同的部署场景，协议中支持多个 GP 配置[3]。下行与上行切换的周期支持 5 ms 和 10 ms 两种。

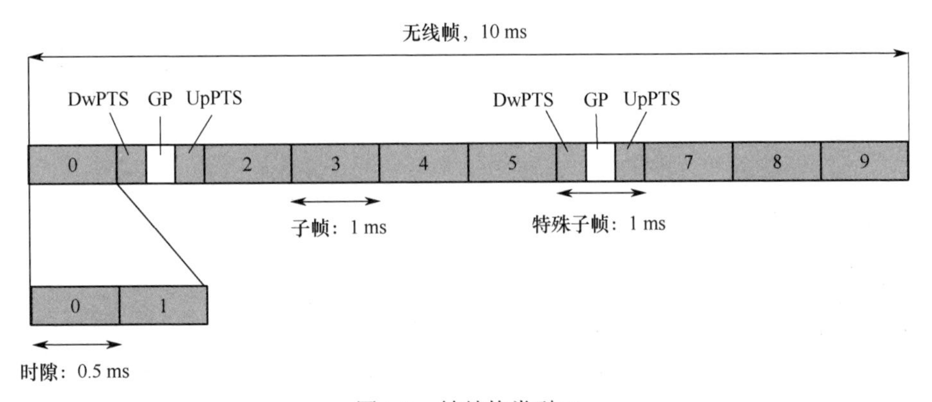

图 2-2　帧结构类型 II

一个无线帧中的上行和下行子帧的配置依赖于上下行业务负载的比例。通常，上下行的业务负载是非对称的，统计的下行业务一般比上行业务负载重[4]，因此一个无线帧中需要配置更多的下行子帧。LTE 定义了 7 种不同的上下行子帧配置来适配不同的上下行业务负载比例，见表 2-1。目前，在全球的时分长期演进（Time Division Long Term Evolution，TD-LTE）商用网络中，上下行子帧配置 2 是典型的配置。

由于时分双工的下行和上行链路传输是在同一个载波上，如果网络不同步，就会产生严重的上下行链路交叉干扰，即上行的传输遭受到邻小区下行传输的干扰，如图 2-3 所示。也就是说，同一个运营商邻近的不同小区需要有相同的上下行子帧配置，以及不同运营商的邻频小区之间也需要有同样的配置。考虑到这种严格的配置要求，上下行子帧的配置通常是半静态的，无法进行动态切换，不然就会造成严重的交叉链路干扰。

表 2-1　上下行子帧配置[3]

上下行子帧配置	下行到上行的切换周期	子帧号									
		0	1	2	3	4	5	6	7	8	9
0	5 ms	D	S	U	U	U	D	S	U	U	U
1	5 ms	D	S	U	U	D	D	S	U	U	D
2	5 ms	D	S	U	D	D	D	S	U	D	D
3	10 ms	D	S	U	U	U	D	D	D	D	D
4	10 ms	D	S	U	U	D	D	D	D	D	D
5	10 ms	D	S	U	D	D	D	D	D	D	D
6	5 ms	D	S	U	U	U	D	S	U	U	D

注：D、S 和 U 分别代表子帧预留用于下行传输、下行到上行的切换和上行传输。

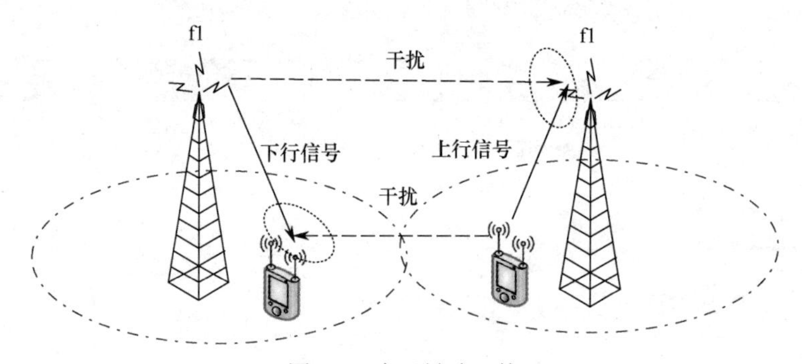

图 2-3　交叉链路干扰

2.1.2　物理层信道

本节主要介绍物理层信道的特性，首先从多址接入方案开始介绍。

2.1.2.1　多址接入方案

LTE 下行和上行的传输方案都是基于正交频分复用（Orthogonal Frequency Division Multiplexing，OFDM）。OFDM 的基本原理可以参考相关书籍[1,5,6]。OFDM 是一种多载波技术，产生多个正交子载波。由于每个子载波的带宽小，所以每个子载波上的衰落是平坦的，这样可以有效地抵抗频率选择性衰落的影响，并简化了接收端的均衡器，尤其对于宽带传输。OFDM 可以通过快速傅里叶逆变换（Inverse Fast Fourier Transform，IFFT）/ 离散傅里叶变换（Discrete Fourier Transform，DFT）来实现，如图 2-4 所示，DFT 常用于 OFDM 的接收端。

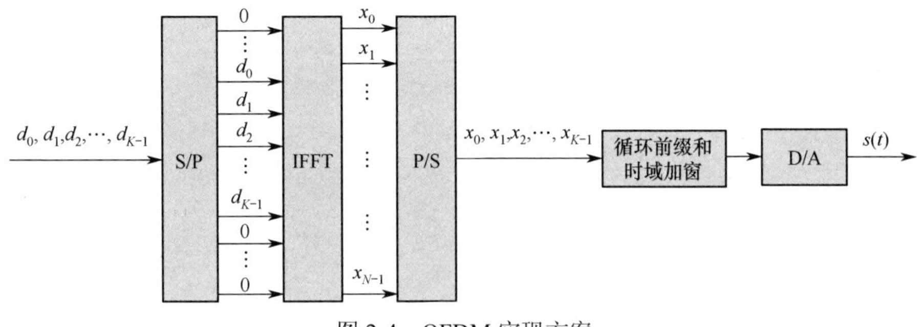

图 2-4　OFDM 实现方案

选择 OFDM 作为下行传输方案的主要原因如下：实现 20 MHz 带宽传输的成本和复杂度较低，能够利用循环前缀解决多径的影响，可以灵活支持不同系统带宽的实现。

多载波传输使 OFDM 信号变化较大，从而导致较高的峰值平均功率比（Peak to Average Power Ratio，PAPR）。在 LTE 上行传输方案讨论过程中，PAPR 的关注度很高，有很多相关的讨论和考虑，后面被更精确的度量方法——立方度量（Cubic Metric，CM）所替代[7]。功率放大器期望具有大的线性动态范围，但这将导致功率放大器的成本很高；否则，设备的非线性会导致高功率信号的失真，因此就需要功率回退，进而导致小区覆盖范围的缩小。基于此，OFDM 不是上行传输方案的最优选择。最后，具有低 CM 的单载波被确定为 LTE 上行传输的波形，有助于降低 UE 的功耗和成本。采用的单载波频分多址（Single Carrier-Frequency Division Multiple Access，SC-FDMA）的波形是离散傅立叶变换扩频的正交频分复用（Discrete Fourier Transform Spread Orthogonal Frequency Division Multiplexing，DFT-S-OFDM），具体是在 OFDM 调制之前，加入 DFT 操作得到单载波信号，如图 2-5 所示。SC-FDMA 加上循环前缀是为了实现上行不同 UE 之间的正交复用，同时使接收侧可实现频域均衡。另外，DFT-S-OFDM 与下行的 OFDM 具备很多的共同性，可以重用一些参数设计，如子载波间隔、循环前缀等[8]。

基于上面描述的传输方案，OFDMA 和 SC-FDMA 分别作为下行和上行 UE 复用的多址接入方案。由于 DFT-S-OFDM 也是基于 OFDM，无论上行还是下行，都是不同 UE 复用在多个 OFDM 符号的不同的子载波上。下行和上行 UE 复用示意图如图 2-6 所示。

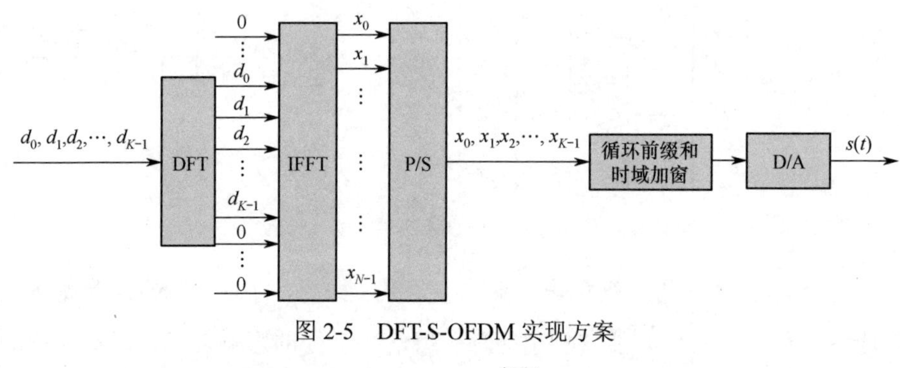

图 2-5 DFT-S-OFDM 实现方案

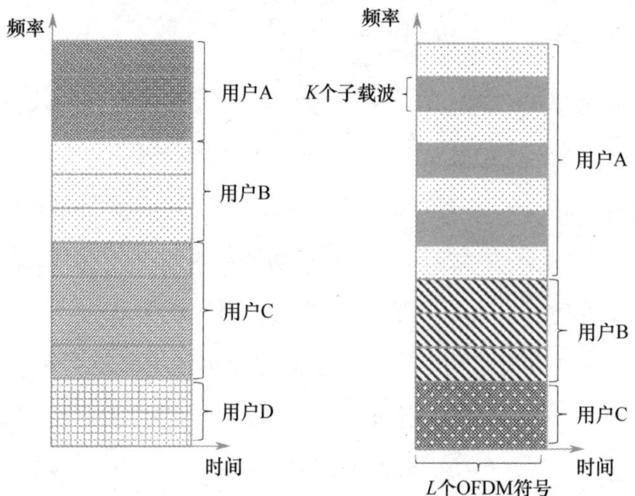

图 2-6 上行和下行 UE 复用示意图

LTE 的下行支持集中式和离散式两种传输。集中式传输是指将频域上的一组连续子载波分配给某个特定的 UE，以此获取调度增益。这种方式要求基站需要获知特定 UE 的信道状态信息，确定出整个系统带宽中信道条件好的一组连续子载波，然后调度分配这些资源用于此 UE 发送数据。离散式传输是指分配给某个 UE 的一组资源在频域上是离散的，以获取频率分集增益。通常，在高速移动场景或信道条件差的条件下，UE 不能准确地跟踪或及时上报信道状态信息给基站。在这样的情况下，由于无法获得调度增益，因此可以通过离散式传输获取频率分集增益。由此可见，信道状态信息对于基站侧的调度决策很关键，UE 需要上报信道状态信息给基站。

为保证上行传输的单载波特性和低 CM，UE 复用与下行不同，分配给一个 UE 的所有子载波在频域上是连续的。

2.1.2.2　系统带宽

LTE 的目标频段是 6 GHz 以下的频段，目前绝大多数的 LTE 商用网络都部署在 3 GHz 以下的授权频段。由于在 3 GHz 以下的频段中具有多个可用的不同带宽的频谱，所以 LTE 被设计为支持可扩展的信道带宽，以便于部署。表 2-2 给出了 LTE 的信道带宽和传输带宽配置。

表 2-2　LTE 信道带宽和传输带宽配置[9]

信道带宽 / MHz	1.4	3	5	10	15	20
传输带宽配置（*N*）/RB	6	15	25	50	75	100

如果某个信道带宽的所有子载波被使用了，那么就会存在带外辐射的问题，因为 OFDM 符号的加窗操作不能在频域中完全去除旁瓣。这种带外辐射将会对邻频的信道造成干扰。为了避免带外辐射造成的严重影响，信道带宽边缘的一些子载波不能用于数据传输，需要用作保护带。LTE 中要求信道带宽的至少 10%作为保护带。传输带宽是可用于数据传输的实际带宽，其小于信道带宽，如图 2-7 所示[9]。传输带宽通过资源块（Resoruce Block，RB）的个数来表示，每个 RB 的带宽是 180 kHz。频谱利用率被定义为传输带宽与信道带宽的比例。可以发现，除 1.4 MHz 带宽以外，剩余几个信道带宽的频谱利用率都是 90%。

2.1.2.3　系统基本参数设计

对于 LTE 下行和上行的单播传输，OFDM 子载波间隔被选定为 15 kHz。除此之外，LTE 也支持用于专用 MBMS 网络的 7.5 kHz 子载波间隔；3.75 kHz 用于窄带物联网（Narrow Band Internet of Things，NB-IoT）的上行传输。子载波间隔的选择需要考虑多普勒扩展的影响，而多普勒扩展与 LTE 网络部署的载波频率以及需支持最大 350 km/h 移动速度相关[10]。基于 15 kHz 子载波间隔，一个特定信道带宽所对应的子载波个数就可以确定了。循环前缀是用来抵抗多径扩展的影响的，代价是增加了开销。LTE 系统支持两种循环前缀，分别为常规循环前缀和扩展循环前缀。扩展循环前缀主要应用在小区比较大的场景，例如，100 km 的小区半径或多个小区联合以 MBSFN 方式同时发送。循环前缀长度的选择需要在抵抗多径扩展影响和开销之间进行折中。

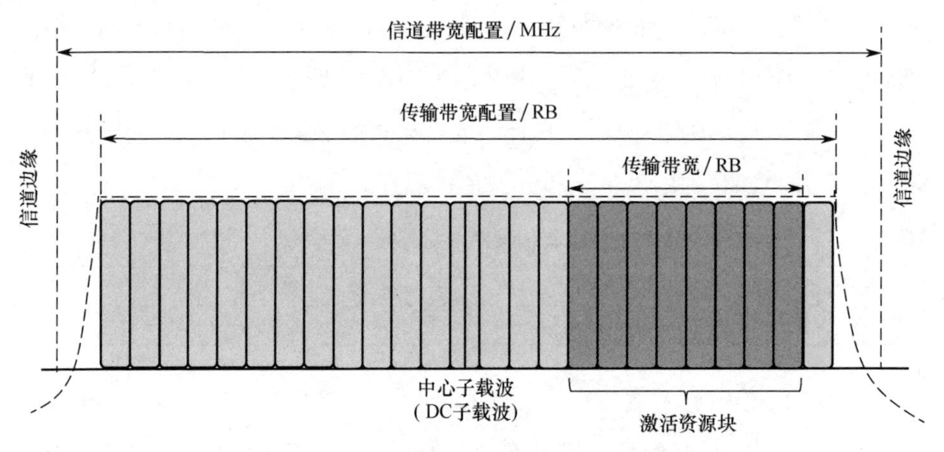

图 2-7　LTE 载波的传输带宽和信道带宽定义

对于常规循环前缀和扩展循环前缀，一个 0.5 ms 时隙中分别有 7 个（如图 2-8 所示）和 6 个 OFDM 符号。RB 定义为由时域上 7 个 / 6 个连续的 OFDM 符号（常规循环前缀/扩展循环前缀）和频域上连续的 12 个子载波所联合组成的资源。资源单元（Resource Element，RE）是最基本的资源单位，定义为一个 OFDM 符号上的一个子载波。针对两种循环前缀，一个 RB 中分别有 84 和 72 个 RE。RB 大小的选择是资源分配粒度和小包数据填充满一个 RB 所需要补充比特综合考虑的结果。

LTE 协议设计上所支持的用于下行和上行的 RB 个数范围为 $6 \leqslant N_{\mathrm{RB},T} \leqslant 110$ [3]，但是实际系统所用的 RB 个数是由表 2-2 中定义的传输带宽来确定。时间上资源调度的单位是子帧。一个物理资源块（Physical Resource Block，PRB）对被定义为一个子帧中频率位置相同的两个物理资源块。对于下行和上行的集中式传输，资源分配单元是物理资源块对。但是，对于下行离散式传输或上行同子帧内的时隙跳频，在一个子帧的两个时隙中分配给 UE 的 RB 是不同的。

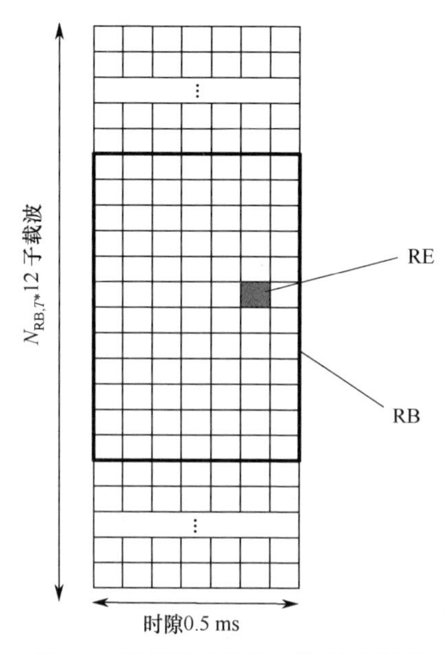

图 2-8　常规循环前缀的资源示意图

2.1.2.4　物理信道定义

物理信道有上行的，也有下行的。下行物理信道是指用来承载来自高层的信息的一组资源单元[3]。LTE 系统定义的下行物理信道有：

- 物理下行共享信道（Physical Downlink Shared Channel，PDSCH）；
- 物理广播信道（Physical Broadcast Channel，PBCH）；
- 物理多播信道（Physical Multicast Channel，PMCH）；
- 物理控制格式指示信道（Physical Control Format Indicator Channel，PCFICH）；
- 物理下行控制信道（Physical Downlink Control Channel，PDCCH）；
- 物理混合自动重传指示信道（Physical Hybrid ARQ Indicator Channel，PHICH）。

上述物理信道所承载的来自高层的信息也定义了对应的高层信道承载形式，具体为下行逻辑信道和下行传输信道。下行物理信道映射关系如图 2-9 所示。[11]

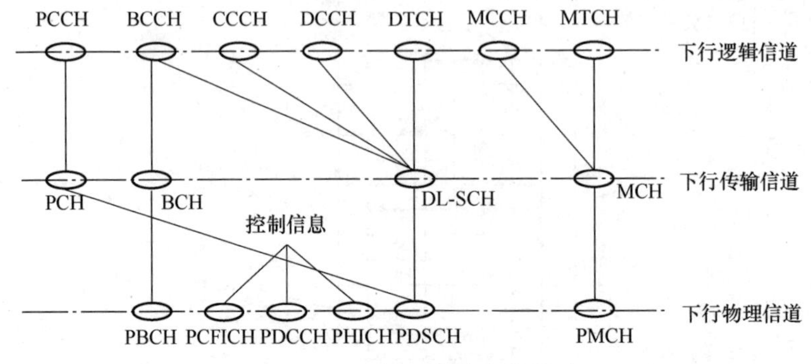

图 2-9　下行物理信道映射关系

LTE 系统定义的上行物理信道有[3,11]：

- 物理上行共享信道（Physical Uplink Shared Channel，PUSCH）；
- 物理上行控制信道（Physical Uplink Control Channel，PUCCH）；
- 物理随机接入信道（Physical Random Access Channel，PRACH）。

与下行物理信道一样，上行物理信道也有对应高层信道承载形式，具体为上行逻辑信道和上行传输信道。上行物理信道映射关系如图 2-10 所示。

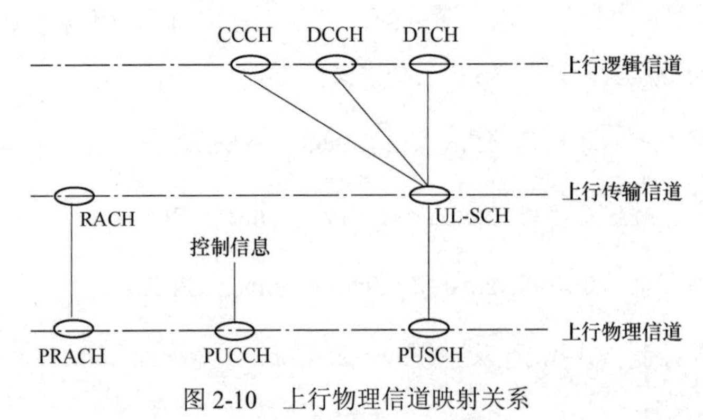

图 2-10　上行物理信道映射关系

2.1.3　参考信号

参考信号也就是所谓的“导频信号”，是接收端用来进行信道估计的信号。

在 LTE 系统中，参考信号是指在确定好的一组资源单元上发送的已知信号。不同参考信号估计出的信道信息作用是不同的。从接收端的角度，参考信号用来估计出参考信号所在的资源平面的信道信息，然后承载在同样资源平面上的符号就可利用所估计出的信道信息。每个参考信号关联一个天线端口。

2.1.3.1　下行参考信号

下行参考信号用来进行下行信道测量和下行传输的相干解调。LTE 的下行链路定义了如下参考信号[3]：

- 小区特定参考信号（Cell-specific Reference Signal，CRS）；
- UE 特定参考信号，也称为“解调参考信号”（UE-specific Reference Signal，also known as “Demodulation Reference Signal”，DM-RS）；
- 信道状态信息参考信号（Channel State Information Reference Signal，CSI-RS）；
- 发现参考信号（Discovery Reference Signal，DRS）；
- MBSFN 参考信号（MBSFN-RS）；
- 定位参考信号（Positioning Reference Signal，PRS）。

2.1.3.1.1　小区特定参考信号（CRS）

CRS 是 3GPP Rel-8 LTE 定义的一个基本信号，因为任何版本的 UE 都需要利用 CRS 接入 LTE 网络。下行的一些基本物理信道（包括 PBCH/PDCCH/PCFICH/PHICH 和 PDSCH 的传输模式 1～6[12]）的相干解调都需要基于 CRS 的信道估计。当系统配置有多个 CRS（2 或 4）且 PDSCH 传输需要进行预编码操作时，PDSCH 所使用的预编码矩阵信息在下行控制信道中进行通知。UE 利用 CRS 估计出的信道和所通知的预编码矩阵联合生成等效信道，用来进行 PDSCH 的相干解调。对于 PDSCH 传输模式 1～8，CRS 也被用来获取信道状态信息（Channel State Information，CSI），具体表现为信道质量指示（Channel Quality Indicator，CQI）、秩指示（Rank Indicator，RI）和预编码矩阵指示（Precoding Matrix Indicator，PMI）。另外，通过 PSS/SSS 获取初始同步后，CRS

也用来进行同步跟踪和无线资源管理（Radio Resource Management，RRM）测量进行小区选择。

CRS 是下行持续发送（“always on”）信号，需要在帧结构类型 I 的所有下行子帧、帧结构类型 II 的所有下行子帧和 DwPTS 中传输。对于常规循环前缀的子帧，CRS 在一个子帧的两个时隙中传输。对于 MBSFN 子帧，CRS 只在子帧的前两个 OFDM 符号中传输。一个小区配置的 CRS 个数可以为 1、2、4，分别对应 1、2、4 个天线端口。CRS 天线端口命名为天线端口 0、1、2、3。CRS 在一个物理资源块对（常规循环前缀）中的结构示意图如图 2-11 所示[3]。频域上，CRS 扩展在整个系统带宽中传输。这里说明一下，在图 2-11 中，不同 CRS 的频域位置是一个相对关系，绝对的位置与小区 ID 号有关。

每个 CRS 在同一个 OFDM 符号上两个相邻参考信号的频域间隔是 6 个 RE，因此 CRS 频域的起始位置有 6 个，即不同的频率移位。参考信号的频率移位是一个小区特定的设置，具体的移位值通过 $N_{\text{cell ID}}$ mod 6 得到，其中 $N_{\text{cell ID}}$ 是小区 ID，取值范围是[0,503]，LTE 定义了 504 个小区 ID。频率移位是为了避免相邻小区之间的 CRS 干扰。对于天线端口 0/1，CRS 放置在每个时隙的第一和第五个 OFDM 符号上，且在第一和第五个 OFDM 符号的频率位置上是交错的。天线端口 2/3 上的 CRS 只放置在每个时隙的第二个 OFDM 符号上，主要目的是降低参考信号的开销。两个天线端口 CRS 的开销是 9.52%，若天线端口 2/3 使用与天线端口 0/1 同样的参考信号密度，那么 CRS 开销将是 19.05%，这么高的开销是不可接受的。天线端口 2 和 3 的低密度参考信号可能导致在高速移动时信道估计性能的下降。

天线端口 0 和 1 的参考信号通过频分复用（Frequency Division Multiplexing，FDM）的方式复用。在天线端口 0 的资源集合中，天线端口 1 的参考信号位置所对应的资源单元（RE）将不用于任何传输，即零功率发送。这些不用于任何传输的 RE 上的功率可以转移给同一个 OFDM 符号上的参考信号，以提升信道估计性能。这个功率机制同样也适用于天线端口 2 和 3。

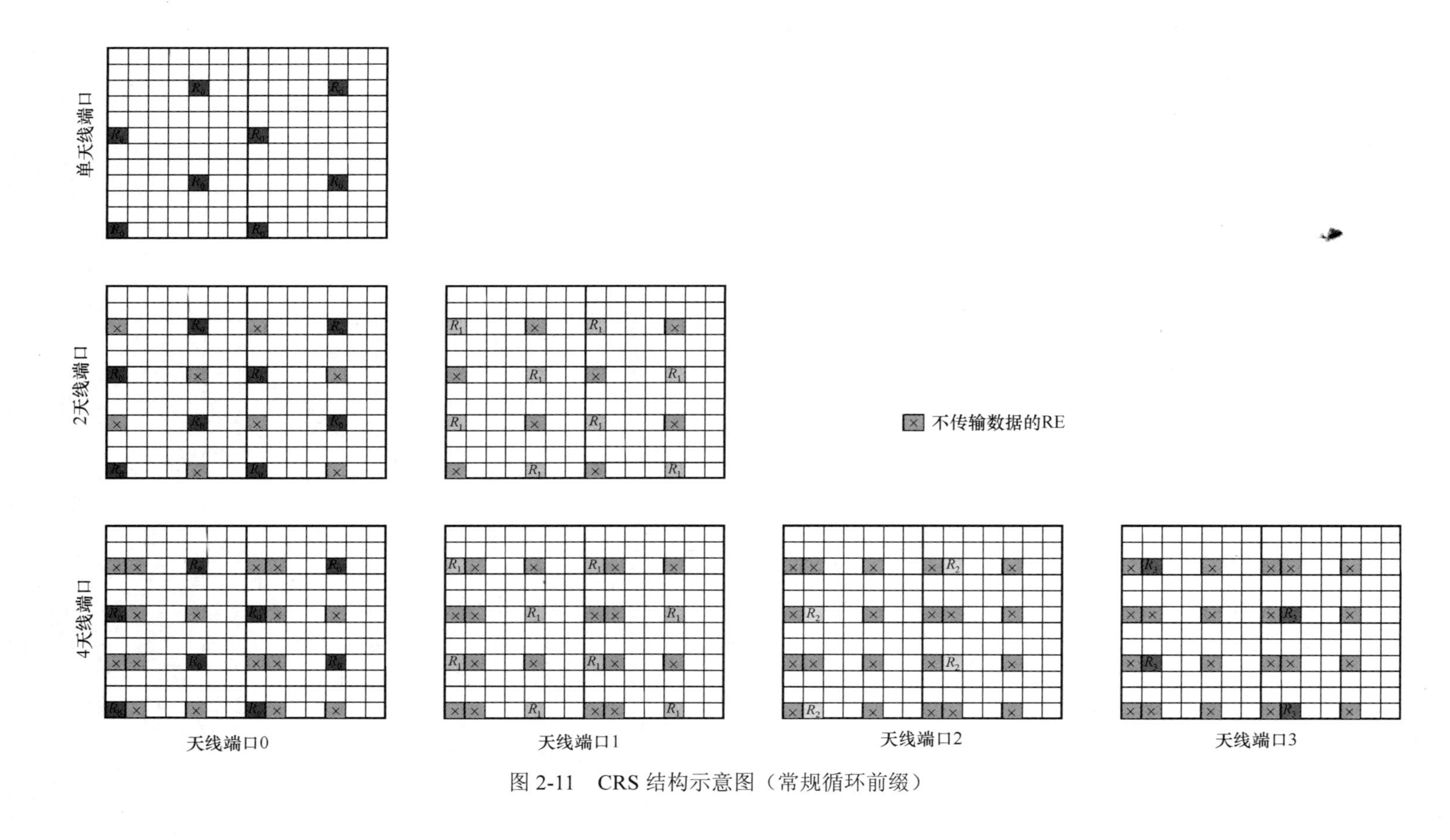

图 2-11　CRS 结构示意图（常规循环前缀）

CRS 除用来进行信道测量和物理信道的相干解调外，还被用来进行小区选择 / 重选和小区切换的测量。CRS 天线端口 0 用来确定参考信号接收功率（Reference Signal Received Power，RSRP），也可以采用天线端口 1，这依赖于 UE 是否能够可靠地获取天线端口 1 的信息。RSRP 定义为在所考虑的测量带宽内承载 CRS 的 RE 的接收功率（以“W”为单位）的线性平均值[13]。网络将会根据上报的 RSRP 和参考信号接收质量（Reference Signal Received Quality，RSRQ）[13]来确定是否进行小区选择 / 重选或小区切换。

2.1.3.1.2 UE 特定参考信号

UE 特定参考信号，也就是通常所说的解调参考信号（DM-RS），其主要用于传输模式 7～10[12] 的 PDSCH 解调。DM-RS 只在调度给 PDSCH 传输的 RB 中发送，与全带宽发送的 CRS 不同。基于 DM-RS 的 PDSCH 传输所用的预编码矩阵对于 UE 是透明的，即 UE 不知道发送端所采用的预编码矩阵。通过 DM-RS 估计出的信道实际上是预编码矩阵与实际物理传播信道联合的结果，因此不需要信令通知发送端采用的预编码矩阵。由于 UE 无法确知发送端在不同的 RB 上所采用的预编码矩阵，所以在利用 DM-RS 进行信道估计时就不能在其所调度的 RB 之间进行信道插值，这样会导致信道估计性能下降。为了平衡预编码增益和信道估计性能的损失，传输模式 9 支持物理资源块的绑定，定义了预编码资源块组（Precoding Resource block Group，PRG），即假设一组频域上连续的物理资源块采用相同的预编码矩阵，这样 UE 就可以在一个 PRG 内做信道估计插值。PRG 的大小与系统带宽有关，具体见表 2-3[12]。

表 2-3　PRG 大小的定义

系统带宽 / PRB	PRG 大小 / PRB
≤10	1
11～26	2
27～63	3
64～110	2

LTE 中首先支持基于 DM-RS 的 PDSCH 传输模式是 Rel-8 中定义的传输模式 7，即单流波束赋形，其定义的 DM-RS 对应天线端口 5 的结构如图 2-12 所示[12]。

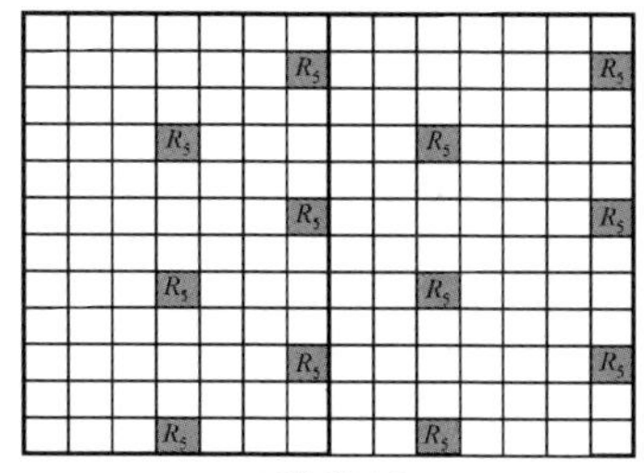

天线端口5

图 2-12　天线端口 5 的结构（常规循环前缀）

在 Rel-9 中，引入支持双流波束赋形的传输模式 8，并且定义了两个新的 DM-RS，分别对应天线端口 7 和 8，如图 2-13 所示。考虑到后向兼容（即 Rel-9 的网络应支持 Rel-8 UE 的接入）要求，新引入的 DM-RS 应避免与 CRS、PDCCH 和 PBCH / 主同步信号（Primary Synchronization Signal，PSS）/ 辅助同步信号（Secondary Synchronization Signal，SSS）之间的资源冲突。新引入的 DM-RS 位置是在一个子帧的每时隙的最后两个 OFDM 符号上。每个 DM-RS 在一个资源块对中占用 12 个 RE，两个 DM-RS 占用相同的 RE，二者之间通过码分复用（Code Division Multiplexing，CDM）区分。在时域的 4 个 RE 上，天线端口 7 和 8 所采用的两个码分别是 [+1　+1　+1　+1] 和 [+1　−1　+1　−1]。传输模式 8 的 DM-RS 可支持单用户多入多出技术（Single-User Multiple-Input Multiple-Output，SU-MIMO）和多用户多入多出技术（Multi-User Multiple-Input Multiple-Output，MU-MIMO）之间的动态切换。MU-MIMO 的传输对于 UE 是透明的，也就是 UE 始终假设基站与自己之间以 SU-MIMO 的方式进行传输。传输模式 8 定义了 2 个 DM-RS 序列，这两个序列之间是准正交的。对于每个 DM-RS 序列，对应天线端口 7 和 8 的两个参考信号是彼此正交的，但是基于这两个序列的参考信号之间是准正交的。每个 UE 具体使用哪个序列作为 DM-RS 信号，具体的信息通过下行控制信道指示。因此传输模式 8 最多可支持 4 个 UE 的 MU-MIMO。

在 Rel-10 中，引入了支持最多 8 流的传输模式 9，定义了 8 个 DM-RS 和对应的天线端口 7～天线端口 14。这 8 个 DM-RS 天线端口由天线端口 7 和 8 扩展而成。首先是把正交覆盖码（Orthogonal Cover Code，OCC）由 2 个增加到 4 个，另外增加了一组 DM-RS 资源，DM-RS 的 RE 从 12 个扩展到 24 个。在每组 DM-RS 资源的 12 个 RE 上，支持 4 个天线端口，彼此之间通过 4 个正交码来区分。天线端口和 OCC 之间的映射关系见表 2-4。在常规循环前缀子帧中，天线端口 7、8、9、10 对应的 UE 特定参考信号的资源映射如图 2-14 所示。

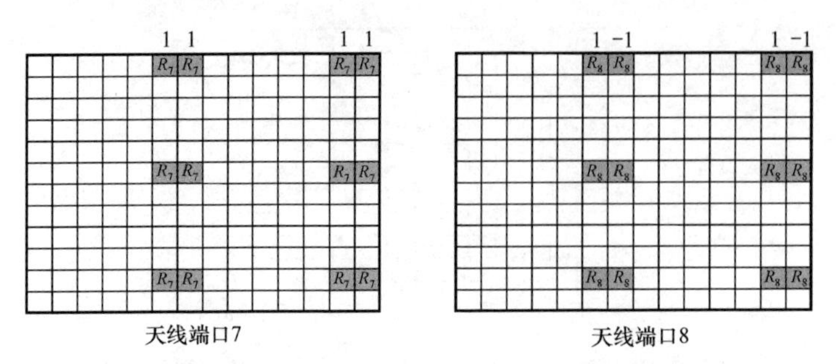

图 2-13　天线端口 7 和 8 的 UE 特定参考信号

表 2-4　天线端口与 OCC 之间的映射关系

天线端口	OCC	天线端口	OCC
7	[+1　+1　+1　+1]	11	[+1　+1　−1　−1]
8	[+1　−1　+1　−1]	12	[−1　−1　+1　+1]
9	[+1　+1　+1　+1]	13	[+1　−1　−1　+1]
10	[+1　−1　+1　−1]	14	[−1　+1　+1　−1]

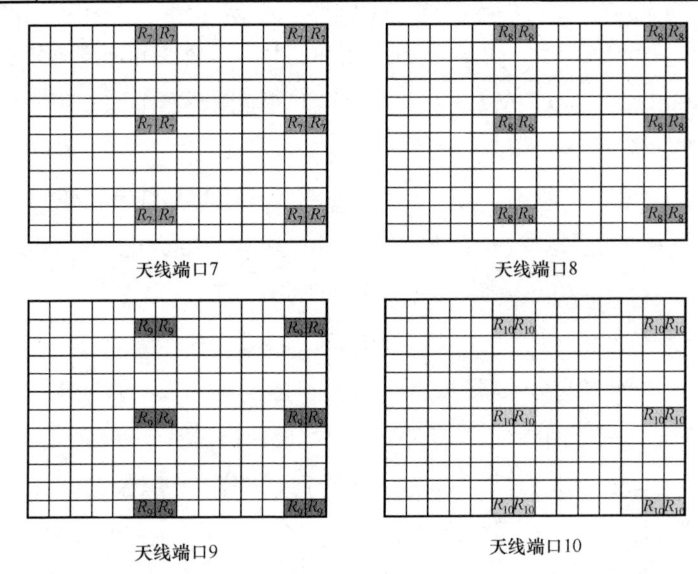

图 2-14　天线端口 7、8、9、10 对应的 UE 特定参考信号的资源映射

2.1.3.1.3　信道状态信息参考信号（CSI-RS）

CSI-RS 是在 3GPP Rel-10 LTE 中引入用来测量信道状态信息参考信号的，适用于传输模式 9 和 10。为提升系统峰值速率，Rel-10 支持下行最多 8 流的数据传输。若把 CRS 天线端口的设计准则直接扩展应用到 8 天线端口，会导致系统低效和复杂化。首先，8 个 CRS 天线端口参考信号的开销不可接受，

如本书 2.1.3.1 节所述，4 个 CRS 天线端口的开销已经达到 14.28%，8 个天线端口的开销将会达到 30%左右；但是实际网络中传输的秩大于 4 的 UE 数不会很多。另外，由于后向兼容的要求，3GPP Rel-10 LTE 系统需要支持 3GPP Rel-8 LTE UE 的接入和正常通信，Rel-8 原有的 CRS 天线端口仍需存在，新定义的天线端口和原有的 CRS 天线端口的共存将会非常复杂。因此，需要不同于原有 CRS 设计的一种新的参考信号设计方法。信道测量和解调的功能分别通过 CSI-RS 和 DM-RS 来实现，而 DM-RS 的内容已经在本书 2.1.3.1.2 节进行了介绍。

尽管 CSI-RS 是由于支持 8 天线传输而引入的，但是 CSI-RS 也定义了 1、2、4 个天线端口。定义的 1、2、4 和 8 个 CSI-RS 天线端口分别为 15、15/16、15/16/17/18 和 15/16/17/18/19/20/21/22。由于 CSI-RS 只用于信道测量，所以 CSI-RS 的密度可以低一些，以此降低导频开销。通过对 CSI-RS 开销和信道测量性能之间的折中考虑，每个 CSI-RS 端口在频域维度的每个资源块中平均占用 1 个 RE，而在时域维度是周期发送的，可配置的周期是 5、10、20、40 和 80 个子帧。

一个资源块中所有的 CSI-RS 以 CDM 或 FDM 和 TDM 混合的方式进行复用。每个 CSI-RS 端口占用时域上连续的 2 个 RE，这 2 个连续的 RE 可承载两个通过 CDM 复用的 CSI-RS，所用的两个正交码分别是 [+1 +1] 和 [+1 −1]。CSI-RS 的位置应避开与 CRS、DM-RS、定位参考信号（PRS）、PDCCH、PBCH 和 PSS/SSS 的冲突。在一个资源块中，对于帧结构类型 I 和帧结构类型 II，可以预留最多 40 个 RE 用于 CSI-RS，分别对应 20 个（1 或 2 天线端口）、10 个（4 天线端口）和 5 个（8 天线端口）CSI-RS 配置。在常规循环前缀子帧上，不同天线端口数的 CSI-RS 配置示意图如图 2-15 所示，其中同一色块的 RE 对应一个 CSI-RS 配置，数字代表的是 CSI-RS 配置的索引；灰色或“×”表示 CRS 或 DM-RS 位置。除此之外，针对帧结构类型 II，还有额外的 12、6 和 3 个 CSI-RS 配置，分别对应 1/2、4 和 8 个天线端口[3]。

CSI-RS 天线端口的个数以及 CSI-RS 配置都是由高层信令来完成的。一个 CSI-RS 配置中的所有 CSI-RS 通过 CDM 和 FDM 方式复用，天线端口对 15/16、17/18、19/20 和 21/22 通过 FDM 复用，每对天线端口中的 2 个天线端口是码分的。图 2-16 以 CSI-RS 配置 0 为例子示意了不同天线端口的参考信号。

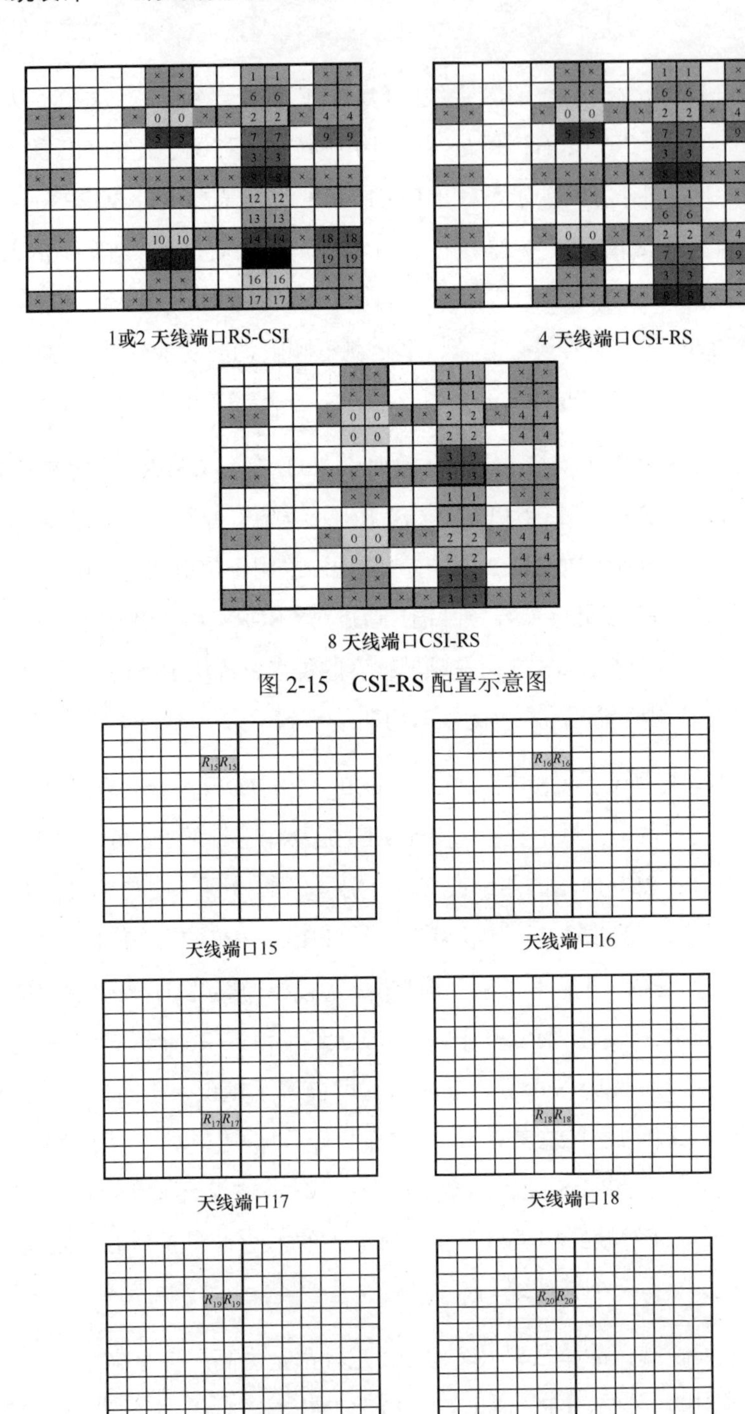

图 2-15 CSI-RS 配置示意图

图 2-16 CSI-RS 配置 0 的天线端口示意图（常规循环前缀）

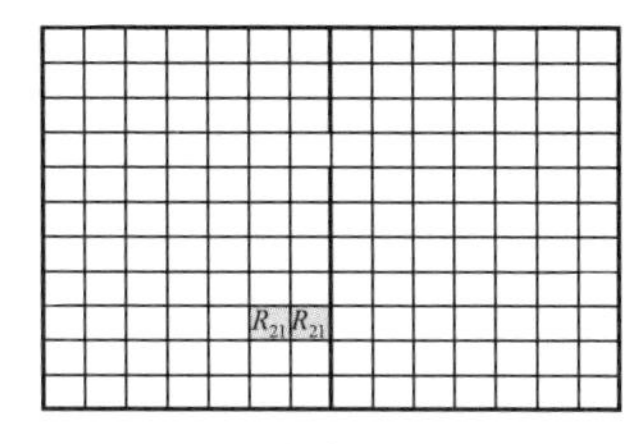

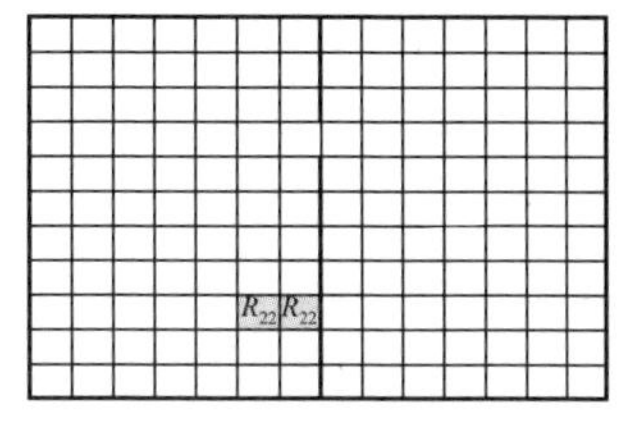

图 2-16　CSI-RS 配置 0 的天线端口示意图（常规循环前缀）（续）

因为 CSI-RS 是全频带的宽带传输，所以在调度给 Rel-8 UE 的资源块中，就会发生资源冲突。这种情况下，针对 Rel-8 UE 的 PDSCH 进行打孔操作，即在 CSI-RS 与 Rel-8 UE 的 PDSCH 发生资源冲突的 RE 上，只发送 CSI-RS，而把对应的 Rel-8 UE 的 PDSCH 数据打掉。由于网络侧知道 CSI-RS 配置和 Rel-8 UE 的调度信息，数据打孔操作对 Rel-8 UE 性能的影响可通过基站侧的调度和链路自适应来弥补。对于 Rel-10 和后续版本的 UE，针对 CSI-RS 采用速率匹配方式来处理。CSI-RS 配置是 UE 特定的，即一个 UE 只知道网络配置给自己的 CSI-RS，而不知其他 UE 的 CSI-RS 配置，因此 UE 就无法针对所有配置的 CSI-RS 进行速率匹配。为了支持速率匹配，网络将会通知 UE 零功率的 CSI-RS 配置，UE 假设这些 RE 上是零功率。零功率 CSI-RS 配置重用 4 个天线端口的 CSI-RS 配置，一个子帧中的零功率 CSI-RS 配置通过 16 比特位图来指示。若 16 比特位图中的一个比特设置为 1，UE 就假设此比特所对应的 CSI-RS 配置的 RE 是零功率。

在 Rel-13/ Rel-14 的 FD-MIMO[14,15]配置中，CSI-RS 天线端口数扩展支持到 12、16、20、24、28 和 32，分别标识为 $p=15,\cdots,26$，$p=15,\cdots,30$，$p=15,\cdots,34$，$p=15,\cdots,38$，$p=15,\cdots,42$ 和 $p=15,\cdots,46$。对于天线端口数大于 8 的 CSI-RS 配置，CSI-RS 通过聚合一个子帧中 $N_{\text{res}}^{\text{CSI}}>1$ 个已定义的 CSI-RS 配置得到，其中每个 CSI-RS 配置中的天线端口数 $N_{\text{CSI res}}^{\text{ports}}$ 是 4 或 8。尽管每个 CSI-RS 配置中的天线端口数是 2 时会更加灵活，但是会导致信令开销和配置的复杂度。CSI-RS 配置聚合的方式见表 2-5。

表 2-5　CSI-RS 配置聚合的方式　　　　单位：个

总的天线端口数 $N_{\text{res}}^{\text{CSI}} N_{\text{CSI res}}^{\text{ports}}$	每个 CSI-RS 配置中的天线端口数 $N_{\text{CSI res}}^{\text{ports}}$	CSI-RS 配置数 $N_{\text{res}}^{\text{CSI}}$
12	4	3
16	8	2
20	4	5
24	8	3
28	4	7
32	8	4

针对每个被聚合的 4 或 8 端口的 CSI-RS 配置，CSI-RS 的结构与图 2-15 中所示的是一样的。当 OCC=2 时，每个 CSI-RS 信号被扩展在两个 RE 中，两个 CSI-RS 通过[+1 +1]和[+1 −1]区分，如图 2-16 所示；当 OCC=4 时，每个 CSI-RS 信号被扩展到一个资源块中的 4 个 RE，四个 CSI-RS 通过[+1 +1 +1 +1]、[+1 −1 +1 −1]、[+1 +1 −1 −1]和[+1 −1 −1 +1] 区分。当 OCC=4 时，4 端口和 8 端口的 CSI-RS 配置 0 分别如图 2-17 和图 2-18 所示。

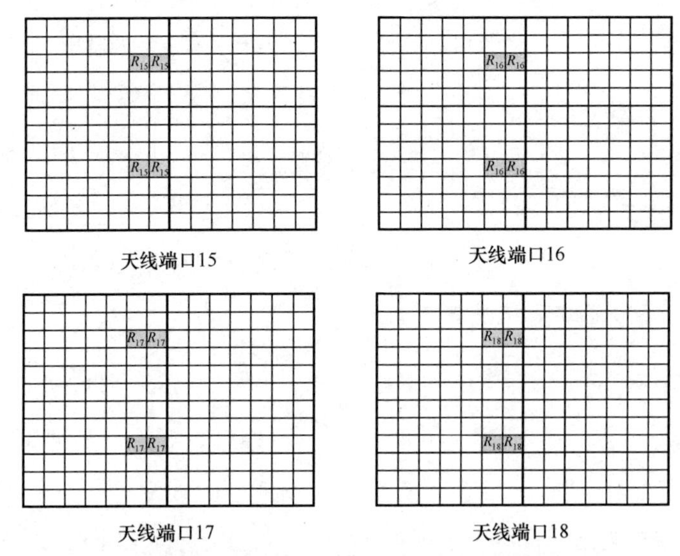

图 2-17　4 端口的 CSI-RS 配置 0（OCC=4，常规循环前缀）

一个 CSI-RS 配置下的天线端口与 OCC=4 正交码之间的映射关系见表 2-6 和表 2-7。

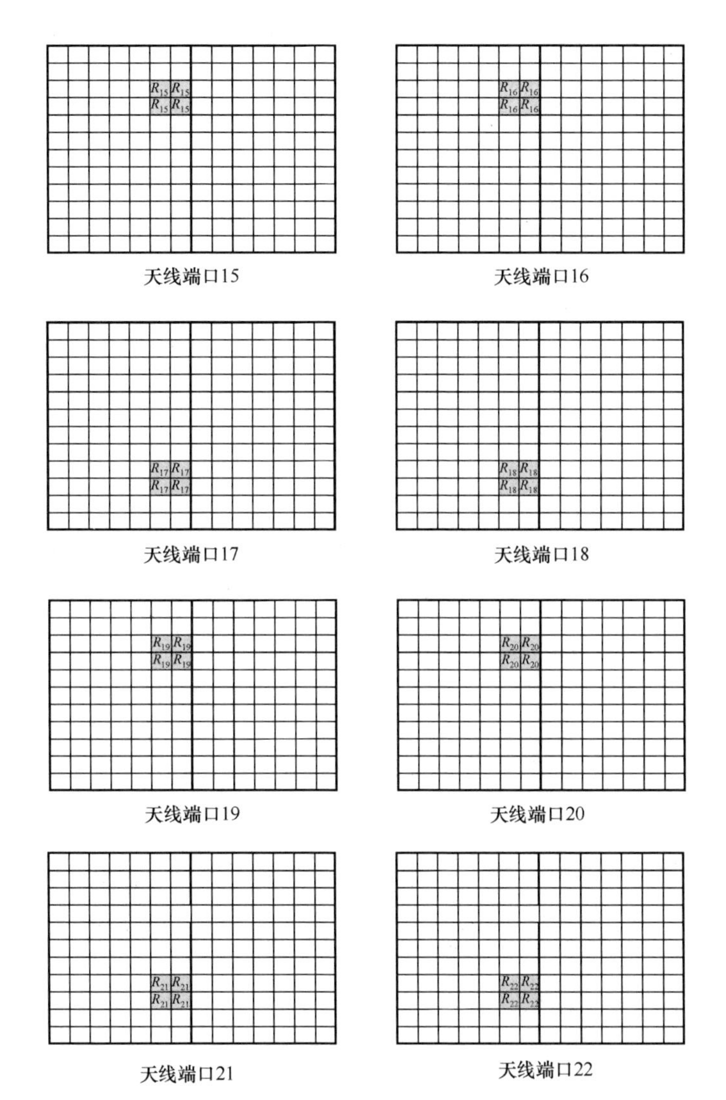

图 2-18　8 端口的 CSI-RS 配置 0（OCC=4，常规循环前缀）

表 2-6　4 个天线端口时的 OCC 分配

天 线 端 口	资 源 单 元			
	[$w(0)w(1)w(2)w(3)$]			
15	+1	+1	+1	+1
16	+1	−1	+1	−1
17	+1	+1	−1	−1
18	+1	−1	−1	+1

表 2-7　8 个天线端口时的 OCC 分配

天线端口	资源单元							
	$[w(0)w(1)w(2)w(3)]$				$[w(0)w(1)w(2)w(3)]$			
15	+1	+1	+1	+1				
16	+1	−1	+1	−1				
17					+1	+1	+1	+1
18					+1	−1	+1	−1
19	+1	+1	−1	−1				
20	+1	−1	−1	+1				
21					+1	+1	−1	−1
22					+1	−1	−1	+1

当 OCC=8，每个 CSI-RS 配置在一个资源块对中占用 8 个 RE，在这 8 个 RE 上可支持 8 个 CSI-RS，彼此之间通过 OCC=8 的正交码来区分。OCC=8 的 CSI-RS 只应用于 32 和 24 个天线端口。对于 8 个天线端口的 CSI-RS 配置（见图 2-15），一共有 5 种，标识为{0,1,2,3,4}。当 4 个 8 端口的 CSI-RS 配置聚合成一个 32 端口的 CSI-RS 且采用 OCC=8 时，聚合的 CSI-RS 配置组合限制在下面三个中的一种：{0, 1, 2, 3} 或{0, 2, 3, 4} 或 {1, 2, 3, 4}；当 3 个 8 端口的 CSI-RS 配置聚合成一个 24 端口的 CSI-RS 且采用 OCC=8 时，聚合的 CSI-RS 的配置组合为{1, 2, 3}。对于 32 和 24 端口的 CSI-RS，OCC 的分配分别见表 2-8 和表 2-9。

表 2-8　32 个天线端口下每个天线端口对应的 OCC=8 的正交码分配

CSI-RS 配置中每个天线端口的 RE 位置				$[w(0)w(1)w(2)w(3)w(4)]w(5)w(6)w(7)]$							
				1st 被聚合的 CSI-RS 配置		2nd 被聚合的 CSI-RS 配置		3rd 被聚合的 CSI-RS 配置		4th 被聚合的 CSI-RS 配置	
15	17	19	21	+1	+1	+1	+1	+1	+1	+1	+1
16	18	20	22	+1	−1	+1	−1	+1	−1	+1	−1
23	25	27	29	+1	+1	−1	−1	+1	+1	−1	−1
24	26	28	30	+1	−1	−1	+1	+1	−1	−1	+1
31	33	35	37	+1	+1	+1	+1	−1	−1	−1	−1
32	34	36	38	+1	−1	+1	−1	−1	+1	−1	+1
39	41	43	45	+1	+1	−1	−1	−1	−1	+1	+1
40	42	44	46	+1	−1	−1	+1	−1	+1	+1	−1

表 2-9　24 个天线端口下每个天线端口对应的 OCC=8 的正交码分配

CSI-RS 配置中每个天线端口的 RE 位置			[w(0)w(1)w(2)w(3)w(4)]w(5)w(6)w(7)]							
CSI-RS Config. 1 CSI-RS Config. 2 CSI-RS Config. 3	CSI-RS Config. 1 CSI-RS Config. 2 CSI-RS Config. 3	CSI-RS Config. 1 CSI-RS Config. 2 CSI-RS Config. 3								
15	31	25	+1	+1	+1	+1	+1	+1	+1	+1
16	32	26	+1	−1	+1	−1	+1	−1	+1	−1
19	35	29	+1	+1	−1	−1	+1	+1	−1	−1
20	36	30	+1	−1	−1	+1	+1	−1	−1	+1
23	17	33	+1	+1	+1	+1	−1	−1	−1	−1
24	18	34	+1	−1	+1	−1	−1	+1	−1	+1
27	21	37	+1	+1	−1	−1	−1	−1	+1	+1
28	22	38	+1	−1	−1	+1	−1	+1	+1	−1

对于大于 8 个的 CSI-RS 天线端口，天线端口总数为 $N_{\text{res}}^{\text{CSI}} N_{\text{CSI res}}^{\text{ports}}$，标识为 $p = 15,16,\cdots,15 + N_{\text{res}}^{\text{CSI}} N_{\text{CSI res}}^{\text{ports}} - 1$。每个 CSI-RS 配置中的天线端口数为 $N_{\text{CSI res}}^{\text{ports}}$，标识为 $p' = 15,16,\cdots 15 + N_{\text{CSI res}}^{\text{ports}} - 1$。$p$ 和 p' 之间的关系[3]如下：

如果　CDM OCC=2

$$p = \begin{cases} p' + \dfrac{N_{\text{CSI res}}^{\text{ports}}}{2} & p' \in \left\{15,16,\cdots,15 + \dfrac{N_{\text{CSI res}}^{\text{ports}}}{2} - 1\right\} \\ p' + \dfrac{N_{\text{CSI res}}^{\text{ports}}}{2}(i + N_{\text{res}}^{\text{CSI}} - 1) & p' \in \left\{15 + \dfrac{N_{\text{CSI res}}^{\text{ports}}}{2},\cdots,15 + N_{\text{CSI res}}^{\text{ports}} - 1\right\} \end{cases}$$

$$i \in \{0,1,\cdots,N_{\text{res}}^{\text{CSI}} - 1\}$$

其中

$$p = p' + N_{\text{CSI res}}^{\text{ports}} i \quad p' \in \{15,16,\cdots,15 + N_{\text{CSI res}}^{\text{ports}} - 1\}$$

$$i \in \{0,1,\cdots,N_{\text{res}}^{\text{CSI}} - 1\}$$

并且对于每个使用 CDM OCC=2 的 CSI-RS 配置，天线端口标识为 $p' = 15, 16,\cdots, 15 + \dfrac{N_{\text{CSI res}}^{\text{ports}}}{2} - 1$ 和 $p' = 15 + \dfrac{N_{\text{CSI res}}^{\text{ports}}}{2},\cdots,15 + N_{\text{CSI res}}^{\text{ports}} - 1$，代表的是交叉极化天线配置下两个不同极化方向。因此，上面 p 和 p' 的映射关系，可以保证所有的

天线端口 $p=15,16,\cdots,15+\frac{N_{\text{CSI res}}^{\text{ports}}N_{\text{res}}^{\text{CSI}}}{2}-1$ 和 $p'=15+\frac{N_{\text{CSI res}}^{\text{ports}}N_{\text{res}}^{\text{CSI}}}{2},\cdots,15+N_{\text{CSI res}}^{\text{ports}}N_{\text{res}}^{\text{CSI}}-1$ 分别是两个不同极化方向上的天线端口。

2.1.3.1.4 发现参考信号（DRS）

发现参考信号是在 Rel-12 中针对小小区部署场景而引入的参考信号。为节省基站能耗和降低小小区之间的干扰，定义了与业务模式自适应的小区开关机制[16]。发现参考信号用来促使快速有效地发现小区，并减少转化时间。

发现参考信号是在下行子帧或特殊子帧的 DwPTS 中传输的，一个发现参考信号包括 PSS/SSS、CRS 天线端口 0 和可配置的 CSI-RS。在一个小区中，发现信号一次发送持续的时间是可配置的，可以配置为 1～5 个连续的子帧（帧结构类型 I）和 2～5 个连续的子帧（帧结构类型 II）。发现参考信号的发送周期也是通过高层信令配置的。

在发现信号的每个发送机会中，PSS 位于其发送机会中的第一个子帧（帧结构类型 I）或第二个子帧（帧结构类型 II），SSS 也位于第一个子帧。在 DRS 的每个发送机会中也包括每个下行子帧中的 CRS 天线端口 0，以及一些子帧中配置的 CSI-RS（若有 CSI-RS 配置）。

2.1.3.1.5 其他下行参考信号

除了上面描述的参考信号，LTE 系统中也定义了其他下行参考信号，具体包括用于 PMCH 的 MBSFN 参考信号，用于定位的定位参考信号，EPDCCH 的解调参考信号等。由于篇幅限制，这些参考信号的细节就不在这里赘述，详细内容可以参见参考文献[3]。

2.1.3.2 上行参考信号

与下行参考信号类似，上行参考信号用于相干解调和上行信道测量。在下行中，参考信号可以通过广播的方式发给所有的 UE，例如 CRS；但是，上行参考信号都是 UE 特定的。LTE 支持以下两种上行参考信号：

- 上行解调参考信号（DM-RS）；
- 侦听参考信号（Sounding Reference Signal，SRS）。

2.1.3.2.1 上行解调参考信号（DM-RS）

上行 DM-RS 主要用于基站进行信道估计，并利用信道估计对 PUSCH 和 PUCCH 做相干解调。在 Rel-8 中，PUSCH 和 PUCCH 的传输都只支持一个天线端口。在 Rel-10 中，PUSCH 扩展支持 2 和 4 个天线端口传输，PUCCH 支持 2 个天线端口传输。PUSCH 和 PUCCH 传输可支持的最大 DM-RS 个数由高层信令以 UE 特定的方式配置。PUSCH 和 PUCCH 的 DM-RS 天线端口标记总结见表 2-10[3]。

表 2-10 PUSCH 和 PUCCH 的 DM-RS 天线端口标记总结

类 型	配置的最大天线端口数 / 个		
	1	2	4
PUSCH	10	20	40
	—	21	41
	—	—	42
	—	—	43
PUCCH	100	200	—
	—	201	—

为了简单起见，DM-RS 从单天线端口传输开始定义，然后扩展到多个天线端口的传输。由于上行需要低 CM 传输，在 PUSCH 的每时隙中，DM-RS 和数据之间采用时分复用方式，以保证单载波传输。同时 DM-RS 与数据在频域上的带宽是相同的。PUSCH DM-RS 是在每时隙中的第四个 OFDM 符号中传输，剩余的 6 个 OFDM 符号用于数据传输（常规循环前缀）。PUCCH 的传输限制在一个资源块中，其中 PUCCH DM-RS 和控制信息的复用依赖于 PUCCH 的格式，如 PUCCH 格式 1/1a/1b，一个资源块中的第 3/4/5 个 OFDM 符号用来 DM-RS 传输。PUSCH 和 PUCCH 的 DM-RS 和传输信息之间的时分复用如图 2-19 所示。

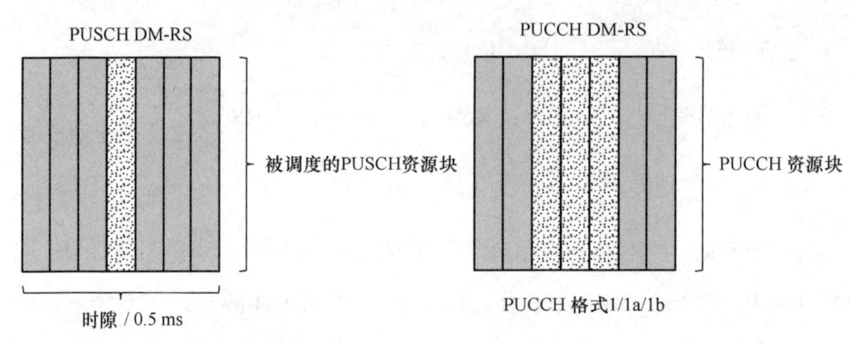

图 2-19 DM-RS 和传输信息之间的时分复用（PUSCH，PUCCH）

区别于下行参考信号，上行 DM-RS 序列的幅度无论在频域还是时域都应该保持恒定。在频域上，DM-RS 的恒定幅度是为了保证不同子载波上信道估计性能均匀；在时域上，恒定的幅度是为了保证低 CM。由于 IFFT 操作中的过采样，时域上的信号仍会出现幅度的变化，但是仍会保持低 CM。另外，DM-RS 序列需要具备零自相关特性，这样可以优化信道估计性能，并保持低互相关特性来降低小区间的干扰。基于这些要求，Zadoff-Chu（ZC）序列被选择为上行 DM-RS 序列，因为 ZC 序列有很好的自相关和互相关特性[17]。ZC 序列的定义为

$$x_q(m)=\mathrm{e}^{-\mathrm{j}\frac{\pi q m(m+1)}{N_{\mathrm{ZC}}^{\mathrm{RS}}}}\text{，}0\leqslant m\leqslant N_{\mathrm{ZC}}^{\mathrm{RS}}-1$$

式中，$N_{\mathrm{ZC}}^{\mathrm{RS}}$ 是 ZC 序列的长度，q 代表第 q 个根序列，根序列的个数等于与 $N_{\mathrm{ZC}}^{\mathrm{RS}}$ 互质的整数的个数。也就是说，如果 ZC 序列的长度是一个质数，那么就会产生最多个数的根序列。一定长度下的根序列个数越大，而不同的根序列就可以分配给多个小区，从而很好地抑制小区间的干扰。因此，LTE 中 ZC 序列的长度都是质数。

DM-RS 序列长度与 PUSCH 的带宽相同。PUSCH 的带宽依赖于所分配的连续资源块的个数，即 $M_{\mathrm{sc}}=12\times N_{\mathrm{RB}}$，其中 N_{RB} 是所调度的资源块的个数，DM-RS 序列的长度等于 M_{sc}。对于 ZC 序列的长度可选择与 M_{sc} 最近的质数作为 ZC 序列的长度，然后可以通过序列循环扩展或截短的方式得到 DM-RS 序列。通过评估，ZC 序列循环扩展的方式具备更好的 CM 特性而被采纳[18]。ZC 序列的长度 $N_{\mathrm{ZC}}^{\mathrm{RS}}$ 被确定为小于 M_{sc} 的最大质数，然后 ZC 序列被循环扩展生成长度等于 M_{sc} 的 DM-RS 基序列如下：

$$r_{u,v}(n) = x_q(n \bmod N_{\mathrm{ZC}}^{\mathrm{RS}}),\ 0 \leqslant n \leqslant M_{\mathrm{sc}} - 1$$

对于每个调度带宽，有多个基序列与之对应。基序列被分成 30 组，$u \in \{0,1,\cdots,29\}$ 表示序列组号。组号 u 与根序列 q^{th} 之间的具体关系可以参考文献[3]。每个基序列组中包含不同长度的基序列，分别对应不同的调度带宽 N_{RB}。在一个基序列组中，每个长度的基序列个数依赖于调度带宽 N_{RB}。当 $1 \leqslant N_{\mathrm{RB}} \leqslant 2$ 时，长度为 $M_{\mathrm{sc}} = 12 \times N_{\mathrm{RB}}$ 的可用的基序列个数小于 30，这是由于 ZC 根序列的长度小于 30。因此，无法保证每个基序列组中都有一个如此长度的基序列。取而代之，通过计算机搜索的方法产生了 30 组长度为 $M_{\mathrm{sc}} = 12 \times N_{\mathrm{RB}}$，$1 \leqslant N_{\mathrm{RB}} \leqslant 2$ 的序列，序列的形式为 $r_u(n) = \mathrm{e}^{\mathrm{j}\varphi(n)\pi/4}$，$0 \leqslant n \leqslant M_{\mathrm{sc}} - 1$。其中，$\varphi(n)$ 的定义参见文献[3]；n 是序列的元素标识。如上所述，一时隙中 PUCCH 的传输限制在一个资源块中，PUCCH 的 DM-RS 采用计算机搜索产生的序列。当 $3 \leqslant N_{\mathrm{RB}}$ 时，长度为 $N_{\mathrm{ZC}}^{\mathrm{RS}}$ 的 ZC 序列大于 30，那么对于每个长度 M_{sc} 的序列就可产生多于 30 个序列。这样就可以使每个基序列组中有 1 个（$v = 0$，长度为 $M_{\mathrm{sc}} = 12 \times N_{\mathrm{RB}}$，$3 \leqslant N_{\mathrm{RB}} \leqslant 5$）和 2 个（$v = 0,1$，长度为 $M_{\mathrm{sc}} = 12 \times N_{\mathrm{RB}}$，$6 \leqslant N_{\mathrm{RB}}$）基序列。

当不同小区的 DM-RS 处在同一个位置时，如果不同小区的 DM-RS 没有很好地协调，就会出现严重的小区间干扰。但通过基序列分组来降低小区间的干扰。每个长度对应的所有基序列可以分配给不同的基序列组，每组中包含不同长度的基序列。每个小区分配一个基序列组，由于 ZC 序列的低互相关特性，这样就能够抑制小区间的 DM-RS 干扰。一共有 30 个基序列组，就可以使 30 个小区分配有不同的基序列组。LTE 定义了 504 个小区 ID，就会出现一个基序列组被 17 个小区重用的情况。在这种情况下，很明显，如果两个小区分配有相同的基序列组，就会出现非常严重的干扰；但是可以通过小区规划去解决，即相邻小区被规划分配有不同的基序列组。这种方式可以避免相邻小区采用相同的基序列组，但是不灵活且很复杂，因为在实际网络中一旦有新的小区部署后，小区 ID 就可能会更新，就需要重新分配。另外一种方法是基序列组按照时间不断地跳变，即一个小区的基序列组随着不同的时隙进行变化，能够随机化小区间的干扰。

LTE 系统总共定义了 17 个不同的基序列组跳变图案 $f_{\mathrm{gh}}(n_{\mathrm{s}})$ 和 30 个不同的序列移位图案 f_{ss}。基序列组的组号 u 确定如下：

$$u=\left(f_{\mathrm{gh}}\left(n_{\mathrm{s}}\right)+f_{\mathrm{ss}}\right) \bmod 30$$

基序列组是否进行随机跳变是由系统来配置确定的，该配置是一个小区级的高层参数。基序列组的跳变图案是由一个伪随机序列产生的，且伪随机序列产生器的初始值是 $\left\lfloor \frac{N_{\text{cell ID}}}{30} \right\rfloor$。根据这种方式，将有 30 个小区关联同一个跳变图案，然后采用 30 个不同的序列移位图案关联不同的小区，进而产生不同的基序列跳变图案。PUSCH 和 PUCCH 的序列移位图案不同，分别为 $f_{\mathrm{ss}}=(N_{\text{cell ID}}+\Delta_{\mathrm{ss}}) \bmod 30$，其中 $\Delta_{\mathrm{ss}} \in \{0,1,\cdots,29\}$ 和 $f_{\mathrm{ss}}=N_{\text{cell ID}} \bmod 30$。若针对 TM10 的上行多点联合处理，物理小区 ID $N_{\text{cell ID}}$ 被替换为高层配置的虚拟小区 ID，具体的细节可参考文献[3]。

在一个小区中，不同 UE 调度不同的资源块用于 PUSCH 传输，对应的 DM-RS 尽管来自同一个基序列组，但是彼此在频域上是分开的且保持正交的。对于上行多用户 MIMO 或虚拟 MIMO，多个 UE 调度在同样的资源块上可以同时进行发送，DM-RS 之间需要正交。当以 PUCCH 模式传输时，多个 UE 以 CDM 的方式复用在一个资源块中，不同 UE 的 DM-RS 之间也应保持正交。针对这两种情况，由于 DM-RS 基序列具备零自相关特性，基序列在时域上的不同循环移位可以分配给不同的 UE。循环移位的长度应大于时延扩展，以便能够区分不同的 UE，因此只要循环移位的长度确定大于循环前缀就可以了。基于这个考虑，一个基序列最多可支持 12 个循环移位。时域的循环移位等效于频域的相位旋转，基序列的相位旋转如下：

$$r_{u,v}^{\alpha}(n)=\mathrm{e}^{\mathrm{j}\alpha n} r_{u,v}(n),\ 0 \leqslant n \leqslant M_{\mathrm{sc}}-1$$

式中，$\alpha=\frac{2\pi n_{\mathrm{cs}}}{12}$，$n_{\mathrm{cs}} \in \{0,1,\cdots,11\}$。PUSCH 传输需要的 n_{cs} 值通过下行控制信息（Downlink Control Information，DCI）来通知，PUCCH 传输通过高层配置。具体的信令可以参考文献[19]。

在 Rel-10 引入了上行多天线传输后，可以支持最多 4 流的 PUSCH 传输，因此需要定义 4 个 DM-RS，每个 DM-RS 关联一个流。类似于上行虚拟 MIMO，基序列的循环移位可以分配给不同的流。另外，时域上的正交覆盖码（OCC）可以用来产生二维的 DM-RS。两个 OCC[+1 +1]和[−1 −1]用在一个子帧中的两个时隙，如图 2-20 所示。12 个循环移位和 2 个时域上的 OCC 原则上可产生 24 个 DM-RS。循环移位和 OCC 分别对频率选择性和移动性敏感。为了获得不同流的 DM-RS 的正交性，定义了 8 个循环移位和 OCC 的组合用于 4 流的 DM-RS。[3]

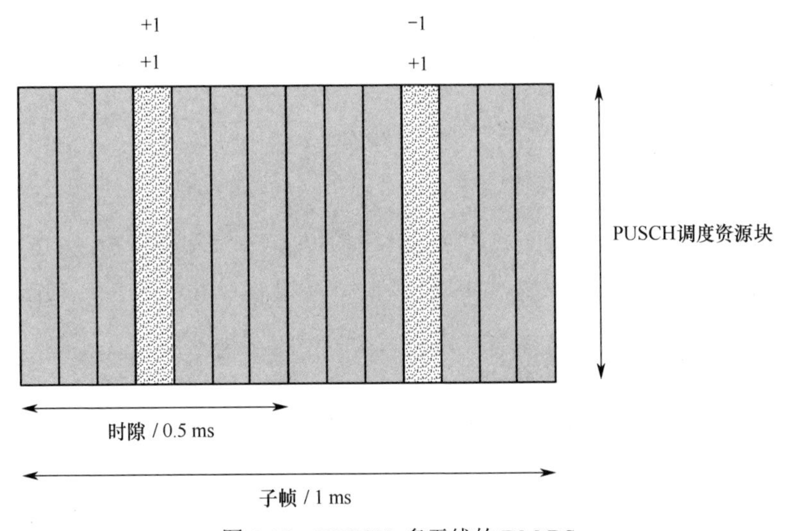

图 2-20　PUSCH 多天线的 DM-RS

2.1.3.2.2　上行侦听参考信号（SRS）

上行侦听参考信号（Sounding Reference Signal，SRS）是基站用来测量上行信道的，测量的结果用于上行链路自适应、上行调度和功率控制等。另外，在时分双工（Time Division Duplex，TDD）系统中，由于信道互易性特性，SRS 很重要的一个作用是用于进行下行波束赋形。

在 Rel-8 中只支持单天线端口的传输，随后在 Rel-10 中扩展支持最多 4 天线端口的传输。SRS 天线端口的个数由高层信令配置，可以配置为 1、2 和 4。SRS 天线端口数和对应的 SRS 天线端口号之间关系见表 2-11。

表 2-11　SRS 天线端口

SRS 天线端口数	对应的 SRS 天线端口号			
1	10	—	—	—
2	20	21	—	—
4	40	41	42	43

✧　SRS 的时域传输

用于 SRS 传输的子帧通过一个小区特定的高层参数来配置，使小区中的所有 UE 都获取到 SRS 的发送位置。对于帧结构类型 I 和帧结构类型 II，一共定义了 16 种 SRS 子帧配置。[3]一种极端的情况是当小区高负载时所有的上行子帧都被配置成 SRS 传输子帧。除特殊子帧外，当子帧被配置为 SRS 传输时，SRS 是在子帧的最后一个 OFDM 符号上传输。在特殊子帧中，可以支持最多 2 个符号的 SRS 传输（在 Rel-13 之前），随后扩展到可以支持最多 6 个符号的 SRS 传输，以提升 SRS 的容量。对于每个 UE，在小区特定的 SRS 子帧中，确定一组子帧用于本身的 SRS 传输，其中 SRS 传输的起始子帧和周期通过 UE 特定的参数来配置。SRS 的时域传输配置如图 2-21 所示。在被配置用于 SRS 传输的子帧中，PUSCH 和 PUCCH 在最后一个符号中将不传输信息，以避免与 SRS 的冲突。

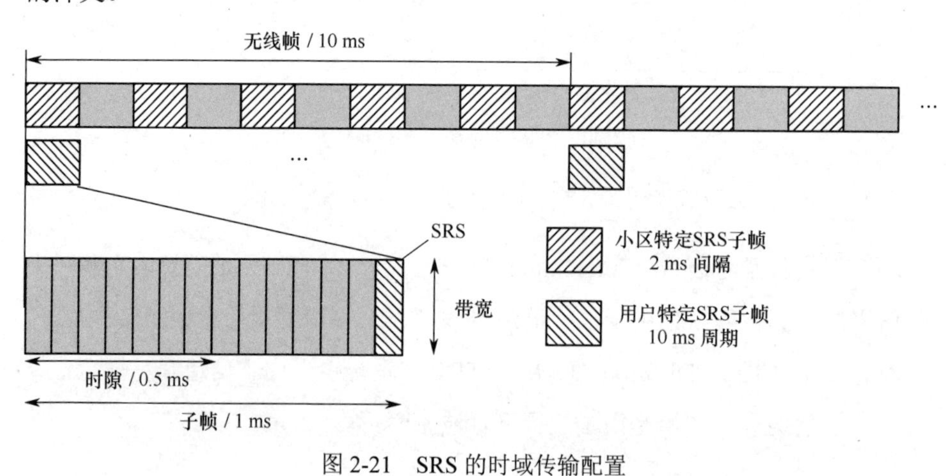

图 2-21　SRS 的时域传输配置

✧　SRS 的频域传输

在频域维度，系统定义了一个小区特定的 SRS 带宽，即适用于所有的 UE。

针对不同的系统带宽，定义了 8 种小区特定的 SRS 带宽。每个 UE 会配置一个 UE 特定的 SRS 带宽，具体为 4 个资源块的倍数。SRS 有两种传输方式，分别是宽带传输和频域跳频。宽带传输是指在一次 SRS 传输过程中 UE 在所配置的整个 SRS 带宽上发送，并可一次获得全部的信道测量信息。但是，在这种情况下，功率谱密度低，会导致信道估计性能的损失，尤其针对功率受限的 UE。功率受限 UE 可以采用 SRS 频率跳频的方式，即在一次 SRS 传输过程中 UE 只在所配置的整个 SRS 带宽中的一部分中传输，通过多次跳频以获得整个信道的测量结果。在每时隙中，可以提高信道估计性能，但是在获得整个信道估计方面有一定的延迟。SRS 宽带传输和跳频传输如图 2-22 所示。

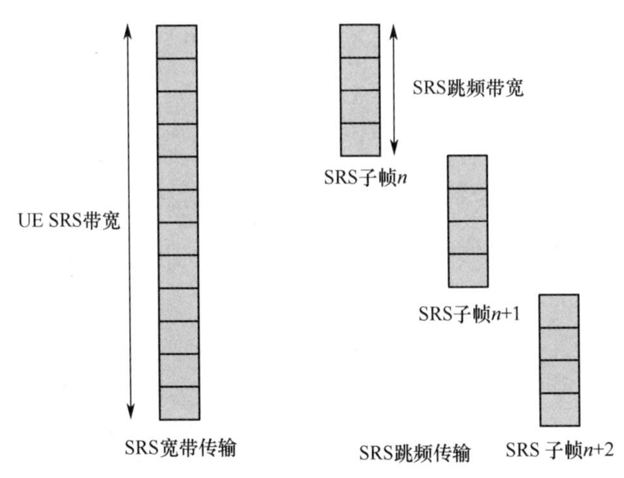

图 2-22　SRS 宽带传输和跳频传输

在 SRS 传输带宽中，SRS 是每间隔一个子载波以梳齿的方式传输的。两个梳齿上的 SRS 以 FDM 方式复用，而同一梳齿上的 SRS 通过 CDM 方式复用。SRS 复用如图 2-23。

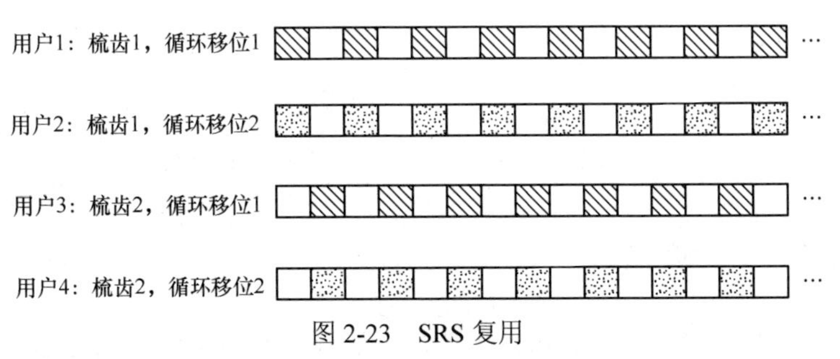

图 2-23　SRS 复用

若 SRS 的带宽是 M_{SRS} 个资源块，SRS 序列的长度为 $M_{\mathrm{SC}} = M_{\mathrm{SRS}} \times 12/2$。SRS 序列定义如下：

$$r_{\mathrm{SRS}}^{p}(n) = \mathrm{e}^{\mathrm{j}\alpha_p n} r_{u,v}(n),\ 0 \leqslant n \leqslant M_{\mathrm{sc}} - 1$$

式中，u 是基序列组号，v 是基序列的标号。基序列组号 u 确定的过程与 DM-RS 是一致的，但区别是序列的移位图案 $f_{\mathrm{ss}} = N_{\mathrm{cell\,ID}} \bmod 30$。SRS 的循环移位是：

$$\alpha_p = 2\pi \frac{n_{\mathrm{CS}}^{p}}{8},\ n_{\mathrm{CS}}^{p} \in \{0,1,\ldots 7\}$$

$$n_{\mathrm{CS}}^{p} = \left(n_{\mathrm{SRS}}^{\mathrm{CS}} + \frac{8p}{N_{\mathrm{ap}}} \right) \bmod 8$$

$$p \in \{0,1,\ldots,N_{\mathrm{ap}} - 1\}$$

其中，N_{ap} 是配置的 SRS 端口数，$n_{\mathrm{SRS}}^{\mathrm{CS}} \in \{0,1,2,3,4,5,6,7\}$ 是高层通知的循环移位的参数。频域上梳齿状的传输在时域上等效为信号的重复，所以会减少可用的循环移位的个数。

✧ 非周期 SRS

除了周期 SRS，Rel-10 也支持非周期 SRS 传输。由于上行 MIMO 需要更多的 SRS 资源，在 SRS 资源一定的前提下，就需要增加 SRS 的周期。长周期的 SRS 会导致信道测量无法很好地跟踪信道的变化，尤其是在高速移动场景中。为了获得准确的信道信息，引入了非周期 SRS。区别于周期 SRS 的传输，非周期 SRS 的发送是通过物理层控制信令来触发的，而不是高层信令。非周期 SRS 传输的具体参数仍由高层信令配置，如梳齿、SRS 带宽和循环移位等。一旦物理层控制信令触发了非周期 SRS，UE 将在所配置的 SRS 子帧中立即发送。通过适当的非周期 SRS 配置，可以很好地对信道进行跟踪。

2.1.4 下行传输

在了解参考信号的功能和设计后，下面详细介绍不同的物理信道，这些物理信道对于理解本书 2.1.2 节中的内容很有帮助。在本节中，将主要介绍物理广播信道、控制信道和数据信道；其他物理信道如 PMCH、增强的物理下行控制信道（Enhanced Physical Downlink Control Channel，EPDCCH）和机器类通信物理下行控制信道（MTC Physical Downlink Control Channel，MPDCCH）等将不在这节中介绍。

2.1.4.1　物理广播信道（PBCH）

在 UE 与小区建立连接前：首先，UE 需要通过 PSS 和 SSS 获取小区同步（包括时间 / 频率 / 帧同步和小区 ID）；其次，UE 需要确定系统信息，如系统带宽，天线端口数等。系统信息分为两部分：主信息块（Master Information Block，MIB）和一系列的系统信息块（System Information Block，SIB）[20]。MIB 承载在 PBCH 上，包括最基本且传输频繁的有限个参数信息，用来获得小区的其他信息。

MIB 中包括如下信息[11]。

- 下行带宽：指示系统带宽（上下行使用同样的带宽），具体表示为资源块的个数{6，15，25，50，75，100}，3 bit。
- PHICH 配置：指示 PHICH 配置的资源，以此来得到下行控制信道和数据信道的资源，3 bit。
- 系统帧号（System Frame Number，SFN）：SFN 8 bit 的最高有效比特位用于指示 PBCH 传输的起始帧。
- 空闲比特：预留 10 bit 空闲比特。

由于 UE 在 PBCH 检测前不知道系统信息，所以 PBCH 需要在预定义的位置上传输，UE 在小区同步后可以在固定的位置检测 PBCH。PBCH 的位置在频域上位于系统载波中间的 72 个子载波（即中间的 6 个资源块），位置与 PSS/SSS 相同，时域上位于每个无线帧中第二个时隙的前 4 个连续的 OFDM 符号。PBCH 的传输时间间隔（Transmission Time Interval，TTI）是 40 ms（4 个连续的无线帧）。根据前面 CRS 的描述，PBCH 的部分 OFDM 符号中需要传输 CRS，因此 PBCH 的资源映射需要针对 CRS 进行速率匹配。在进行 PBCH 检测时，UE 也不知道 CRS 天线端口数，为了简化 UE 接收设计，无论实际的 CRS 天线端口数是多少，当 PBCH 资源映射时始终假设有 4 个 CRS 天线端口。在一个 TTI 中，PBCH 可用的 RE 个数为 240×4=960，具体的 PBCH 资源映射如图 2-24 所示。

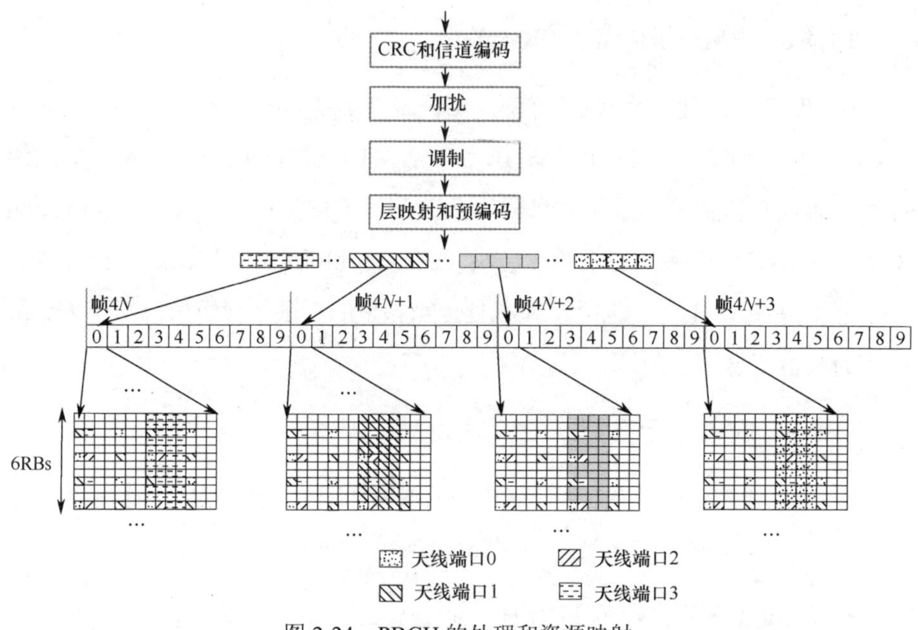

图 2-24　PBCH 的处理和资源映射

系统设计需要保证 PBCH 的性能，以至于一个小区中的所有 UE 都可以检测到 PBCH。PBCH 的负载较小只有 40 bit（24 信息 bit+16 CRC bit），采用卷积编码和正交相移键控（Quadrature Phase Shift Keying，QPSK）调制。卷积编码采用 1/3 母码率，然后通过重复达到极低码率（40/1 920≈0.02），这样可以确保每个无线帧中的 PBCH 都可自解码。除此之外，采用发送分集方案：SFBC（Space Frequency Block Coding，空频块编码，有 2 个 CRS 天线端口）和 SFBC+FSTD（Frequency Switching Transmit Diversity，频率切换发送分集，有 4 个 CRS 天线端口）。CRS 天线端口数的信息嵌在 PBCH 的循环冗余校验（Cyclic Redundancy Check，CRC）掩码中，即定义了三个不同的 CRC 掩码分别代表 1、2 和 4 个 CRS 天线端口[19]。CRS 天线端口数通过 UE 的盲检测来获得。

2.1.4.2　控制信道

下行物理控制信道和数据信道在同一时隙中是时分复用的，如图 2-25 所示。通常，在一个子帧中，控制信道位于开始的 1/2/3 个 OFDM 符号或 2/3/4 个 OFDM 符号（带宽小于 10 个资源块）。控制区域中最大的 OFDM 符号数依赖于帧结构类型[3]，且 OFDM 个数是动态变化的。控制信道和数据信道的时分方式具备低时延和节省 UE 功耗的优点。例如，UE 首先检测 PDCCH，一旦完成 PDCCH 检测，就可以检测调度的 PDSCH，从而节省时间；另外，若 UE 没有检测到自己的 PDCCH，就可以进入微睡眠状态节省功耗。在控制区域中，有三个下行物理控制信道 PCFICH、PDCCH 和 PHICH 进行发送，每个下行物理控制信道的功能和处理将在接下来的内容中描述。

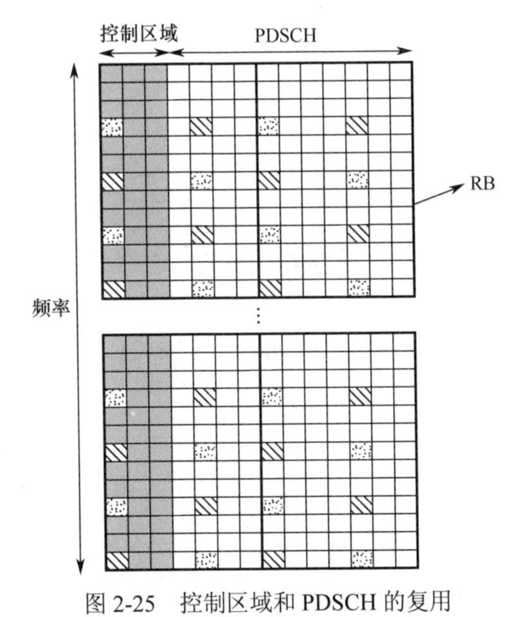

图 2-25　控制区域和 PDSCH 的复用

2.1.4.2.1　物理控制格式指示信道（PCFICH）

PCFICH 是用来指示在一个子帧中用于 PDCCH 传输的 OFDM 符号数，那么 PDSCH 的起始位置也就可以从 PCFICH 中隐性得到。由于 PDCCH 的 OFDM 符号数是动态变化的，所以 PCFICH 固定在每个子帧的第一个 OFDM 符号上传输，以使 UE 都能够检测到 PCFICH 的位置。

为保证 PCFICH 检测的可靠性，三个长度为 32 bit 的序列分别代表 1/2/3（或 2、3、4）个 OFDM 符号[19]。将 32 bit 调制成 16 个 QPSK 符号，然后分成 4 组。每组有 4 个 QPSK 符号，映射到一个资源单元组（Resource Element Group，REG），REG 是控制信道资源映射的基本单元[3]。在控制区域的第一个 OFDM 符号中，一个 REG 包含有 6 个连续的 RE，其中 2 个 RE 预留给 CRS。PCFICH 对应的 4 个 REG 尽量均匀地分布在整个带宽上以获取频率分集增益。PCFICH 的资源映射如图 2-26 所示。PCFICH 和 PBCH 在同样的 CRS 天线端口上传输。对于 2 和 4 个 CRS 天线端口，分别采用了发送分集方案 SFBC 和 SFBC+FSTD。

由于 PCFICH 对于所有的小区都处在每个子帧中的第一个 OFDM 符号上，这将会导致不同邻小区之间的干扰。为了随机化干扰，采用了小区特定的扰码以及第一个 REG 的起始位置。

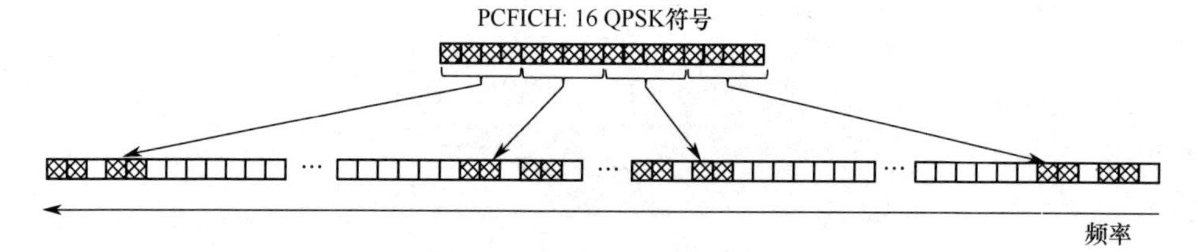

图 2-26　PCFICH 的资源映射

2.1.4.2.2　物理下行控制信道（PDCCH）

PDCCH 传输下行控制信息（DCI）包括下行调度分配信息、上行调度分配信息和功控信息。定义了多种 DCI 格式如 0/1/1A/1B/1C/1D/2/2A/2B/2C/3/3A/4，具体的格式依赖于其中所携带的控制信息。为简单起见，把 Rel-10 定义的 DCI 格式归纳总结在表 2-12 中。在 Rel-10 之后引入了多个新的 DCI 格式，这些 DCI 格式的细节可以参考文献[19]。

一个 PDCCH 映射在所聚合的一个或多个连续的控制信道单元（Control Channel Element，CCE）中，每个 CCE 对应 9 个 REG，且每个 REG 中有 4

个可用的 RE。CCE 聚合的级别包括 1、2、4 和 8。分配给一个 PDCCH 的 CCE 个数依赖于信道质量和 PDCCH 的负载大小。信道质量可以基于调度 UE 反馈的 CQI，负载大小依赖于 DCI 格式。

表 2-12 DCI 格式

DCI 格式	控制信息	DCI 的用途
0	上行调度	单天线端口的 PUSCH 调度
1	下行调度	单码字 PDSCH 调度
1A	下行调度	单码字 PDSCH 的紧凑调度
1B	下行调度	基于 CRS 的秩为 1 的 PDSCH
1C	下行调度	单码字 PDSCH 的更紧凑调度
1D	下行调度	基于 CRS 的 MU-MIMO
2	下行调度	基于 CRS 的闭环空分复用
2A	下行调度	基于 CRS 的开环空分复用
2B	下行调度	基于 DM-RS 的双流波束赋形
2C	下行调度	基于 DM-RS 的 1～8 流传输
3	功率控制	PUCCH/PUSCH 的 2 比特功率调整
3A	功率控制	PUCCH/PUSCH 的单比特功率调整
4	上行调度	上行空分复用

系统中可用的 CCE 个数是 $N_{\text{CCE}}=\lfloor N_{\text{REG}}/9\rfloor$，其中 N_{REG} 是没有分配给 PCFICH 和 PHICH（见本书 2.1.4.2.1 节）的 REG 个数。在给 PDCCH 分配 CCE 时，包含有 n 个连续 CCE 的 PDCCH 的起始位置需满足 $i \bmod n=0$，i 是 CCE 的索引。原则上，聚合级别为 n 的 PDCCH 在系统中的候选位置将有 $L_n=\lfloor N_{\text{CCE}}/n\rfloor$，UE 就需要盲检测 L_n 候选位置上的 PDCCH。为降低 PDCCH 盲检测复杂度，聚合级别为 n 的 PDCCH 候选位置限制在一定数量，且要求所有候选位置是连续的。例如，聚合级别为 1、2、4 和 8 的 PDCCH 对应的候选位置个数分别为 6、6、2 和 2。如何来放置 PDCCH 并减少 PDCCH 的盲检测次数，可以通过搜索空间的相关设计来解决[12]。

若将在子帧中发送的 PDCCH 放置在前面所述的 CCE 上，则每个 PDCCH 的信息比特被复用在一起。如果一些 CCE 没有分配给 PDCCH，那么在复用时就在这些 CCE 上插入<NIL>指示符，使 PDCCH 的起始位置都在所要求的 CCE 上。采用小区特定的扰码序列对复用在一起的 PDCCH 比特进行加扰，并进行 QPSK 调制。紧接着，将生成的 QPSK 调制符号分成若干组，每组有 4 个 QPSK 符号。然后，对所生成的若干组调制符号以组为单位进行交织，采用的交织器为块交织器[19]。最后，对块交织器输出的若干组调制符号进行循环移位，仍以组为单位进行移位，移位的长度由物理小区 ID 确定。交织可以使一个 PDCCH 的 CCE 分散在频域上以获得频率分集增益。小区特定的扰码序列和循环移位是用来随机化 PDCCH 的小区间干扰的。

4 个 CRS 天线端口时的 REG 定义示意图如图 2-27 所示。通过循环移位后的调制符号组顺序地映射到没有分配给 PCFICH 或 PHICH 的 REG 上，映射的顺序是先时域后频域。REG 的大小依赖于控制区域中的 OFDM 符号位置和 CRS 天线端口个数。在第一个 OFDM 符号中，一个 REG 包含 6 个连续的 RE，其中 2 个 RE 预留给 CRS（无论 1 个还是 2 个 CRS 天线端口），每个资源块中有 2 个 REG。若有 4 个 CRS 天线端口，控制区域中的第二个 OFDM 符号中的 REG 定义与第一个 OFDM 符号中的相同。若有 2 个 CRS 天线端口，在第二个 OFDM 符号中，每个 REG 包含 4 个连续的 RE，每个资源块中有 3 个 REG。对于第三个 OFDM 符号，REG 的定义与 2 个 CRS 天线端口时第二个 OFDM 符号中的定义相同。

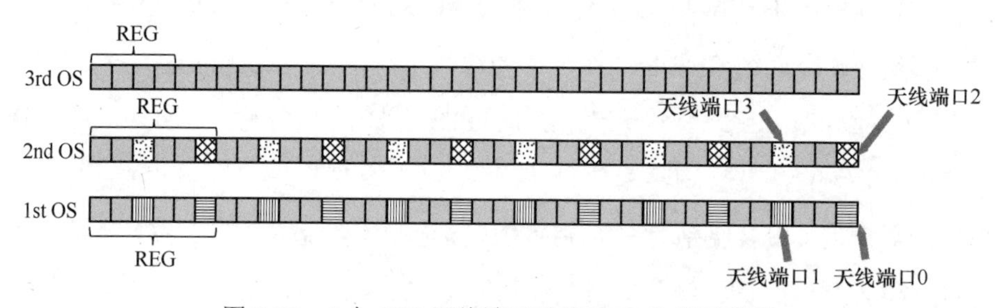

图 2-27　4 个 CRS 天线端口时的 REG 定义示意图

PDCCH 采用与 PBCH 相同的 CRS 天线端口，同样地，SFBC 和 SFBC+FSTD 分别是 2 个和 4 个 CRS 天线端口所采用的发送分集方案。PDCCH 处理流程示意图如图 2-28 所示。

2.1.4.2.3　物理混合自动重传指示信道（PHICH）

PHICH 承载针对 PUSCH 传输的 HARQ ACK/NACK 信息。为使上行混合

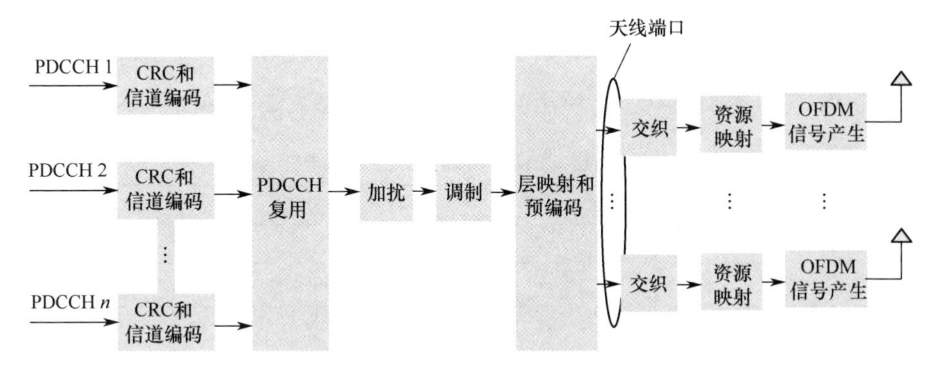

图 2-28　PDCCH 处理流程示意图

自动重传请求（Hybrid Automatic Repeat reQuest，HARQ）系统合理运行，PHICH 性能应该保证非常低的错误概率，以减少重传次数和避免在 MAC 层对传输块的错误接收。通常，确认应答（Acknowledgment，ACK）被误检测为否认应答（Negative Acknowledgment，NACK）的概率在10^{-2}以下，NACK 被误检为 ACK 的概率低于10^{-3}。

当 PUSCH 有 1 或 2 个传输块时，将对应 1 或 2 bit HARQ ACK/NACK 信息。多个 PHICH 可以映射到同一组 RE 上，且彼此之间通过不同的正交序列 $n_{\text{PHICH}}^{\text{seq}}$ 以 CDM 的方式复用，这就是 PHICH 组 $n_{\text{PHICH}}^{\text{group}}$。一个 PHICH 资源通过 $\left(n_{\text{PHICH}}^{\text{group}}, n_{\text{PHICH}}^{\text{seq}}\right)$来表示。

系统中所支持的 PHICH 组个数是可配置的，具体的信息通过 PBCH 中的 MIB 信息传给 UE。在 PBCH 中，PHICH 配置包括 1 bit 指示 PHICH 的持续时间，2 bit 指示 PHICH 的资源。PHICH 的持续时间指示 PHICH 在控制区域中占用 1 或 3 个 OFDM 符号。若 PHICH 只位于控制区域中的第一个 OFDM 符号上，PHICH 进行功率提升的空间就会受限制，因为很多功率需要分配给 PCFICH 和 PDCCH，这样就会导致 PHICH 的覆盖受限。PHICH 组数量表示为下行系统带宽的分数倍（具体为资源块数），以使得系统可以支持 PHICH 扩展到多个 OFDM 符号上。对于帧结构类型 I，根据 PBCH 中的配置，PHICH 组个数在不同的子帧中是固定的；但是对于帧结构类型 II，PHICH 组个数会随着不同的子帧而改变，因为每个下行子帧可能关联的上行子帧个数不同。例如，对于上下行子帧配置 0，子帧 0 的 PHICH 关联两个上行子帧的 PUSCH[12]；而在其他情况下，一个下行子帧的 PHICH 关联一个上行子帧的 PUSCH。

一个 PHICH 组最多能够分别支持 8 个正交序列（常规循环前缀）和 4 个正交序列（扩展循环前缀），所用的正交序列汇总见表 2-13。

表 2-13　PHICH 的正交序列汇总

序列号	正交序列	
	常规循环前缀	扩展循环前缀
0	$[+1\ \ +1\ \ +1\ \ +1]$	$[+1\ \ +1]$
1	$[+1\ \ -1\ \ +1\ \ -1]$	$[+1\ \ -1]$
2	$[+1\ \ +1\ \ -1\ \ -1]$	$[+j\ \ +j]$
3	$[+1\ \ -1\ \ -1\ \ +1]$	$[+j\ \ -j]$
4	$[+j\ \ +j\ \ +j\ \ +j]$	—
5	$[+j\ \ -j\ \ +j\ \ -j]$	—
6	$[+j\ \ +j\ \ -j\ \ -j]$	—
7	$[+j\ \ -j\ \ -j\ \ +j]$	—

对于一个 UE，在一个子帧中的 PHICH 上发送的每个 HARQ ACK/NACK 比特均经过 3 次重复编码，从而形成一个编码比特块。这个编码比特块采用二进制相移键控（Binary Phase Shift Keying，BPSK）调制生成一个调制符号块。每个 HARQ ACK/NACK 比特对应三个调制符号，每个调制符号用所分配的正交序列进行扩展。不同 UE 扩展后的调制符号复用在一起，然后映射到图 2-29 所示的 REG 上。一个 PHICH 组的两个相邻的 REG 在频域上的间隔大概是 1/3 系统带宽，这样可以获得很好的频率分集增益。

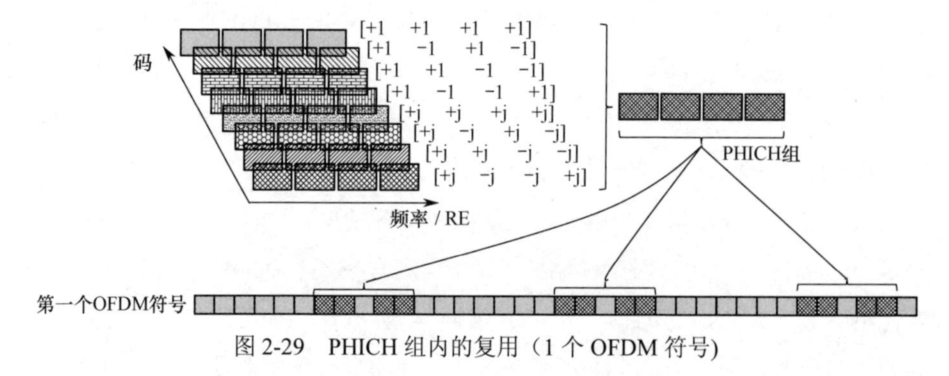

图 2-29　PHICH 组内的复用（1 个 OFDM 符号)

当有 2 个 CRS 天线端口时，发送分集方案是 SFBC；但是当有 4 个 CRS 天线端口时，SFBC+FSTD 不能直接使用。为保证一个 REG 中 PHICH 序列的正交性，映射在一个 REG 上的 4 个调制符号必须在一个天线端口上发送。因此，PHICH 的一个 REG 只能在 2 个天线端口上进行 SFBC，这将会导致不同天线端口的功率不平衡。为获得更多的发送分集增益和使不同天线端口上的功率平衡，一个 PHICH 组的三个 REG 分别在天线端口（0，2）和（1，3）上轮流进行 SFBC。

2.1.4.3　物理下行共享信道（PDSCH）

PDSCH 承载下行的数据传输，定义了下列的发送方案[12]。

✧ 单天线端口方案

PDSCH 传输使用一个天线端口，可以是天线端口 0（传输模式 1）、天线端口 5（传输模式 7）、天线端口 7 或天线端口 8（传输模式 8）。

✧ 发送分集方案

这是一种基于 CRS 天线端口的开环且秩为 1 的传输方案。在 2 和 4 个 CRS 天线端口时，发送分集方案分别是 SFBC 和 SFBC+FSTD。发送分集方案在传输模式 2 中得到支持，也是传输模式 3～传输模式 10 中的回退发送方案。

✧ 大延迟循环延迟分集方案

此方案是基于 CRS 天线端口的秩为 2/3/4 的开环空分复用传输方案，可以在传输模式 3 中使用。

✧ 闭环空分复用方案

这是基于 CRS 天线端口的闭环空分复用方案，可以支持最多 4 流的传输，在传输模式 4 和传输模式 6 中可以使用。

✧ 多用户 MIMO 方案

此方案最多有两个 UE 以 MU-MIMO 的方式复用在一起，同时也是基于 CRS 天线端口，可以在传输模式 5 中使用。

✧ 双流方案

双流方案是在 Rel-9 中引入的基于 DM-RS 的双流波束赋形方案。PDSCH

采用 1～2 流传输，基于天线端口 7 和端口 8，对应传输模式 8。

✧ 1～8 流传输方案

此方案是在 Rel-10 中引入的基于 DM-RS 的传输方案。PDSCH 采用 1～8 流传输，基于天线端口 7～端口 14，在传输模式 9 和传输模式 10 中使用。

传输模式 1～传输模式 10 通过半静态的高层信令配置。PDSCH 处理的流程结构图如图 2-30 所示。

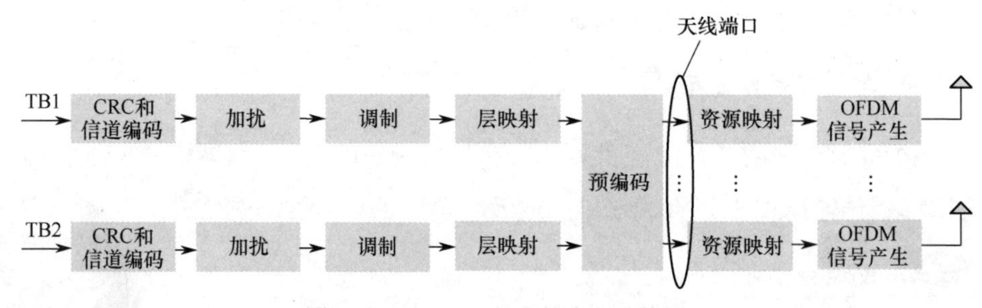

图 2-30　PDSCH 处理的流程结构图

PDSCH 在一个 TTI 中最多支持 2 个传输块，在处理时，首先针对每个传输块进行 CRC 和信道编码，然后将每个传输块映射到一个码字。码字的个数是由传输的秩确定的，如果初始传输的秩为 1，码字个数为 1；秩大于 1 时的码字个数为 2。当秩为 2 时，每个码字映射到一个流；当秩大于 2 时，一个码字映射到多个流。码字与流之间的映射关系是性能和信令开销的折中考虑。如果每个码字映射到一个流，UE 可以进行串行干扰消除（Successive Interference Cancellation，SIC）操作来提升性能，但是上下行的信令开销就会增加，例如 MCS/CQI 与码字个数成正比。码字与流之间具体的映射关系比较复杂，细节可参考相关标准协议[3]。

在上面提到的不同传输方案中，预编码操作是不同的。对于传输模式 1～传输模式 6 下的发送方案，在图 2-30 中预编码之后的天线端口指的是 CRS 天线端口，可以配置为 1、2 和 4。在这种情况下，预编码矩阵是预定义的（开环）或通过 DCI 通知给 UE（闭环），即 UE 知道基站侧所使用的预编码矩阵，具体的预编码矩阵定义可参考文献[3]。对于传输模式 7～传输模式 10，天线端口是指 DM-RS 端口，DM-RS 的个数与数据流数相等；预编码矩阵对于 UE

是透明的，因此不需要信令通知。预编码信息被嵌入在 DM-RS 中，PDSCH 使用的预编码矩阵取决于基站侧的实现，这将给予基站实现的自由度，如果信令通知的话就需要对预编码矩阵进行定义和约束。这个操作适合于 TDD 系统，因为基站可利用信道互易性来获取预编码矩阵信息，然后用来进行下行的预编码。对于频分双工（Frequency Division Duplex，FDD）系统，通常预编码矩阵用于 CSI 反馈。UE 利用 CRS 或 CSI-RS 进行下行信道测量，并把选择的预编码矩阵信息反馈给基站，供调度参考。基站如何使用 UE 反馈的预编码信息，这将由基站的实现来决定。

所有发送方案的资源映射操作是一致的，预编码后的数据被映射到对应天线端口的 RE 上。在 PDSCH 分配的资源块上，资源映射是先在频域进行，再在时域执行。在进行资源映射时，将会跳过各种参考信号如 CRS、DM-RS 和 CSI-RS 等所占用的 RE。

2.1.4.4　调制编码方案（Modulation Coding Scheme，MCS）

基于信道状态信息的调度是 LTE 系统很重要的一个特性，具体的信道状态信息包括 RI、PMI 和 CQI。CQI 反映信道质量，具体通过调制阶数和编码码率来表示和上报。LTE 定义了 15 种 CQI 值，CQI 的步长大概是 2 dB。当 UE 基于信道测量上报 CQI 时，有下面的假设：一个 PDSCH 传输块若以上报的 CQI 所对应的调制方案和传输块大小，在 CQI 参考资源所对应的一组下行物理资源块传输时，要求 PDSCH 传输块的错误接收概率不超过 0.1[12]。然后，基站基于上报的信道状态信息进行 PDSCH 调度。

为了使 UE 接收 PDSCH 传输的信息，需要确定调制阶数、传输块大小（Transport Block Size，TBS）和所分配的资源块。调制阶数和 TBS 索引的组合由 DCI 中的 5 位 MCS 字段指示，所分配的资源块也是通过 DCI 根据资源分配类型来指示的。LTE 定义了 5 比特的 MCS 表，包括 29 种调制阶数和 TBS 索引的组合，预留 3 个状态隐性指示调制阶数和 TBS（用于重传）。这 29 种 MCS 对应 29 种谱效率，谱效率的颗粒度比 CQI 精细，其中 QPSK 和 16QAM 之间有重叠的谱效率，16QAM 和 64QAM 也是如此。考虑到存在的重叠谱效率，5 比特的 MCS

表中实际有 27 种不同的谱效率。尽管两个不同调制方案的谱效率是相同的，但是在不同调制阶数在不同的衰落信道中表现的性能不同。在相同谱效率下，具体选择哪种调制阶数，这个将由基站根据实际的衰落信道的信息来选择。

定义了一个维度为 27×110 的基本 TBS 表（适用于 1 个传输块映射到 1 流），其中“27”代表 27 种谱效率，“110”代表 1～110 个资源块。首先从 DCI 通知的 MCS 可以确定调制阶数和 TBS 索引，然后根据 TBS 索引和分配的资源块数，通过查表的方式来确定 PDSCH 的 TBS。若这个传输块需要映射到多个流，那么从这个基本的 TBS 表中确定的 TBS 需要转化为最终的 TBS。同时需要假设 5 比特 MCS 表中预留给重传的 3 个状态所代表的 TBS 与最近传输的 DCI 所指示的传输块大小是相同的。

原则上，根据 MCS 和所分配的可用 RE 数计算出 TBS，但是这样会导致任意大小的传输块问题。任意大小的传输块会导致需要按照 Turbo 码的二次置换多项式（Quadratic Permutation Polynomial，QPP）交织器所要求的大小进行填充或去填充，也与以字节为单位的 MAC 数据包的大小不匹配[21, 22]。另外，TBS 在初始和重传传输时也可能变化，因为可用的 RE 个数有可能不同，例如控制区域大小发生了改变。在这种情况下，期望与不同数量的资源块相对应的 TBS 在不同的子帧上是恒定的，并且将 TBS 与 QPP 大小对齐以消除对填充 / 去填充的操作。在利用 MCS 来计算 TBS 时，所用的资源需要有一个基本假设：3 个 OFDM 符号控制区域，2 个 CRS 天线端口，没有 PSS/SSS/PBCH，常规循环前缀[21]。产生的 TBS 表格可以从参考文献[12]中得到。需要注意的是，实际的资源分配与生成 TBS 表的资源假设有可能不同，例如控制区域的 OFDM 个数不是 3，CSI-RS 或 DM-RS 配置不同；在这种情况下得到的编码码率可能与 MCS 的编码码率不是完全一致，但是会很接近。

2.1.5 上行传输

2.1.5.1 PUCCH

上行控制信息（Uplink Control Information，UCI）包括调度请求（Scheduling

Request，SR）、混合自动重传请求确认（HARQ-ACK）和周期 CSI。在一个子帧中，若 UE 只发送 PUCCH，UCI 将通过 PUCCH 发送；若系统配置 UE 不支持 PUCCH 和 PUSCH 同时发送，当 UE 需要同时发送 PUCCH 和 PUSCH 时，UCI 将复用在 PUSCH 中发送。PUCCH 的位置位于系统带宽边缘的资源块上，并在一个子帧的两个时隙上进行跳频，如图 2-31 所示。PUCCH 配置在系统带宽的边缘是为了获取频率分集增益和方便 PUSCH 的连续资源分配。分配给 PUCCH 的资源块是由系统调度器来确定的，并通过高层信令来配置。

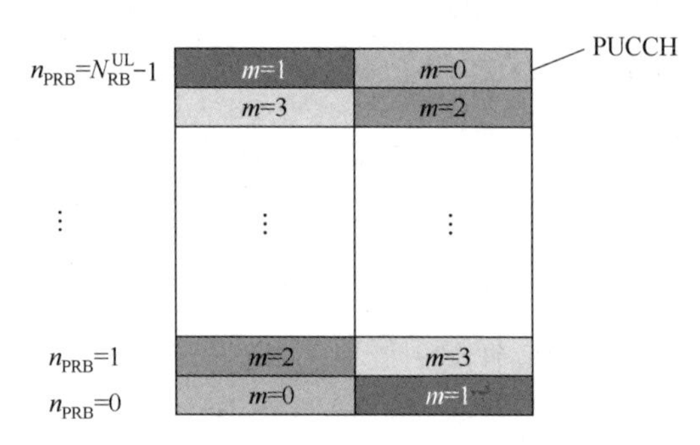

图 2-31　PUCCH 和物理资源块的映射

根据 PUCCH 承载 UCI 的内容，定义了几种 PUCCH 格式，其中一些 PUCCH 格式的功能随着系统的演进进行了扩展，例如 PUCCH 格式 3。在这里为简单起见，仅介绍这种 PUCCH 格式的原始功能。扩展功能可以在参考文献[12]中找到。表 2-14 中总结了不同 PUCCH 格式承载的 UCI。

表 2-14　不同 PUCCH 格式承载的 UCI

PUCCH 格式	承载的 UCI	最初引入的标准版本
1	SR	Rel-8
1a/1b	HARQ-ACK	Rel-8
2	periodic CSI	Rel-8
2a/2b	CSI+HARQ-ACK	Rel-8
3	HARQ-ACK	Rel-10
4	HARQ-ACK 或 periodic CSI	Rel-13
5	HARQ-ACK 或 periodic CSI	Rel-13

2.1.5.1.1　PUCCH 格式 1/1a/1b

对于 PUCCH 格式 1，SR 信息通过 UE 是否发送 PUCCH 来指示。SR 的周期性资源通过 UE 特定的高层信令来配置。在 SR 的发送时刻，若 UE 有调度请求，UE 将在 PUCCH 上发送 1 比特 BPSK 调制符号“1”；若没有，UE 就不发送任何内容。PUCCH 格式 1a/1b 承载 1 比特和 2 比特 HARQ-ACK 信息，采用的调制方式分别是 BPSK 和 QPSK。

首先，一个长度为 12 的循环移位序列对调制符号进行扩展，其中所用的序列与长度为 12 的上行 DM-RS 序列相同。其次，长度为 4 或 3 的正交覆盖码对经过扩展后的调制符号序列进行块扩展，正交覆盖码的长度依赖于一时隙中 PUCCH 格式 1/1a/1b 的 OFDM 符号个数。然后经过二维扩展后的符号被映射到一个资源块中。在一个资源块中，中间的三个 OFDM 符号被预留用于相干解调的 PUCCH DM-RS，剩余的 OFDM 符号用于 PUCCH 控制信息，如图 2-32 所示。PUCCH DM-RS 也是一个二维扩展序列，即通过长度为 3 的正交序列对长度为 12 的序列进行块扩展。

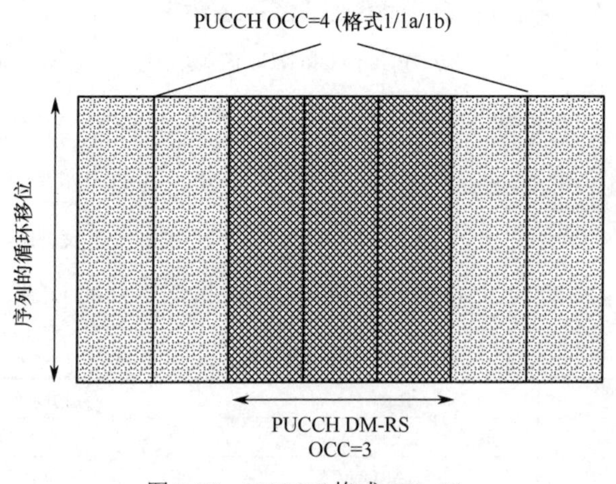

图 2-32　PUCCH 格式 1/1a/1b

对于 PUCCH 格式 1/1a/1b，不同 UE 通过不同的二维正交序列复用到一个资源块中。PUCCH 的资源通过长度为 12 的序列的循环移位（Cyclic Shift，CS）索引和正交覆盖码（OCC）索引的组合来表示。CS 的可用个数依赖于 CS 的间隔，共有三个可选值 1、2、3，具体的值由基站侧根据信道的时延扩展来配置。基站侧配置的 CS 间隔值应用于 PUCCH 信息和 DM-RS。CS 以小区特定的方式在不同的 OFDM 符号和时隙中进行变化，目的是随机化小区间干扰。时域上有 4 个用于块扩展的 OCC，原则上 PUCCH 数据的二维扩展序列最多有 48 个、24 个和 16 个（针对不同的 CS 间隔值）。PUCCH DM-RS 的 OCC 长度为 3，可用的 DM-RS 最多为 36 个、18 个和 12 个。由于相干检测的需求和 PUCCH DM-RS 个数的限制，实际能用于 PUCCH 数据的 OCC 个数只有 3 个。长度为 4 和 3 的 OCC 序列总结见表 2-15。对于 PUCCH 信息，一个子帧的两个时隙都采用 OCC=4；或者 OCC=4 应用在第一个时隙，OCC=3 应用在第二个时隙（最后一个 OFDM 符号用于 SRS 传输）。

表 2-15　PUCCH 格式 1/1a/1b 的 OCC

序列索引	OCC=4	OCC=3
0	$[+1 \quad +1 \quad +1 \quad +1]$	$[+1 \quad +1 \quad +1]$
1	$[+1 \quad -1 \quad +1 \quad -1]$	$[+1 \quad e^{j2\pi/3} \quad e^{j4\pi/3}]$
2	$[+1 \quad -1 \quad -1 \quad +1]$	$[+1 \quad e^{j4\pi/3} \quad e^{j2\pi/3}]$

2.1.5.1.2　PUCCH 格式 2/2a/2b

PUCCH 格式 2 用来承载周期 CSI，具体包括 RI、PMI 和 CQI。周期 CSI 的最大长度限制为 11 bit，采用 RM 编码，编码后产生 20 bit[19]，QPSK 调制为 10 个 QPSK 符号。每个调制符号经过长度为 12 的序列扩展，然后映射到一个资源块中的一个 OFDM 符号上。在常规循环前缀的情况下，一个资源块中的 2 个符号预留给 DM-RS，剩余的 5 个符号用于 PUCCH 信息，如图 2-33 所示。在扩展循环前缀的情况下，只有 1 个符号（第四个符号）用于 DM-RS。

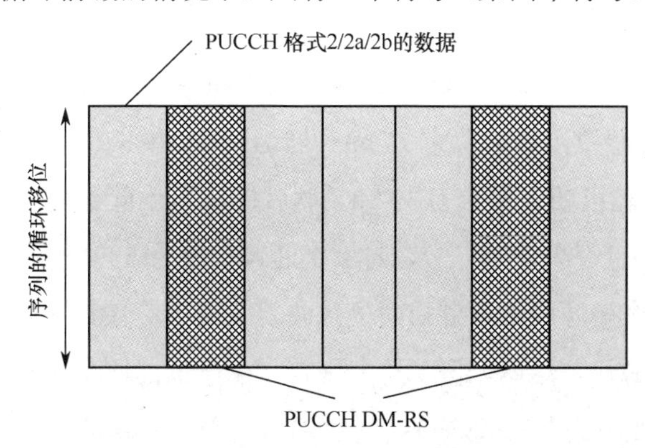

图 2-33　在常规循环前缀的情况下 PUCCH 格式 2/2a/2b 的传输结构

PUCCH 格式 2 的控制信息总共有 10 个 QPSK 符号，映射到一个子帧中的两个时隙的不同资源块上。与 PUCCH 格式 1/1a/1b 类似，一个基序列的不同循环移位（CS）分配给不同的 UE，可用 CS 的个数依赖于配置的 CS 间隔值。因此，一个资源块中最多可支持 6 个 UE 的复用。PUCCH 格式 2 的资源通过高层信令半静态来配置。

当一个 UE 需要在一个子帧中同时发送周期性 CSI 和 ACK/NACK 时，将采用 PUCCH 格式 2a/2b，但这只适用于常规循环前缀的情况。ACK/NACK 符号可以调制在一个资源块中的第二个 DM-RS 序列上，即 ACK/NACK 信息通过两个 DM-RS 之间的相对相位来携带。PUCCH 格式 2a/2b 分别对应 1 bit 和 2 bit 的 ACK/NACK。在扩展循环前缀条件下，周期 CSI 和 ACK/NACK 比特级联在一起，然后通过 RM（Reed Muller）编码发送。

2.1.5.1.3 PUCCH 格式 3

在 Rel-10 中，载波聚合技术扩展支持到最多 5 个载波。由于每个载波都有独立的 HARQ 实体，所以 UE 需要上报的 ACK/NACK 比特就会明显增加。例如，FDD 系统会有最多 10 bit 的 ACK/NACK 上报，TDD 系统会更多，具体依赖于上下行子帧配置。上面所介绍的 PUCCH 格式 1a/1b/2 不能承载如此多的 ACK/NACK 比特，所以引入 PUCCH 格式 3，可支持 FDD 最多 11 bit 发送（10 bit ACK/NACK 和 1 bit SR），也可支持 TDD 最多 21 bit 发送（20 bit ACK/NACK 和 1 bit SR）。

PUCCH 格式 3 采用 RM（32,O）为信道编码方案[19]，其中 O 代表 ACK/NACK 比特数，最大值为 11 bit。当 ACK/NACK/SR 的比特数少于或等于 11 时，编码输出的比特数为 32 bit，然后通过循环重复达到 48 bit（对应 24 个 QPSK 符号）。每个调制符号在时域上通过长度为 5 的正交序列进行扩展，然后映射到一个资源块中具有相同子载波索引的 5 个 RE 上。24 个调制符号映射到 2 个资源块，这两个资源块分别在一个子帧的两个时隙中。DM-RS 的位置与 PUCCH 格式 2/2a/2b 一样。

由于 O 的最大长度是 11 bit，若 ACK/NACK/SR 比特数大于 11 bit 时，ACK/

NACK/SR 比特均匀地分成 2 块，每块的比特数不大于 11 bit。针对每块的比特，都采用 RM（32,O）进行信道编码，即所谓的双 RM 码[23]，编码的输出限制在 24 bit，对应 12 个调制符号。为使每块的比特都能获取频率分集增益，来自这两块的调制符号在频域上交替映射。这种映射使每块的 12 个调制符号分布在两个 PUCCH 资源块上。PUCCH 格式 3 的传输结构如图 2-34 所示。

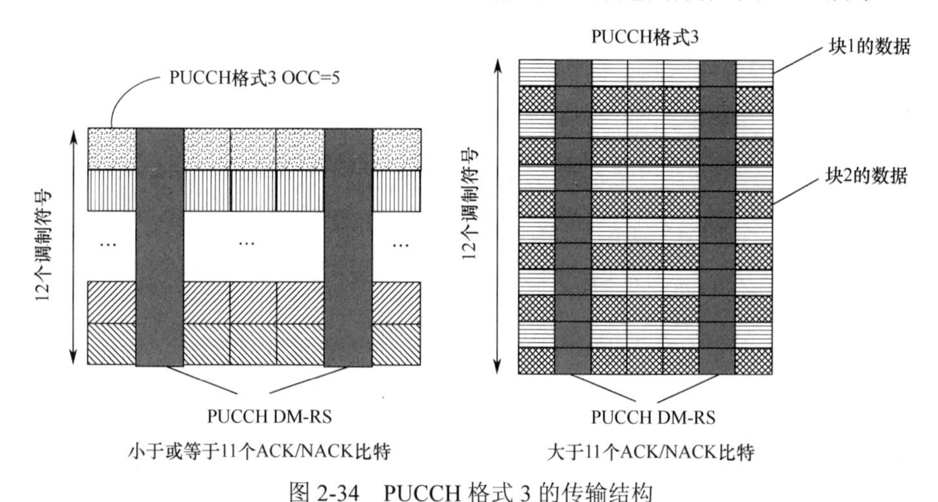

图 2-34 PUCCH 格式 3 的传输结构

2.1.5.1.4 PUCCH 格式 4/5

在 Rel-13 中，载波聚合技术扩展支持到最多 32 个载波。通常，很少有运营商具有如此多的授权频谱载波进行载波聚合，但是 6 GHz 以下有很多的非授权频谱可用。由于要支持这么多载波的聚合，周期 CSI 和 ACK/NACK 需上报的比特数就大幅增加，所以引入 PUCCH 格式 4/5 来支持周期 CSI 和 ACK/NACK 的上报。

PUCCH 格式 4 的传输与 PUSCH 类似（PUSCH 相关内容见本书 2.1.5.2 节），最多可配置 8 个资源块给 PUCCH 格式 4，且在一个子帧的两个时隙中进行跳频来获取频率分集增益。调制方式只有 QPSK，主要是为了保证 PUCCH 的健壮性。类似于 PUSCH，调制符号首先进行 DFT 预编码，然后映射到资源块上，DM-RS 的传输也与 PUSCH 的一样。针对一个子帧中第二个时隙的最后一个符号是否有 SRS，定义了常规 PUCCH 格式和短 PUCCH 格式。常规 PUCCH 格式有 12 个符号（常规循环前缀）和 10 个符号（扩展循环前缀）用于 PUCCH 数据传输。短 PUCCH 格式有 11 个符号（常规循环前缀）和 9 个符号（扩展循环前缀）用于 PUCCH 数据传输。PUCCH 格式 4 可承载的编码比特数为

$$N_{\mathrm{RB}}^{\mathrm{PUCCH4}} \times 12 \times N_{\mathrm{symbol}}^{\mathrm{PUCCH4}} \times 2$$

式中，$N_{\mathrm{RB}}^{\mathrm{PUCCH4}}$ 是配置的资源块数，$N_{\mathrm{symbol}}^{\mathrm{PUCCH4}}$ 是符号数。同时，PUCCH 格式 4 采用带 CRC 的咬尾卷积编码（Tail Biting Convolutional Code，TBCC）作为信道编码。

PUCCH 格式 5 的传输限制在一个资源块中，且在一个子帧的两个时隙之间进行跳频。信道编码、调制和 DFT 预编码方面的操作与 PUCCH 格式 4 类似，区别是 DFT 预编码之前需进行块扩展操作。对长度为 6 个调制符号的数据块，采用$[+1 \ +1]$或$[+1 \ -1]$扩展得到 12 个调制符号，然后对 12 个调制符号进行 DFT 预编码。PUCCH 格式 5 可承载的比特数为

$$6 \times N_{\mathrm{symbol}}^{\mathrm{PUCCH5}} \times 2$$

式中，$N_{\mathrm{symbol}}^{\mathrm{PUCCH5}}$ 是符号数依赖于常规或短 PUCCH 格式，PUCCH 格式 5 应用于中等负载的情况。由于有 2 个扩频序列可用，所以可支持最多 2 个 UE 的复用。

2.1.5.2 PUSCH

PUSCH 支持两个传输方案，具体如下：

✧ 单天线端口方案

单天线端口方案是上行传输模式 1 的传输方案，以及传输模式 2 的回退传输方案。

✧ 闭环空分复用

闭环空分复用支持最多 4 流的传输，是上行传输模式 2 的基本传输方案。

PUSCH 处理流程如图 2-35 所示。单天线端口传输方案只有一个传输块，而闭环空分复用方案与下行类似，可以支持最多 2 个传输块。传输的秩（或流数）和用于 PUSCH 的预编码矩阵是由基站来确定的，并通过控制信道通知 UE，最多可支持 4 流。码字与流之间的映射关系与 PDSCH 相同。预编码矩阵采用

立方度量保留（Cubic Metric Preserving，CMP）码本，以使 PUSCH 在每个天线端口上都保持单载波传输。CMP 码本的特点是：对于每个预编码矩阵，每一行都只有一个非零元素，这样可以避免两个信号在同一个天线端口上混合在一起。另外，也支持 2 天线和 4 天线端口的天线选择预编码矩阵。手持终端有时会出现部分发送天线被手遮挡，从而导致信号的严重衰落。对于这种场景，天线选择可以用来节省发送功率，因为只有没遮挡的天线发送，而遮挡的天线就不发送。不同秩的 CMP 码本细节不是本文的重点，具体可以参考文献[3]。

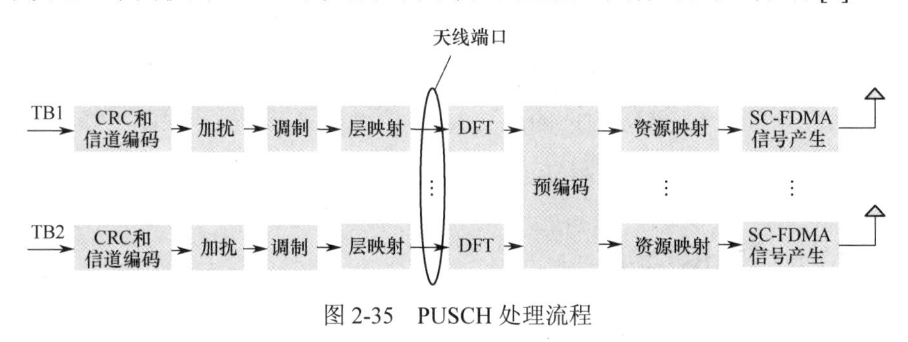

图 2-35　PUSCH 处理流程

PUSCH 传输基于 DM-RS，且 DM-RS 天线端口个数等于控制信道所通知的秩。与基于 DM-RS 的 PDSCH 传输不同的是 PUSCH 的预编码矩阵是不透明的。在上行的时候，预编码矩阵和通知给调度 UE 的 MCS 都是由基站来确定。现有标准中规定 UE 必须使用基站通知的预编码矩阵，且需要通过 3GPP RAN4 定义的测试例。

PUSCH 传输也支持 MU-MIMO，即多个 UE 调度在同样的时频资源上发送 PUSCH，而在基站接收侧被区分开。从调度 UE 的角度，UE 并不知道是否有其他 UE 与其调度在一起同时发送，即 MU-MIMO 对 UE 是透明的。为区分不同 UE 的 PUSCH，分配给不同 UE 的 DM-RS 是正交的，具体的 DM-RS 是一个序列的不同循环移位。由于有 8 个可用的循环移位，原则上可支持最多 8 个 UE 的 MU-MIMO。前提是，所有 MU-MIMO UE 分配的资源是完全一样的。在 Rel-10 中，通过 OCC 对 DM-RS 在时域上进行扩展，具体见本书 2.1.3.2 节，可以支持 MU-MIMO 的两个 UE 的资源分配不对齐。在实际系统中，尤其是 TDD 系统，基站侧的接收天线很多（例如 8 天线或 16 天线），并且上行链路资源有限，因此，希望支持更多不对齐的 UE MU-MIMO 的资源分配（调度和资源分配灵活）。在 Rel-14 中，支持类似梳齿状 SRS 的上行 DM-RS，最多可支持 4 个 UE 的资源分配不对齐。

2.1.5.3 调制和编码方案

UE 在发送 PUSCH 时，需要获知调制阶数和 TBS，这个信息会在基站发给 UE 的控制信道中指示，具体的就是 5 比特的 MCS 字段指示 MCS 和 TBS 索引的组合。PUSCH 的 5 比特 MCS 表格来源于 PDSCH，但是有些变化。具体的变化是，对应于 64QAM 的前四个 MCS 索引，将调制方式视为 16QAM，原因是许多 UE 类型不支持 64QAM 或基站不支持用于 PUSCH 的 64QAM。在这种情况下，与 16QAM 对应的最高 MCS 为 2.41 bit/符号，限制了峰值数据速率，因此进行了相关更改，MCS 可以达到 3.01 bit/符号[24]。

2.1.6 HARQ 定时

HARQ 使用停等（Stop-Wait）协议进行传输，即一个传输块发送后，发送端停止发送，然后进行等待直到收到接收机的确认。根据传输块检测结果，接收端反馈 ACK 或 NACK 给发送端。若发送端收到 ACK，就发送一个新的传输块；反之，将重传没有正确接收到的传输块。每个停等协议的传输形成一个 HARQ 进程。下行 HARQ 操作如图 2-36 所示。

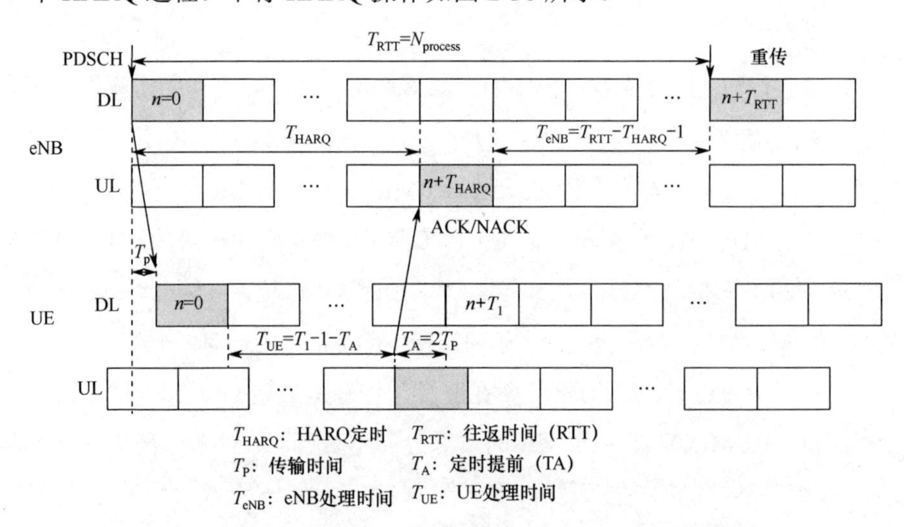

图 2-36 下行 HARQ 操作（发送端和接收端分别是 eNB 和 UE）

为了提升系统性能，可支持多个并行 HARQ 进程。可支持的最大 HARQ 进程数取决于图 2-36 所示的往返时间（Round Trip Time，RTT），RTT 受限于 eNB 和 UE 的处理时间[1]。在 LTE 标准设计时，假设基站处理时间是 3 ms，UE 处理时间是 $3-T_A$ ms，PDSCH 的 TTI 是 1 ms [25]。基于这个假设，FDD 上下行的最大 HARQ 进程数是 8，TDD 的最大进程数依赖于上下行配置以及基站和 UE 的处理能力[12,26]，具体总结见表 2-16。

表 2-16　TDD 的最大 HARQ 进程数

TDD 上下行配置	最大的 HARQ 进程数	
	下行	上行
0	4	7
1	7	4
2	10	2
3	9	6
4	12	3
5	15	2
6	6	1

HARQ 机制有两类，分别为同步 HARQ 和异步 HARQ[8]。

- 同步 HARQ：对特定的一个 HARQ 进程，初传和重传的机会限制在特定的一些时刻。
- 异步 HARQ：对特定的一个 HARQ 进程，重传机会可发生在任何时刻，但是重传和初传之间的时间间隔要大于 RTT。

对于同步 HARQ，一个 HARQ 进程初传和重传的时间机会是确定的，因此 HARQ 进程号可以直接从时间机会得到，而不需要显性的信令指示，在 LTE 系统中时间机会就是子帧。在这种情况下，重传可以重用初传时的传输格式，包括资源分配和 MCS，而不需要控制信令，即非自适应 HARQ。这个技术的优点：减少了控制信令开销且调度简单。相反，异步 HARQ 需要显性通知 HARQ 进程号，但是重传时调度灵活度高。异步 HARQ 适合于下行，因为系统可以灵活调度重传的子帧，以避免与 MBSFN 子帧、寻呼子帧和系统信息子帧的冲突。在 LTE，上行采用同步 HARQ，下行采用异步 HARQ。

HARQ 重传与初传信息的合并方案包括跟踪合并（Chase Combining，CC）

和增量冗余（Incremental Redundancy，IR）两种。CC 是指重传的信息比特与初传的信息比特完全一样；IR 不要求重传的信息比特与初传的一样，而是相对于前面传输的编码比特，在下次重传时发送有增量的编码比特。重传后所使用的两种软合并方式导致了低编码码率，从而提升检测性能。重传过程中的增量编码比特被称为冗余版本（Redundant Version，RV），RV 的信息在 DCI 中通过 MCS 索引来指示。LTE 的 HARQ 采用 IR 方式，实际上，CC 是 IR 的一个特例，重复的冗余比特可以考虑为重复编码。IR 和 CC 的详细介绍可以参考文献[27]。

无论是同步或异步 HARQ，LTE 的 HARQ 定时都是预定义好的，即若在子帧 n 检测数据块，对应的 ACK/NACK 信息将在子帧 $n+T_{\mathrm{HARQ}}$ 反馈，如图 2-36 所示。FDD 上下行的 HARQ 定时 T_{HARQ} 都是 4，如图 2-37 所示。TDD 的 HARQ 定时比较复杂，取决于上下行的子帧配置和 PDSCH/PUSCH 的位置。多个下行子帧的 PDSCH 对应的 HARQ ACK/NACK 在同一个上行子帧中发送，HARQ 的定时 $T_{\mathrm{HARQ}} \geqslant 4$，如典型的上下行子帧配置 2 的 HARQ 定时，如图 2-37 所示。

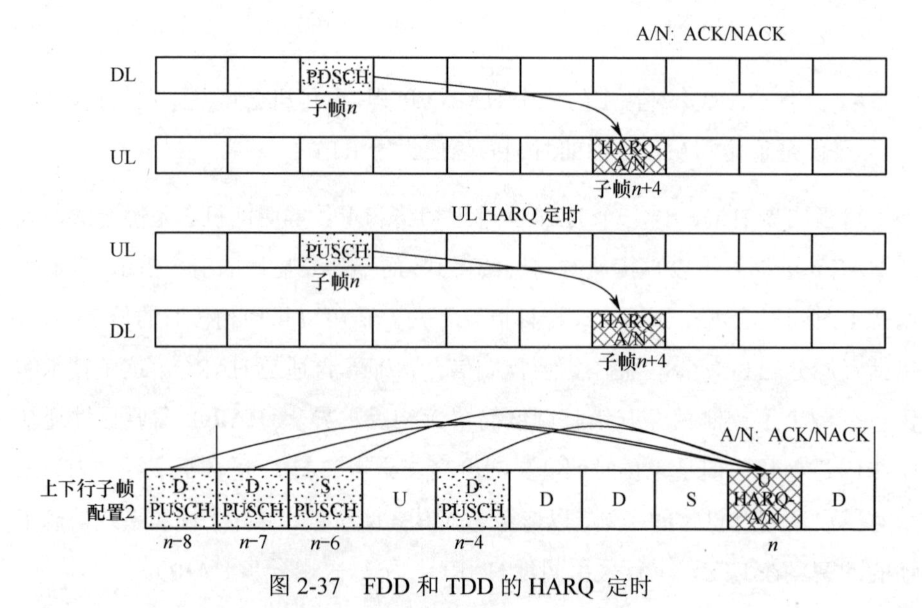

图 2-37 FDD 和 TDD 的 HARQ 定时

2.1.7 载波聚合（CA）和频段组合

3GPP Rel-8 LTE 支持的单载波最大带宽是 20 MHz，峰值速率可达到 300 Mbps 左右（假设 64QAM 和 4 流传输）[28]。为实现 1 Gbps 峰值速率的需求[29]，Rel-10 引入了载波聚合（Carrier Aggregation，CA）特性，可支持最多 5 个载波的 CA，且每个载波的最大带宽是 20 MHz。在 Rel-12 中，CA 增强支持 FDD 和 TDD 载波之间的 CA，其实是 FDD 和 TDD 的一种融合，因为 FDD 和 TDD 各自的优势可以结合使用。随后在 Rel-13 中，CA 进一步增强可支持最多 32 个载波的聚合，即最多可支持 640 MHz（32×20 MHz）带宽；但是，在实际网络中，很少有一个运营商在 Sub-6 GHz 具有 640 MHz 同时使用 LTE，因此所聚合的载波也可以是非授权频谱。根据 CA 的载波是否在同一频段，定义了频段内（Intra-band）的 CA 和频段之间（Inter-band）的 CA。LTE 的频段和不同的 CA 频段组合定义可参考文献[28]。CA 是 LTE 很重要的特性，已经在全球 241 个商用网络中得到使用[30]。

如上所述，CA 的重要目的之一是提升峰值速率，另外还有获取调度增益和负载均衡的优点。LTE 中定义了不同的 UE 类别，对应着不同的峰值速率，以及所使用的 CA 载波数、流数和调制阶数。几个具有 LTE 代表性的峰值速率所对应的 UE 类别总结见表 2-17 [28]。

表 2-17 几个具有 LTE 代表性的峰值速率所对应的 UE 类别总结

DL/UL	UE 类别	峰值速率	载波数 / 个	流数	调制阶数
DL	4	150 Mbps	1	2	64QAM
DL	5	300 Mbps	1	4	64QAM
DL	8	3 Gbps	5	8	64QAM
DL	14	3.9 Gbps	5	8	256QAM
DL	17	25 Gbps	32	8	256QAM
UL	5	75 Mbps	1	1	64QAM
UL	13	1.5 Gbps	5	4	64QAM
UL	19	13.56 Gbps	32	4	256QAM

2.1.8 初始接入和移动性流程

UE 在 LTE 载波上运行之前，首先需要执行初始接入流程并接入到网络，同时建立起无线资源控制（Radio Resource Control，RRC）连接。初始接入流程包括小区搜索、随机接入和 RRC 连接建立。

小区搜索是 UE 获取时间（符号/时隙/帧）和频率的同步以及物理小区 ID 所执行的流程。LTE 定义了 504 个物理小区 ID，许多物理层（Layer 1）的传输参数如参考信号序列的产生、PDSCH/PDCCH 的扰码序列等都依赖于物理小区 ID。这 504 个物理小区 ID 分成了 168 个物理小区 ID 组，每组有 3 个 ID。主同步信号（PSS）和辅助同步信号（SSS）用来促使小区搜索。由于 UE 在执行小区搜索之前没有任何系统的先验信息，通常同步信号固定在系统带宽中间的 6 个资源块上传输，所以 UE 就能够知道如何搜索。

PSS 的传输时间是在每个无线帧中时隙 0 和 10 的最后一个 OFDM 符号中（帧结构类型 I），时隙 2 和 12 的第三个 OFDM 符号中（帧结构类型 II）。SSS 的传输时间是在每个无线帧中时隙 0 和 10 的倒数第二个 OFDM 符号中（帧结构类型 I），时隙 1 和 11 的最后一个 OFDM 符号中（帧结构类型 II）。PSS 在一个无线帧中两个时隙发送的信号是相同的，用来获取符号同步以及部分的小区 ID 信息。长度为 63 的三个不同 ZC 序列用来作为 PSS，代表一个物理小区 ID 组下的 3 个不同 ID。在 PSS 的 ZC 序列映射到 6 个资源块时，中间的序列元素被打掉，因为中间序列元素对应的是直流（Direct Current，DC）子载波。这种映射使 PSS 的时域信号具有中心对称特性，可以降低 UE 侧的同步复杂度[31]。一旦获取了 PSS，UE 可以根据 PSS 和 SSS 之间的时间关系去检测 SSS。由于帧结构类型 I 和 II 的 PSS 和 SSS 时间关系不同，通过 SSS 的检测，UE 可以获得帧结构类型和循环前缀信息。另外，PSS 和 SSS 之间的间距很近，PSS 也可以用来对 SSS 进行相干检测，这个取决于 UE 侧的实现方式。SSS 由两个长度为 31 的短码序列来代表，而两个短序列的 168 个组合用来代表物理小区组 ID。对于两个短序列的 168 种组合，第一个短序列的索引都小于第二个短序列的索引，这样可以降低小区 ID 检测的模糊度[32]。SSS 两个短序列的频域位置在每个子帧的两个时隙中进行轮换，这样可以获取子帧同步。

小区搜索完成后，UE 需要获取承载在 PBCH 和 SIB 上的系统广播信息。

PBCH 的检测可以获取系统带宽、CRS 天线端口数、系统帧号和 PHICH 的持续时间，具体见本书 2.1.4.1 节。SIB 信息在物理层映射在 PDSCH 上，但是对应 PDCCH 的 CRC 被 SI-RNTI 加扰，且 PDCCH 在公共搜索空间发送。PDCCH 指示传输 SIB 的调度资源和 MCS 等信息。不同的 SIB 信息具有不同的发送周期。SIB1 中的信息包括指示 UE 是否允许接入小区以及定义其他系统消息（System Information，SI）的调度信息。SIB1 是周期性发送的，发送周期为 80 ms，且在 80 ms 中有 4 次重复。SIB1 调度信息在无线帧中的子帧 5 上，其中无线帧满足 SFN mod 8 = 0；重复的 SIB1 调度在满足 SFN mod 2 = 0[20] 无线帧的子帧 5 上。SI 消息用来承载一个或多个除 SIB1 外的 SIB 信息。一个 SI 消息中包含的所有 SIB 都具有相同的发送周期，但是一个 SIB 只能映射在一个 SI 消息中。SIB2 始终映射到 SIB1 中配置的第一个 SI 消息中。SIB2 包含对于所有 UE 通用的无线资源配置信息，例如，MBSFN 子帧配置、PRACH 配置信息等。每个 SIB 的详细信息可以参考文献[20]。

在获取随机接入相关的信息后（包括 PRACH 配置、频率位置、根序列、循环移位、受限或不受限集合等），UE 需要执行随机接入来获取上行同步且用于 PUSCH 传输，并建立 RRC 连接。PRACH 发送占用一个或多个连续子帧的 6 个资源块。在初始接入阶段，由于 UE 处于空闲态，所以采用基于竞争的随机接入流程，通常有四步操作，如图 2-38 所示[33]。

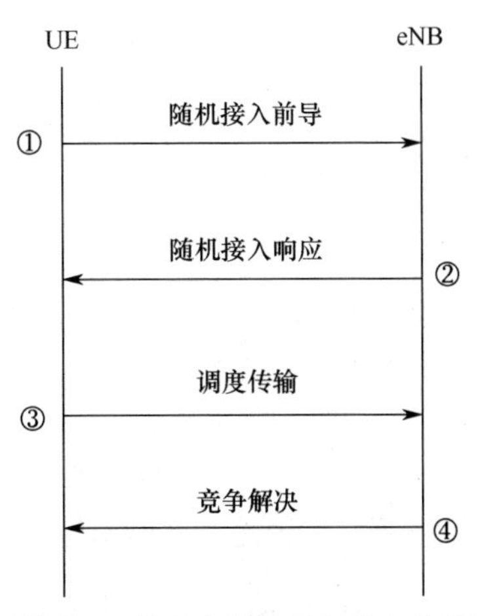

图 2-38 基于竞争的随机接入流程

步骤 1，随机接入前导

UE 首先从所配置的前导序列集合中选出一个前导序列，然后在配置的频率资源上采用合适的功率发送。

步骤 2，随机接入响应（Random Access Response，RAR）

在接收端正确检测到前导序列后，基站在下行发送针对 UE 所发送的前导序列的响应。RAR 在 PDSCH 中发送，PDSCH 的调度信息在 PDCCH 中，其中 PDCCH 的 CRC 采用 RA-RNTI 加扰。RAR 中承载检测到的随机接入前导的标识、定时调整信息、随机接入响应授权（Random Access Response Grant，RARG）[12]和所分配的临时 C-RNTI（Temporary C-RNTI）。若同时检测到多个随机接入前导序列，对应的 RAR 可以在一个 PDSCH 中发送。

步骤 3，调度传输

在接收到 RAR 后，UE 利用通知的定时对齐信息首先进行上行同步，但是 UE 还没有建立小区的连接。被 RARG 调度的 PUSCH 中承载着高层的请求信息，如 RRC 连接请求、NAS UE 标识[33]。PUSCH 采用临时的 C-RNTI 进行加扰。

步骤 4，竞争解决

多个 UE 可能会同时发送相同的随机接入前导，然后接收到相同的 RAR，这样就会导致多个 UE 采用相同临时 C-RNTI 的冲突。为解决这种冲突，基站在 PDSCH 中发送一个下行消息，PDCCH 仍采用步骤 2 中的临时 C-RNTI 加扰。UE 将检测下行消息中的 UE 标识是否与步骤 3 中上报的标识消息一致。如果彼此匹配，就意味着随机接入成功且临时 C-RNTI 就升级为 C-RNTI，不然 UE 就需要重新从步骤 1 开始随机接入流程。

除基于竞争的随机接入流程外，还有一种非竞争的随机接入流程，应用在小区切换和在 RRC 连接状态下下行数据到达时所需要的随机接入流程[33]。

UE 状态定义了 RRC 空闲态和 RRC 连接态两种，如图 2-39 所示[33]。在空闲态时，没有 RRC 上下文消息和特定的小区驻留信息。RRC 空闲态下的 UE 没有数据进行接收和发送，可以处于睡眠模式节省功率。一旦被触发建立 RRC 连接，UE 就会执行上述的随机接入流程并建立 RRC 上下文，从而进入 RRC 连接态。在 RRC 连接态下，UE 和基站之间可以进行正常通信，二者具备共同的 RRC 上下文。若没有数据传输，RRC 连接就会释放而进入 RRC 空闲态。

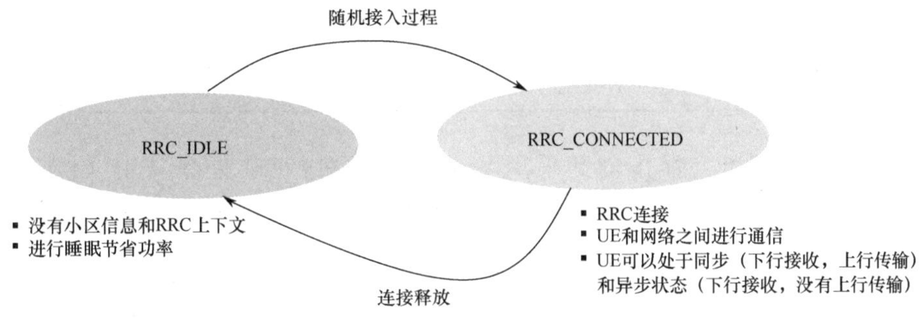

图 2-39　RRC 空闲态和 RRC 连接态之间的状态转化

2.2　5G NR 载波和信道设计

2.2.1　载波的关键参数设计

NR 应用的频率范围（Frequency Range，FR）比 LTE 大很多，定义了两个频率范围分别为 FR1（450～6 000 MHz，又称为 Sub-6 GHz）和 FR2（24.25～52.6 GHz，又称为 Above-6 GHz 或毫米波），并且分别在 FR1 和 FR2 上定义了一系列频段（Band）集合[34]。对于 3 GHz 以上的频谱，有很多的可用频谱（可参见本书 2.3.1 节），可以用来满足 IMT-2020 的高速率要求[35]。对于每个定义的频段，UE 或基站可以支持其中的多个载波传输，这依赖于载波的带宽和 UE 能力。载波的带宽与基站和 UE 的处理能力相关。FR1 和 FR2 支持的载波带宽汇总见表 2-18。从 UE 的角度，支持的传输带宽（即信道带宽）可以等于或小于载波带宽，这由 UE 的能力决定。对于这种情况，网络可以配置一个载波上的一段等于或小于UE信道带宽的连续频谱，即部分带宽（Bandwidth Part，BWP）给UE使用。在上下行传输中，一个UE可以配置最多4个BWP，但是在特定的时间只有一个激活的BWP。UE不期望在激活的BWP外的频率上接收或发送，这有利于UE节省功率，因为UE不需要在全系统带宽上发送或接收。

表 2-18　NR 中的载波带宽汇总

频率范围	载波带宽 / MHz[①]
FR1	5，10，15，20，25, 30, 40，50，60，70, 80，90, 100
FR2	50，100，200，400

由于下行和上行传输都采用基于循环前缀-正交频分复用（Cyclic Prefix-OFDM，CP-OFDM）的波形（可参见本书 2.5.1 节），载波的参数设计与LTE类似，包括子载波间隔（Sub-Carrier Spacing，SCS）和循环前缀（Cyclic Prefix，CP）。决定SCS大小的关键因素与载波频率和移动性相关的多普勒扩展有关。LTE支持的频率范围包含在NR的频率范围之中。由于LTE的15 kHz SCS设计已经在实际网络中经过了很好的验证，所以15 kHz SCS在NR中延续使用。考虑到NR要支持最高500 km/h的移动速度和很宽的频率范围，只有15 kHz SCS是不够的，所以引入了多个SCS，具体为$2^{\mu}\times 15$ kHz, $\mu = 0,1,2,3,4$。SCS越大导致OFDM符号时间就越短，这个对短TTI传输很有帮助，尤其是时延敏感业务，如远程控制等。SCS的这种设计也有助于降低实现复杂度，因为这样可以减少子载波的个数。SCS的使用取决于所应用的频率范围，当然对于每个频率范围也并不需要支持所有的SCS。

CP长度需要很好地抑制时延扩展的影响，另外也需保持合理的开销。在LTE的15 kHz SCS场景下，CP长度与OFDM符号长度的比例为$144/2\,048 = 7.03\%$，这个开销比例适用于每个时隙中除第一个OFDM符号外的剩余OFDM符号；第一个OFDM符号的CP长度稍大一些为$160/2\,048 = 7.81\%$，这是为了满足0.5 ms时隙的限制要求，也可以用来进行自动增益调整。这个CP长度在抑制时延扩展和CP开销之间保证了很好的平衡，因此NR的15 kHz

① 载波带宽依赖于所在的频段和子载波间隔[34]。

的 SCS 重用了 LTE 的 CP 长度。由于 OFDM 的长度与 SCS 是倒数关系，非 15 kHz SCS 对应的 CP 长度将会成比例（2^μ，$\mu=0,1,2,3,4$）地减少，但仍需保证与 15 kHz SCS 的 CP 开销一样。这种设计可以使一个时隙中不同 SCS 的 OFDM 符号对齐，有利于不同 SCS 载波之间的共存，尤其对于需要网络同步的 TDD 系统。这里需注意，一个子帧中的第 1 和 $7\times2^\mu$ 个 OFDM 符号的 CP 稍长一些，具体帧结构的细节可以参考本书 2.2.2 节。扩展循环前缀只支持 60 kHz SCS，且 CP 长度与 LTE 成比例。由于 60 kHz SCS 的 TTI 很短，可应用于 URLLC 业务。当采用 60 kHz SCS 的 URLLC 业务部署在 3 GHz 以下的频谱时，常规循环前缀在时延扩展大的场景下可能无法很好地抑制符号间干扰，这种场景下可以考虑采用扩展循环前缀。

由于较大 SCS 的 CP 会成比例减少，所以很明显短 CP 不适用于时延扩展大的场景，而大 SCS 能够适用于时延扩展小的高频场景[36]。不同频率范围支持的 SCS 传输参数见表 2-19。一个 BWP 的 SCS 和 CP 可以分别从高层参数 subcarrierSpacing 和 cyclicPrefix 获得。一个载波可以配置多个不同的参数。

表 2-19　不同频率范围支持的 SCS 传输参数

μ	SCS	循环前缀（CP）			适用的频率范围			
	$\Delta f=2^\mu\times15$ (kHz)	类型	一个子帧中不同 OFDM 符号的 CP 长度		FR1			FR2
			$l=0$ 或 7.2^μ	其他	Sub 1 GHz	1～3 GHz	3～6 GHz	
0	15	常规	$144\times\varDelta+16\times\varDelta$	$144\times\varDelta$	√	√	√	—
1	30	常规	$144\times\varDelta/2+16\times\varDelta$	$144\times\varDelta/2$	√	√	√	—
2	60	常规	$144\times\varDelta/4+16\times\varDelta$	$144\times\varDelta/4$	—	√	√	√
2	60	扩展	$512\times\varDelta$		—	√	√	—
3	120	常规	$144\times\varDelta/8+16\times\varDelta$	$144\times\varDelta/8$	—	—	—	√
4①	240	常规	$144\times\varDelta/16+16\times\varDelta$	$144\times\varDelta/16$	—	—	—	—

注：$\varDelta$ 是相对于 2048 的过采样因子。

① 240 kHz 定义为系统参数，但是在 Rel-15 中没有应用于 FR1 和 FR2。

LTE 的资源块是一个时频二维的资源，频域上是 12 个连续的子载波，时域上是 7 个或 6 个连续的 OFDM 符号。NR 的资源块定义与 LTE 不同，对于特定的一个 SCS，一个资源块定义为频域上连续的 12 个子载波，没有要求 OFDM 符号的个数，方便每个 SCS 的多个短 TTI 传输。资源块中的最小资源单元仍是 RE，表示为(k,l)，其中，k 是频域的子载波索引，l 代表时域上相对起始位置的 OFDM 索引。

NR 定义了两类资源块：公共资源块（Common Resource Block，CRB）和物理资源块（PRB）。CRB 是从系统角度进行资源定义，在频域上从 0 开始向上编号，对于子载波间隔配置 μ，即 $n_{\mathrm{CRB}}^{\mu}=k/12$，其中，$k$ 是相对频率的起始位置（即参考点，所有的 SCS 具有相同的参考点）的子载波索引。PRB 是定义在一个 BWP 中一组连续的 CRB。CRB 和 PRB 之间的关系是

$$n_{\mathrm{CRB}}=n_{\mathrm{PRB}}+N_{\mathrm{BWP},i}^{\mathrm{start}}$$

式中，$N_{\mathrm{BWP},i}^{\mathrm{start}}$ 是第 $i(i=0,1,2,3)$ 个 BWP 的起始位置，表示为 CRB 的索引。每个载波的实际 RB 个数依赖于载波带宽、SCS 和所在的频段[34]。

2.2.2 帧结构

一个 10 ms 的无线帧有 10 个子帧（Sub-Frame，SF），每个子帧长度是 1 ms。每个 10 ms 的无线帧分成两个相等的半无线帧，半无线帧 0 包括子帧 0～4，半无线帧 1 包括子帧 5～9。每个子帧中的时隙数为 2^{μ}（$\mu=0,1,2,3,4$），这个依赖于 SCS。在常规循环前缀下，无论 SCS 的配置如何，一个时隙固定为 14 个 OFDM 符号。无线帧、子帧、时隙和 OFDM 符号的关系如图 2-40 所示。

相对于 LTE 只定义了针对 FDD 和 TDD 的两类帧结构，NR 设计具有灵活的帧结构。一个无线帧中的时隙可以灵活配置为下行或上行传输。一个时隙中的 14 个 OFDM 符号可以分为三类：下行、灵活和上行。一个时隙格式包括下行符号、上行符号和灵活符号。下行符号和上行符号分别用于下行传输和上行传输，但是灵活符号可以用于下行、上行、GP 或预留资源。时隙格式可

以分为 5 种类型，即类型 1 是全下行传输，类型 2 是全上行传输，类型 3 是下行主导传输，类型 4 是上行主导传输，类型 5 是全灵活，如图 2-41 所示。对于类型 3 或类型 4，PDSCH 和其对应的 ACK/NACK 或上行调度 PDCCH 和其对应的 PUSCH 可在一个时隙中发送，这种时隙类型可称为自包含时隙用于传输减少时延。时隙类型 5 中的所有 OFDM 符号是灵活的，可以预留用于前向兼容。

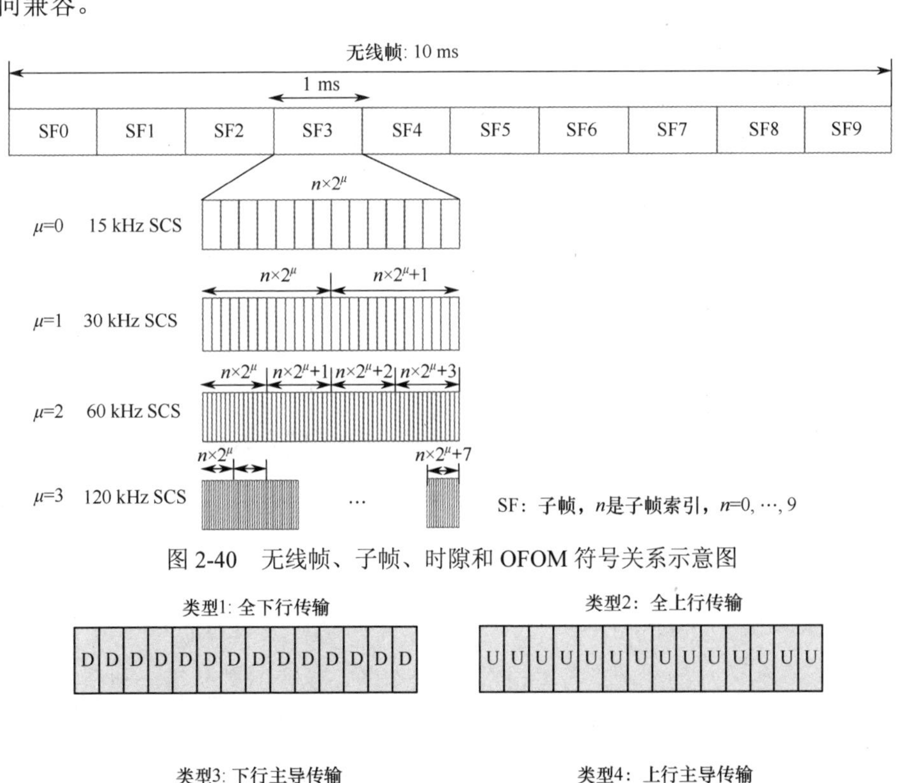

图 2-40　无线帧、子帧、时隙和 OFOM 符号关系示意图

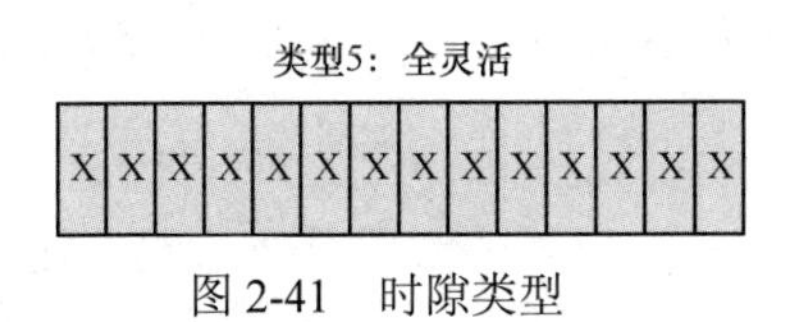

图 2-41　时隙类型

灵活帧结构可以自适应下行和上行的业务模型，具体介绍见本书 2.3.1 节。UE 为获得帧结构，需要的通知信令包括：小区特定高层配置、UE 特定高层

配置、UE 组 DCI 和 UE 特定 DCI，下面分别进行详细介绍。

2.2.2.1 小区特定高层配置

小区特定高层参数 TDD-UL-DL-ConfigurationCommon 被 UE 用来确定一个时隙集合中每个时隙的格式。高层参数包括：[37]

{

✧ 参考 SCS

✧ 模式 1

- DL/UL 传输周期（P_1）
- 下行时隙个数（X_1）：从每个 DL-UL 时隙模式的第一个时隙开始的连续全下行时隙个数
- 下行 OFDM 符号个数（x_1）：一个时隙从第一个 OFDM 符号开始的连续下行 OFDM 符号个数，这个时隙紧随着最后一个全下行时隙
- 上行时隙个数（Y_1）：从每个 DL-UL 时隙模式的最后一个时隙开始向前的连续全上行时隙个数
- 上行 OFDM 符号个数（y_1）：一个时隙从最后一个 OFDM 符号开始向前的连续上行 OFDM 符号个数，这个时隙是第一个全上行时隙的前一个时隙

}

另外，还有第二模式，即模式 2，可以通过 TDD-UL-DL-ConfigurationCommon 配置。但模式 2 配置与模式 1 相比是不相同的，例如，有更多的时隙可以配置为上行，且用于上行容量和覆盖。这种模式的配置被称为双周期时隙配置，如图 2-42 所示。同时，第二模式的配置是可选的。在 DL/UL 的传输周期中，没有被 TDD-UL-DL-ConfigurationCommon 配置的剩余时隙和符号默认为灵活传输，可以通过其他的信令进一步地配置。

单周期时隙配置

P_1 上下行时隙分配周期

D D D F U D D D F U

X_1 下行时隙　x_1　y_1　Y_1 上行时隙

下行符号

上行符号

灵活符号

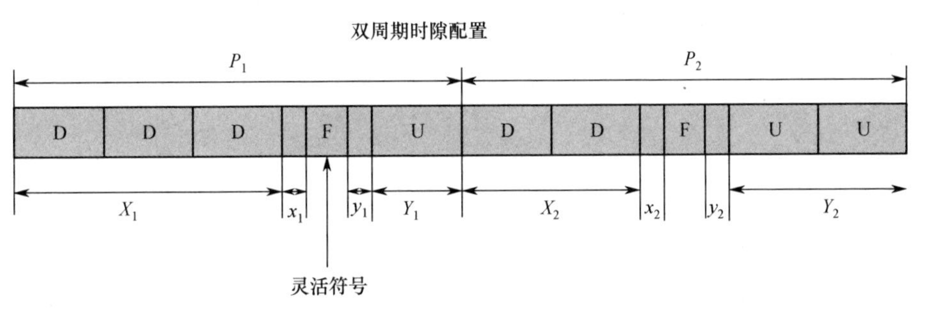

图 2-42　单周期和双周期的时隙格式配置

2.2.2.2　UE 特定高层配置

额外地，可以通过 UE 特定的高层参数 TDD-UL-DL-ConfigDedicated 来进一步配置被 TDD-UL-DL-ConfigurationCommon 指示为灵活的符号。参数 TDD-UL-DL-ConfigDedicated 提供一个时隙配置集合，其中每个时隙配置包括时隙索引以及所指示的时隙中的符号配置。在所指示的时隙中的符号可以配置为全下行、全上行，或配置时隙开始的一组符号，或时隙中最后的一组符号[38]。

2.2.2.3　UE 组 DCI

在时域的一组连续时隙中的符号被 TDD-UL-DL-ConfigurationCommon 和 TDD-UL-DL-ConfigDedicated 配置为灵活的情况下，物理层信令 DCI 格式 2_0 将给这一组连续的时隙提供时隙格式。协议中一共定义了 56 种时隙格式。[38]DCI 格式 2_0 是一个公共组 PDCCH，可以被一组 UE 所检测。UE 是否需要检测 DCI 格式 2_0 可通过网络来配置。当 UE 被高层信令参数 SlotFormatIndicator 配置时，将给 UE 提供时隙格式指示的无线网络临时标识（Slot Format Indicator

Radio Network Temporary Identity，SFI-RNTI）和 DCI 格式 2_0 的大小；另外也提供了 SFI-index 这个字段在 DCI 格式 2_0 中的位置，其中 SFI-index 代表时隙格式组合。一组时隙格式组合与 SFI-index 的映射关系通过参数 SlotFormatIndicator 来配置。这个时隙格式组合是指在时域上一组连续时隙中出现的一个或多个时隙格式。

2.2.2.4 UE 特定 DCI

如果时隙中的一组符号被 DCI 格式 2_0 中的 SFI-index 字段指示为灵活，那么这组符号可以被动态地调度为下行或上行传输，这取决于接收到的 DCI 格式。当 UE 接收到 DCI 格式（如 1_0,1_1,0_1[39]）指示上述时隙中的一组符号用于 PDSCH 传输或 CSI 传输，这组符号将用于下行传输。当 UE 接收到 DCI 格式（如 0_0, 0_1 [39]）指示上述时隙中的一组符号用于 PUSCH、PUCCH 或 SRS 传输，这组符号将用于上行传输。如果对上述的一组符号没有任何调度，那么 UE 在这些资源上将不发送或接收。

帧结构配置信令如图 2-43 所示，一共有四层信令来配置帧结构，提供了很大的灵活度。但是，考虑到实现复杂度以及实际系统中抑制交叉链路干扰的代价，也许只有有限的几种帧结构就足够使用了。关于信令，UE 无须强制接收这四层信令，UE 可以接收其中的一个或多个信令来获知帧结构。

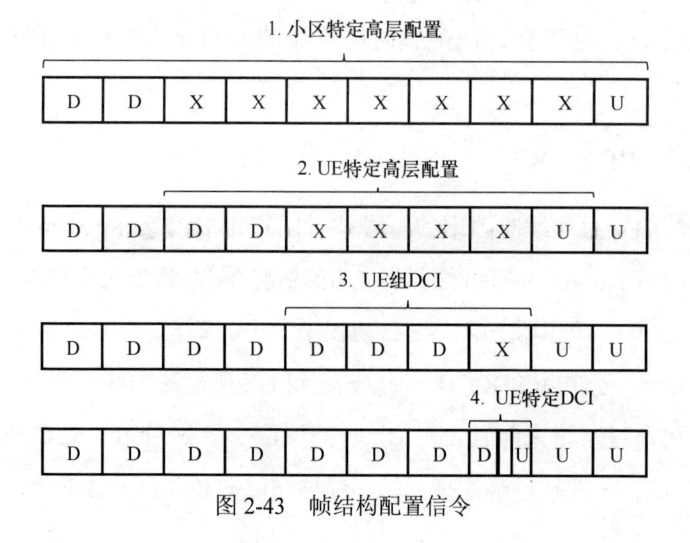

图 2-43 帧结构配置信令

2.2.3　物理信道

在完成初始接入流程后（见本书 3.1.1 节），基站和 UE 之间可以进行正常通信。下行和上行需要传输的信息承载在不同的物理信道上。物理信道承载着来自高层的信息，并映射到对应的一个资源集合。根据传输链路方向以及物理信道所承载信息的属性，NR 定义了一组下行和上行的物理信道[40]。在本节中，将介绍上下行不同的物理信道。物理随机接入信道不承载任何高层的信息，只是发送前导序列和建立 RRC 连接，以及上行同步等，这个在本书 3.1.1 节中介绍。

2.2.3.1　物理广播信道（PBCH）

UE 通过检测 PBCH 获取初始接入所需要的系统基本信息，初始接入流程方面的内容将在本书 3.1.1 节详细介绍。来自高层的系统信息分为主信息块（MIB）和一组系统信息块（SIB）。MIB 固定在 PBCH 中传输，其中 PBCH 的周期是 80 ms，且在 80 ms 内进行重复发送。MIB 包含的信息如下[37]：

- 系统帧号（SFN）：SFN 的 6 bit 最高有效位（SFN 共有 10 bit）。
- SIB1：初始接入的 Msg.2/4 和广播系统消息所用的子载波间隔。
- 同步信号 / 广播信道块（Synchronization Signal/PBCH Block，SSB）子载波偏移量：SSB 和整个资源块之间的频率偏移量，具体表示为子载波个数。
- 下 / 上行时隙中第一个 DM-RS 的时间位置。
- 用于 SIB1 检测的资源配置，例如公共控制资源集合，公共搜索空间和检测 SIB1 必需的 PDCCH 参数。
- 小区是否禁止接入。
- 是否允许同频重选。

除 PBCH 传输的 MIB 信息外，物理层还有额外的 8 bit 系统信息，其中包括 SFN 的 4 bit 最低有效位，1 bit 指示半无线帧，SSB 索引（64 个候选 SSB）

的 3 bit 最高有效位（否则，1 bit 作为 PRB 偏移量的最高有效位，2 bit 预留）。PBCH 的大小为 56 bit（包括 24 bit CRC），采用很低的编码码率生成 864 bit，以保证 PBCH 检测的可靠性。

PBCH 与 PSS/SSS 在一起传输形成 SS/PBCH 块，即 SSB。PSS、SSS 和 PBCH 采用同样的子载波间隔和循环前缀。一个 SSB 包括时域上连续的 4 个 OFDM 符号和频域上连续的 240 个子载波（形成 20 个 SSB 资源块），具体如图 2-44 所示。每个 SSB 中，PSS 和 SSS 的位置分别在第一个和第三个 OFDM 符号上，PSS 和 SSS 的序列长度是 127 个元素，且映射在其所在 RB 中间的 RE 上；PBCH 和其所关联的 DM-RS 映射在第二、第四个 OFDM 符号以及部分第三个 OFDM 符号上。PBCH DM-RS 的密度是 1/4，即每间隔 4 个 RE 有一个 DM-RS。在 SSB 的第三个 OFDM 符号上，PBCH 和 DM-RS 映射在两边的 48 个 RE 上。

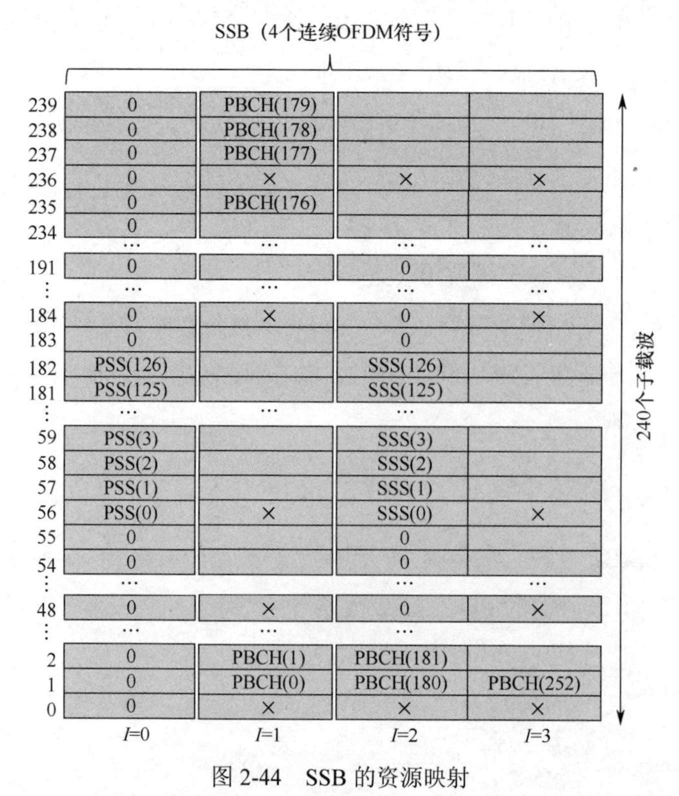

图 2-44　SSB 的资源映射

为了保证小区覆盖，NR 采用了基于波束的接入机制。覆盖不同波束方向的多个 SSB 用来进行波束扫描。由于高频场景需要多个 SSB，对于 3 GHz 以下、3～6 GHz 和 6 GHz 以上三个频段，在半无线帧中候选 SSB 的最大个数分别是 4、8 和 64。在半无线帧中，SSB 的时间传输机会即 SSB 图案是预定义的，具体的 SSB 图案依赖于子载波间隔和应用的频率范围[38]。SSB 用来确定其所关联的资源，如 PRACH 资源等，因此需要识别所检测到的 SSB 索引。半无线帧中的候选 SSB 索引为 $0,\cdots,L-1$，其中 $L=4,8,64$。当 $L=4$或8 时，候选 SSB 的索引与对应的 PBCH DM-RS 序列关联。当 $L=64$ 时，如果 64 个 SSB 关联 64 个 DM-RS 序列，将会极大地增加 SSB 盲检测的复杂度。为了方便盲检测，候选 SSB 的索引通过两部分信息得到，其中索引的 3 bit 最高有效位从 PBCH 得到，3 bit 最低有效位从 PBCH DM-RS 序列得到。一旦 UE 成功检测到一个 SSB，UE 就可以从 PBCH 中获得基本系统信息，即帧定时和检测到的 SSB 索引。另外，初始接入的 UE 可以假设在半无线帧中的 SSB 周期是 20 ms。

NR 的信道栅格和同步栅格是解耦的，稀疏的同步栅格可以降低 UE 小区搜索复杂度。这种情况下，SSB 的资源块可能与公共资源块不对齐，二者之间会有一个子载波偏移量。子载波偏移量指的是一个公共资源块（采用 MIB 提供的子载波间隔）的子载波 0（第一个子载波）和 SSB 第一个资源块的子载波 0（第一个子载波）之间的偏移，即一个公共资源块与 SSB 的第一个资源块的子载波 0 重叠，如图 2-45 所示。系统带宽不在 PBCH 中通知，这一点与 LTE 不同，UE 就无法根据系统带宽得知公共资源块的频率位置。因此，在 PBCH 中通知一个子载波偏移量，UE 据此就可以确定公共参考点的频域位置和公共资源块的部署。这与 LTE 不同，LTE 的信道和同步栅格是一样的，且 PSS/SSS/PBCH 固定位于系统带宽的中间。

2.2.3.2　物理下行共享信道（PDSCH）

NR 只定义了一种基于 DM-RS 的 PDSCH 传输方案，与 LTE 传输模式 9 类似。从 UE 的角度，支持最多 8 流的传输。NR 不支持类似于 LTE 的 SFBC 开环发送分集方案，意味着 PDSCH 传输在一些场景下（如高速移动[41]）的稳健性有影响。因此，NR 链路自适应在基站侧选择传输参数时（如空间预编码、空间预编码的频域和时域颗粒度）将能够发挥关键作用。

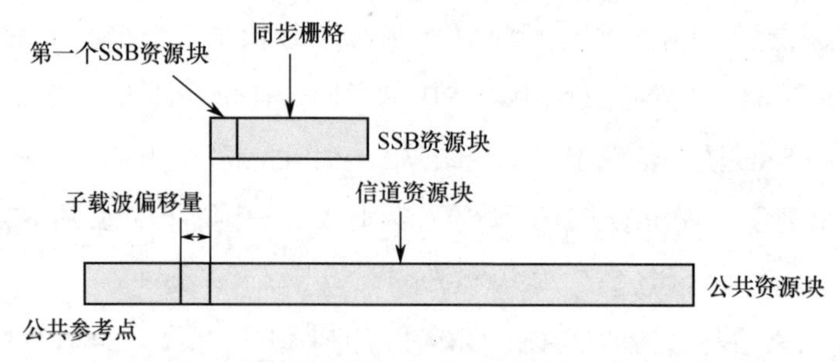

图 2-45　SSB 资源块和公共资源块的子载波偏移

一个 UE 的 PDSCH 传输支持最多两个码字，码字与传输块之间是一一映射的关系。与 LTE 类似，每个码字有其独立的 MCS、HARQ-ACK 和 CQI，但是码字与流之间的映射与 LTE 稍不同（见本书 2.5.3.1.1 节）。若 PDSCH 的流数小于或等于 4，就只有一个码字；否则码字数为 2。码字与流的映射关系可以降低秩大于 4 时的 MCS、HARQ-ACK 和 CQI 的信令开销，但是 UE 侧由于单码字传输无法进行串行干扰消除。这个映射关系是考虑性能和信令开销的折中方案。NR PDSCH 的传输流程如图 2-46 所示。由于 NR 只支持基于 DM-RS 的传输方案，基站侧的编码操作是透明的，每个数据流直接映射到一个 DM-RS 端口上。

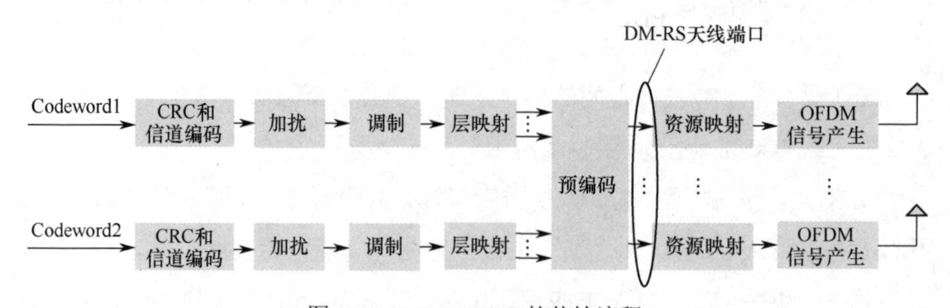

图 2-46　NR PDSCH 的传输流程

PDSCH 的信道编码方案是低密度奇偶校验（Low-Density Parity-Check，LDPC）码，具体见本书 2.5.2.1 节。加扰和调制操作与 LTE 类似，PDSCH 的调制方案有 QPSK、16QAM、64QAM 和 256QAM。由于低时延是 NR 的一个重要需求[35]，而短 TTI 是实现这个需求的关键特性。为实现支持短 TTI，PDSCH 的资源分配很灵活，尤其是在时域上。PDSCH 资源分配的 OFDM 个数可以是{3,4,⋯14}或{2,4,7}，这依赖于 PDSCH 的映射类型。PDSCH 映射类型 A 是指

PDSCH 的起始位置是从一个时隙的前 3 个符号开始的，持续时间为 3 个符号，或者更多一直到时隙的结尾。PDSCH 映射类型 B 是指 PDSCH 的起始位置可以是时隙中的任何位置，持续时间为 2 个、4 个、7 个 OFDM 符号。除此之外，PDSCH 在时域上可进行时隙聚合提升覆盖，但要求被聚合的连续时隙中的资源分配一样。可聚合的时隙数为 2、4、8，具体聚合的时隙数由高层信令配置，但只需一个控制信道以减少控制信令开销。频域的资源分配支持两种类型：类型 0 通过使用资源块组（Resource Block Group，RBG）的位图来分配资源，其中每个 RBG 是一组连续的虚拟资源块；类型 1 将分配一组连续的非交织或交织的虚拟资源块。基站还可以向 UE 指示有多少个 PRB 与同一预编码矩阵捆绑在一起，即 PRG（可参阅本书 2.5.3.1.2 节）。

在下行，UE 通过 PDCCH 接收下行 DCI（见本书 2.2.3.3 节）。DCI 格式 1_1 提供最大调度灵活自由度，同时 DCI 格式 1_0 更稳健可以用于回退模式。DCI 也可指示一个速率匹配图案，限制 PDSCH 和 DM-RS 映射，其实是用于预留一些资源。这种资源预留方式可以允许 PDSCH 围绕整个 OFDM 符号、PRB、LTE CRS 或零功率 CSI-RS 进行速率匹配。当基站决定在某个特定时隙中不使用半静态配置的 PDCCH 资源时，也可通过此信令使 PDSCH 动态地映射到这些没有使用的 PDCCH 资源上。

2.2.3.3　物理下行控制信道（PDCCH）

PDCCH 承载下行控制信息，这些控制信息用于 PDSCH 调度、PUSCH 调度或组控制信息（例如 PUSCH/PUCCH/SRS 的功率控制信息、时隙格式配置等）。NR 定义的 DCI 格式汇总见表 2-20 [39]。

与 LTE 类似，为降低 PDSCH 解调时延，PDCCH 放置在时隙开始的前 1/2/3 个 OFDM 符号上，但是 PDCCH 在频域上不占用整个载波带宽，这点与 LTE 不同。一方面是由于 UE 的信道带宽可能比载波带宽要小，另一方面是 PDCCH 占用整个载波带宽会导致资源颗粒度太大，从而带来资源浪费，尤其对于如 100 MHz 的大带宽。PDCCH 的资源是高层配置的一组资源块，即控制资源集合（Control Resource Set，CORESET）。在一个时隙中，PDCCH 和 PDSCH 是时分复用的，但又不是纯时分复用。当 UE 的 PDSCH 资源与其所配置的 CORESET 有重叠时，PDSCH 资源映射需要围绕控制资源集合进行速率匹配。

表 2-20　NR 定义的 DCI 格式汇总

DCI 格式	用　途
0_0	一个小区的 PUSCH 调度
0_1	一个小区的 PUSCH 调度
1_0	一个小区的 PDSCH 调度
1_1	一个小区的 PDSCH 调度
2_0	通知一组 UE 的时隙格式
2_1	通知一组 UE 不用于传输的 PRB 和 OFDM 符号
2_2	PUCCH 和 PUSCH 功率控制命令
2_3	一个或多个 UE 的 SRS 功率控制命令

一个 CORESET 包括频域上的 $N_{\text{RB}}^{\text{CORESET}}$ 个资源块和时域上的 $N_{\text{symb}}^{\text{CORESET}}$ 个符号，其中资源块通过位图的方式来配置。这两个参数是通过高层信令参数 ControlResourceSet IE [37]得到的。CORESET 的资源块以 RBG 的形式呈现，每个 RBG 包含 6 个连续的资源块。一个 UE 可以配置最多 3 个 CORESET，以减少 PDCCH 检测的阻塞概率。

PDCCH 映射到所配置的资源上并发送。一个 PDCCH 也是通过聚合若干个 CCE 形成的，支持的聚合级别是 1、2、4、8 和 16。一个 CCE 由 6 个 REG 组成，每个 REG 是一个资源块，因此一个 CCE 可用的 RE 个数是 48。一个 CORESET 中的 REG 从 0 开始编号，编号顺序是先时域再频域，REG 0 是 CORESET 中第一个 OFDM 符号编号最小的资源块，如图 2-47 所示。

PDCCH 也是基于 DM-RS 传输的，可采用透明的预编码循环的方式来获取发送分集增益。从分集增益角度，一个 PDCCH 采用多个预编码会对性能有增益，但是又无法在使用不同预编码的资源之间进行插值（影响信道估计性能）。为权衡信道估计性能和预编码增益，引入了 REG 组合的概念。一个 REG 组合是由 L 个连续的 REG 组成，且使用相同的预编码。一个 CCE 具有 $6/L$ 个 REG 组合。一个 CORESET 中 CCE 到 REG 的映射有两种模式：非交织和交织。非交织的映射是指一个 CCE 的 REG 映射在编号连续的 REG 组合。交织映射是指一个 CCE 的 REG 组合通过交织并分散映射，以获取频率分集增益和随机化小区间干扰[40]。REG 组合的大小依赖于 CCE 与 REG 的映射模式，见表 2-21。REG 组合大小的设计原则：使不同 OFDM 符号上具有相同资源块索引的 REG 归属一个 REG 组合，如图 2-48 所示。同时，交织映射模式下的 REG 组合大小由网络配置决定。

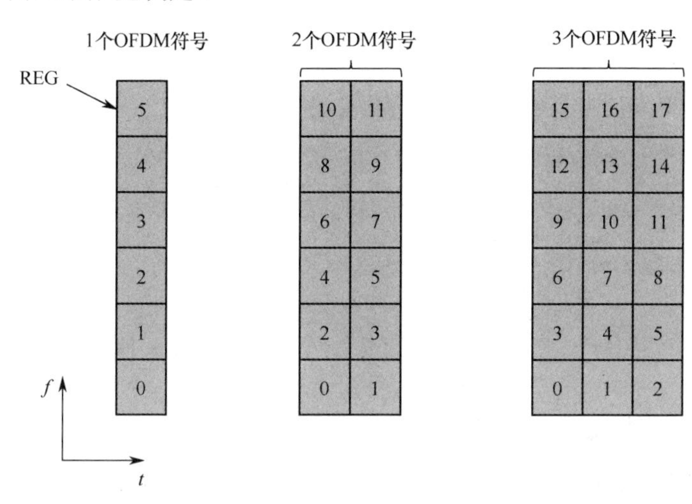

图 2-47　控制资源集合中的 REG 编号示意图

表 2-21　REG 组合的大小

CORESET 的 OFDM 符号个数	REG 组合的大小	
	非交织	交织
1	6	2,6
2	6	2,6
3	6	3,6

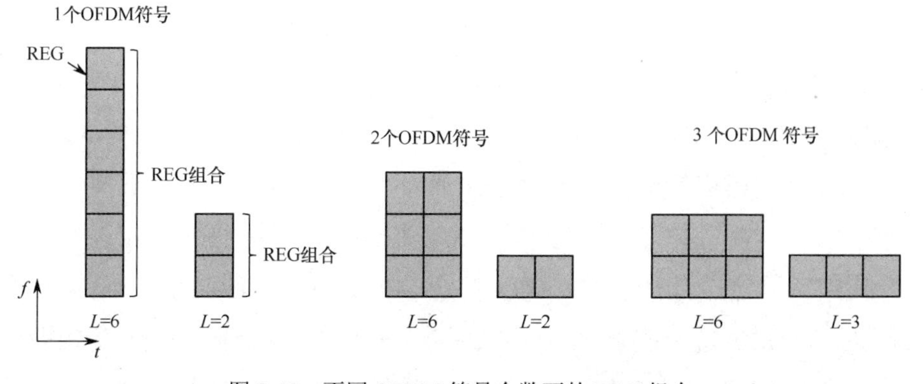

图 2-48　不同 OFDM 符号个数下的 REG 组合

在接收侧，UE 对 PDCCH 进行盲检测，为降低盲检测复杂度，需要限制盲检测候选 PDCCH 的个数，同时也要考虑 PDCCH 阻塞概率。UE 需要检测的 PDCCH 集合称为 PDCCH 搜索空间集合。一个搜索空间集合可以是公共搜索空间集合或 UE 特定搜索空间集合。公共搜索空间集合通常承载对一组 UE 的公共控制信息，例如，SIB、寻呼、随机接入响应、时隙格式配置和公共功率控制信令等。公共搜索空间的 PDCCH 聚合级别是 4/8/16，从而能够保证检测性能。DCI 格式 0_0、1_0、2_0、2_1、2_2 和 2_3 可以在公共搜索空间传输。DCI 格式 0_1 和 1_1 用于 UE 特定的调度，因此在 UE 特定搜索空间传输。UE 特定搜索空间支持的聚合级别为 1/2/4/8/16。UE 需要检测的搜索空间集合个数是由高层信令配置的，且每个搜索空间集合与一个 CORESET 关联。另外，每个配置的搜索空间集合的相关信息也是通知的，例如，指示搜索空间集合是公共或 UE 特定的，以及每个聚合级别下候选的 PDCCH 个数等。[12]

2.2.3.4　物理上行共享数据信道（PUSCH）

PUSCH 支持基于 DFT-S-OFDM 和 CP-OFDM 两种传输（见本书 2.5.1 节）。在多天线预编码方面，PUSCH 支持基于码本和非码本的两种传输方案，这两个方案的区别是 UE 侧的预编码操作是否透明。对于基于码本的传输方案，基站侧给 UE 配置一个或多个 SRS 资源用于 SRS 传输。配置多个 SRS 资源是为了在高频场景下更好地进行波束管理（Beam Management，BM）。基站侧从 UE 发送的 SRS 中选择最佳的 SRS 资源，传输的秩以及针对所选择的 SRS 资源的预编码矩阵，然后通过控制信道 DCI 格式 0_1 中通知 UE。UE 利用基站通知的传输信息对 PUSCH 进行预编码并发送。针对 DFT-S-OFDM 和 CP-OFDM 的预编码矩阵码本定义可参考文献[40]。对于 DFT-S-OFDM 传输，只定义了 2 和 4 天线端口秩为 1 的码本。因为具有低 CM 特点的 DFT-S-OFDM 传输通常应用在覆盖受限场景，而秩为 1 又是这个场景的典型传输。对于非码本传输，UE 利用下行 CSI-RS 进行测量，并确定出一组用于上行的预编码矩阵，然后利用这些预编码矩阵对 SRS 进行预编码并发送。基站侧针对预编码的 SRS 进行测量，并从中选出合适的 SRS，然后把所选择的 SRS 索引通知 UE。根据通知的 SRS 索引，UE 确定出对应于此 SRS 的预编码矩阵，然后用确定出的预编码矩阵对 PUSCH 进行预处理。另外，基于非码本的传输更适合具有信道互易性的 TDD 系统。

PUSCH 传输也是基于 DM-RS 的，UE 可以最多支持 4 流传输。无论基于码本还是非码本的传输，流的个数都是由网络来确定的。码字与流的映射与下行是相同的，因此 PUSCH 只有单码字传输。从网络的角度，PUSCH 最多可以支持 12 流的 MU-MIMO 传输，这是由 DM-RS 的设计决定的。为了保证上下行参考信号的正交性，NR 上下行使用相同的 DM-RS 结构，这个可以更好地抑制灵活双工（见本书 2.3.1.2.2 节）下的交叉链路干扰。

2.2.3.5　物理上行控制信道（PUCCH）

PUCCH 承载上行控制信息（UCI），包括 SR、HARQ-ACK 和周期 CSI。根据控制信息内容和开销大小，定义了多个 PUCCH 格式，见表 2-22。

表 2-22　PUCCH 格式

PUCCH 格式	OFDM 符号长度 L	比特数	UCI 类型
0	1～2	1 或 2	HARQ-ACK、SR、HARQ-ACK/SR
1	4～14	1 或 2	HARQ-ACK、SR、HARQ-ACK/SR
2	1～2	>2	HARQ-ACK、HARQ-ACK/SR、CSI、HARQ-ACK/SR/CSI
3	4～14	>2	HARQ-ACK、HARQ-ACK/SR、CSI、HARQ-ACK/SR/CSI
4	4～14	>2	CSI、HARQ-ACK/SR、HARQ-ACK/SR/CSI

PUCCH 在一个时隙内具有使用 1 或 2 个 OFDM 符号的短时传输和使用 4～14 个 OFDM 符号的长时传输的能力。当 OFDM 个数大于 1 时，可以配置在一个时隙内进行频率跳频来获取频率分集增益。若配置这种频率跳频，第一跳中的符号个数是 PUCCH 所有 OFDM 符号长度的一半或向下取整。少于 4 个符号的 PUCCH 是为满足短时延的需要。PUCCH 的 OFDM 符号数是由网络侧根据时延和覆盖的要求来确定的，并通过高层信令来配置。具有 1 或 2 个 OFDM 符号的 PUCCH 格式通常可以应用在下行主导的时隙中，且在时隙最后的 1 或 2 个符号中传输。另外，其他的 PUCCH 格式可以应用在上行传输主导的时隙中。

2.2.3.5.1　PUCCH 格式 0

PUCCH 格式 0 的传输限制在频域的一个资源块中，通过序列选择的方式来承载 1 或 2 比特信息，所用的序列是低 PAPR 基序列的循环移位[40]。根据需要发送 1 或 2 比特信息，从 2 或 4 个候选循环移位序列中选择出一个序列并发送。对于 SR，若 UE 有调度请求需要发送 SR，UE 就发送一个预定义的循环移位序列；若没有调度请求，就什么也不发送。如果 UE 需要同时发送 HARQ-ACK 和调度请求，那么仍可以使用序列选择的方式携带信息，但是采用一组不同的 2 或 4 个循环移位序列。需要注意的是，PUCCH 格式 0 没有 DM-RS 序列用于相干解调，基站侧可以通过序列检测来获取信息。

2.2.3.5.2　PUCCH 格式 1

PUCCH 格式 1 的 1 和 2 比特信息分别采用 BPSK 和 QPSK 调制。针对调制符号，使用二维正交序列进行扩展，与 LTE PUCCH 格式 1a/1b 类似。调制符号首先被长度为 12 的序列在频域扩频，然后采用 OCC 在时域上进行块扩展。PUCCH 的控制信息与 DM-RS 在时域上是交织复用的，如图 2-49 所示。PUCCH 格式 1 的 L 个 OFDM 符号中，PUCCH 控制信息的 OFDM 符号数为 $L/2$，剩余的 $L-L/2$ 个 OFDM 符号为 DM-RS。不同 UE 的 PUCCH 格式 1 采用不同的序列，并可以复用在一起，复用的 UE 容量是由可用的循环移位和 OCC 来确定的。

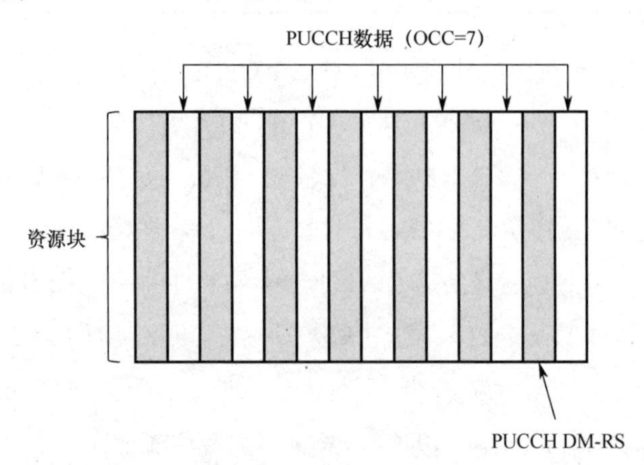

图 2-49　14 个 OFDM 符号的 PUCCH 格式 1

2.2.3.5.3　PUCCH 格式 2

由于 PUCCH 格式 2（1～2 个 OFDM 符号）的典型应用是覆盖不受限场

景，所以PUCCH格式2的传输类似基于OFDM的PUSCH。信道编码后的信息比特经过加扰和 QPSK 调制，然后调制符号映射到配置给 PUCCH 格式 2 的物理资源块的RE上。在配置的每个OFDM符号上，DM-RS和PUCCH信息的复用方式是FDM，每3个RE传输一次DM-RS，如图2-50所示。另外，用于PUCCH格式2的资源块和OFDM符号数都是由网络高层配置的。

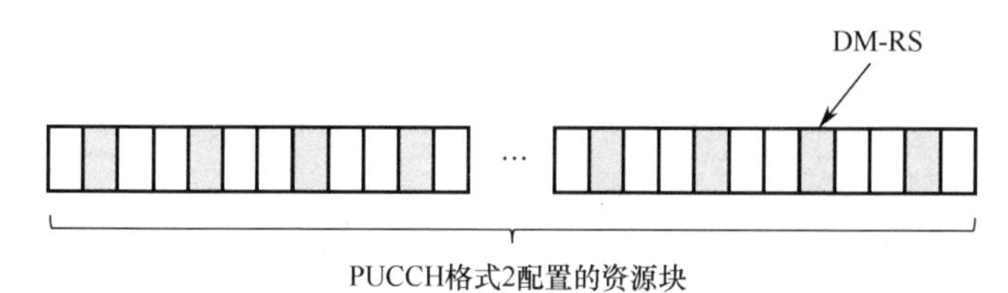

图2-50 PUCCH格式2的控制信息和DM-RS的复用

2.2.3.5.4 PUCCH格式3和格式4

PUCCH格式3和格式4的传输都是基于具有低PAPR的DFT-S-OFDM，分别类似于LTE PUCCH格式4和格式5，区别在于PUCCH的OFDM符号数是可配置的，范围从4到14。PUCCH格式3用于UCI信息长度较大的场景。PUCCH格式3分配的子载波数目应满足$2^{\alpha_2}\cdot 3^{\alpha_3}\cdot 5^{\alpha_5}$的需求，以降低实现复杂度。然而，PUCCH格式4被限制在一个资源块中，并且使用在频域上的块扩展，块扩展的长度为2或4。PUCCH格式4的不同UE可以通过使用不同的正交序列来复用，正交序列由高层信令配置。为了保持单载波特性，PUCCH控制信息和DM-RS的复用是时分复用（Time Division Multiplexing，TDM）的。PUCCH格式3和格式4的DM-RS位置见表2-23[40]。

表2-23 PUCCH格式3和格式4的DM-RS位置

PUCCH长度（OFDM符号个数）	DM-RS位置 l			
	没配置额外DM-RS		配置额外 DM-RS	
	非跳频	跳频	非跳频	跳频
4	1	0、2	1	0、2
5	0、3		0、3	
6	1、4		1、4	
7	1、4		1、4	
8	1、5		1、5	

（续表）

PUCCH 长度（OFDM 符号个数）	DM-RS 位置 l			
	没配置额外 DM-RS		配置额外 DM-RS	
	非跳频	跳频	非跳频	跳频
9	1、6		1、6	
10	2、7		1、3、6、8	
11	2、7		1、3、6、9	
12	2、8		1、4、7、10	
13	2、9		1、4、7、11	
14	3、10		1、5、8、12	

2.2.4 物理层参考信号

对于一个无线系统而言，参考信号（也称为导频）是系统设计的关键内容之一。参考信号承载着多个重要的基础功能，以确保物理层系统能够精确且高效地工作。这些基础功能包括时频同步、相位同步、信道状态信息（长期和短期）的获取、接入链路识别和链路质量测量等。虽然有可能设计一个单一的参考信号来承载所有这些功能，比如 LTE 系统在最初阶段设计的 CRS，但是单一参考信号设计会极大地限制系统的性能以及灵活性。因此，较优的参考信号设计方案是设计一组参考信号去共同满足这些重要的基础功能。NR 系统参考信号的设计汲取了 LTE 系统中参考信号设计的“经验”，并从一开始就根据 5G 网络新的需求采用了新的设计架构。接下来的内容中，将会展开介绍 NR 系统中参考信号的设计框架、背景，以及每一个参考信号的具体设计原理，具体包括解调参考信号（Demodulation Reference Signal，DM-RS）、信道状态信息参考信号（Channel State Information Reference Signal，CSI-RS）、侦听参考信号（Sounding Reference Signal，SRS）和相位跟踪参考信号（Phase Tracking Reference Signal，PT-RS）。另外，还有描述不同参考信号间关系的准共址（Quasi Co-Location，QCL）假设和传输配置指示（Transmission Configuration Indicator，TCI）。

2.2.4.1 参考信号的设计框架和背景[42]

在 NR 系统，参考信号的设计框架中首先去掉了 CRS 的设计。CRS 在 LTE

系统中承担着多个关键功能，包括小区识别、时频同步、RRM 测量、数据和控制信道的解调，以及信道状态信息（Channel State Information，CSI）测量等。CRS 是 3GPP Rel-8 中几乎唯一的下行参考信号，其时频密度的设计需要满足所有基础功能的需求，且在每一个下行子帧中发送。除了小区开—关以及授权辅助接入（License Assisted Access，LAA）情况，无论有无数据传输，CRS 总是在发送。CRS 作为一直发送的信号，一方面会产生较大的开销，另一方面产生的干扰也是持续的，因此导致网络整体性能下降，尤其是密集组网的情况下[43]。除了干扰和开销，CRS 很大程度上影响了系统设计的灵活性以及前向兼容性，对于 LTE 系统后续的演进有明显的限制。所以，去除 CRS 已作为一个 NR 系统中参考信号设计的基本假设。

由于在 NR 系统参考信号设计中没有 CRS，因此原来 CRS 所承载的功能需要用其他参考信号来承载。图 2-51 给出了 LTE 系统中参考信号与基本功能之间的对应关系。

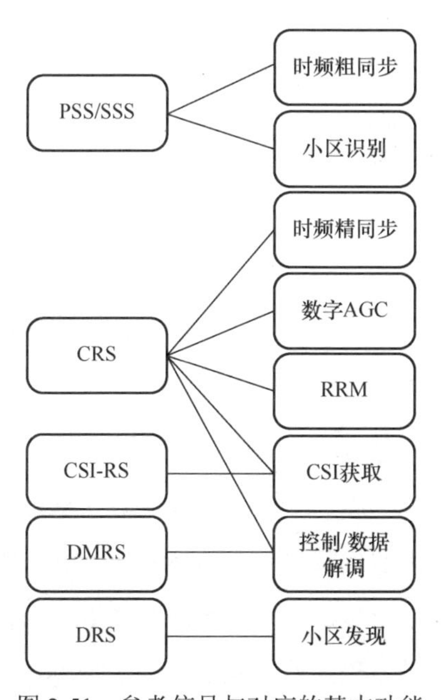

图 2-51　参考信号与对应的基本功能

由图 2-51 可知，在 LTE 系统中，用户通过主同步和辅同步（PSS/SSS）信号实现时频粗同步和小区识别，而小区识别功能也部分承载在作为 PBCH

解调信号的 CRS 上。CRS 也承载着数字自动增益控制（Automatic Gain Control，AGC）、时频精同步以及 RRM 测量等功能。同时，CRS 是控制信道的解调导频（除了 EPDCCH 的解调），也是下行传输模式 1～6 数据信道的解调导频。在 CSI 测量中，CRS 又用于传输模式 1～8 中的信道测量以及传输模式 1～9 中的干扰测量。后续标准演进版本中引入的 CSI-RS 则主要用于传输模式 9 和 10 中的信道测量。DM-RS 是传输模式 7～10 中数据的解调导频，也是 EPDCCH 的解调导频。LTE 系统中发现参考信号（DRS）是由同步信号（Synchronization Signal，SS）、加窗的 CRS，以及 CSI-RS（可选）组成的，主要承载的功能是小区的发现和 RRM 测量。

在 LTE 系统中，QLC 定义为不同参考信号假设包括时延扩展、平均时延、多普勒扩展、多普勒频移和平均增益等大尺度参数是相同的。在 LTE 中所包括的 QCL 类型有：

- 服务小区的 CRS 端口在时延扩展、多普勒扩展、多普勒频移、平均增益和平均时延上存在 QCL 关系；
- CSI-RS 端口、DM-RS 端口和它们对应的 CRS 端口在多普勒扩展、多普勒频移、时延扩展和平均时延上存在 QCL 关系；
- SS 端口和 CRS 端口在多普勒频移和平均增益上存在 QCL 关系。

若目标参考信号与 CRS 存在 QCL 关系，则从 CRS 获得的长期信道统计信息可以用来帮助接收目标参考信号。

在 NR 系统中，由于去掉了 CRS，因此所有 CRS 承载的功能（包括小区识别、时频精同步、RRM 测量、数字 AGC、CSI 获取、控制信道解调，以及作为 QCL 的参考）都需要由其他信号来承担。另外，NR 系统设计要求支持到 100 GHz 的高频，为了克服在高频传输中严重的路径损耗，混合（数字加模拟）波束赋形作为一种复杂度和性能折中的技术被引入 NR 系统设计中。因此，除针对低频的参考信号功能之外，NR 系统在参考信号设计时也需要考虑模拟的波束获取、跟踪和反馈等。另外，相比于低频，相位噪声在高频段变得更加严重，系统性能会因为相位噪声而降低，在高调制阶数时影响尤为严重。为了减少相位噪声的影响，一种方式是增加子载波间隔，但是增加子载波间隔会减少每个符号的传输时长以及增加循环前缀（CP）的开销。因此，在 NR 参考信号设计中需要考虑引入一个新的参考信号来处理相位噪声的影响。

考虑上述设计的背景，NR 系统中采用了下行参考信号的设计框架，如图 2-52 所示，主要包括：

- 增强 SSB 提高时频同步性能。
- 扩展 CSI-RS 功能：可以用于时频精同步，QCL 假设的主要源信号（TRS），RRM 测量（与 SSB 共同），CSI 获取，小区识别，波束管理等。
- 支持 DM-RS 用于数据信道解调以及控制信道解调。
- 引入 PT-RS 用于相位噪声补偿。
- 支持上行 SRS。

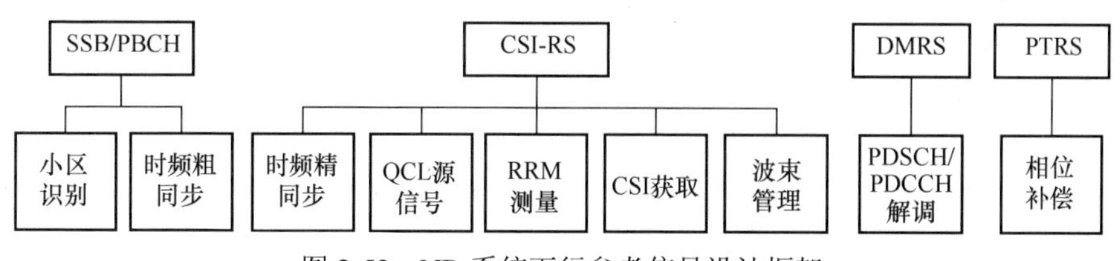

图 2-52　NR 系统下行参考信号设计框架

值得一提的是，上面所述的信号都是根据用户来灵活配置的，而不像 LTE 中 CRS 是整个小区配置的，这也极大地提升了系统参考信号配置和使用的效率和灵活度。

2.2.4.2　解调参考信号（DM-RS）

NR 下行传输只定义了基于 DM-RS 的传输方案，因此 DM-RS 的设计需要考虑多种场景的不同需求：

- 信道估计性能的需求。DM-RS 是数据和控制信道的解调参考信号，信道估计性能是 DM-RS 设计需要考虑的最主要因素。为了保证信道估计的性能，DM-RS 设计需要根据信道情况以及系统配置，满足时域和频域上的密度要求。

- DM-RS 时频图样设计需要支持从 1 GHz 到 100 GHz 的频率范围，以及 500 km/h 的高速移动场景。
- 需要支持尽量多的正交 DM-RS 端口复用，同时又要考虑较少的 DM-RS 开销，保证 DM-RS 的解调性能。
- 除了 MBB 业务，NR 同时还需要支持 URLLC 业务。因此，DM-RS 的设计需要满足低时延的信道估计和解调。
- 灵活的参数配置的架构是 NR 系统设计的重要特征。DM-RS 设计需要考虑大量的可能系统配置。例如，NR 系统支持上下行灵活双工，为了减少在这种配置的上下行干扰，NR 系统中 DM-RS 上行和下行采用对称设计。

在本节接下来的内容中，先介绍 DM-RS 设计的整体思路和框架，然后分别介绍类型-1 和类型-2 的 DM-RS 配置。

2.2.4.2.1 DM-RS 设计框架

在 NR 中定义了两种类型的 DM-RS 配置。DM-RS 类型-1 在 1 个 OFDM 符号条件下支持最大 4 个正交的 DM-RS 端口，而在 2 个 OFDM 符号时能够最大支持 8 个正交 DM-RS 端口。DM-RS 类型-2 在 1 个 OFDM 符号条件下支持最大 6 个正交的 DM-RS 端口，而在 2 个 OFDM 符号时能够支持最大 12 个正交的 DM-RS 端口。这些 DM-RS 端口在时域、频域或正交覆盖码（OCC）上正交，且两个类型都可以配置成上行和下行，使得上下行正交。

DM-RS 序列可以通过 RRC 配置两个 16 比特的扰码 ID 生成，这和 LTE 系统的 DM-RS 序列生产方式类似（10 比特扰码序列）。两个 RRC 配置的扰码 ID 可以进一步通过 1 比特下行控制信令（DCI）选择其中的一个扰码 ID；而在 RRC 配置之前，DM-RS 序列默认的扰码 ID 为小区 ID。

DM-RS 的时域映射包括两部分：前置 DM-RS 和增量 DM-RS，NR 可以配置单独的前置 DM-RS 或配置前置 DM-RS 加上增量 DM-RS。增量 DM-RS 是前置 DM-RS 的一个副本，即增量 DM-RS 和前置 DM-RS 必须在 DM-RS 端口数、序列、占用 OFDM 符号数，以及 OCC 都保持一致。

若只配置了前置 DM-RS，那么信道估计只能依靠前置 DM-RS 的 1 到 2 个 OFDM 符号上，其优势在于前置 DM-RS 进行信道估计后，数据可以快速解调，这也是为什么把 DM-RS 放置在数据之前的原因。但是这种 DM-RS 配置方式，由于没有增量 DM-RS 的辅助（插值 / 滤波），信道估计性能受限，尤其是移动场景。

DM-RS 时域配置与 PDSCH/PUSCH 的数据映射方式有关，对于 PDSCH/PUSCH 数据映射方式-A，前置 DM-RS 的第一个符号可以配置在一个子帧的第三或第四个符号上，前面的符号预留给控制信道。而对于 PDSCH/PUSCH 数据映射方式-B，前置 DM-RS 的第一个符号一般是从传输时长的第一个符号开始。增量 DM-RS 的符号数可以是 1 个、2 个或 3 个，其时域位置设计如图 2-53 和图 2-54 所示，设计准则包括：最后一个 DM-RS 符号后一般预留 2 个 OFDM 符号作为解调时间，前置 DM-RS 与增量 DM-RS 符号以及两个相邻增量 DM-RS 符号之间的间隔为 2 个、3 个或 4 个 OFDM 符号，DM-RS 所占用的符号在一个子帧内基本是均匀分布的。

2.2.4.2.2　DM-RS 类型-1 配置

DM-RS 类型-1 配置如图 2-55，正交 DM-RS 端口通过频域梳齿和正交覆盖码（OCC）区分。DM-RS 类型 1 在频域上有两把梳齿，在一个 OFDM 符号时有两个 OCC，因此最大可以支持 4 个正交的 DM-RS 端口。当 DM-RS 占用连续两个 OFDM 符号时，DM-RS 类型-1 在频域上仍然是两把梳齿，不仅有两个频域 OCC 同时还有两个时域 OCC（时频域码长为 4），因此最大可以支持 8 个正交的 DM-RS 端口。

DM-RS 类型-1 配置同时适用于 CP-OFDM 和 DFT-S-OFDM 的 PDSCH 和 PUSCH，而在 RRC 配置之前，DM-RS 类型-1 为默认配置。

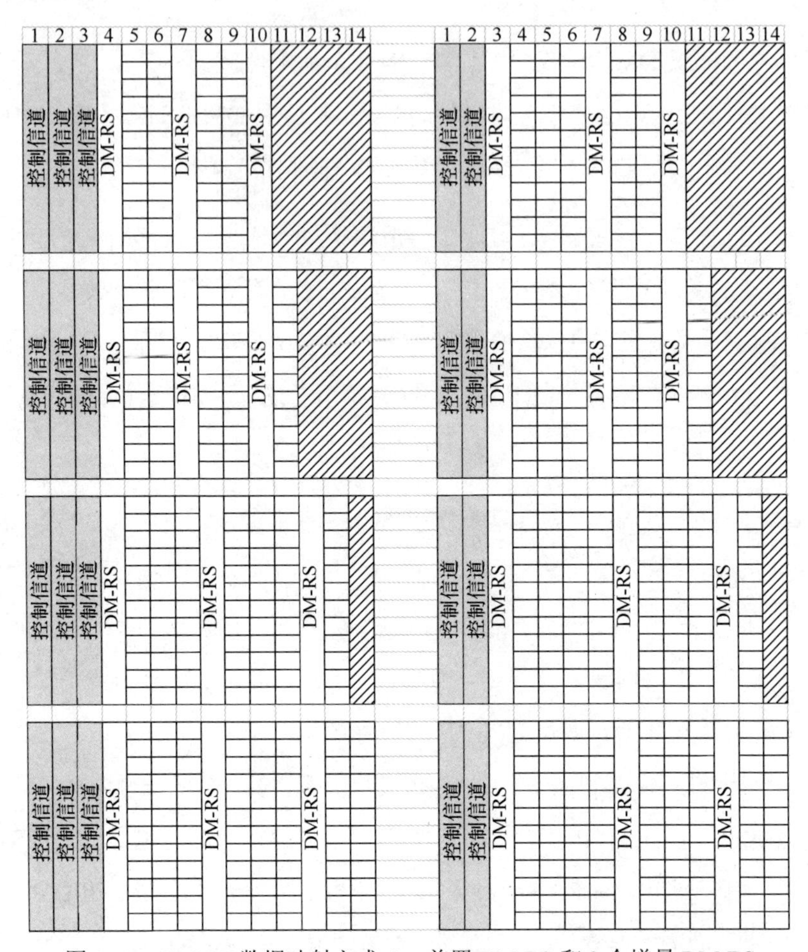

图 2-53　PDSCH 数据映射方式-A：前置 DM-RS 和 2 个增量 DM-RS

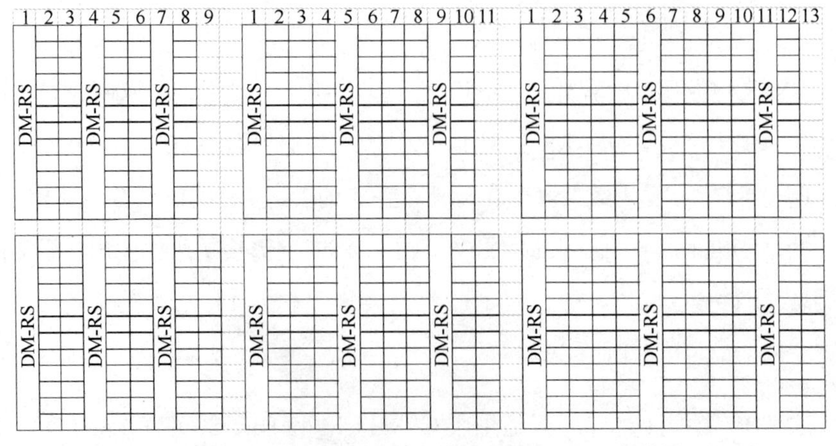

图 2-54　PUSCH 数据映射方式-B：前置 DM-RS 和 2 个增量 DM-RS

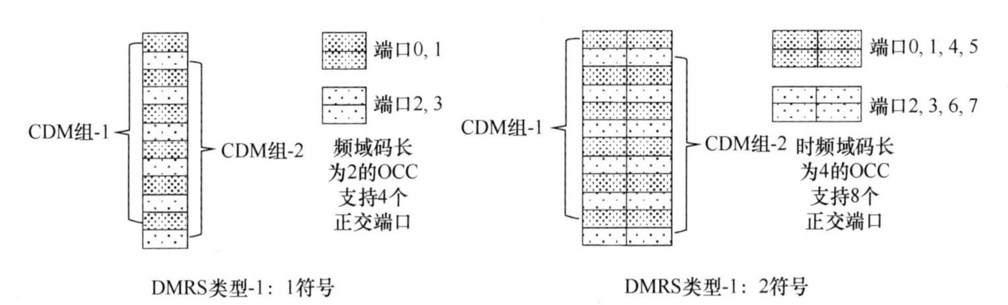

图 2-55 DM-RS 类型-1 配置

2.2.4.2.3 DM-RS 类型-2 配置

DM-RS 类型-2 配置如图 2-56 所示，频域上每个 RB 内的 RE 分成三组，同一阴影为一组，每组内相邻两个 RE 上用码长为 2 的 OCC 复用。当一个 OFDM 符号时，DM-RS 类型-2 可以复用最多 6 个正交端口。当 DM-RS 占用两个连续 OFDM 符号时，除了频域分组和码长为 2 的 OCC，时域上也可以使用码长为 2 的 OCC 实现复用，因此最大支持 12 个正交的 DM-RS 端口。DM-RS 类型-2 配置可以用于 CP-OFDM 调制的 PDSCH 和 PUSCH，适用于多用户配对的场景。

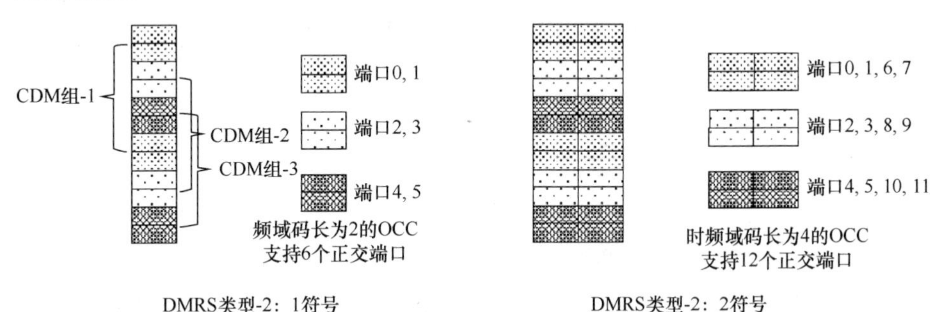

图 2-56 DM-RS 类型-2 配置

2.2.4.3 信道状态信息参考信号（CSI-RS）

NR 的信道状态信息参考信号（CSI-RS）的设计是以 LTE CSI-RS 作为起点进行扩展的。NR 系统中 CSI-RS 承担更多的系统功能，包括波束管理、信道状态信息获取、时频跟踪，以及 RRM 测量。CSI-RS 的设计需要满足这些功能的需求，因此 NR 中 CSI-RS 设计整体上更加灵活可配，例如灵活的天线端口数、时频图样、频域密度和配置周期等。

2.2.4.3.1 CSI-RS 整体设计

在 NR 系统中，NR CSI-RS 支持多种端口配置，支持的 CSI-RS 端口数包括{1,2,4,8,12,16,24,32} ，一个 CSI-RS 资源最大支持 32 端口，频域密度可以配置每个 PRB 包含{0.5,1,3}个 RE，而周期可以配置成{4,5,8,10,16,20,32,40,64,80, 160,320,640}个子帧，也可以配置成非周期或准周期传输。值得注意的是，时域上 CSI-RS 的周期配置是按照子帧为单位的，因此周期长度与子载波间隔等系统参数有关。

CSI-RS 的时频图样设计以及端口的码分复用方式在 3GPP 讨论了较长时间。在考虑各种因素后，给出了 CSI-RS 的配置设计，具体见表 2-24[40]。其整体的设计原则是一个 CSI-RS 的资源图样由 2、4 或 8 端口的 CSI-RS 图样作为基础图样组成，频率密度可选{0.5,1,3}，且码分复用长度可以配置成 2、4 或 8。

- 对于 1 端口的 CSI-RS，时频资源的映射类似于梳齿且没有码分复用。表 2-24 中的第 1 行 CSI-RS 配置为密度（ ρ）3 RE/PRB，支持 4 个梳齿；第 2 行的 CSI-RS 配置为密度 1 RE/PRB 或者 0.5 RE/PRB，支持 12 个梳齿；其中，密度 0.5 表示每间隔一个 RB 进行 CSI-RS 映射。
- 对于 2 端口的 CSI-RS，频域上两个连续的 RE 支持长度为 2 的码分复用，见表 2-24 中的第 3 行，而密度为 0.5 RE/PRB 的 CSI-RS 映射需要间隔一个 RB。
- 对于 4 端口的 CSI-RS，见表 2-24 中第 4 行的配置，由频域连续的 4 个 RE 分成两组，每组两个连续的 RE 上通过长度为 2 的 OCC 码分复用。或者如第 5 行的配置，由时域和频域连续的 4 个 RE 组成，通过频域长度都为 2 的 OCC 复用。
- 对于 8 端口的 CSI-RS，见表 2-24 中第 6 行对应的 CSI-RS 配置，在一个 OFDM 符号上由 4 组连续的 2 个 RE 组成的图样，且每组两个连续 RE 上由码长为 2 的 OCC 复用。或者，见表 2-24 中第 7 行对应的 CSI-RS 配置，连续两个 OFDM 符号每个符号上 2 组频域上连续的 2 个 RE 组成，通过时域码长为 2 的 OCC 和每组内频域上码长为 2 的 OCC 进行复用。或者，见表 2-24 中第 8 行对应的 CSI-RS 配置，由两组 4 个 RE

组成的图样，每组的 4 个 RE 通过时频域码长为 4 的 OCC 进行码分复用（时域码长为 2，频域码长为 2）。

- 对于 12 端口的 CSI-RS，见表 2-24 中第 9 行的配置，由 6 组频域上连续的 2 个 RE 组成，每组通过频域码长为 2 的 OCC 码分复用。或者，见表 2-24 中第 10 行的配置，由 3 组时频域连续的 4 个 RE 组成，每组通过时频域码长为 4 的 OCC 进行码分复用（时域码长为 2，频域码长为 2）。
- 对于 16 端口的 CSI-RS，由两个连续的符号组成，每个符号上由 4 组频域上连续的 2 个 RE 组成，每组通过频域码长为 2 的 OCC 码分复用，见表 2-24 中第 11 行配置。或者，由 4 组时频域连续的 4 个 RE 组成，每组通过码长为 4 的 OCC 进行码分复用（时域码长为 2，频域码长为 2），见表 2-24 中第 12 行配置。
- 对于 24 端口的 CSI-RS，由两组 OFDM 符号组成，每组 OFDM 符号包含两个连续的 OFDM 符号，每个 OFDM 符号上由 3 组频域上连续的 2 个 RE 组成，由码长为 2 的频域 OCC 实现码分复用，见表 2-24 中第 13 行的配置。或者， 由时域上两个 12 端口的 CSI-RS 组成，每个 12 端口的 CSI-RS 则由 3 组 4 个时频域连续的 RE 组成，每组 4 个 RE 通过码长为 4 的 OCC 码分复用，见表 2-24 中第 14 行的配置。或者，由 3 组连续的 8 个 RE 组成，每组 8 个 RE 通过码长为 8 的 OCC 进行码分复用（频域码长为 2，时域码长为 4），见表 2-24 中第 15 行的配置。
- 对于 32 端口的 CSI-RS，由两组 OFDM 符号组成，每组 OFDM 符号包含两个连续的 OFDM 符号，每个 OFDM 符号上由 4 组两个连续的 RE 组成且通过码长为 2 的 OCC 复用，见表 2-24 中第 16 行的配置。或者，由两组时频资源集合组成，每组时频资源集合包含 3 组时频域连续的 4 个 RE 组成，通过码长为 4 的 OCC 复用（频域码长为 2，时域码长为 2，见表 2-24 中第 17 行的配置）。或者，4 组时频域连续的 8 个 RE 组成，通过码长为 8 的 OCC 复用（频域码长为 2，时域码长为 4），见表 2-24 中第 18 行的配置。

表 2-24 一个时隙中的 CSI-RS 位置（时频图样）

行	端口数	密度（ρ）	CDM-Type	时频位置 $(\bar{k},\bar{l})$	CDM 组索引	k'	l'
1	1	3	No CDM	(k_0,l_0)，(k_0+4,l_0)，(k_0+8,l_0)	0,0,0	0	0
2	1	1, 0.5	No CDM	(k_0,l_0)	0	0	0
3	2	1, 0.5	FD-CDM2	(k_0,l_0)	0	0, 1	0
4	4	1	FD-CDM2	(k_0,l_0)，(k_0+2,l_0)	0,1	0, 1	0
5	4	1	FD-CDM2	(k_0,l_0)，(k_0,l_0+1)	0,1	0, 1	0
6	8	1	FD-CDM2	(k_0,l_0)，(k_1,l_0)，(k_2,l_0)，(k_3,l_0)	0,1,2,3	0, 1	0
7	8	1	FD-CDM2	(k_0,l_0)，(k_1,l_0)，(k_0,l_0+1)，(k_1,l_0+1)	0,1,2,3	0, 1	0
8	8	1	CDM4（FD2，TD2）	(k_0,l_0)，(k_1,l_0)	0,1	0, 1	0, 1
9	12	1	FD-CDM2	(k_0,l_0)，(k_1,l_0)，(k_2,l_0)，(k_3,l_0)，(k_4,l_0)，(k_5,l_0)	0,1,2,3,4,5	0, 1	0
10	12	1	CDM4（FD2，TD2）	(k_0,l_0)，(k_1,l_0)，(k_2,l_0)	0,1,2	0, 1	0, 1
11	16	1, 0.5	FD-CDM2	(k_0,l_0)，(k_1,l_0)，(k_2,l_0)，(k_3,l_0)，(k_0,l_0+1)，(k_1,l_0+1)，(k_2,l_0+1)，(k_3,l_0+1)	0,1,2,3,4,5,6,7	0, 1	0
12	16	1, 0.5	CDM4（FD2，TD2）	(k_0,l_0)，(k_1,l_0)，(k_2,l_0)，(k_3,l_0)	0,1,2,3	0, 1	0, 1
13	24	1, 0.5	FD-CDM2	(k_0,l_0)，(k_1,l_0)，(k_2,l_0)，(k_0,l_0+1)，(k_1,l_0+1)，(k_2,l_0+1)，(k_0,l_1)，(k_1,l_1)，(k_2,l_1)，(k_0,l_1+1)，(k_1,l_1+1)，(k_2,l_1+1)	0,1,2,3,4,5,6,7,8,9,10,11	0, 1	0
14	24	1, 0.5	CDM4（FD2，TD2）	(k_0,l_0)，(k_1,l_0)，(k_2,l_0)，(k_0,l_1)，(k_1,l_1)，(k_2,l_1)	0,1,2,3,4,5	0, 1	0, 1
15	24	1, 0.5	CDM8 (FD2,TD4)	(k_0,l_0)，(k_1,l_0)，(k_2,l_0)	0,1,2	0, 1	0, 1, 2, 3
16	32	1, 0.5	FD-CDM2	(k_0,l_0)，(k_1,l_0)，(k_2,l_0)，(k_3,l_0)，(k_0,l_0+1)，(k_1,l_0+1)，(k_2,l_0+1)，(k_3,l_0+1)，(k_0,l_1)，(k_1,l_1)，(k_2,l_1)，(k_3,l_1)，(k_0,l_1+1)，(k_1,l_1+1)，(k_2,l_1+1)，(k_3,l_1+1)	0,1,2,3,4,5,6,7,8,9,10,11,12,13,14,15	0, 1	0
17	32	1, 0.5	CDM4 (FD2,TD2)	(k_0,l_0)，(k_1,l_0)，(k_2,l_0)，(k_3,l_0)，(k_0,l_1)，(k_1,l_1)，(k_2,l_1)，(k_3,l_1)	0,1,2,3,4,5,6,7	0, 1	0, 1
18	32	1, 0.5	CDM8 (FD2,TD4)	(k_0,l_0)，(k_1,l_0)，(k_2,l_0)，(k_3,l_0)	0,1,2,3	0,1	0,1, 2, 3

针对不同的功能用途，分别配置表2-24中CSI-RS时频域图样以及复用方式。例如，针对波束管理，CSI-RS只能配置端口数为1或2的CSI-RS；针对时频精同步，CSI-RS只能配置端口数为1、密度为3的CSI-RS。

2.2.4.3.2 用于获取下行CSI的CSI-RS

CSI-RS的一个重要功能是CSI测量和反馈。一般来说，用户需要通过测量非零功率（Non Zero Power，NZP）CSI-RS获得信道信息并上报。在一些场景下，为了CSI上报，用户还需要通过一些额外信号测量干扰，而所谓的额外信号可以是零功率（Zero Power，ZP）CSI-RS，即信道状态信息干扰测量（Channel State Information-Interference Measurement，CSI-IM），也可以是非零功率CSI-RS（即NZP CSI-RS），或者是NZP CSI-RS和CSI-IM联合测量干扰。

CSI上报的资源（也称为CSI资源配置）是通过高层信令配置的。每一个CSI资源配置CSI-ResourceConfig包括了一组CSI资源集列表csi-RS-ResourceSetList，其中资源集里的资源可以是CSI-RS或SS/PBCH或CSI-IM资源集。用户通过高层信令CSI-IM-ResourceSet可以配置一个或多个CSI-IM资源集，每一个CSI-IM资源集包含一组CSI-IM资源。

一个CSI-IM资源由时频域图样（2,2）或（4,1）的零功率CSI-RS（ZP CSI-RS）资源组成，用户在对应的RE上测量干扰功率，即用户不会假设该RE上有信号传输。而用NZP CSI-RS资源测量干扰时，用户假设了在对应的RE上传输了CSI-RS信号作为干扰测量。在一些场景下，用户可以通过检查该NZP CSI-RS信号获得准确的干扰信息，例如多用户间的干扰。

值得注意的是ZP CSI-RS除了用作CSI-IM，另一个用途是作为速率匹配，即在某些时频资源上配置ZP CSI-RS，则这些RE上就不能配置PDSCH。用户可以配置一个或者多个用于速率匹配的ZP CSI-RS资源集，每个资源集包括多个ZP CSI-RS资源，且该ZP CSI-RS的时频资源图样不限制于（2,2）或（4,1）。

2.2.4.3.3　用于波束管理的 CSI-RS

对于下行波束管理，CSI-RS 资源可以用于用户选择最优传输波束（即空域传输滤波器）。对于上下行波束互易的条件下，CSI-RS 资源也可以用于上行波束管理中的最优波束选择。

下行波束管理又可以分为下行发送波束扫描和下行接收波束扫描，其中下行接收波束扫描是通过基站重复传输相同波束的 CSI-RS 资源实现的，因此 CSI-RS 资源对应的高层信令 repetition 需要设置为 on，即用户假设 CSI-RS 资源集中的 CSI-RS 资源按照相同的空域波束发送，用户通过切换接收波束来找到最优的接收波束。

下行发送波束扫描则是通过基站配置以及发送不同空域波束的 CSI-RS 资源实现的，其 CSI-RS 对应的高层信令 repetition 需要设置为 off，即用户假设 CSI-RS 资源集中的 CSI-RS 资源按照不同的空域波束发送。用户使用相同的接收波束测量这些 CSI-RS 资源，并上报最优的 CSI-RS 资源，即最优的发送波束。

需要注意的是，用于波束管理的 CSI-RS 资源只能配置为 1 端口或者 2 端口的 CSI-RS 资源。

2.2.4.3.4　用于时频跟踪的 CSI-RS

NR 中的同步功能包括了时频粗同步、时频精同步，以及时延和多普勒频移跟踪。由于没有 CRS，但又需要支持更多的系统频率、带宽，以及子载波间隔的配置，所以用于跟踪导频的设计需要满足各种配置和场景对于跟踪导频图样、密度和带宽等的需求。

NR 中没有单独引入新的参考信号，而是扩展了 CSI-RS 的功能，可以作为跟踪参考信号（Tracking Reference Signal，TRS），其高层信令参数用 trs-Info 来配置该 CSI-RS 资源用于 TRS。为了保证性能，每用户在连续状态时至少需要配置一个这种类型的 CSI-RS 资源集，其特征包括：

- 用于时频跟踪的 CSI-RS 资源集是由 2 个或 4 个单端口的 CSI-RS 资源

组成的。对于低频段（即 FR1），每个 CSI-RS 资源集（即 TRS 资源集）可以由在两个连续的子帧上配置的 4 个 CSI-RS 资源组成。对于高频段（即 FR2），可以单独配置 2 个 CSI-RS 资源在一个子帧中，或者配置 4 个 CSI-RS 资源在两个子帧中。

- 在一个子帧中，两个 CSI-RS 资源的间隔为 4 个 OFDM 符号。
- 每一个单端口 CSI-RS 资源的频域密度为 3，即两个相邻 CSI-RS 的 RE 中间间隔 3 个 RE。
- 用于跟踪的 CSI-RS 资源的配置带宽不大于 52 个 RB，或者等于 BWP 对应的带宽。
- 周期性的 TRS 可配置周期为{10，20，40 或 80} ms。连接态的用户，周期性的 TRS 为必须的配置。另外，对应周期的 TRS 可配置一个非周期的 TRS，即非周期的 TRS 不能单独配置。

NR 设计中，周期性的 TRS 用于长期信道特征估计，包括时间、频率和多普勒等的估计。用户通过 TRS 获得长期信道特征后用于后续控制信道和数据信道的估计。因此，周期性的 TRS 将作为其他参考信号的 QCL 假设的源信号。

2.2.4.3.5　用于移动性测量的 CSI-RS

通过配置高层信令 CSI-RS-Resource-Mobility，CSI-RS 资源也可以用于移动性测量。该 CSI-RS 资源可以单独配置，或者通过高层信令 associatedSSB 和 SSB 联合用于移动性测量。用于移动性测量的 CSI-RS 资源为单端口 CSI-RS。

2.2.4.4　侦听参考信号（SRS）

NR 支持上行侦听参考信号（SRS），相比于 LTE 系统中的 SRS，在 NR 中 SRS 设计需要考虑一些新的因素从而进行了扩展。在 FDD 系统中，上行传输是基于上行 SRS 的测量的。而在 TDD 系统中，利用上下行信道互易性以及对于上行 SRS 的测量，网络侧可以获得下行信道状态信息，并自适应地调整下行传输。

由于 SRS 是根据不同用户单独配置的，考虑到小区内大量的活跃用户数以及用户对于移动性的要求（快速移动场景下，信道的快速变化需要配置较多的 SRS 资源进行信道状态跟踪），而 SRS 容量是系统设计的一个瓶颈。另外，上行发送功率远远小于下行发送功率，因此接收端 SRS 的 SINR 较低时会导致 CSI 的估计性能变差。所以，在 SRS 设计中，SRS 容量和覆盖性能是两个必须要解决的问题。

另一个问题是用户的上下行发送能力有差别。一般来说，大部分用户用于下行接收的天线数会比用于上行发送的天线数多，且能支持的下行载波数量也会多于上行载波数量。这种上下行能力的差别导致基站利用信道互易性获取完整的 CSI 存在困难。为了解决这个问题同时考虑到系统复杂度和开销，NR 系统引入了 SRS 天线轮循发送和载波轮循发送。

SRS 也可以用于上行 CSI 获取以及上行 MIMO 传输调度。除和 LTE 类似的基于码本传输方案外，NR 系统中还引入了基于非码本传输方案。在基于非码本的上行传输方案中，上行预编码是基站通过选择波束赋形 SRS 获得的。另外，在 FR2 中，若用户没有上下行波束互易性，上行波束管理也是通过 SRS 获取的。

2.2.4.4.1 SRS 设计原则

在 NR 系统中，一个 SRS 资源可以配置为 1 个、2 个或 4 个端口，且可以映射到 1 个、2 个或 4 个连续的 OFDM 符号上。SRS 图样在频域上支持梳齿-2（每隔一个 RE）或梳齿-4（每隔 3 个 RE）。另外，SRS 在梳齿-2 的图样时支持最多 8 个循环移位序列，而在梳齿-4 时支持最多 12 个循环移位序列。SRS 序列索引以及时域位置都是由高层参数配置的。SRS 可以配置在一个子帧的最后 6 个 OFDM 符号上，并且可以配置为周期、准周期或非周期的 SRS 传输方式。在频域上，SRS 资源分配以 4 个 RB 为单位，而且 NR 系统也支持 SRS 跳频。基于同样的设计方法，NR SRS 带宽和跳频配置设计成可覆盖相对 LTE 更大的带宽。

对于一个 SRS 资源，为了增强上行覆盖，一个用户可以通过高层参数配置重复因子为 1、2 或 4。当一个 SRS 资源在一个子帧中没有被配置频域跳频，即当 SRS 重复次数和 SRS 所占用的 OFDM 符号数相同时，每个 SRS 端口都会映射到一个子帧中所有 SRS 占用的 OFDM 符号上，且该 SRS 端口在各个 OFDM 符号上占用的子载波相同。当配置了 SRS 频域跳频但没有配置 SRS 重复传输时，SRS 资源中的每个 SRS 端口映射到 OFDM 符号的不同子载波集上，其中不同子载波集所对应的梳齿配置相同。当 SRS 资源的频域跳频和重复传输同时被配置时，例如 4 个 SRS 符号且重复因子为 2，则在一个子帧中 SRS 资源的每个端口映射到一个 OFDM 符号对的相同子载波集上，其中一个 OFDM 符号对由两个连续的 OFDM 符号组成，而 SRS 的跳频是在两个 OFDM 符号对之间进行的。

用户可以被配置单符号的周期或准周期的 SRS 资源跨子帧跳频，其中每个 SRS 资源在每个子帧中占用相同的 OFDM 符号位置。用户也可以被配置 2 个或 4 个符号的周期或准周期的 SRS 资源子帧内跳频或跨子帧跳频，其中 SRS 资源在每个子帧中所占用的 OFDM 符号位置都是相同的。对于 4 个 OFDM 符号用于 SRS 资源发送时，当配置了跳频且重复因子为 2，则子帧内跳频和跨子帧跳频都是可以支持的。并且 SRS 资源的每个端口在不同的 OFDM 符号对上映射到不同的子载波集，其中每个 OFDM 符号对由两个连续的 OFDM 符号组成。在一个 OFDM 符号对内，SRS 端口映射到每个 OFDM 符号上的相同子载波集中。对于 SRS 符号数和重复次数相同的情况，如果配置了跳频，则支持跨子帧跳频，并且每个子帧内 SRS 端口映射到各个 OFDM 符号上的相同子载波集。

用户可以被配置 1 个或多个 SRS 资源集，每一个 SRS 资源集合包括 1 个或多个 SRS 资源。每个 SRS 资源集可以通过高层信令配置其用途，例如上行波束管理、基于码本的上行传输、基于非码本的上行传输、天线选择 SRS 发送。

2.2.4.4.2 用于获取下行 CSI 的 SRS

用于下行 CSI 获取，SRS 资源集需要配置成天线选择发送模式。SRS 天线选择发送的场景包括接收天线数大于发送天线数的情况，以及发送和接收天线数相同的情况。另外，在下行载波数大于上行载波数时，同时支持 SRS 天线选择发送和载波切换发送。

✧ SRS 天线选择发送

NR 第一个版本支持的 SRS 天线选择发送的配置包括：1T2R（1 发 2 收的天线配置）、2T4R、1T4R，以及 1T4R/2T4R（同时支持 1T4R 和 2T4R）。另外，也支持“T=R”的情况，即接收和发送天线数相同的情况。

对于 SRS 天线选择发送，SRS 资源集可以在不同 OFDM 符号上配置 2 个 SRS 资源（针对 1T2R 或 2T4R），或者 4 个 SRS 资源（针对 1T4R）。每一个 SRS 资源有一个 SRS 端口（针对 1T2R 或 1T4R），或者两个 SRS 端口（针对 2T4R），且每个 SRS 资源中的 SRS 端口对应不同物理天线。另外，对于 1T4R，需要配置总共分为两个 SRS 资源集的 4 个单端口的 SRS 资源，且 4 个 SRS 端口对应不同的物理天线。4 个 SRS 资源分为两个 SRS 资源集，则可以配置成每个资源集包括两个 SRS 资源；或者配置成一个资源集包括 1 个 SRS 资源，另一个资源集包括 3 个 SRS 资源。由于硬件限制，一个子帧内的两个 SRS 资源发送切换之间需要配置一个保护间隔，在这个保护间隔内用户不发送任何信息。保护间隔的长度的配置与子载波间隔相关。

✧ SRS 载波选择发送

在 TDD 系统中，对于用户支持下行载波数大于上行载波数的情况，包含上下行符号的子隙格式对应的载波，可能并不被系统配置成 PUSCH/PUCCH 传输。在这种情况下，一般来说上行不需要包含 SRS 的发送，但是为了能够利用信道互易性信息获得下行信道的 CSI，用户允许在这些载波上发送 SRS 资源。由于用户没有射频（Radio Frequency，RF）能力支持 SRS 在一些载波上单独发送，或者没有 RF 能力支持 SRS 与 PUSCH/PUCCH 同时发送，则用户需要借用 RF 能力并在目标载波上发送 SRS。有 RF 能力的载波切换是由网络侧根据用户能力上报来配置的。当目标载波上的 SRS 传输由于 RF 切换而中断（根据 UE 能力上报）时，用户会暂时挂起原载波的上行传输。

在某些场景下，目标载波的 SRS 传输（包括中断）与原载波的上 / 下行传输可能相互冲突，此时在协议中也定义了一个优先级排序来解决这一类冲突。

目标载波上可以传输周期、准周期和非周期的 SRS，其中非周期的 SRS 可以由上行或下行的 DCI 触发（例如，DCI 格式 0-1 或 DCI 格式 1-1），基于组 DCI（例如，DCI 格式 2-3），也可以用于非周期 SRS 触发。

2.2.4.4.3 用于上行 MIIMO 传输的 SRS

NR 系统对于上行传输进行了增强，支持基于码本的上行传输，同时也支持基于非码本的上行传输。

在基于码本的上行传输中，用户可以被配置 1 个或 2 个 SRS 资源。当 2 个 SRS 资源被配置时，在上行 DCI 中会有一个侦听参考信号资源指示（SRS Resource Indicator，SRI）域用于指示选中的 SRS 资源，被选中的 SRS 资源上的 SRS 端口用于上行传输。

在基于非码本的上行传输中，用户可以配置多个 SRS 资源（最多 4 个）。用户根据 NZP CSI-RS 计算候选预编码，并把候选预编码加载到 SRS 资源上发送。网络侧通过测量这些波束赋形后的 SRS 资源，在候选预编码中选取适合 PUSCH 发送的最好的一组（1 个或多个）预编码，并通过 SRI 通知用户，用户发送 PUSCH 需要保持与选择的 SRS 资源的预编码相同。SRI 可以通过 DCI 调度或通过 RRC 指示（在配置调度传输模式时）。

2.2.4.4.4 用于上行波束管理的 SRS

当不支持上下行波束互易性（beam correspondence）时，用户不能基于下行波束来确定上行发送波束。当高层信令配置 SRS 资源的应用场景为波束管理时，SRS 可以用于上行波束管理。每个时刻只能发送 SRS 资源集中的一个 SRS 资源，而不同 SRS 资源集中的 SRS 资源可以同时发送。网络侧通过 SRI 通知用户选定的上行波束。

2.2.4.5 相位跟踪参考信号（PT-RS）

在 NR 中引入了相位跟踪参考信号（Phase Tracking Reference Signal，PT-RS），主要用于高频（FR2）场景，用于补偿上行数据传输或下行数据传输中的相位噪声引起的误差。若网络配置并动态指示了 PT-RS，则用户需要假设

PT-RS 仅在有 PDSCH/PUSCH 调度的资源块上传输，且 PT-RS 的时频域密度与传输方式、带宽、MCS 等因素有关。

2.2.4.5.1　PDSCH 对应的 PT-RS

PT-RS 传输与否是由网络配置决定的。PT-RS 的时域和频域密度与调度的调制编码方式（MCS）以及 PDSCH 调度带宽大小相关（见表 2-25），其设计原则为 PDSCH 传输解调性能与 PT-RS 开销进行折中考虑。

表 2-25　PT-RS 配置

调度的 MCS	时域密度（L_PTRS）
I_{MCS} < ptrsthMCS$_1$	无 PT-RS
ptrsthMCS1 ≤I_{MCS} < ptrsthMCS2	每 4 个符号出现
ptrsthMCS2≤I_{MCS} < ptrsthMCS3	每 2 个符号出现
ptrsthMCS3≤ I_{MCS}	每个符号都出现
调度带宽	频域密度（K_PTRS）
N_{RB} < ptrsthRB0	无 PT-RS
ptrsthRB0≤N_{RB} < ptrsthRB1	每 2 个 RB 出现
ptrsthRB1≤N_{RB}	每 4 个 RB 出现

表 2-25 中的阈值是由高层信令通知的。为方便网络配置这些阈值，用户可以通过其能力上报建议的 MCS 以及带宽阈值，不同的子载波间隔对应不同的上报阈值。

PT-RS 主要用于纠正相位噪声对于数据解调的影响，与对应的下行数据的 DM-RS 为准共址。当 PDSCH 传输为单码字时，PT-RS 端口与端口号最小的 DM-RS 端口对应。当 PDSCH 传输为两个码字时，PT-RS 端口与 MCS 最高的码字所对应的最小 DM-RS 端口相对应。当两个码字对应的 MCS 相同时，PT-RS 端口与码字 0 所对应的最小 DM-RS 端口对应。

2.2.4.5.2　基于 CP-OFDM 的 PUSCH 对应的 PT-RS

基于 CP-OFDM 的 PUSCH 对应的 PT-RS 设计与 PDSCH 对应的 PT-RS 设计类似，其主要的不同如下：

对于上行 MIMO 传输，PT-RS 的配置与用户的天线架构以及射频能力相关。

如果支持完全相干上行传输，用户应该认为只有一个上行 PT-RS 端口。如果支持部分相干传输或非相干传输，则用户实际用的 PT-RS 端口数由发送预编码指示（Transmit Precoding Matrix Indicator，TPMI）和发送秩指示（Transmit Rank Indicator，TRI）决定。PT-RS 的最大端口数由高层信令配置，且不超过其上报能力。

对于基于码本和基于非码本的上行传输，上行 PT-RS 和 DM-RS 的关联关系可以通过 DCI 指示。对于基于非码本的上行传输，上行 PT-RS 的端口数由 SRI 决定。同时，通过高层参数可以给每一个 SRS 资源配置一个对应的 PT-RS 端口序号。

2.2.4.5.3　基于 DFT-S-OFDM 的 PUSCH 对应的 PT-RS

基于 DFT-S-OFDM 的 PUSCH 传输，数据需要进行 DFT 变换。若配置了 PT-RS，则 PT-RS 在 DFT 变换之前插入到数据中，如图 2-57 所示。在 DFT 变换前，PT-RS 分成 2 个、4 个或 8 个组，每组 PT-RS 由 2 个或 4 个采样点组成，且组内的 PT-RS 由长度相同的正交序列组成。

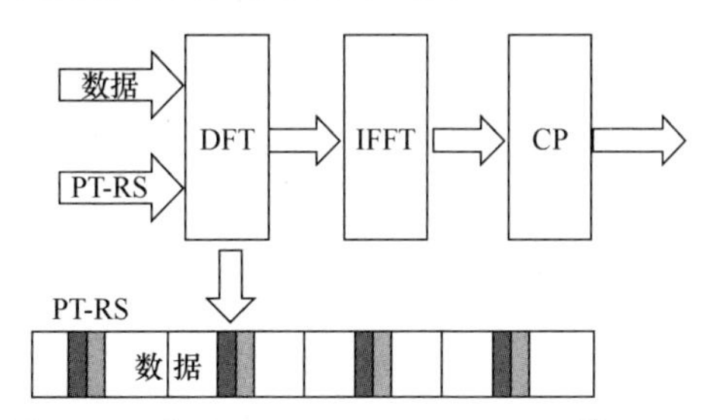

图 2-57　基于 DFT-S-OFDM PUSCH 的 PT-RS

PT-RS 组图样与调度带宽的关系见表 2-26[44]，可见 PT-RS 组图样与调度带宽及阈值相关。

表 2-26　PT-RS 组图样与调度带宽的关系

调度带宽（N_{RB}）	PT-RS 组数 / 个	每组 PT-RS 对应的采样数
$N_0 \leqslant N_{RB} < N_1$	2	2
$N_1 \leqslant N_{RB} < N_2$	2	4
$N_2 \leqslant N_{RB} < N_3$	4	2
$N_3 \leqslant N_{RB} < N_4$	4	4
$N_4 \leqslant N_{RB}$	8	4

PT-RS 比例因子与调度调制方式相关，见表 2-27。

表 2-27　PT-RS 比例因子

调度调制方式	PT-RS 比例因子
π/2-BPSK	1
QPSK	1
16QAM	$\frac{3}{\sqrt{5}}$
64QAM	$\frac{7}{\sqrt{21}}$
256QAM	$\frac{15}{\sqrt{85}}$

需要注意的是，DFT-S-OFDM 的 PUSCH 只支持 1 流数据传输，因此对应的 PT-RS 端口只有 1 个。

2.2.4.6　准共址与传输配置指示

本书 2.2.4.1 节参考信号的设计框架和背景提到 NR 系统中去除了小区级的参考信号 CRS，其功能由其他下行参考信号分别承担。这些功能对应的参考信号需要合理地整合在一起，而天线端口间的 QCL 关系可以用于这些信号的整合。

在 NR 系统中，天线端口和 QCL 的定义如下：[40]

“天线端口定义为，在一个天线端口对应的符号上的信道可以由同一个天线端口对应的其他符号上的信道导出。

“两个天线端口的 QCL 定义为，一个天线端口对应的符号上的信道的大尺度信息可以由另一个天线端口对应的符号上的信道导出。其中，信道大尺度信息包括时延扩展、平均时延、多普勒扩展、多普勒频移、平均增益和空域接收参数。”

通过源参考信号和目标参考信号所对应的天线端口的 QCL 关系，接收端可以把源参考信号的信道估计和大尺度信息应用于目标参考信号。参考信号端口之间的 QCL 信息通过传输配置指示（Transmission Configuration Indicator，TCI）配置和指示。一个 TCI 状态包含了配置 QCL 的信息，包括 1 个或 2 个下行参考信号作为 QCL 的源信号，以及对应的 QCL 类型。用户只能是假设标准中定义的几种 QCL 类型，包括：

- QCL-类型 A：{多普勒频移，多普勒扩展，平均时延，时延扩展}。
- QCL-类型 B：{多普勒频移，多普勒扩展}。
- QCL-类型 C：{多普勒频移，平均时延}。
- QCL-类型 D：{空域接收参数}。

由于不同的参考信号承载不同功能，且对应的设计也不同，因此单独一个源参考信号在一些场景下不能提供所有的 QCL 参数，或者提供的 QCL 参数精度不够。例如，跟踪参考信号（TRS）是用于时间和频率精同步以及多普勒估计的，在多数场景里可以为目标参考信号提供 QCL-类型 A，但是 TRS 不适合在波束切换中作为源信号提供 QCL-类型 D，因为其需要较大的开销和时延。另外，用于波束管理的 CSI-RS（即 CSI-RS 资源对应的高层信令配置了 repetition）则比较适合作为源参考信号为目标参考信号提供 QCL-类型 D。因此，需要 TRS 和用于波束管理的 CSI-RS 同时作为源参考信号提供完整的 QCL 参数。当然，如果配置了两个参考信号作为 QCL 的源，则这两个参考信号对应的 QCL 类型则不能相同。

表 2-28 列出了可能的 QCL 配置，其中 QCL-类型 D 并不总是被配置的（在 NR 第一个版本中只应用于高频）。

表 2-28　通过 TCI 状态配置准共址（QCL）关系

目标参考信号	源参考信号和 QCL 类型	备　注
用于跟踪的周期 CSI-RS	SS/PBCH 块 | QCL-类型 C 和 QCL-类型 D	
	SS/PBCH 块 | QCL-类型 C 用于波束管理的 CSI-RS | QCL-类型 D	
非周期 TRS	用于跟踪的周期 CSI-RS（周期 TRS） | QCL-类型 A 和 QCL-类型 D	
用于 CSI 获取的 CSI-RS	TRS | QCL-类型 A 和 QCL-类型 D	
	周期 TRS | QCL-类型 A SS/PBCH 块 | QCL-类型 D	
	TRS | QCL-类型 A 用于波束管理的 CSI-RS | QCL-类型 D	
	TRS | QCL-类型 B	当 QCL-类型 D 不适用时

（续表）

目标参考信号	源参考信号和 QCL 类型	备　注
用于波束管理的 CSI-RS	TRS | QCL-类型 A 和 QCL-类型 D	
	TRS | QCL-类型 A 用于波束管理的 CSI-RS | QCL-类型 D	
	SS/PBCH 块 | QCL-类型 C 和 QCL-类型 D	
PDCCH DM-RS	TRS | QCL-类型 A 和 QCL-类型 D	
	TRS | QCL-类型 A 用于波束管理的 CSI-RS | QCL-类型 D	
	用于 CSI 获取的 CSI-RS | QCL-类型 A	当 QCL-类型 D 不适用时
PDSCH DM-RS	TRS | QCL-类型 A 和 QCL-类型 D	
	周期 TRS | QCL-类型 A 用于波束管理的 CSI-RS | QCL-类型 D	
	用于CSI获取的CSI-RS | QCL-类型A和QCL-类型 D	

在缺少CSI-RS配置时（例如，RRC配置前），用户可以假设PDSCH/PDCCH DM-RS 与 SS/PBCH 块存在 QCL 关系，且 QCL 的参数包括多普勒频移、多普勒扩展、平均时延、时延扩展，以及空域接收参数（在适用情况下）。

2.3 5G NR 频谱和频段定义

2.3.1 5G 频谱和复用

2.3.1.1 IMT-2020 候选频谱

国际电信联盟（ITU）在 2015 年和 2019 年世界无线电通信大会（World Radiocommunication Conference，WRC）上确定的 IMT 频率（分别为 6 GHz 以下和 24 GHz 以上）适用于 5G 部署。3GPP 依据 ITU 和地区监管机构的指导进行 5G NR 空口的频段划分，并根据运营商的 5G 商业计划制定优先级。由参考文献[45]可知，3～5 GHz 频段、24～40 GHz 频段和现有 LTE 的 3 GHz

以下频段将应用于 eMBB 和 IoT 应用的 5G 部署。

5G 频谱分层使用如图 2-58 所示，图中基于不同的业务需求将三层概念应用于频谱资源。由此可见，2 GHz 以下的“广域覆盖层”仍然是 5G 移动宽带的覆盖范围扩展到更广阔区域及室内深度覆盖场景的必要层，对于 mMTC 和 URLLC 的应用尤其重要。另外，2～6 GHz 频段的“覆盖和容量层”可用于在容量和覆盖范围之间的折中。与 2 GHz 以下频段相比，这些频段的穿透损耗和传播衰减较高。在需要极高数据速率但覆盖范围不受限时，可以采用 6 GHz 以上的“高容量层”。基于上述三个频段，可以在合适的频谱层中满足 eMBB、mMTC 和 URLLC 业务不同覆盖范围和速率能力需求。基于业务的单层频谱运营会使 5G 部署复杂化，并且当同时要求良好的覆盖范围、高数据速率和低延迟等业务时效率低下。因此，为了满足业务的多样性，多频谱层的联合部署是高性能 5G 网络的必备要求。

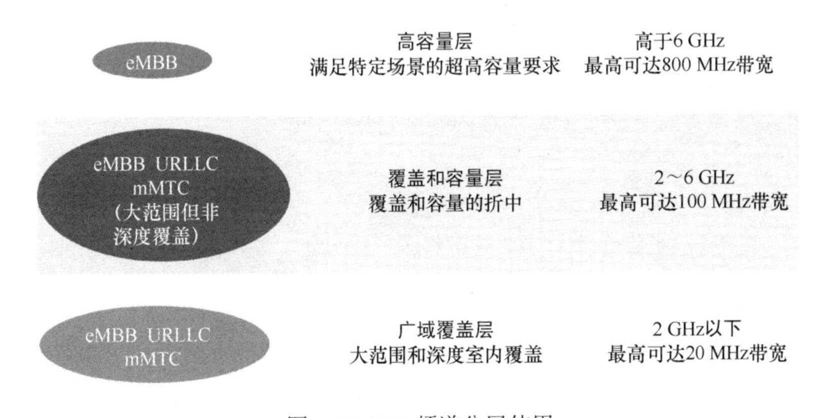

图 2-58　5G 频谱分层使用

2.3.1.1.1　C-band 频段（3 300～4 200 MHz 和 4 400～5 000 MHz）

在全球范围内，3 300～4 200 MHz 和 4 400～5 000 MHz IMT 频率的可用性正在增加，其中全球几乎所有国家都将 3 400～3 600 MHz 频段主要分配给移动业务。频率主管部门将陆续分配 3 300～4 200 MHz 和 4 400～5 000 MHz 的各个频段，构建带宽较大的连续频段。

3GPP 5G NR 标准支持使用 TDD 方式接入 3 300～3 800 MHz。根据许多

国家 / 地区发布的计划，3 300～3 800 MHz 频段很可能成为在全球范围实现统一的 5G 频段，建议最好将每个频段中至少 100 MHz 连续带宽分配给每个 5G 网络。为了利用统一的技术规范（3 300～3 800 MHz 频段的 3GPP 5G NR 规范），建议同一区域的相关国家的监管机构能对齐可用频率边界并统一技术监管条件。全球 3 300～4 200 MHz 频段和 4 400～5 000 MHz 频段的使用和规划[46] 如图 2-59 所示。

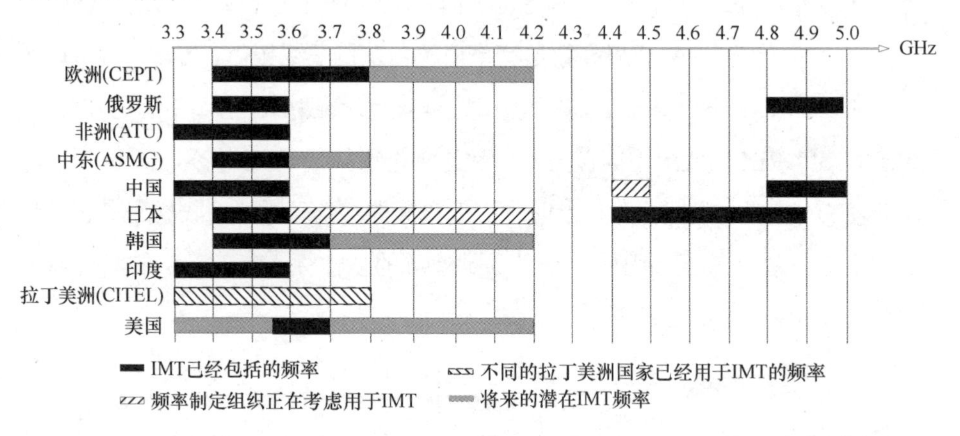

图 2-59　全球 3 300～4 200 MHz 频段和 4 400～5 000 MHz 频段的使用和规划

2.3.1.1.2　毫米波频段

2015 年世界无线电通信大会（WRC-15）为未来 IMT 在更高频段的发展铺平了道路，其中识别出了 24.25～86 GHz 范围内的几个相关频段作为 WRC-19 议题 1.13 进行研究，如图 2-60 所示。在 WRC-19 中，ITU-R 将 24.25～27.5 GHz 和 37～43.5 GHz 频段列为高优先级并定义。27.5～29.5 GHz 频段虽然未包含在 WRC-19 议题 1.13 中，但美国、韩国和日本已考虑将该频段用于 5G。

Group30	Group40	Group50	Group70/80
24.25～27.5 GHz 31.8～33.4 GHz	37～40.5 GHz 40.5～42.5 GHz 42.5～43.5 GHz	45.5～47 GHz 47～47.2 GHz 47.2～50.2 GHz 50.4～52.6 GHz	66～71 GHz 71～76 GHz 81～86 GHz

图 2-60　WRC-19 议事项目 1.13 的候选频段

24.25～29.5 GHz 和 37～43.5 GHz 范围是 5G 毫米波系统早期部署最有希望的频段，一些领先市场已将上述频段中的一部分用于 5G 的商用部署（图

2-61），在 3GPP Rel-15 中的 TDD 系统也涉及上述两个频段。建议为每个网络在上述频段上分配至少 400 MHz 的连续频谱，以加快 5G 部署。

- 基于WRC-19，已经用于移动业务
- 基于WRC-19，要求用于移动业务
- 不在WRC-19的讨论范围，但已经用于移动业务
- 确定用于移动业务
- 很可能用于移动业务
- 未定

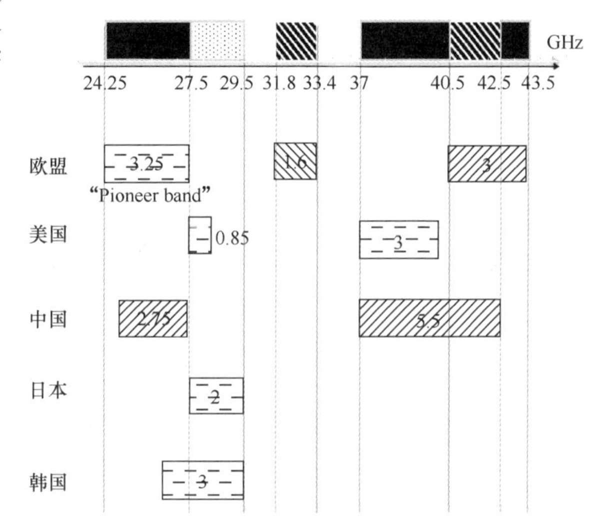

图 2-61　用于 5G 早期部署的毫米波频段

2.3.1.1.3　3 GHz 以下的 5G 频段

低于 3 GHz 的候选频段如图 2-62 所示。S 频段（2 496～2 690 MHz）是另一个 5G 候选频段，在早期进行商业部署。当前，中国和美国的部分部署是采用该频段的 LTE TDD 网络，而欧盟则在该频段的两个边缘部分部署了 LTE FDD。这些地区极有可能在该频段的左侧频谱上以 TDD 双工模式来部署 5G，同时最大化产业生态共享。

L 频段（1 427～1 518 MHz）也是一个 5G 候选频段，在世界上大多数国家 / 地区可能都分配给移动设备。欧洲邮电管理委员会（Confederation of European Posts and Telecommunications，CEPT）和美洲电信委员会秘书处（The Secretariat of the Inter-American Telecommunication Commission，CITEL）已定义该频段采用补充下行链路（Supplementary Downlink，SDL）方案。某些区域提出了对该频段独立运营（具有上行和下行）的要求。在 5G 独立组网（Standalone，SA）系统中，TDD 是一种潜在的选择，能够较好地适配上下行链路方向上的流量不对称，具有较好的规模经济效应。相同的 5G NR 设备可

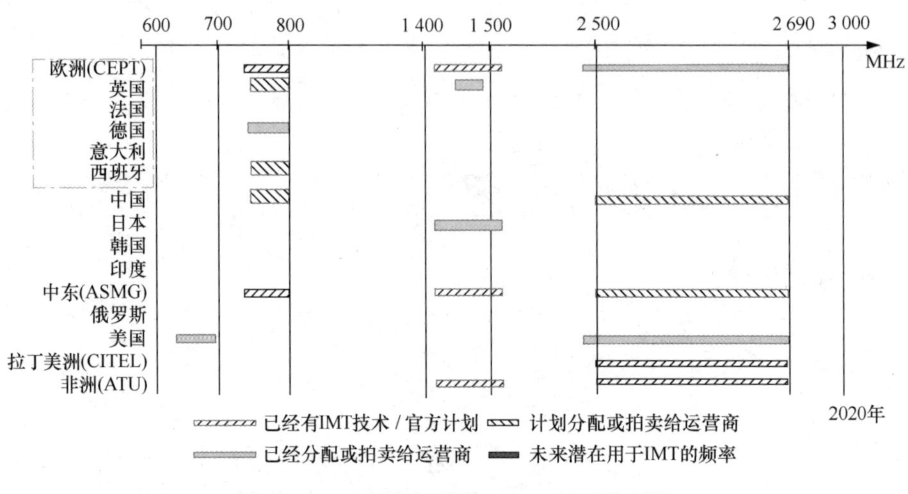

图 2-62　5G 早期部署的 3 GHz 以下的频段

同时服务于 TDD 和 SDL 市场。此外，基于传统的 FDD 方式，SDL 频段也可以与单个补充上行链路（Supplementary Uplink，SUL）频段配对（如本书 2.3.2 节中所述）。

大多数国家 / 地区已将 700 MHz 附近频段用于移动设备，其中欧洲计划将该频段用于 5G。从长远来看，特高频（Ultra High Frequency，UHF）中的频段（470～694 / 698 MHz）也可以用于移动业务，中国和美国已经开始将该频段从广播转移到移动业务。

2.3.1.2　5G 双工机制

2.3.1.2.1　5G 候选频段类型和双工模式

双工是影响网络运营的一个关键因素。目前有两种典型的 IMT 频谱类型，即成对频谱和非成对频谱。FDD 和 TDD 是两种主要的双工模式，分别用于成对频谱和非成对频谱，具体介绍如下：

- 成对频谱的 FDD。FDD 在 2G / 3G / 4G 电信系统中更为成熟，其频谱主要位于 3 GHz 以下的低频范围内。由于低频的频率资源有限，一般 FDD 频段的系统带宽非常有限。此外，为了方便通信产业链的共享，FDD 频段需要采用通用的射频（Radio Frequency，RF）滤波器设计。因此，每个 FDD 频段都定义了固定的上行、下行双工频谱距离，但这也同时对 FDD 频段带宽的扩展造成了一定的阻碍。

- 非成对频谱的 TDD。随着电信业务负载的增长，TDD 由于能够利用中、高频率范围内更多的可用非成对频谱而受到更广泛关注。现在 LTE TDD 已经在 2.6 GHz（Band 41）和 3.5 GHz（Band 42）上成功实现了 eMBB 业务广覆盖的公网运营。在 TDD 系统中，上下行信道互易性的特性可以很好地适用于多天线技术。例如，通过高效的侦听导频获得更精确的下行信道信息，可代替繁重的 CSI 码本反馈，从而为多用户 MIMO 系统带来显著的吞吐量提升。此外，对于下行传输带宽非常大的频段来说，MIMO 系统所需的 CSI 码本反馈开销是不可忽略的。因此，C-band 和毫米波频段中的 MIMO 系统必须使用 TDD。这也是当前 C-band 和毫米波 5G 新频谱选择 TDD 模式的主要原因之一。
- 非成对频谱上的 SDL。LTE 还定义了 SDL 频段类型，该类型也适合于非成对频谱。SDL 频段类型只能与具有上行传输资源的普通 FDD 或 TDD 频段利用载波聚合的方式共同协作。在正常的小区接入流程之后，通过网络的配置，SDL 载波聚合到普通 FDD 或 TDD 的主载波成为辅助载波，它与频谱聚合中的普通 FDD 下行辅助载波非常相似。

除了以上传统的频段类型，5G NR 还引入了一种新的频段类型，即 SUL 频段类型。

- 非成对频谱上的 SUL。SUL 频段与正常的 5G TDD、FDD 或 SDL 频谱聚合，以提供上行控制和上行数据的传输。引入 SUL 的初衷是为了弥补 C-band 和毫米波频段中 5G TDD 频谱的上行覆盖不足。这里的 SUL 频段通常与现有 LTE FDD 频段的上行频谱区域重叠，使得运营商可以借用 LTE 网络中空余的上行频率资源，弥补 5G NR 小区边缘用户的上行传输的不足。SUL 频段组合的详细概念、规格和增益将在本书 2.4 节进行介绍。

2.3.1.2.2 灵活双工：FDD 和 TDD 的融合

越来越多的运营商会同时拥有 FDD 和 TDD 的频谱，这使得许多部署在

FDD 和 TDD 频段上的 LTE 网络将联合为用户提供 eMBB 和物联 IoT 服务。可以预见，FDD 和 TDD 的融合将成为移动通信系统演进的趋势。

2.3.1.2.2.1　FDD 和 TDD 的联合组网

下面介绍 3GPP 协议已经标准化的几种 FDD 与 TDD 的联合工作机制。

- FDD/TDD 多种无线接入技术联合组网。单个蜂窝网络包含两个分别部署在 FDD 频段和 TDD 频段的无线接入层，并且这两个无线接入层的认证、接入和移动性由统一的核心网进行管控。用户会根据两个无线接入层的覆盖能力以及可用的无线资源情况来选择具体接入的无线接入层。用户会根据 FDD 小区和 TDD 小区的 RSRP 测量结果来进行 FDD 层与 TDD 层之间的切换。在这种 FDD/TDD 多无线接入技术联合工作模式中，FDD 和 TDD 无线接入层各自能够提供独立的调度和传输功能。

- FDD/TDD 载波聚合。LTE-Advanced 系统在 3GPP Rel-12 版本中引入了 FDD/TDD 载波聚合机制，对于同时配置了 FDD 和 TDD 载波的用户，可以在 FDD 和 TDD 载波上实现同时并行的数据传输，但该机制需要 FDD 与 TDD 载波共站点部署，或者 FDD 与 TDD 基站之间拥有低时延大容量的回传链路。在 FDD/TDD 载波聚合机制中，主载波可以是 FDD 载波，也可以是 TDD 载波，在主载波提供切换和小区重选等基本移动性功能的同时，可以同时激活或去激活最多 4 个下行载波和 2 个上行载波进行并行的数据传输。在 LTE-Advanced 系统中，每个载波拥有独立的调度控制信息和 HARQ 进程，所有辅载波的 HARQ 反馈都只能在主载波的上行载波上传输。相应地，3GPP 协议针对不同的 TDD 上下行子帧配置定义了相应的 HARQ 反馈定时和冲突处理机制。5G NR 进一步支持通过主载波的控制信令调度辅载波的功能。3GPP Rel-15 只完成了子载波间隔相同场景下的跨载波调度机制，但对于部署在毫米波段和 C-band 的 5G NR TDD 载波，其子载波间隔往往与低频段的 FDD 载波不同。

- FDD/TDD 双连接。FDD/TDD 双连接通过半静态的高层配置为单个用户提供在 FDD 和 TDD 载波上并行数据传输的能力。高层［无线链路控制（Radio Link Control，RLC）/ 物理下行信道（Physical Downlink Channel，PDCH）或更高］的并行传输可使能非理想回传场景中 FDD/TDD 数据流的聚合，如站间 FDD/TDD 数据流的聚合。

2.3.1.2.2.2　TDD 频段的同步

网络同步是 TDD 蜂窝网络的基本要求。不同小区需要 TDD 帧结构同步，包括相同的下行和上行的切换点，以及相同上下行子帧配置。下面是不同类型的同步需求：

✧　同频小区间同步

- TDD 网络异步和小区间干扰如图 2-63 所示，其中，图 2-63（a）为网络拓扑，图 2-63（b）为两个相邻的小区配置了两种不同的 TDD 上下行的场景，图 2-63（c）为两个相邻的小区的上下行切换点不同步的场景。可以看出，在小区 1（Cell1）调度下行传输而小区 2（Cell2）调度上行传输的时间段内，小区 1 基站的发送的下行信号将对小区 2 基站的上行接收造成极强的干扰，这有可能完全阻塞小区 2 在这段时间内的信号接收。

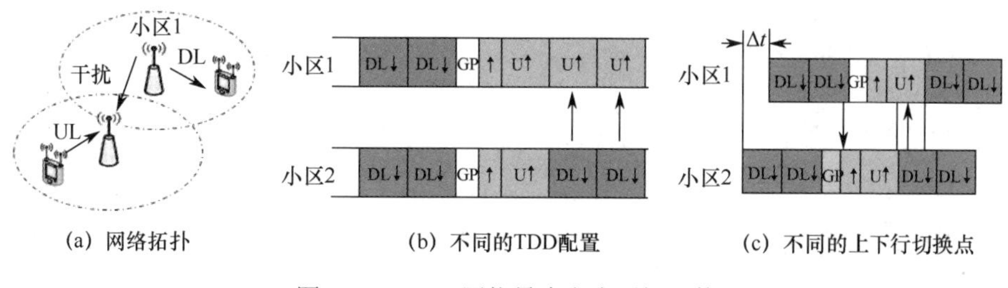

图 2-63　TDD 网络异步和小区间干扰

- 为了避免小区间干扰，运营商应保持 TDD 网络的帧结构同步，并且下行到上行的切换的保护时间需要根据干扰基站和被干扰基站之间的保护距离等因素来合理配置。

✧　同频段非同频小区间同步

针对运营商在一个频段中部署了多个载波的 TDD 网络，网络同步也尤为重要。图 2-64 示意了基站间的邻频干扰，包括载波频率紧邻和载波间存在保护带的场景。由于基站间的干扰来源于相同的网络以及相同的基站，在相同频段内传输的信号会落入基站接收的射频滤波器通带内，从而有可能完全阻塞基站的接收。

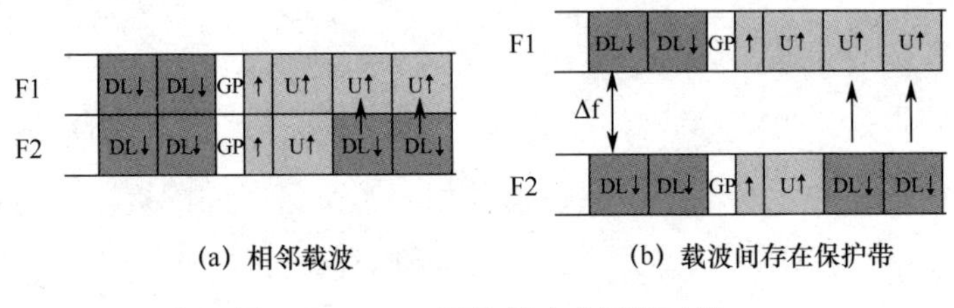

图 2-64　TDD 网络异步非同频干扰

✧ 同频段运营商间的区域协调

针对在同一频段内的不同载波上部署了 TDD 网络的不同运营商，若运营商间的 TDD 网络不同步，其网络也将遭受上述非同频基站间干扰，即被干扰的 TDD 网络将在与干扰 TDD 网络的下行重叠的上行时间段遭受严重的干扰。为此，曾考虑通过在同频段内部署的两个 TDD 网络的频带间增加保护带来避免干扰，但是对于宏基站场景，不仅需要预留非常大的保护带，还需要对运营商间的基站进行一定程度的地理隔离，才能避免基站间的阻塞干扰。根据中华人民共和国工业和信息化部（Ministry of Industry and Information Technology of the Peoples's Republic China，MIIT）[47]和欧洲电子通信委员会（Electronic Communications Committee，ECC）[48]的评估，对于两个部署在 2.6 GHz 附近频段上的 20 MHz 带宽 LTE TDD 系统，需要的保护带宽为 5～10 MHz，而对于图 2-65 所示的两个部署在 3.5 GHz 附近频段上的 100 MHz 带宽的 NR TDD 系统，需要的保护带宽超过 25 MHz。这种方式将造成极大的频谱资源浪费，这是所有运营商都无法接受的。

为实现同一频段内不同运营商的 TDD 网络之间的同步，区域监管组织通常会根据多个运营商网络中上下行业务的负载的统计情况规定统一的 TDD 帧结构，并且部分国家已经对在相同频段内部署 TDD 网络的运营商提出了同步的要求。

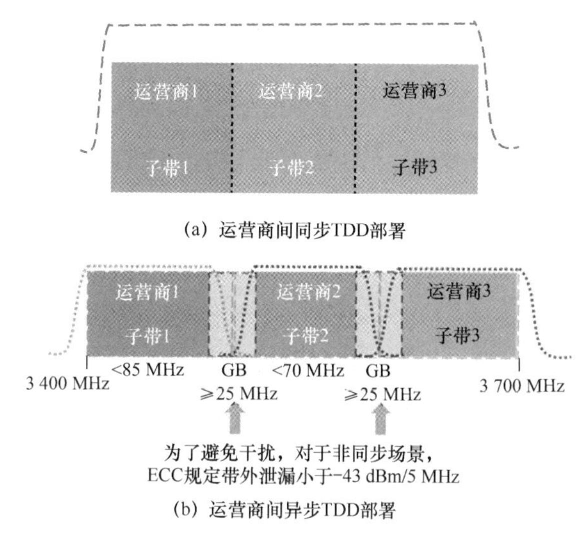

图 2-65 同频段内运营商间 TDD 部署：同步 vs 异步

- **中国**：对于全球首个 2.6 GHz 的 LTE TDD 网络，中国运营商为实现网络协调做出了诸多贡献。最终，在 MIIT 的指导下，运营商达成在 2.6 GHz 附近频段中采用 4∶1 的下行与上行配比的 LTE TDD 上下行子帧配置 2。另外，MIIT 已积极组织运营商和利益相关机构协商出 3.5 GHz 频段上部署 5G 网络所采用的统一帧结构。

- **日本**：2014 年 1 月 23 日，日本总务部组织了关于日本国内 3.4～3.6 GHz 频段的潜在运营商的公开听证。所有运营商都对 TDD 网络提出了明确的立场，并且主张运营商间需要对 TDD 网络同步和统一帧结构达成共识，以避免在载波间预留保护带宽导致频谱资源的浪费。考虑到现网中的下行业务远远多于上行业务，所有运营商一致认为需要采用下行占优的帧结构配置。日本总务部在 2014 年 9 月发布了关于 4G 网络部署的指导建议，其中包括了将 3 480～3 600 MHz 分配给 3 家运营商（每家 40 MHz）用于部署 TDD 网络，并且被许可部署 TDD 网络的运营商有义务在网络部署之前在 TDD 网络同步方面达成一致。此外，该指导建议中也确定了将 LTE TDD 上下行子帧配置 2 作为统一的帧结构。2018 年 4 月 6 日，日本总务部将 3.5 GHz 附近频段内剩余的频率分配给了 2 家运营商，并且要求其必须与 3.5 GHz 附近频段内现有的 TDD 网络进行同步。

- **英国**：2017 年 7 月 11 日，英国的通信办公室（Office of Communications，Ofcom）通过了 2.3 GHz 和 3.4 GHz 附近频段的拍卖条款[49]，并且更新了信息备忘录[50]。该更新的信息备忘录分别规定了 2.3 GHz 和 3.4 GHz 附近频段的授权条件。这些授权条件都基于 TDD 模式。对于拥有授权频谱的运营商，为了能够确保网络间的同步以避免相互间的干扰，需要采用图 2-67（a）中所示的帧结构配置，同时时隙长度必须为 1 ms。该帧结构与 LTE 的 TDD 帧结构配置 2（下行与上行配比为 4∶1）互相兼容，关于推荐帧结构的其他介绍参见信息备忘录的第 12 段。2018 年年初，Ofcom 将 3.4 GHz 附近频段的频谱进行了拍卖，基于最终拍卖结果的规划如图 2-66 所示。

Vodafone
3.410~3.460 GHz
H3G
3.460~3.480 GHz
UK Broadband
3.480~3.500 Ghz
Telefónica
3.500~3.540 GHz
EE
3.540~3.580 GHz
UK Broadband
3.580~3.600 Ghz

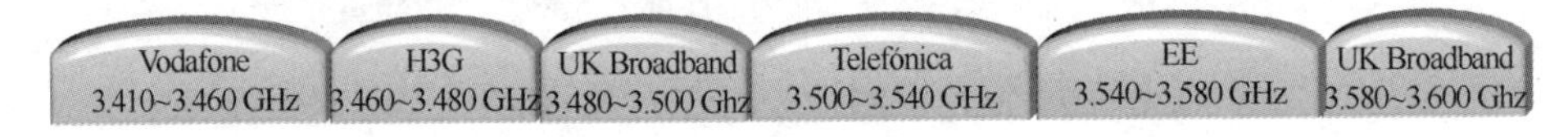

图 2-66　英国 3.4 GHz 附近频段规划

如上所述，几乎所有的商用 LTE TDD 网络都采用 TDD 帧结构配置 2，即 5 ms 周期、"DSUDD"上下行资源分配图样以及 4∶1 的下行与上行资源配比，具体如图 2-67 所示。对于仅部署 5G NR 网络的 TDD 频段，同样可以采用 4∶1 的下行与上行资源配比，但是考虑到更大的子载波间隔和更短的时隙长度，所采用的帧结构的周期可以是 2.5 ms 且采用"DDDSU"的图样，如图 2-67 (b) 所示。在本书 2.2.2 节中提到，3GPP 在 5G NR 中已定义了极其灵活的帧结构配置，因此，地区性监管机构可以综合考虑网络负载统计情况和部署复杂度，并采用其他合适的 TDD 帧结构配置。

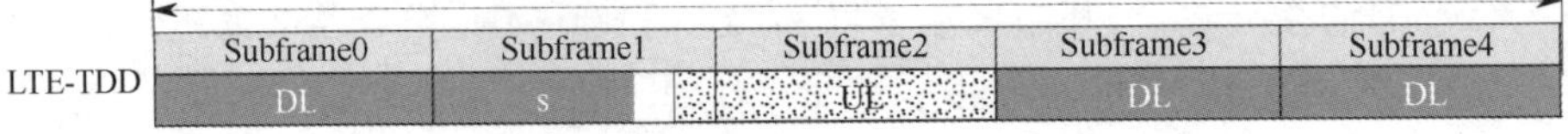

5 ms
LTE-TDD
Subframe0
Subframe1
Subframe2
Subframe3
Subframe4
DL
s
UL
DL
DL

（a）LTE TDD 帧结构配置 2 ms、5 ms 上下行切换周期

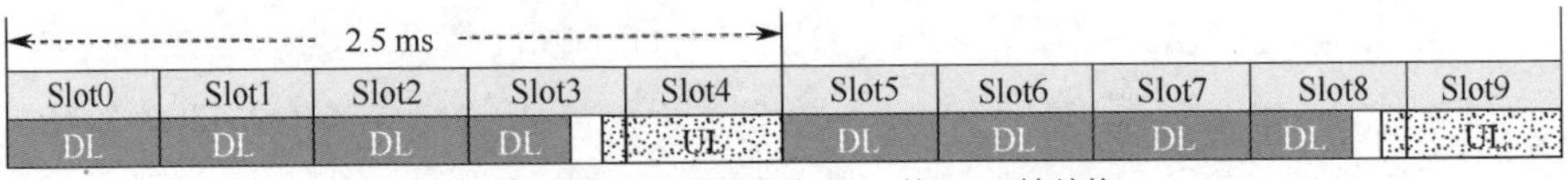

2.5 ms
Slot0
Slot1
Slot2
Slot3
Slot4
Slot5
Slot6
Slot7
Slot8
Slot9
DL
DL
DL
DL
UL
DL
DL
DL
DL
UL

（b）NR 下行与上行配比为 4∶1 的 TDD 帧结构

图 2-67　下行与上行配比为 4∶1 的 TDD 帧结构

✧ 同频段 LTE 与 5G NR 同步

针对 LTE 定义的 2.6 GHz 的 Band 41 和 3.5 GHz 的 Band 42，包括中国和日本在内的一些国家计划在这些频段上同时部署 LTE TDD 和 5G NR 网络。与同频段不同运营商网络部署情况相同，监管机构要求其采用相同的上下行切换周期和相同的切换点。LTE 和 5G NR 通常会采用不同的子载波间隔，如 LTE 采用 15 kHz SCS 而 5G NR 采用 30 kHz SCS，这就需要 5G NR 兼容 LTE 的上下行资源分配。对于 LTE TDD 网络，帧结构配置 2 是使用最为广泛的帧结构，即 4∶1 的下行与上行时隙配比以及 5 ms 的上下行切换周期。从而，5G NR 同样需要采用 5 ms 切换周期且在 30 kHz SCS 配置时采用“DDDDDDDSUU”的图样，其下行与上行时隙配比为 8∶2，以实现与 LTE 的上下行同步。此外，5G NR 中的时隙格式配置极其灵活，能够匹配 LTE 中所有的特殊子帧配置[4]，唯一需要调整的是无线帧的起始时间，如图 2-68 所示。

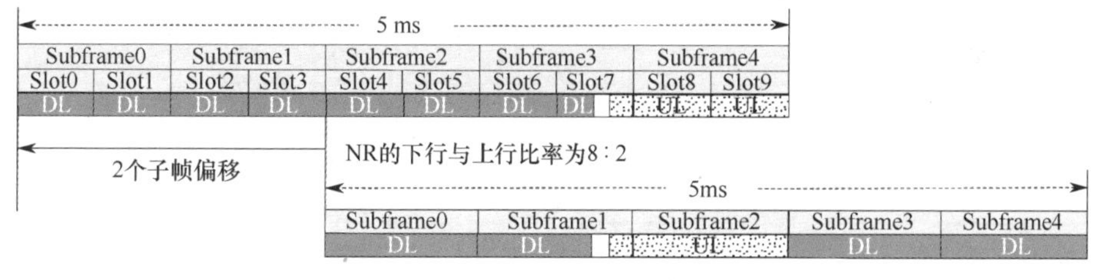

图 2-68　LTE 与 5G NR 同频段同步：帧结构配置

需要说明的是，网络同步并不是只能应用在 TDD 网络，FDD 网络中同样能够使用网络同步，这有助于干扰删除技术得到应用从而进一步获得性能增益，其与 TDD 网络同步的区别仅在于同步精度的要求。全球移动通信系统（Global System for Mobile Communication，GSM）、通用移动通信系统（Universal Mobile Telecommunications System，UMTS）、宽带码分多址接入（Wideband Code Division Multiple Access，WCDMA）和 LTE FDD 对空口的频率同步精度的需求是 50 ppb①。码分多址 2000（Code Division Multiple Access

① ppb（part per billion）为 10 亿分之一，即 10^{-9}。

2000，cdma 2000）、时分同步码分多址（Time Division Synchronous Code Division Multiple Access，TD-SCDMA）和 LTE TDD 系统与上述 2G 或 3G 系统相比，对频率同步的需求相同，但是对时间同步的精度有更高的需求。对于 FDD 网络，维持足够精度的频率同步就能够保证网络的正常运转，而对于 TDD 系统，在满足频率同步的基础上，还必须让所有站点都同步到统一的协调世界时（Coordinated Universal Time，UTC），以保证所有站点都能实现精确的时间同步，否则无法确保网络正常运转。在 LTE TDD 系统中定义了两种同步精度，包括 1.5 μs 和 5 μs，分别对应于小区半径小于等于 3 km 和大于 3 km 两种情况。不同无线接入技术的基站频率和定时同步需求见表 2-29。

表 2-29 不同无线接入技术的基站频率和定时同步需求[48]

空口接入技术	同 步 需 求	
	频率精度（ppb）	相位精度
GSM、UMTS、WCDMA、LTE-FDD	50	NA
cdma 2000	50	±3 μs ～ ±10 μs
TD-SCDMA	50	±3 μs
LTE TDD	50	±1.5 us（小区半径 ≤ 3 km）
	50	±5 us（小区半径 ＞3 km）
5G NR	50	±1.5 us

从 3G 的 TD-SCDMA 系统开始，实现 TDD 网络同步的技术已趋于成熟，并且已经广泛应用在 LTE TDD 网络中。目前，主要的技术手段有以下两种：

- 技术方案 1：基于全球导航卫星系统（Global Navigation Satellite System，GNSS）的分布式同步方案。GNSS 信号接收器直接集成在终端和基站内部，基站可以直接获取卫星定时信号，如全球定位系统（Global Positioning System，GPS）、北斗等系统，从而实现不同基站间的定时同步，保证不同基站间的最大定时误差不超过 3 μs。大部分宏基站都部署在开阔的区域，从而能够比较容易地安装 GPS 天线并接收到良好的卫星信号。对于部署在室内或周边高楼环绕的室外区域的基站，则难以接收到 GPS 信号。

- 技术方案 2：基于 IEEE 1588v2 协议的集中式同步方案。IEEE 1588v2 协议是一种精确定时传输协议，能够像目前 GPS 系统一样达到亚微秒级的定时同步。主定时源的时钟同步信息采用 1588v2 协议在网络中进行传输。基站能够从网络中的 1588v2 时间接口中获取定时信息并实现纳秒级的同步精度。这需要所有节点都支持精确时间协议（Precision Time Protocol，PTP），并且时钟同步的质量也会影响网络的服务质量（Quality of Service，QoS）。

上述两种同步技术方案互为补充。这两种同步方案都已广泛应用在商用 LTE 网络中，运营商可以按照各自的需求来选择实现网络同步的解决方案。

2.3.1.2.2.3　动态 TDD 和灵活双工

对于传统的 TDD 网络，运营商会根据该国家或地区统计的上下行业务负载对 TDD 系统的上下行时隙进行静态配置。在实际的电信网络中，下行业务占据了整个电信业务的很大一部分，具体如图 2-69（a）所示。随着高清、超高清视频市场的成熟，预计下行业务所占的比例将在未来进一步增长，如图 2-69（b）所示[4]，因此，在实际网络部署中应该为下行分配更多的资源，而为上行预留较小比例的资源，然而这将影响上行覆盖的性能。

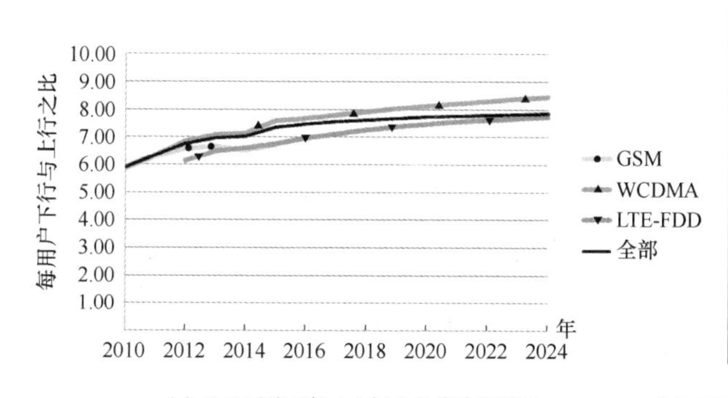

业　务	下行比例 / %
网页浏览电子邮件	80/90
视频	80~92
VoIP和及时通信	50
文件共享	80
其他	60
交互业务	72

（a）IMT系统下行 / 上行业务统计和预测　　（b）不同eMBB业务在下行业务中所占比例

图 2-69　IMT 系统中 eMBB 业务的下行/上行业务负载比统计

电信行业一直在竭尽全力地提高频谱利用率[51]。如果网络中严重的上下行干扰可以得到有效的解决，那么网络将能够在不同区域位置，实时地根据实际上下行业务量的比例，动态地配置上下行无线资源所占用的比例，从而可以大幅提升整个网络的频谱利用率。在双工的演进路线图中可以有两个步骤，一些学术论文提出将全双工作为双工演进的终极目标[52, 53]，目前业界在全双工技术方面已经取得较大的进展。

✧ 动态 TDD

LTE-Advanced 系统从 3GPP Rel-12 及以后引入了动态配置 TDD DL/UL 配比的特性，并将其称为增强干扰业务适配技术（enhanced Interference Management Traffic Adaption，eIMTA）[117]。根据理论分析和仿真结果[54]，eIMTA 可以应用于一些上下行流量统计数据非常特殊的孤立区域，如足球比赛等室内热点场景。eIMTA 的一个缺点是，当存在蜂窝小区基站间干扰时，DL 信号与 UL 信号之间新引入的干扰将降低信干噪比，从而造成系统通信质量的下降。动态 TDD 如图 2-70 所示，由于相邻基站的下行发送功率远大于上行信号，从而导致小区 0（Cell0）的基站遭受到了强干扰。

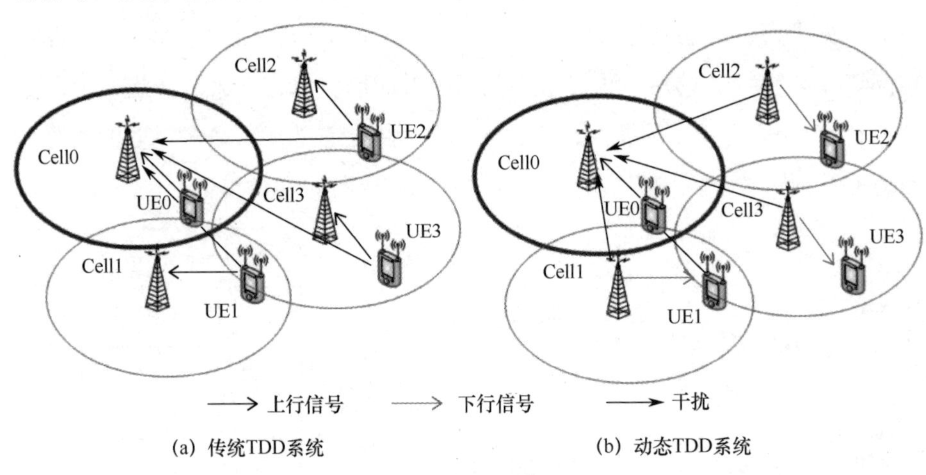

图 2-70　动态 TDD

商用的 LTE TDD 网络主要用于广域覆盖的宏小区；而 eIMTA 由于存在严重的带间和带内干扰，因此并没有在实际网络中部署。

✧ 灵活双工

- 灵活的上下行比例配置。5G 的标准化充分考虑了 FDD/TDD 在未来融合的趋势，因此制定了非常灵活的物理层资源分配设计和对称的上下行空口。5G NR 在继承 LTE eIMTA 动态 TDD 特性的基础上，进一步得到了扩展，制定了静态小区级别的上下行配比和上下行切换周期，同时还考虑了半静态和动态用户专用的上下行配比。5G NR 在 3GPP Rel-15 中的上下行时隙配比如图 2-71 所示。3GPP Rel-15 标准化了多达 56 种动态时隙配比，每种配比中的 OFDM 符号被标识为“上行”、“下行”和“灵活”三种，灵活方向的符号可以根据用户需求灵活配置。在这 56 种时隙配置中，可以大致分为四类：只有上行符号时隙（全上行）、只有下行符号时隙（全下行）、下行符号占主导时隙（下行主导）和上行符号占主导时隙（上行主导）[38]。在一个 5G NR 无线帧中，每时隙都可以从 56 种时隙配置中选择其自身特定的上下行配比。因此理论上，在保持基本的小区级 TDD 同步的基础上，从用户侧看来，5G NR 可以支持很多种上下行时隙配置的帧结构。

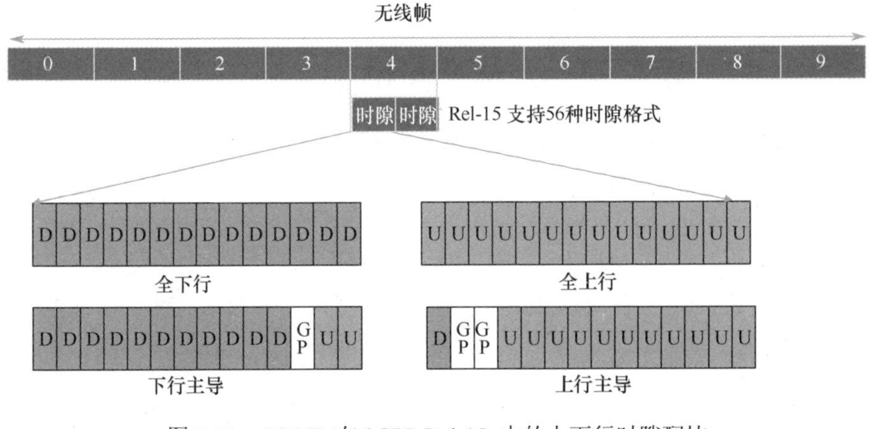

图 2-71　5G NR 在 3GPP Rel-15 中的上下行时隙配比

- 灵活双工的其他应用场景。理论上，这种灵活的时隙方向配置也可以在成对频谱上使用。由于上下行业务越来越失衡，而 FDD 频段上下行带宽是固定且对称的，因此很多上行无线资源没有得到充分高效的利用，而下行无线资源却被完全使用，并供不应求。由此，有一种潜在的使用空闲频谱的解决方案，可用于低功率的小站场景，如图 2-72（a）所示。灵活的双工模式也可以应用到一些新的 FDD 下行频谱和 SDL

频谱中，如图 2-72（b）所示，可以在下行载波频率上引入上行侦听参考信号，这样可以充分使能基于信道互易性的多天线传输机制。在 FDD 下行和上行频谱或 SDL 频谱，其应用灵活双工的主要限制仍然来自国家 / 区域的频谱法规限制。

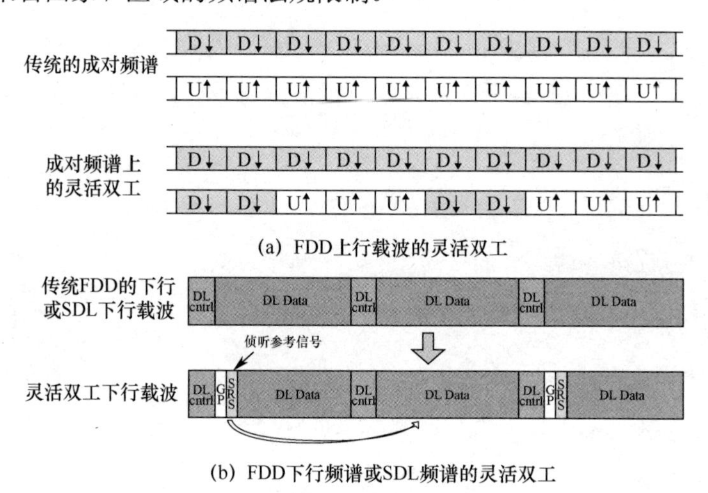

(a) FDD上行载波的灵活双工

(b) FDD下行频谱或SDL频谱的灵活双工

注：DL contrl为“下行控制”，DL Data为“下行数据”。

图 2-72　在 FDD 频谱和 SDL 频谱的灵活双工用例

灵活双工也适用于无线回传链路和 D2D 通信等，如图 2-73 所示。实际上，考虑到密集网络的回传网络的部署成本和部署难度，运营商广泛部署高速和低延迟回传（例如光纤）的成本非常高；传统的无线回传或中继需要额外的频谱以避免来自接入链路的干扰[55,56]，这是非常低效的。利用灵活双工，可以将相同的资源灵活地分配给回传链路和接入链路，以及使用多用户 MIMO 类技术来减轻链路间干扰，类似的机制也适用于带内 D2D 通信系统。

- 灵活双工干扰抑制机制。对于具有灵活双工配置的蜂窝网络，主要问题仍然是小区间的下行对上行的干扰。为了在先进接收机可接受的实现复杂度下，实现良好的小区间干扰消除效果，5G NR 空口被设计为具有对称的 DL/UL 传输格式、多址，以及用于信道估计和解调的参考信号。

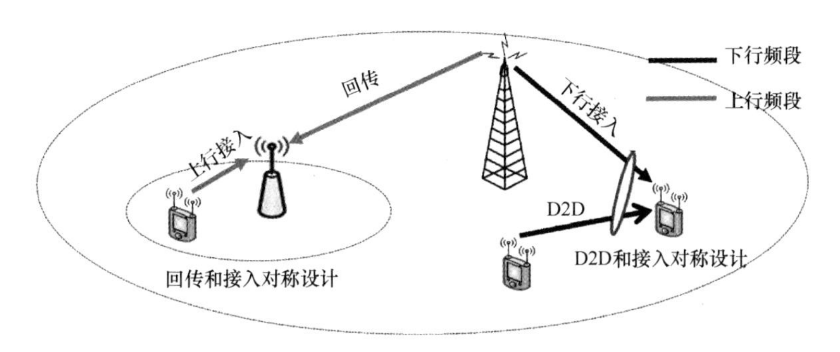

图 2-73　无线回传链路和 D2D 通信的灵活双工用例

○ 多址接入。在 LTE 中，采用 DFT-S-OFDM 作为上行的波形方案，因为其具有较低的 PAPR，并能够获得更好的覆盖和 UE 功率效率，而 CP-OFDM 波形被用于下行，可以进行更有效的宽带频域选择性调度。因此，子载波映射方案对于下行和上行信号是不同的，并且两种信号之间有半个子载波的频率偏移，如图 2-74 所示。这种设计在传统 LTE 系统中可以很好地工作，但是不能支持 5G 中的新应用。因此，针对上下行波形方案提出了对称设计，即下行和上行信号都可以采用 CP-OFDM 方案。并且子载波映射方案也应该彼此对齐，以避免下行和上行信号之间的子载波偏差而造成的子载波间干扰。基于这种对称性，可以将当前用于接收两个下行或上行信号的接收过程，用于同时接收下行和上行信号。

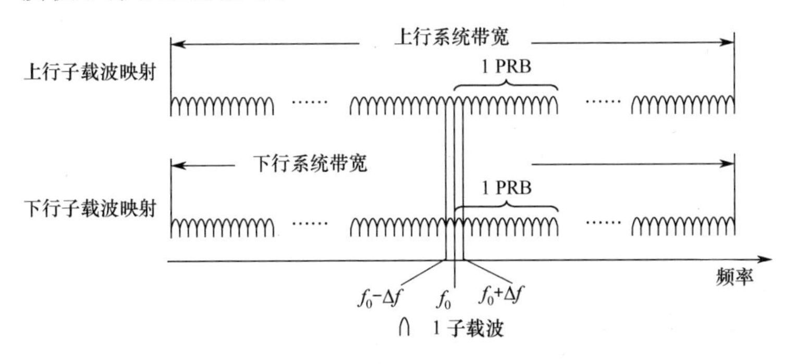

图 2-74　具有 7.5 kHz 偏移的 LTE 上下行子载波映射

○ 参考信号。在 LTE 中，参考信号针对下行和上行设计的模式是完全不同的。为了很好地支持上下行信号的同时接收，优选的方案是避免数据和 DM-RS 之间的干扰并确保上下行的 DM-RS 彼此正交，使得接收机可以准确估计上下行衰落信道，以确保后续解码。在 5G 中，上下行对称空口使参考信号之间，或者参考信号与不同传输方向上的数据传输之间的正交成为可能。通过这种设计，从虚拟 MIMO 的先进接收机来看，不同传输方向的干扰信号可以看作实际调度的多用户 MIMO 中的正交信号，虚拟 MIMO 先进接收机已经在 LTE 网络中得到了很好的支持，这可以作为 5G 灵活双工先进接收机的基础。

2.3.2 3GPP 5G NR 频段定义

2.3.2.1 3GPP Rel-15 5G NR 频段定义

3GPP Rel-15 中指定的 5G NR 候选频谱分为两个频率范围，即 FR1 和 FR2。FR1 代表 6 GHz 以下频谱，从 450 MHz 到 6 GHz；FR2 是毫米波，从 24.25 GHz 到 52.6 GHz。

FR1 是由传统的 LTE 频段和 WRC-15 为 IMT-2020 确定的新频段组成的，具体见表 2-30 [57]。除双工模式 FDD、TDD 和 SDL 外，Rel-15 还定义了新的双工模式以及 6 个 SUL 频段。FR1 中的 n7、n38、n41、n77、n78 和 n79 NR 频段要求 UE 能够支持 4 个接收天线，最大化 MIMO 的用户体验[57, 58]。

表 2-30 FR1 中的 NR 工作频段

NR 工作频段	上行工作频段 基站接收 / 用户发送 f_{UL_low} ～f_{UL_high}	下行工作频段 基站发送 / 用户接收 f_{DL_low} ～f_{DL_high}	双工模式
n1	1 920～1 980 MHz	2 110～2 170 MHz	FDD
n2	1 850～1 910 MHz	1 930～1 990 MHz	FDD
n3	1 710～1 785 MHz	1 805～1 880 MHz	FDD
n5	824～849 MHz	869～894 MHz	FDD
n7	2 500～2 570 MHz	2 620～2 690 MHz	FDD
n8	880～915 MHz	925～960 MHz	FDD
n12	699～716 MHz	729～746 MHz	FDD
n20	832～862 MHz	791～821 MHz	FDD
n25	1 850～1 915 MHz	1 930～1 995 MHz	FDD
n28	703～748 MHz	758～803 MHz	FDD

（续表）

NR 工作频段	上行工作频段 基站接收 / 用户发送 f_{UL_low} ～f_{UL_high}	下行工作频段 基站发送 / 用户接收 f_{DL_low} ～f_{DL_high}	双工模式
n34	2 010～2 025 MHz	2 010～2 025 MHz	TDD
n38	2 570～2 620 MHz	2 570～2 620 MHz	TDD
n39	1 880～1 920 MHz	1 880～1 920 MHz	TDD
n40	2 300～2 400 MHz	2 300～2 400 MHz	TDD
n41	2 496～2 690 MHz	2 496～2 690 MHz	TDD
n50	1 432～1 517 MHz	1 432～1 517 MHz	TDD
n51	1 427～1 432 MHz	1 427～1 432 MHz	TDD
n66	1 710～1 780 MHz	2 110～2 200 MHz	FDD
n70	1 695～1 710 MHz	1 995～2 020 MHz	FDD
n71	663～698 MHz	617～652 MHz	FDD
n74	1 427～1 470 MHz	1 475～1 518 MHz	FDD
n75	N/A	1 432～1 517 MHz	SDL
n76	N/A	1 427～1 432 MHz	SDL
n77	3 300～4 200 MHz	3 300～4 200 MHz	TDD
n78	3 300～3 800 MHz	3 300～3 800 MHz	TDD
n79	4 400～5 000 MHz	4 400～5 000 MHz	TDD
n80	1 710～1 785 MHz	N/A	SUL
n81	880～915 MHz	N/A	SUL
n82	832～862 MHz	N/A	SUL
n83	703～748 MHz	N/A	SUL
n84	1 920～1 980 MHz	N/A	SUL
n86	1 710～1 780 MHz	N/A	SUL

3GPP Rel-15 仅在 FR2 指定了 4 个毫米波段，具体见表 2-31 [59]。Rel-15 中 FR2 的所有频段均采用 TDD 模式，以便有效地利用上下行信道互易性进行多天线传输。

表 2-31　FR2 中的 NR 工作频段[57]

工作频段	上行工作频段	下行工作频段	双工模式
	f_{UL_low}～f_{UL_high}	f_{DL_low}～f_{DL_high}	
n257	26 500～29 500 MHz	26 500～29 500 MHz	TDD
n258	24 250～27 500 MHz	24 250～27 500 MHz	TDD
n260	37 000～40 000 MHz	37 000～40 000 MHz	TDD
n261	27 500～28 350 MHz	27 500～28 350 MHz	TDD

2.3.2.2 3GPP 5G NR 频段组合

由于中高频的5G新频段的路径损耗和穿透损耗较大，C频段（n77，n78，n79）和毫米波段（n257，n258，n260，n261）的覆盖范围非常有限，导致接入NR基站的小区边缘用户的体验非常糟糕。为此，网络运营商的典型配置是把新宽带中的中频段或高频段与低频段相结合（即载波聚合），低频段作为锚点载波，以提供连续的覆盖范围和无缝移动。不同的运营商可以根据自己的频谱情况为5G网络部署选择不同的频段组合。

2.3.2.2.1 5G NR 频段组合机制

3GPP 为 LTE-Advanced 指定了两种频段组合机制：分别是从 Rel-10 和 Rel-12起始的载波聚合和双连接（Dual Connectivity，DC）。对于5G NR，3GPP 定义了两个额外的频段组合机制，分别是 NR 非独立组网（Non-standalone，NSA）的 LTE/NR DC 和 TDD（或 FDD / SDL）频段与 SUL 频段的 NR 频段组合。总的来说，5G NR 独立组网（Standalone，SA）有三种潜在频段组合机制，5G NR 非独立组网有两种潜在频段组合机制。

对于 5G NR 独立组网，可以采用以下三个频段组合机制。但是，只有 NR-NR 下行 CA 和 SUL 标准在 Rel-15 中完成，而 NR-NR DC 仅指定了少数几个毫米波和C频段的组合。

- NR-NR CA：运营的网络将多个 NR 载波进行聚合，用来服务单个 UE，以增加潜在的调度带宽以及用户体验，如图 2-75 所示。辅载波中的数据传输可以通过主载波上的控制信令来调度，并且通过主载波传输辅载波的 HARQ 反馈。NR-NR CA 共有三种类型：连续载波的频段内 CA、非连续载波的频段内 CA 和频段间 CA，分别如图 2-75（a）、图 2-75（b）和图 2-75（c）所示。

- NR-NR DC：类似于 NR-NR CA，单个 UE 的数据流可以同时在多个载波上传输以达到更高的传输速率，但是 NR-NR DC 强制每个载波内独立包含数据调度、传输和 HARQ 流程，并且需要较长的载波添加和释放周期。

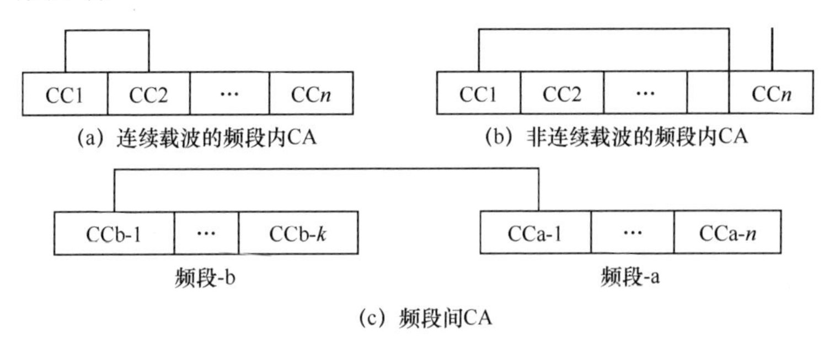

图 2-75　NR-NR CA

- SUL 的 NR 频段组合[16]：此频段组合将 NR SUL 载波与包含下行频段的普通 NR 载波组合，该下行载波可以是一个或多个 TDD 载波、FDD 载波或 SDL 载波。这里着重提一下 SUL 与 TDD 载波组合这一搭配。与 NR-NR CA 不同的是，普通 NR 载波和 SUL 载波合并后被视为同一个小区，普通载波和 SUL 载波中的所有上行时频资源形成一个用于单个小区调度的单个资源池，并共享相同的 HARQ 进程。

对于 5G NR 非独立组网，在 Rel-15 中指定了以下两个频段组合机制。

- LTE-NR DC：网络允许单个用户通过 LTE 和 NR 载波，并行传输多个数据流。典型的操作模式称为 EN-DC，即以 LTE 作为锚点网络的 NR 非独立组网，用来提供基本的覆盖范围和移动性层，并接入到 EPC。
- LTE-FDD 和 NR SUL 频段组合：作为 LTE-NR DC 的一种特殊情况，运营商将 LTE 频段与 SUL 的 NR 频段组合，这里的 SUL 载波既可以与 LTE UL 载波正交，也可以使用 LTE 的上行载波。更多细节将在本书 2.4 节中介绍。

2.3.2.2.2　5G 频段组合定义

3GPP Rel-15 仅定义了 LTE/NR EN-DC、SUL NR、NR-NR CA 和 NR-DC 的一些优先 5G 频段组合，分别见表 2-32、表 2-33、表 2-34 和表 2-35。

表 2-32　LTE/NR EN-DC 频段组合[60]

LTE 频段	NR 频段
Band 25, 26, 41	2.496～2.69 GHz
Band 1, 3, 8, 11, 18, 19, 20, 21, 26, 28, 40, 41, 42	3.3～4.2 GHz
Band 1, 2, 3, 5, 7, 8, 11, 18, 19, 20, 21, 26, 28, 38, 39, 41, 42, 66	3.3～3.8 GHz
Band 1, 3, 8, 11, 18, 19, 21, 26, 28, 39, 41, 42	4.4～5.0 GHz
Band 1, 3, 5, 7, 8, 11, 18, 19, 21, 26, 28, 41, 42, 66	26.5～29.5 GHz
Band 3, 7, 8, 20, 28, 39, 41	24.25～27.5 GHz
Band 2, 5, 12, 30, 66	37～40 GHz
Band 5, 66	27.5～28.35 GHz

表 2-33　SUL NR 频段组合[57, 60, 61]

<table>
<tr><th colspan="4">NR SA</th><th>NR NSA</th></tr>
<tr><th colspan="2">SUL 组合</th><th>SUL 频段（上行）</th><th>NR 频段（上行 / 下行）</th><th>LTE/NR SUL 组合</th></tr>
<tr><td rowspan="9">Rel-15</td><td>SUL_n78-n80</td><td>1 710～1 785 MHz</td><td rowspan="6">3.3～3.8 GHz</td><td>DC_1-SUL_n78-n80
DC_3_SUL_n78-n80
DC_7_SUL_n78-n80
DC_8_SUL_n78-n80
DC_20_SUL_n78-n80
DC_1-3-SUL_n78-n80
DC_3-7-SUL_n78-n80
DC_3-8-SUL_n78-n80
DC_3-20-SUL_n78-n80</td></tr>
<tr><td>SUL_n78-n81</td><td>880～915 MHz</td><td>DC_3-SUL_n78-n81
DC_8_SUL_n78-n81</td></tr>
<tr><td>SUL_n78-n82</td><td>832～862 MHz</td><td>DC_3-SUL_n78-n82
DC_20_SUL_n78-n82</td></tr>
<tr><td>SUL_n78-n83</td><td>703～748 Mhz</td><td>DC_8-SUL_n78-n83
DC_20_SUL_n78-n83
DC_28_SUL_n78-n83</td></tr>
<tr><td>SUL_n78-n84</td><td>1 920～1 980 MHz</td><td>DC_20-SUL_n78-84
DC_1_SUL_n78-n84
DC_3_SUL_n78-n84</td></tr>
<tr><td>SUL_n78-n86</td><td>1 710～1 780 MHz</td><td>DC_8-SUL_n78-n86
DC_66_SUL_n78-n86</td></tr>
<tr><td>SUL_n79-n80</td><td>1 710～1 785 MHz</td><td rowspan="3">4.4～5.0 GHz</td><td>DC_8-SUL_n79-n80
DC_3_SUL_n79-n80</td></tr>
<tr><td>SUL_n79-n81</td><td>1 710～1 780 MHz</td><td>DC_8-SUL_n79-n81</td></tr>
<tr><td>SUL_n79-n84</td><td>1 920～1 980 MHz</td><td>DC_1-SUL_n79-n84</td></tr>
</table>

（续表）

NR SA				NR NSA
SUL 组合		SUL 频段（上行）	NR 频段（上行 / 下行）	LTE/NR SUL 组合
Rel-15	SUL_n75-n81	880～915 MHz	1 432～1 517 MHz(SDL)	DC_8-SUL_n75-n81
	SUL_n75-n82	832～862 MHz		DC_20-SUL_n75-n82
	SUL_n76-n81	880～915 MHz	1 427～1 432 MHz(SDL)	DC_8-SUL_n76-n81
	SUL_n76-n82	832～862 MHz		DC_20-SUL_n76-n82
	SUL_n41-n80	1 710～1 785 MHz	2 496～2 690 MHz	DC_3-SUL_n41-n80
	SUL_n41-n81	880～915 MHz		DC_8-SUL_n41-n81
	SUL_n77_n80	1 710～1 785 MHz	3.3～4.2 GHz	DC_1-SUL_n77-n80 DC_3_SUL_n77-n80
	SUL_n77_n84	1 920～1 980 MHz		DC_1_SUL_n77-n84 DC_3_SUL_n77-n84
Rel-16	DL_n78(2A)_UL_n78-n86	1 710～1 780 MHz	3.3～3.8 GHz	DC_66_SUL_n78(2A)-n86

表 2-34　NR-NR CA[55]

FR1 频段内连续 CA		FR1 频段内非连续 CA		FR1/FR2 频段间 CA	
NR CA 频段	NR 频段	NR CA 频段	NR 频段	NR CA 频段	NR 频段
CA_n77	3 300～4 200 MHz	CA_n3A-n77A	FDD：1 805～1 880 MHz 和 1 710～1 785 MHz TDD：3 300～4 200 MHz	CA_n8-n258	FDD：880～915 MHz 和 925～960 MHz TDD：24.25～27.5 GHz
CA_n78	3 300～3 800 MHz	CA_n3A-n78A	FDD：1 805～1 880 MHz 和 1 710～1 785 MHz TDD：3 300～3 800 MHz	CA_n71-n257	FDD：663～698 MHz 和 617～652 MHz TDD：26. 5～29.5 GHz
CA_n79	4 400～5 000 MHz	CA_n3A-n79A	FDD：1 805～1 880 MHz 和 1 710～1 785 MHz TDD：4 400～5 000 MHz	CA_n77-n257	TDD：3.3～4.2 GHz TDD：26. 5～29.5 GHz
		CA_n8A-n75A	FDD：880～915 MHz 和 925～960 MHz SDL：1 432～1 517 MHz	CA_n78-n257	TDD：3.3～3.8 GHz TDD：26. 5～29.5 GHz
		CA n8-n78A	FDD：880～915 MHz 和 925～960 MHz TDD：3 300～3 800 MHz	CA_n79-n257	TDD：4.4～5.0 GHz TDD：26.5～29.5 GHz
		CA_n8A-n79A	FDD：880～915 MHz 和 925～960 MHz TDD：4 400～5 000 MHz		
		CA_n28A_n78A	FDD：703～748 MHz 和 758～803 MHz TDD：3 300～3 800 MHz		

（续表）

FR1 频段内连续 CA		FR1 频段内非连续 CA		FR1/FR2 频段间 CA	
NR CA 频段	NR 频段	NR CA 频段	NR 频段	NR CA 频段	NR 频段
		CA_n41A-n78A	TDD：2 496～2 690 MHz TDD：3 300～3 800 MHz		
		CA_n75A-n78A①	SDL：1 432～1 517 MHz TDD：3 300～3 800 MHz		
		CA_n77A-n79A	TDD：3 300～4 200 MHz TDD：4 400～5 000 MHz		
		CA_n78A-n79A	TDD：3 300～3 800 MHz TDD：4 400～5 000 MHz		

注：① 适用于支持频段间载波聚合，且拥有强制同时收发能力的用户。

表 2-35　NR-DC 的频段组合（2 个频段）

NR-DC 频段	NR 频段
DC_n77-n257	TDD：3.3～4.2 GHz TDD：26. 5～29.5 GHz
DC_n78-n257	TDD：3.3～3.8 GHz TDD：26. 5～29.5 GHz
DC_n79-n257	TDD：4.4～5.0 GHz TDD：26. 5～29.5 GHz

2.3.2.2.3　多频段共存需求和解决方案：互调和谐波

对于上述频段组合机制，多频段间共存时的接收，可能由于杂散辐射的原因导致严重的灵敏度下降，因此必须定义严格的 RF 需求并为每个频段组合逐一给出相应的解决方案。这里杂散辐射是指由有害的辐射效应（例如谐波辐射和互调产物）引起的辐射。在 UE 标准[60]中，根据最大灵敏度降低（Maximum Sensitivity Deduction，MSD）规定了接收机灵敏度降低的范围。

互调是指 FDD 频段的下行链路传输带宽内受到的有害辐射。产生互调的原因是，不在同一频率上的多个上行载波传输通过终端侧非线性收发器时产生了很多谐波和组合频率分量，其中低阶互调会对 LTE/NR DC、CA 和 LTE/NR SUL 频段组合的某些频段组合造成严重干扰。对于这些频段组合，建议在终端侧进行单个上行传输，以避免由于互调而导致 FDD 下行性能下降。

谐波辐射产生的原因是用户使用了较低的频段进行上行传输，而且和下行接收使用的频段成约数关系。这样上行传输产生的数倍频率的谐波辐射就恰好落在下行接收所使用的频段内，进而对用户侧自身的接收机产生干扰。谐波辐射可以通过较低频段的谐波抑制滤波器来抑制，或者可以通过低频段中的UL传输的频谱资源以及与高频段中的DL调度资源分配进行协调来规避。

此外，不同于上述下行高频段、上行低频段的常规谐波问题，当上行载波位于高频段且正好落在低频段下行载波的三次或五次谐波上时，基于上述类似的谐波混频原因，某些频段组合可能会受限于低频谐波辐射抑制、影响性能。

2.3.2.2.3.1　通过单上行传输天线避免互调

互调产生于发射机的非线性器件中，当两个或多个不同频率的信号通过天线到达发射机时就有可能产生互调，如图2-76所示。对于配置了某些频段组合的用户来说，无论系统使用哪种频段组合机制（包括LTE/NR DC、LTE/NR上行共享以及频段间CA或DC），也无论是LTE还是NR，用户总会出现互调的问题。低阶互调可能会非常严重，以至于严重损害低频段下行信号接收。例如，对于B3（FDD：DL/1 805～1 880 MHz，UL/1 710～1 785 MHz）和B42（TDD：DL＆UL/3 400～3 600MHz）LTE-CA[62]，LTE DL灵敏度将降低29.8 dB。这种严重的互调问题以及对用户造成的困扰，已在3GPP的行业组织内达成长久且广泛地认可，并在Rel-15 5G NR标准化期间进行了充分讨论。

以NR核心频段n78（3.3～3.8 GHz）涉及的频段组合为例，表2-36给出了互调分析，其中IMD*n*代表*n*阶互调。这一分析也同样适用于3.3～4.2 GHz。从表2-36中可以看出，在涉及C频段的频段组合中，所有与B1和B3的组合受到非常强的二阶互调干扰，与B5、B7、B8和B20的组合受到四阶互调干扰，与B28的组合受到五阶互调干扰。在这些互调干扰中，二阶、三阶互调影响最为严重和不可接受，导致几十分贝量级的性能损失；四阶、五阶互调的影响虽然有所减弱，但也相当明显。

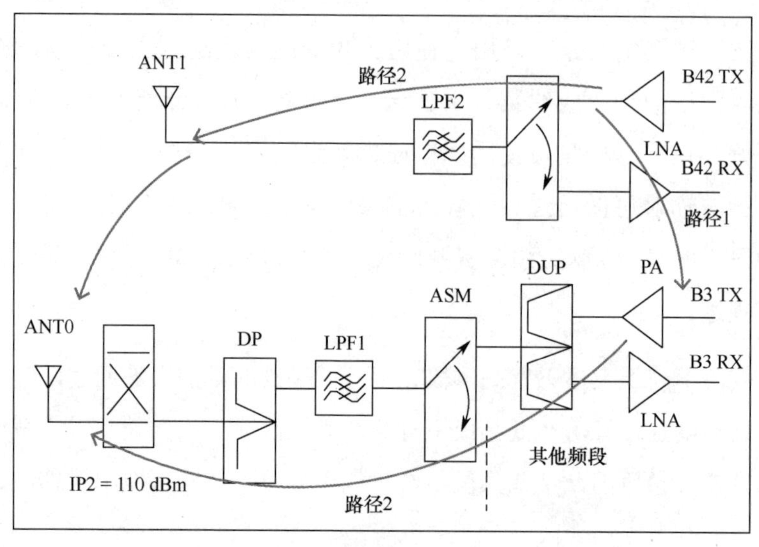

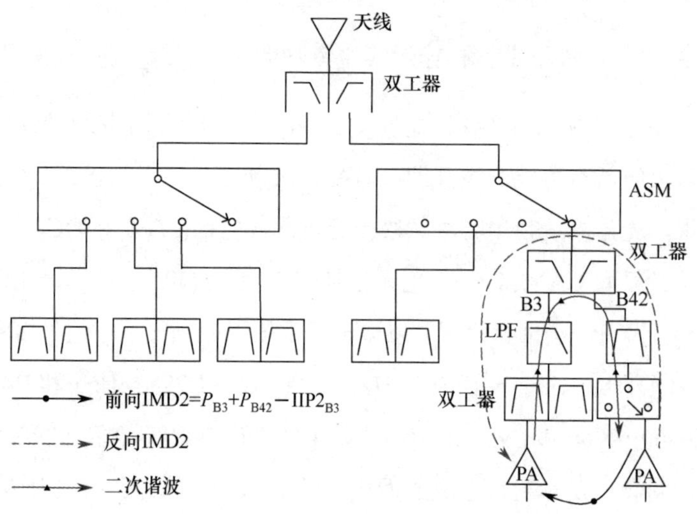

图 2-76　当两个不同频率并行传输时导致的互调

表 2-36　NR 频段 n78 的 LTE-NR 频段组合的 IMD

LTE 频段 f_x	NR 频段 f_y	IMD 源	受影响的频段
$Band_1$（B1）	n78 （3.3～3.8 GHz）	IMD2、IMD4、IMD5	IMD2：Band1，f_y～f_x IMD4：Band1，$3\times f_x$ ～f_y IMD5：Band1，$2\times f_y$ ～$3\times f_x$
$Band_3$（B3）		IMD2、IMD4、IMD5	IMD2：Band3，f_y～f_x IMD4：Band3，$3\times f_x$ ～f_y IMD5：Band3，$2\times f_y$ ～$3\times f_x$
$Band_5$（B5）		IMD4	Band 5，f_y～$3\times f_x$

（续表）

LTE 频段 f_x	NR 频段 f_y	IMD 源	受影响的频段
$Band_7$（B7）	n78 （3.3～3.8 GHz）	IMD4	Band Z，$3\times f_x$ ～f_y
$Band_8$（B8）		IMD4	Band 8，f_y～$3\times f_x$
$Band_{20}$（B20）		IMD4	Band 20，f_y～$3\times f_x$
$Band_{28}$（B28）		IMD5	Band 28，f_y～$4\times f_x$
$Band_{39}$（B39）		N/A	
$Band_{41}$（B41）		N/A	
$Band_{42}$（B42）		N/A	

由于互调低频 FDD 的下行性能严重受损，3GPP 针对那些存在互调问题的频段组合指定了单上行解决方案：上行传输在单一频段进行。也就是说，用户在任意时刻，只在一对低频 / 高频上行载波中的仅一个载波上进行发送。

对于所有频段组合机制，选择哪个频段进行上行传输取决于 RSRP 测量。通常，为小区中心的用户选择高频上行载波，相反为小区边缘的用户选择低频上行载波，如图 2-77 所示。

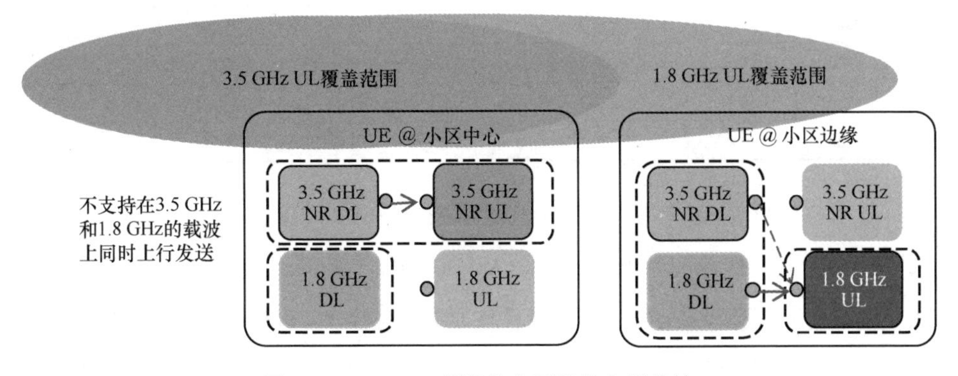

图 2-77　B3+n78 频段组合下的单上行传输

2.3.2.2.3.2　通过交叉频段调度协作避免谐波失真

与由不同频率的同时发送产生的互调不同，谐波辐射由较低频段中的单个激活的上行链路造成。该有源上行链路的较低谐波，来自终端侧的发射机谐波落在终端接收机较高频段的下行接收载波带宽之内。

再次以 n78 频段为例，表 2-37 提供了这些频段组合的谐波分析。它表明，对于涉及 C 频段 n78 的频段组合中，与 B2、B3 和 B66 的组合存在二次谐波问题，与 B8、B20 和 B26 的组合存在四次谐波问题，与 B28 的组合存在五次谐波问题。

表 2-37 LTE 频段与 NR 3.5 GHz 附近频段组合下的谐波

LTE 频段 f_x	NR 频段 f_y	谐 波 阶 数
B2	3.3～3.8 GHz（Band n78）	二
B3	同上	二
B8	同上	四
B20	同上	四
B26	同上	四
B28	同上	五
B66	同上	二
B1	3.3～4.2 GHz（Band n77）	二
B3	同上	二
B8	同上	四
B18	同上	四、五
B19	同上	五
B20	同上	四
B26	同上	四
B28	同上	五

除了在较低频段使用谐波抑制滤波器来缓解 MSD 问题，也可以通过限制低频段上的上行传输的频谱资源，以及与高频段上的下行调度资源分配，从而在很大程度上避免谐波。由于高频段具有非常宽的带宽，例如 C 频段的 100 MHz 载波，而谐波问题仅落在比高频段的部分频率范围内，因此，可以直接对用户进行下行传输调度，从而避免可能产生的谐波问题。

2.4 4G/5G 频谱共享（LTE/NR 共存）

5G NR SA 和 NSA 的 3GPP 标准化工作分别于 2018 年 6 月和 2017 年 12

月完成。C 频段（C-band，即 3 300～4 200 MHz 和 4 400～5 000 MHz）成为 2020 年 5G 商用的主要频段，该频段可以为每个 5G 网络至少提供 100 MHz 的信道带宽。对于 5G NR 商业部署来说，寻找覆盖和容量之间的最佳平衡是至关重要的，并且更倾向于将 5G NR 基站与现有 LTE 基站共站址部署，可以有效节约成本和部署时间。5G NR 在复杂度可接受的范围内采用大规模 MIMO 来提高小区中心和边缘用户的下行吞吐量。波束赋形能够在 C-band 中提供与 1.8 GHz LTE 网络相似的下行覆盖范围。然而，由于终端发射功率有限以及上行传输时隙有限，5G NR 仅基于 C-band 的时分双工载波很难提高其上行覆盖范围。3GPP 提出了 4G/5G 频谱共享的方案，也称为 LTE/NR 共存。该方案将较低频率（例如 700 MHz、800 MHz、900 MHz、1 800 MHz 和 2 100 MHz）重用为 5G 的上行备用资源，该资源可以有效提升 5G NR 网络的覆盖能力，因此其可以作为与 3 300～3 800 MHz 的频率相结合的 SUL 载波。4G/5G 共享能够使运营商从更快和经济高效的 C-band 部署中获益，从而在不采用网络密集化方式而提升成本的情况下提供更大的容量。

2.4.1　动机和有益效果

5G NR 可以支持多种类型业务，如 eMBB、mMTC 和 URLLC。用于 5G 部署的新频谱（主要是 3 GHz 以上）具有相对较高的路径损耗，这极大地限制了覆盖范围，尤其是上行链路。高传输损耗、时分双工中有限的上行时隙和有限的用户功率严重限制了上行的覆盖范围，但用于 5G 部署的新频谱带宽非常丰富。此外，5G 多样化应用对于各项性能指标要求较为严苛，这也对 5G 标准化工作提出了很多挑战，例如确保无缝覆盖、高频谱效率、低时延等。3GPP 通过基于 4G/5G 频谱共享的上行 / 下行解耦解决方案以及统一的频谱共享机制巧妙地解决了其中的一些挑战，这已经在 3GPP Rel-15 中进行了标准化。关键思想是 5G NR 除可以使用在 3 GHz 以上的时分双工频段中的上行资源之外，还可以使用 LTE FDD 频段中的上行资源作为补充上行载波。频谱共享的性能已通过外场试验得到了证实（见本书 5.4.5 节）。

2.4.1.1 NR 在新频谱中的覆盖

覆盖是无线通信系统的一个重要性能指标，其受传输功率、传输损耗和接收机灵敏度等诸多因素的影响。由于传播损耗随频率而变化，因此在不同频段上的覆盖范围是不同的，因此在所有频段提供良好性能仍是 5G 部署的关键挑战。此外，由于上行传输功率有限，NR 中的路径损耗高于 LTE，因此上行覆盖通常是 5G 部署的瓶颈。

2.4.1.1.1 链路预算

在图 2-78 中，描述了 3.5 GHz 时分双工（TDD）频段的覆盖性能，并将其与 1.8 GHz 频分双工（FDD）频段的覆盖性能进行了比较。图中给出了部分仿真假设参数，其余参数见表 2-38。在链路预算中，根据典型上行链路视频业务场景，上行数据速率被设置为 1 Mbps。相比之下，下行覆盖通常受到物理下行链路控制信道（PDCCH）的限制。可以观察到，在基站有 4 个发射天线和 4 个接收天线的情况下，上行覆盖和下行覆盖在 1.8 GHz FDD 频段上是基本平衡的；发射和接收天线相同情况下的 3.5 GHz TDD 频段上，观察到超过 10 dB 的上下行覆盖差异。这主要是由于在 3.5 GHz TDD 频段的传输中存在较大的传播损耗、穿透损耗和有限的上行传输时隙。相比之下，对于使用 64 个发射天线和 64 个接收天线的 3.5 GHz TDD 频段，由于大规模 MIMO 提供的波束赋形增益和下行干扰余量的减小，可以实现与 1.8 GHz 相似的下行覆盖性能。然而，即使采用大规模 MIMO 接收，相比于 3.5 GHz 的下行，上行覆盖更差，因为 3.5 GHz TDD 频段的上行功率谱密度低于在相同的最大设备传输功率下 1.8 GHz FDD 频段的上行功率谱密度。这是由于 TDD 帧中的上行时隙少于 FDD 的上行时隙，这也意味着每个时隙应为给定的上行吞吐量分配更多的频率资源。因此，如何提高上行覆盖率，确实是 5G 部署的一个重要问题。

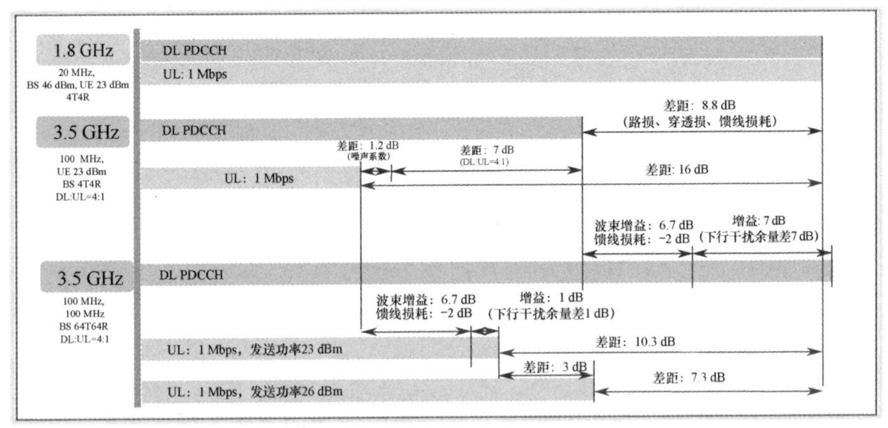

注：1.8 GHz和3.5 GHz的BS发送功率谱密度相同。

图 2-78　1 Mbps 速率下不同频段的链路预算

表 2-38　链路预算参数

参　　数	1.8 GHz（4T4R）		3.5 GHz （4T4R）		3.5 GHz（64T64R）	
	PDCCH	PUSCH	PDCCH	PUSCH	PDCCH	PUSCH
发送天线增益（G_{Ant}^{TX}）/dBi	17	0	17	0	10	0
发送馈线损耗（L_{CL}^{TX}）/dB	2	0	0	0	2	0
接收天线增益（G_{Ant}^{RX}）/dBi	0	18	0	18	0	10
接收馈线损耗（L_{CL}^{RX}）/dB	0	2	0	0	0	2
穿透损耗（L_{pe}）/dB	21	21	26	26	26	26
接收机灵敏度（γ）/dBm	−129.44	−134.3	−129.44	−134.3	−141.02	−141.23
阴影损耗（L_{SF}）/dB	9	9	9	9	9	9
载频带来的传播损耗（L_f）/dB	0	0	5.78	5.78	5.78	5.78
干扰余量（I_m）/dB	14	3	14	3	7	2
每子载波的热噪声（N_{RE}）/dBm	−132.24	−132.24	−129.23	−129.23	−129.23	−129.23
噪声系数（N_F）/dB	7	2.3	7	3.5	7	3.5

2.4.1.1.2　上下行分配对 5G NR 覆盖的影响

如本书 2.3.1.2 节所述，TDD 系统中的上行 / 下行业务比例通常根据 eMBB 上行 / 下行业务负载统计的数据来调整，对于几乎所有商用 LTE TDD 系统来说，下行和上行的比率为 4∶1，并且很可能作为 5G NR TDD 配置的比例。但是，如果系统仅为上行分配较小比例的资源，那么这将进一步影响上行覆盖的性能。

相比之下，低频 FDD 频段的上行覆盖是非常好的，原因之一是低频段的路径损耗和穿透损耗更低；另外，FDD 频段有连续可用的上行时隙。

此外，对于 LTE-FDD 频段，上行和下行分配了相同的带宽，但是上行业务量明显低于下行业务量，这意味着上行频谱资源未得到充分利用。图 2-79 中给出了 2016 年第四季度 4 家运营商在实际网络中 LTE-FDD 系统的上行和下行资源利用率。根据 2016 年第四季度 4 家运营商的数据统计，下行资源利用率平均在 40%～60%之间，上行资源利用率平均在 10%左右。这种情况使 5G NR 利用 FDD 上行空闲的频谱资源为小区边缘用户服务成为可能，从而补偿其在 TDD 频段中的覆盖不足。

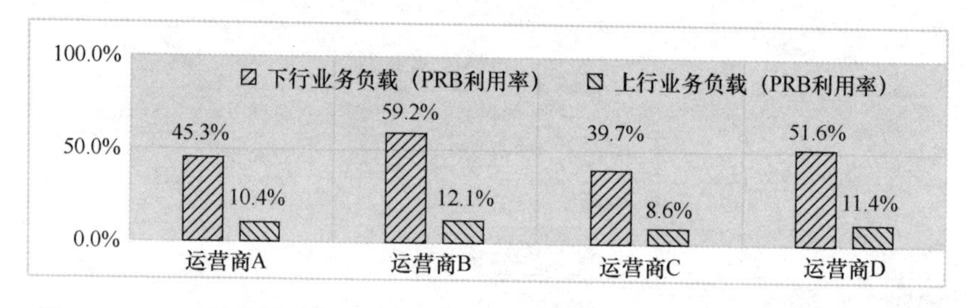

图 2-79　2016 年第四季度 4 家运营商 LTE FDD 网络的下行 / 上行资源利用率

2.4.1.1.3　5G NR 的覆盖挑战

接下来讨论 5G 部署中必须考虑的一些挑战性问题，特别是 TDD 模式和更高频段的部署场景。

✧ 5G 频段选择：宽带可用频谱 vs 覆盖

在短期内，3 GHz 以下频段中能够分配给 5G NR 使用的频谱资源仍然有限，并且较低的频段由于其有限的带宽而无法支持高数据速率。另一方面，3 GHz 以上更宽的 NR 频段会增加传播损耗，导致覆盖范围有限。因此，独立使用低于 3 GHz 的频谱资源或高于 3 GHz 的频谱无法在高数据速率和大覆盖范围之间取得令人满意的平衡。

✧ TDD 上下行比例：频谱资源利用率 vs 上下行覆盖平衡 vs 多样化服务

从前面的介绍可知，在 5G NR TDD 系统中下行业务负载较为繁重，因此被配置为每个数据帧中的上行传输时隙较为有限（例如，DL∶UL=4∶1）。由于最大传输功率约束，带宽增加并不能明显提升覆盖性能，为了提升上行覆盖，系统中应该为上行分配更多的时隙，这同时也可以增加上行数据速率。但是由于下行的频谱效率通常高于上行，因此分配更多的上行时隙将进一步降低频谱利用效率。因此，上行覆盖范围和频谱利用率之间存在明显的折中平衡。

此外，5G 系统需要提供多种服务，包括 eMBB、mMTC 和 URLLC 等。根据本书 2.3 节的分析，单一的网络时隙配置很难同时适用于 eMBB 和物联网类型的服务。有效的 eMBB 传输需要较高的下行资源比例，而低功耗广域技术（Low Power Wide Area，LPWA）的物联网服务高度依赖上行覆盖，因此需要连续的上行传输，以及尽可能低的路径损耗。因此，需要一种高效的 5G 频谱利用机制来支持使用统一网络配置的各种业务。

✧ TDD 上下行切换周期：传输效率 vs 时延

对于 TDD 系统，URLLC 业务需要频繁的 DL/UL 切换，以提供非常快速的 DL/UL 调度和几乎瞬时的 ACK/NACK 反馈。然而，每个 DL/UL 切换点也需要一定的保护周期（例如，TD-LTE 网络中使用 130 μs），以避免由于来自其他小区的强下行干扰而严重阻塞上行接收机。频繁的 DL/UL 切换将导致高空闲时间（14.3% vs 2.8%对于 1 ms 和 5 ms 切换周期）。在单个 TDD 频带网络中，如此短的 DL/UL 切换周期将导致 eMBB 传输的频谱效率严重降低，而 eMBB 业务通常更适合配置更大的 DL/UL 切换周期，如 2.5 ms 或 5 ms。

✧ 站点规划：无缝覆盖 vs 部署成本和移动性

对于 5G NR 的早期部署，与现有 LTE 网络的共站部署，不仅可以节省成本而且可以简洁快速安装。由于 3 GHz 以上的频段具有高传输损耗，需要部署更为密集的基站，引入更多的站址。否则，5G NR 无法实现与 LTE 相同的无缝上行覆盖。接下来讨论 5G 部署中必须考虑的一些挑战性问题，特别是 TDD 模式和更高频段。

总之，为了快速且经济高效地部署 5G 网络，更好地适应 eMBB 和物联网应用的多种服务，需要在频谱效率、覆盖率和低延迟中找到更好的平衡，5G网络必须同时工作在较高频段 TDD 网络和低频段网络中，以提供高数据速率以及良好的覆盖范围。

2.4.1.2　LTE/NR 上行频谱共享使能上下行解耦

为了解决上述挑战问题，3GPP 采纳了新的方案：上下行解耦方案，将在接下来的内容中进行详细阐述。

上下行解耦是利用现有 LTE 频段中的上行空闲资源作为 5G NR 上行传输的补充的通信技术。例如，上下行解耦用于扩展较高频点蜂窝小区的覆盖范围如图 2-80 所示，C-band（频率范围为 3～5 GHz）TDD 载波可以与 LTE 的 FDD 频段的上行载波配对（如 1.8 GHz）。换而言之，对于 NR 用户，低频 FDD 频段内的上行载波与高频频段内的 TDD 载波结合。然后，NR 用户在同一服务小区中具有两个上行载波和一个下行载波。相比之下，传统的服务小区只有一个下行载波和一个上行载波。随着这一概念的提出，5G NR 的小区边缘用户可以使用低频载波（上行部分）或高频 TDD 频段载波来传输其上行链路数据。在这种情况下，由于在较低频段上的上行传播损耗远低于较高频率 TDD 频段上的上行传播损耗，因此即使该用户相对远离基站，5G NR 用户的覆盖性能也可以实质性地扩展，并且保证了高上行数据速率。此外，小区中心用户可以使用更高频率的 TDD 频段的大带宽来保证高速数据的传输。

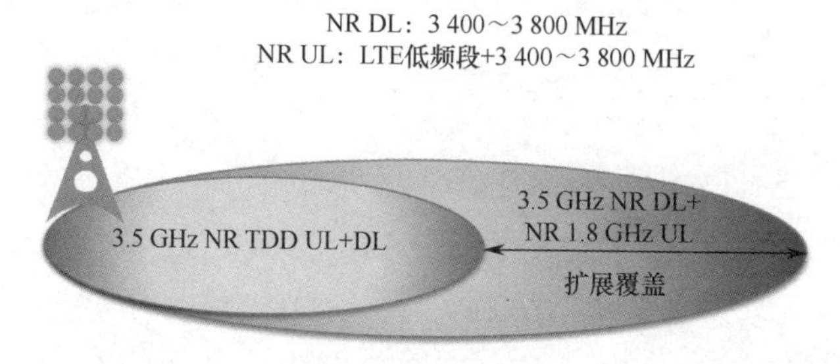

图 2-80　上下行解耦用于扩展较高频点蜂窝小区的覆盖范围（如 3.5 GHz）

通常情况下，由于 C-band 的下行覆盖良好，因此不需要为 NR 的下行分配低频 FDD 频段，而低频仅用于 NR 的上行。在 3GPP 中，从 NR 的角度来看，仅用于上行传输的载波被称为补充上行链路（SUL）。

2.4.1.3　LTE/NR 频谱共享的优势

2.4.1.3.1　更高的频谱利用率

上下行解耦有助于在高频谱利用率和上下行广覆盖之间达成令人满意的折中。对于 TDD 载波，上下行时隙比配置只需考虑长期的上下行业务统计，以保证总的频谱利用效率（下行与上行时隙配比通常为 4∶1）。小区边缘用户和物联网设备可以选择 SUL 载波进行上行传输。在这种情况下，TDD 载波上的高 DL/UL 时隙比率不会对物联网服务造成任何不利影响。此外，较低的传输损耗有助于提高频谱效率。因此，在给定的数据块大小的情况下，在较低频段上的调度带宽或 UE 的发射功率的要求比在较高频带上的要求降低很多。

上行用户吞吐量比较如图 2-81 所示，图中对比了三种不同载波配置的用户上行吞吐量。第一种载波配置模式只有 3.5 GHz TDD 频段的载波；第二种载波配置模式是 3.5 GHz TDD 频段载波和 0.8 GHz 的 FDD SUL 载波，0.8 GHz 的 SUL 载波带宽是 10 MHz；第三种载波配置模式是 3.5 GHz TDD 频段载波和 1.8 GHz 的 FDD SUL 载波，1.8 GHz 的 SUL 载波带宽是 20 MHz。TDD 频段的收、发天线数均为 64 个，SUL 载波的收发天线数为 2 个。3.5 GHz TDD 频段的载波带宽为 100 MHz，上行、下行时隙配比为 1∶4。通过观察图中结果可知，第二、三种载波配置模式均优于第一种载波配置模式，也就是说上下行解耦可以大幅度提升用户的上行吞吐量。这种性能的提升一方面来自 SUL 载波提供了额外的带宽，并传输了更多的信息；另一方面是 SUL 载波的传输损耗较低，可以有效提升覆盖和边缘用户吞吐量。在上行速率达到 1 Mbps 的时候，第二种载波配置模式的累积分布函数（Cumulative Distribution Function，CDF）是最低的，也就是说第二种载波分配模式是最优的，这主要是由于 0.8 GHz 的 SUL 载波传输损耗较小，可以有效提升用户的覆盖。但是在高吞吐量的时候第三种载波配置模式是最优的，这主要是由于 1.8 GHz 的

SUL 载波带宽是 20 MHz，而第二种载波配置模式的 0.8 GHz 的 SUL 载波带宽是 10 MHz，更大的带宽可以提高高吞吐量的用户占比。通过上下行解耦频谱使用率和上下行覆盖得到了有效提升。

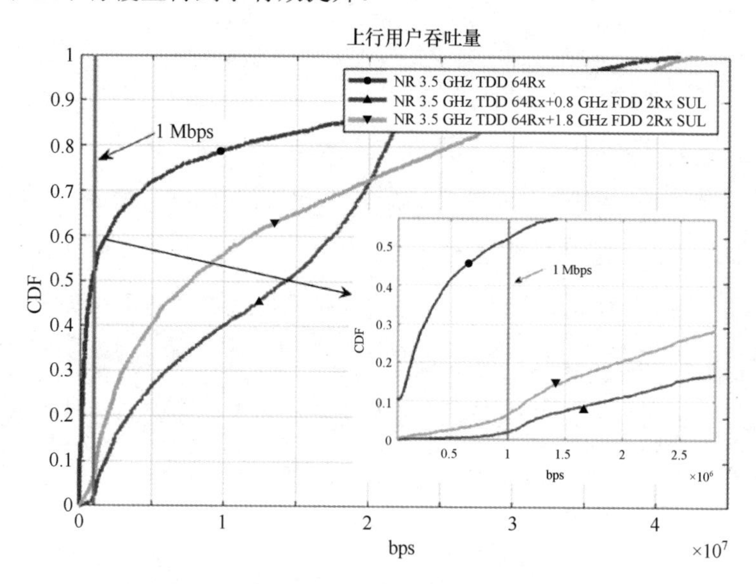

图 2-81　上行用户吞吐量比较

2.4.1.3.2　反馈时延和效率

根据前面的讨论可以明显看出，低时延是 URLLC 业务的一个关键要求。在 5G NR 设计中，提出了一种 TDD 帧结构[63]，在每个时隙中，可以同时包括 DL 和 UL。频繁的 DL/UL 切换有助于减少时延，但它也带来了不可忽略的开销，这对共存于同一系统中的 eMBB 和 URLLC 服务都是低效的。

在上下行解耦概念下，URLLC 用户的 UL 数据或控制消息可以在 SUL 载波上调度，这意味着每当上行业务到达时总有上行资源存在。因此，这有效地减少了由于 TDD 载波的上行资源不连续而引起的时延，同时还可以减少 TDD 频段上由于频繁切换而引起的开销。

图 2-82 中对三种 TDD 帧结构的时延和开销进行了比较。对于 5 ms 切换周期的“单独 TDD 载波”系统，由于反馈时延很长，URLLC 业务不能容忍如此长的往返时间（RTT）。具有 1 ms 切换周期的“单独 TDD 载波”系统中

使用自包含 TDD 时隙，尽管可以降低 RTT，但是由于频繁的 DL/UL 切换，导致开销显著增加。对于上下行解耦，SUL 可以提供及时的上行反馈，而无须频繁的 DL/UL 切换，从而在不增加额外开销的情况下大幅降低 RTT。因此，传输效率和时延都得到了很好的保证。

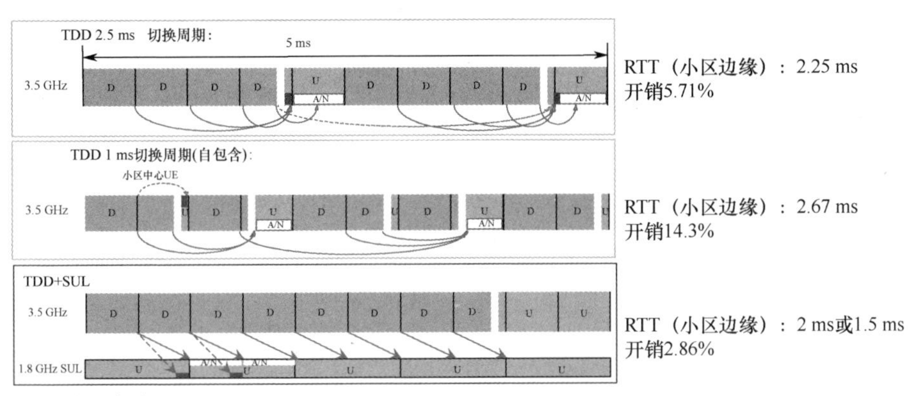

假设条件：
- 下行处理时间=10符号=0.357 ms
- GP长度与TD-LTE一样（4符号，30 kHz SCS）

图 2-82　不同 TDD 帧结构的时延比较

此外，利用上下行解耦方案，5G NR 系统可以在新的频段（例如，C-band 或毫米波频段）和现有 LTE 频谱中的 SUL 载波（低于 3 GHz）协同工作。5G NR 下行业务仅在具有下行时隙的 TDD 载波上调度，以尽可能利用新频段的大带宽特性，提高下行频谱效率，并基于大规模 MIMO 和多波束扫描实现控制信道覆盖的广覆盖。

2.4.1.3.3　无缝覆盖、部署成本和移动性

为提供统一而无感知的用户体验，无缝覆盖是 5G NR 必须解决的问题。对于早期的 5G NR 与现有 LTE 网络的共站址部署，既节省了成本又便于部署。但是，5G NR 仅利用 3 GHz 以上的频段，难以实现与 LTE 的同站部署的无缝覆盖。由于 3 GHz 以上频段的高传输损耗，必须引入更密集的蜂窝网络和新的站点，这就需要更高的投资。

随着上下行解耦技术的出现，5G NR UL 能够充分利用运营商已经部署的 LTE 的低频段的宝贵频谱资源。因此，NR UL 覆盖可以提高到与 LTE 类似的

水平。这意味着在共站部署中 NR 可以支持无缝覆盖。高低频段中上行移动性的影响如图 2-83 所示。

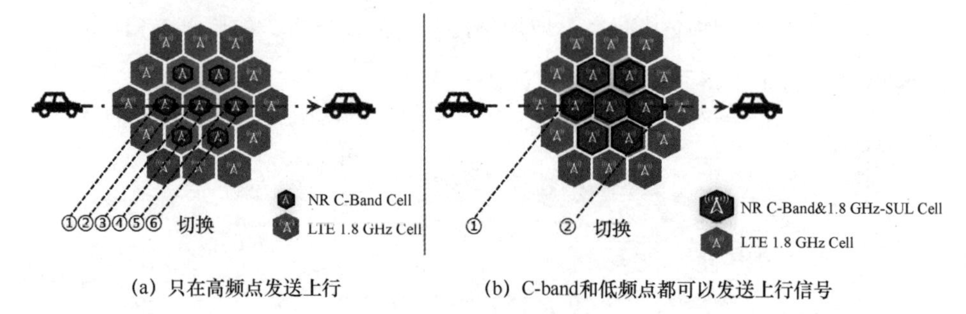

图 2-83　高低频段中上行移动性的影响

通过上下行解耦，用户的移动性体验也得到了改善。从图 2-83（a）中的同站点部署示例可知，由于 UL 覆盖范围有限，5G C-band 小区的半径远小于 LTE 1.8 GHz 小区的半径。当用户在小区内移动时，将发生跨无线接入技术（Radio Access Technology，RAT）的切换。注意，每次 RAT 间切换将造成超过 100 ms 的中断，这远高于 RAT 内切换。随着 LTE/NR 频谱共享概念的出现，SUL 载波有效地扩展了 5G 小区的覆盖范围。从图 2-83（b）可知，在 SUL 的帮助下，5G 小区和 LTE 小区的覆盖范围变得相似。在折中的情况下，只有当用户超出仅包含 5G 小区和仅包含 LTE 小区的区域之间的边界时，才会遇到 RAT 间切换。因此，RAT 间切换的概率被有效地降低了。因此，LTE/NR 频谱共享可以提供无缝覆盖。

2.4.1.3.4　针对多种业务的统一网络配置

5G 能够支持多种业务类型，如 eMBB、URLLC 和物联网业务。如果 5G 仅部署在新的 TDD 频谱上，则不同的业务类型可能需要不同的网络部署。对于 eMBB 业务，它需要比上行链路资源更多的下行链路资源和更少的 UL-DL 切换点以获得更高的频谱效率。URLLC 业务在到达时需要在时域中连续的上行链路和下行链路资源来立即发送业务数据，这可能需要自包含的时隙结构，需要每时隙都有可用的下行和上行符号。对于物联网业务，它可能需要更多的上行链路资源，因为用于从用户设备收集数据的上行链路通信量远大于下行链路控制消息的业务量。由此可知，仅使用新的TDD频谱无法平衡各种业务类型的需求。

通过使用上下行解耦，一个统一的网络配置可以满足上述所有要求。对于上下行解耦，在一个小区中，宽带的TDD频段与较低频率上的一个连续上行链路（SUL）配对。对于下行链路eMBB业务，它可以调度在具有较大宽带的TDD载波上，该载波由于带宽大、下行时隙多，可以提供高下行链路吞吐量。对于小区中心用户的eMBB上行业务，可以在TDD载波上调度，以获得更高的吞吐量和更宽的信道带宽。而对于小区边缘用户的eMBB上行业务，由于SUL上可以提供连续上行资源，因此可以在SUL上调度以获得更高的吞吐量。URLLC业务也可以进行类似的调度；其中，下行链路业务在TDD载波上调度，上行链路在SUL载波上调度。在时域上，SUL提供了连续上行链路资源，TDD载波提供了几乎连续的下行链路资源，因此通过上下行解耦，系统时延进一步缩减。对于物联网业务，SUL填补了大覆盖要求的空白。

因此，通过上下行解耦技术，5G NR可以通过统一的网络配置向各种流量类型的设备提供服务，包括eMBB、URLLC和物联网服务。

2.4.1.4 LTE/NR 频谱共享场景总结

总之，对于SA和NSA的5G NR网络，3GPP Rel-15完整地支持NR SUL载波和LTE UL载波之间的上行共享。该机制提供了一种高效且经济的网络部署，在下行容量和上行覆盖率之间保持了良好的折中，在覆盖范围、延迟、吞吐量等方面带来了好处，还可以提高LTE上行频谱利用率。

2.4.2 LTE/NR 频谱共享：网络部署场景

在UL传输中，当NR被部署在LTE频段中时，NR和LTE可以共享LTE频段资源。LTE-NR UL共享主要是NR SUL（补充上行链路）载波与LTE FDD UL部分之间的共享。

通常，UL资源以TDM或FDM方式共享：

- 对于 TDM 共享，NR 和 LTE 在不同的时隙（或符号）中共享整个 UL 载波，且每个时隙都能对该 UL 载波的整个带宽的频率资源进行 UL 数据的调度和控制信令的传输。
- 对于 FDM 共享，NR 和 LTE 在彼此正交的不同频率资源中占用 UL 资源。

从网络耦合的角度来看，UL 资源共享可以静态、半静态或动态完成，分别如图 2-84（a）、图 2-84（b）和图 2-84（c）所示。

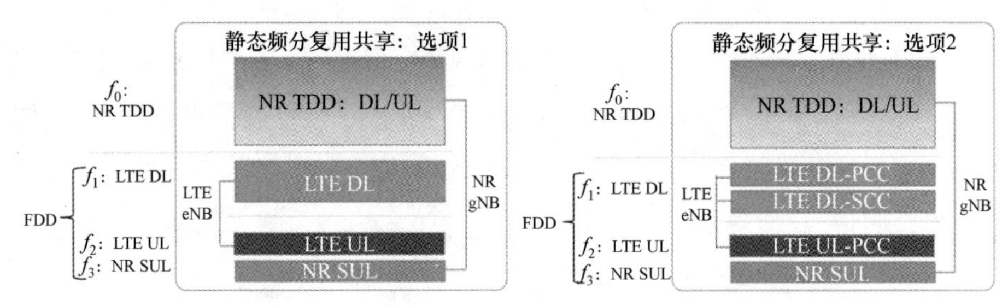

(a) 通过FDM进行静态的LTE/NR UL共享

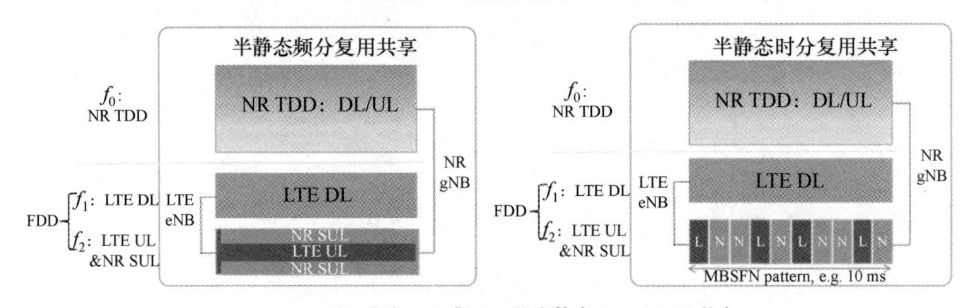

(b) 通过FDM或TDM的半静态LTE/NR UL共享

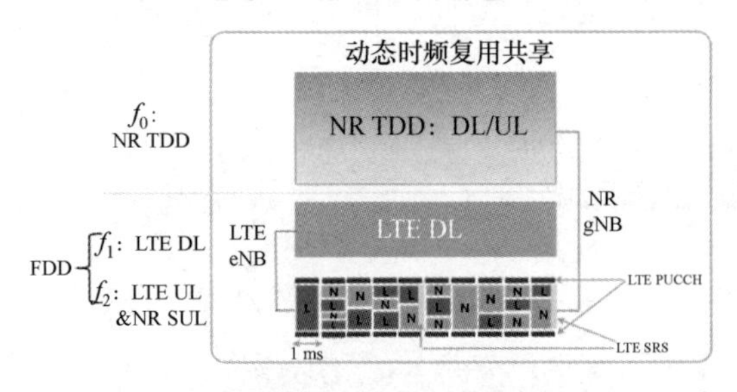

(c) 通过时频复用（TFDM）的动态LTE/NR UL共享

图 2-84　静态、半静态（TDM、FDM）和动态共享

- LTE/NR UL 载波级静态共享通常采用频分复用（FDM）方式。从图 2-84（a）可知，将频率为 f_0 的 NR TDD 载波与频率为 f_3 的 SUL 载波组合。f_3 的 NR SUL 载波和 f_2 的 LTE UL 载波属于相同的 FDD 频段，即 NR SUL 传输和 LTE UL 传输共享相同的 UL 频段。通过静态共享，NR SUL 载波和 LTE UL 载波进行独立的调度，其中 NR SUL 传输是由 NR TDD 载波的 DL 控制信令调度的，并且 LTE UL 载波与相同的 FDD 频段中频率为 f_1 的 LTE DL 载波相关联。
- 在大多数国家 / 地区中，一个运营商拥有对称的 DL 和 UL 带宽的 FDD 频谱。因此，将总 UL 频谱分为 NR SUL 频谱和 LTE UL 载波两部分时，正常的静态共享将导致 LTE UL 载波带宽比 LTE DL 载波的带宽窄。图 2-84（a）说明了网络配置的两种选项：
    - 图 2-84（a）左图中的选项 1 将 LTE DL 载波限制为 LTE UL 载波带宽的两倍。尽管 3GPP LTE TS36 系列指定了不相等的 DL 和 UL 带宽的物理层信令，但是还没有指定 RAN4 测试用例，因此没有传统的 LTE 终端可以支持这一点。为了避免在传统 LTE 系统中出现此类问题，选项 1 在实际的网络部署中不可行。
    - 图 2-84（a）右图中的选项 2 采用 LTE DL 和 UL 载波等带宽，引入 DL CA 的第二个载波分量，充分利用 FDD 下行载波资源。在存量 LTE 终端中，截至 2017 年年底，各区域商用市场 CA 终端占比为 20%～40%。这个百分比将来会不断增加。

综上所述，LTE/NR UL FDM 静态共享中只有选项 2 在实际网络部署中是可行的。

- LTE/NR UL 半静态共享可以通过 FDM 和 TDM 方式完成。与静态共享选项不同的是，所有半静态共享方案均支持 LTE UL 载波和 NR SUL 载波重叠，且 LTE UL 载波和 NR SUL 载波可以具有相同的带宽，同时保持 LTE 上行带宽和 LTE DL 载波带宽的等同性。
    - 半静态 FDM 共享方案如图 2-84（b）左图所示。考虑到 LTE 系统提供了 UE 特定配置的在频域对称的 PUCCH 资源。网络可以通过配置 LTE PUCCH 的频率边界来分离 LTE 和 5G NR 上行资源。

○ 网络可以在载波频率资源的中间部分调度所有 LTE 上行数据传输，而在载波频率资源的边缘部分调度 NR SUL 数据和控制信令传输。通过这种半静态共享，LTE 和 NR 系统可以独立进行调度，LTE 上行和 NR SUL 频率资源的协调非常缓慢甚至固定。

○ 半静态 TDM 共享方案如 2-84（b）右图所示。为了在 LTE UL 和 NR SUL 传输之间允许干净的 TDM 分区，限制传统 UE 按照标准 MBSFN 图案传输 PUCCH 信令和反馈是非常重要的。因为传统 LTE 终端将假设与 MBSFN 图案中的 DL 子帧相关联的那些 UL 子帧是未使用的，并自动跳过这些 UL 子帧。基于 LTE 和 NR 之间协商的 MBSFN 子帧图案，LTE 和 NR 可以独立调度，也可以半静态调度。

○ 半静态方案基于网络对终端的 RRC 信令。基于 LTE 和 NR 系统及时的数据负载统计，提供 LTE 上行和 NR SUL 资源灵活拆分的可能性。

- LTE/NR UL 动态共享通过时频复用（Time and Frequency Domain Multiplexing，TFDM）方式完成，如图 2-84（c）所示。如果 NR 和 LTE 是紧耦合的，那么可以使用动态共享，动态共享对两个系统的上行资源没有明确的划分。NR 和 LTE 可以在任意共享的 UL 资源上调度其 UE，该资源与传统 LTE PUCCH 的保留区域（在载波频率的两个边缘部分）和周期性 LTE SRS 信号（在配置的少数子帧的最后一个 OFDM 符号）正交。NR 和 LTE 之间的干扰防止和冲突解决完全由系统设计者来完成。

从网络角度来看，NR 的部署可以分为 SA（独立组网）和 NSA（非独立组网）两种，可参见本书第 4 章。下面分别介绍 SA 和 NSA 部署方式下的 UL 资源共享差异。

2.4.2.1 NR SA 场景下的 LTE/NR 上行共享

在 NR SA 场景下，NR 核心网和空口都独立部署。NR UE 无须接入 LTE

无线接入网（Radio Access Network，RAN）和演进分组核心网（ Evolved Packet Core，EPC），仅接入 NR RAN 和下一代核心网（Next Generation Core，NGC）。在这种独立场景下，LTE/NR UL 共享总是从网络角度进行的，从每个 NR UE 上看，即使 SUL 部署在 LTE 频段，NR UE 也无须知道 LTE 系统是否部署在相同频段。LTE UE 对于 NR UE 是透明的。

图 2-85 是 NR 独立部署且 SUL 频段组合场景下 UL 共享的示例。NR UE 在 NR UL 和 SUL 上不并行传输，主要是为了简化 UE 侧的实现复杂度，允许 UE 发射功率集中在单个 UL 载波上，最大化每个 UL 子帧的上行吞吐量和覆盖。

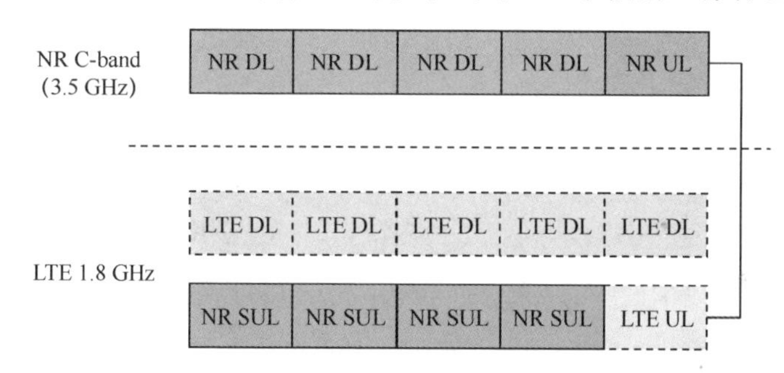

图 2-85　独立 NR、SUL 频段组合，从 UE 角度与 LTE UL 共享 NR SUL

2.4.2.2　LTE/NR UL 共享支持 NR 非独立部署场景

在 NR 非独立部署场景下，期望 NR UE 具备 EN-DC 能力。在 NSA NR EN-DC 模式下，NR UE 应先接入 LTE RAN，再配置在 NR 基站覆盖较好的 NR 小区中接入。因此，主小区组（Master Cell Group，MCG）使用 LTE，辅小区组（Secondary Cell Group，SCG）使用 NR。此时，如果 NR 给 UE 配置了 SUL 频段组合，则 NR 的 SUL 载波和 LTE 的 UL 载波可以共用一个频段。共享方式分为 UE 角度共享方案和网络角度共享方案。

- 从 UE 的角度来看，LTE/NR UL 共享提供了资源共享的最高灵活性。NR 小区调度的 SUL 载波和 LTE FDD 小区调度的 UL 载波可以重叠。UE 角度的 NSA+SUL 如图 2-86 所示；在共享载波中，LTE 和 NR 调度的 UL 传输为 TDM 传输。要求 UE 支持在 LTE 上行载波和 NR SUL 载波间进行快速传输切换。值得注意的是，NR UE 通常不支持在 NR UL

载波和 NR SUL 载波上同时传输，NR UL 载波上的子帧中的 UL 传输存在仅包含 SRS 信号的情况。

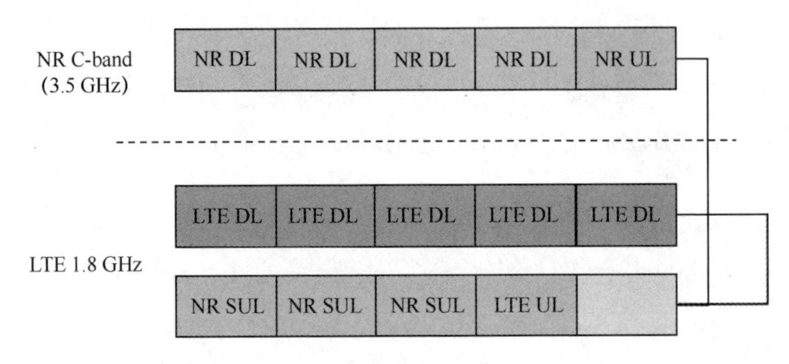

图 2-86　UE 角度的 NSA + SUL

- 从网络角度来看，LTE/NR UL 进行资源共享，UE 实现复杂度较低。NR 非独立部署、SUL 频段组合和网络角度的 LTE/NR UL 共享如图 2-87 所示。在这种情况下，每个 UE 在特定时间，调度 LTE UL 传输或 NR UL 传输，即 NR UE 不支持 NR 上行或 NR 辅助上行的并行传输。当 UE 工作在 NR SUL 模式时，同一子帧的其他资源可以分配给其他可能与 LTE-UL 共存的 UE，反之亦然；从而避免在时域和频域上浪费资源。注意，LTE UE（图中的 UE2）不一定是 EN-DC UE。多个 UE 之间可以以 TDM 或 FDM 方式完成重叠上行载波资源的 LTE/NR 共享。

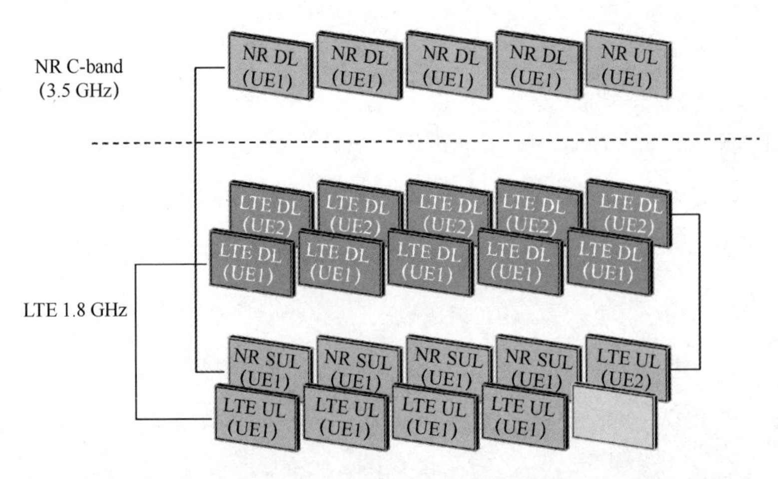

图 2-87　NR 非独立部署、SUL 频段组合和网络角度的 LTE/NR UL 共享

2.4.2.3　TDD 频段的 LTE/NR 共享

2.4.2.2 节中介绍的 UL 共享场景均在 LTE FDD 频段，TDD 频段的 LTE/NR 上行共享选项也是支持的。为了便于 LTE 和 NR 通过 TDM 方式共享 UL，要求 NR 的 DL/UL 配置与 LTE 相同。TDD 频段 LTE 和 NR 上行共享示意图如图 2-88 所示，NR 和 LTE 可以从网络或 UE 的角度占用不同的上行子帧，以充分利用所有可用的上行资源。还应注意，由于传统 LTE HARQ 定时的限制，NR 和 LTE DL 也可以以 TDM 方式复用。

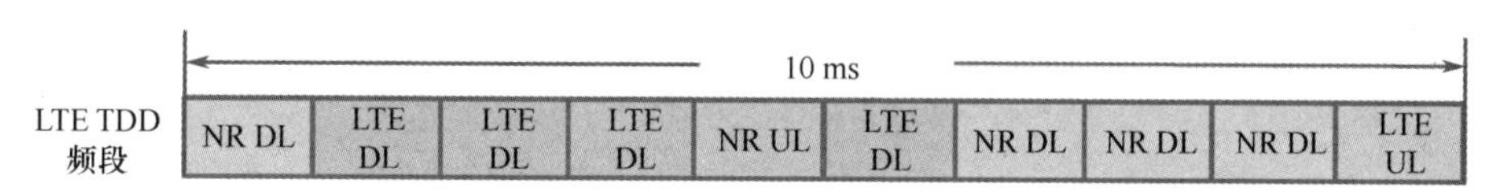

图 2-88　TDD 频段 LTE 和 NR 上行共享示意图

2.4.3　LTE/NR 频谱共享：更高频谱共享效率的需求

本节介绍 LTE/NR 上行频谱共享在 3GPP Rel-15 版本中的标准化机制，包括 LTE/NR 频谱共享下的子载波对齐、物理资源块对齐等机制，以及保证 NR SUL 共享载波的信道栅格对齐机制，LTE UL 和 NR SUL 载波间 TDM 资源协调机制。

2.4.3.1　LTE/NR 频谱共享下的子载波对齐机制

为避免在共享频谱中进行的 LTE UL 传输和 NR SUL 传输边界之间的保护带上产生额外开销，共享载波上的 LTE 与 NR 子载波需要进行对齐。子载波不对齐所带来的干扰是一个 4G 标准化工作中 OFDM 相关设计阶段就存在的问题，它会导致严重的性能下降。为了抑制该干扰，设计时考虑了在任何子载波不对齐传输之间预留数百千赫兹的保护带。经计算，调制阶数较低时（如 QPSK）至少应保留 180 kHz（等于 1 个 LTE PRB）的保护带宽。对于 16QAM 至 64QAM 的高阶调制，则至少需要 360 kHz（等于 2 个 LTE PRB）的保护带宽来满足带外辐射指标[64]。保护带会导致 LTE/NR 共享载波上的传输效率大幅下降。因此，子载波对齐是 LTE/NR 上行共享场景中的基本要求。

为了实现 LTE UL 和 NR SUL 载波之间的子载波对齐，需要考虑如下两个方面：

一是共享载波上的子载波间隔对齐。如前所述，频分复用比时分复用在上行共享方面具有显著增益。当 NR 配置了高于 15 kHz 的子载波间隔时，需要预留数百千赫兹的保护带来抑制子载波间干扰。当 NR 的子载波间隔为 15 kHz 时，只要保证和 LTE 子载波对齐，就无须预留保护带。

二是共享载波上的子载波偏移和直流分量点对齐。在 LTE 中，下行链路和上行链路采用了不同的子载波映射规则，即上行链路相对下行链路存在半子载波间隔的移位，如图 2-89 所示。具体来说，在 LTE 下行中，规定位于中心的子载波置 0，这是为了消除上变频直流分量引起的失真。对于 LTE 上行，中心子载波可保留，这是因为该举措能够保证 DFT-S-OFDM 的单载波特性，从而获得较低的 PAPR。也就是说，LTE 上行会存在半子载波间隔的移位，从而将中心子载波带来的信号失真分散至相邻的多个子载波上。

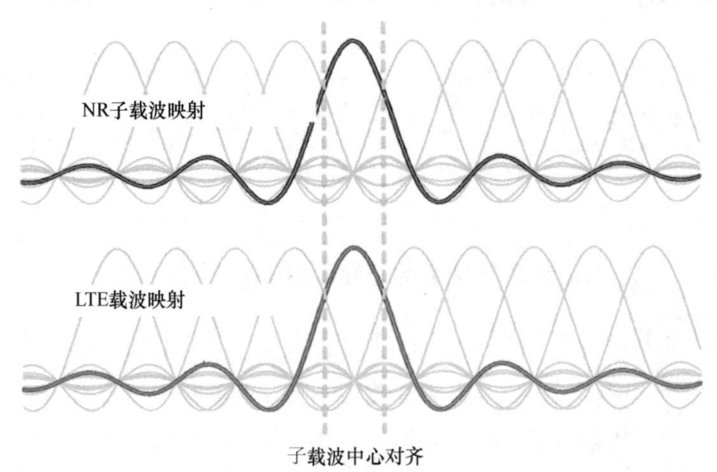

图 2-89　上行频谱共享时子载波对齐的示意图

在 NR 标准讨论的早期阶段，决定采用与 LTE 相似的上下行子载波映射方式，但不将中心子载波置 0。这种通用的子载波映射规则有助于实现同载波上下行灵活双工时的交叉链路干扰消除（回传链路和 / 或 D2D 链路）。另外，该设计还有利于先进接收机的实现，从而更好地进行交叉链路干扰消除。

对于 LTE 和 NR 上行共享的场景，即使 LTE 使用 15 kHz 的子载波间隔，也可能会和 NR 间存在上行子载波不对齐，这将导致两种接入技术在频分复用时性能下降。为此，NR 支持灵活配置子载波映射方式，网络侧会指示终端侧当前是否在上行传输上添加 7.5 kHz 的频率偏移，且该配置仅对存在 LTE 和 NR 上行共享的载波进行支持。对于其他频段，上下行子载波映射规则相同，不存在 7.5 kHz 的偏移量。

理论上，终端侧存在多种 7.5kHz 频移的实现方法，最常用的是图 2-90 所示的基带单元侧与射频单元侧频移方案。

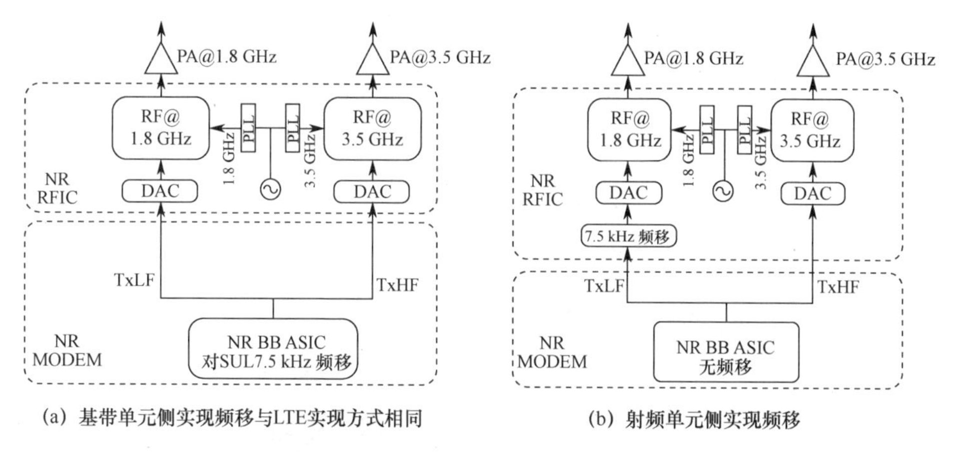

图 2-90　NR SUL 载波 7.5 kHz 子载波频偏的 UE 实现方式

- 基带单元侧频移方案：上行频移是在生成基带信号的过程中完成的。这种在 LTE 时期成熟的低复杂度的方案同样能够被 NR 直接应用。
- 射频单元侧频移方案：对基带信号上变频时直接增加 7.5 kHz 的偏移量。

对于支持 EN-DC 的终端设备，基带单元侧频移方案更优。主要因为此类终端设备已经具备一个工作于 LTE 上行频点的锁相环。当基带附加 7.5 kHz 频偏时，EN-DC 终端无须调节锁相环的工作频点。对于射频单元侧频移方案，终端必须在 NR 和 LTE 之间按照上行业务切换锁相环的工作频点，或者为上行共享载波额外增加一个锁相环。尽管基带单元侧频移方案复杂度更低，但考虑到这属于终端侧的实现问题，通常协议都会同时支持了上述两种方案。

2.4.3.2　LTE/NR 频谱共享下的物理资源块对齐机制

仅子载波对齐只能避免 LTE 和 NR 间的干扰，但是 LTE 和 NR 间的 PRB

对齐对于共享载波上的 LTE UL 和 NR SUL 的资源调度分配也是十分必要的。通常情况下，LTE 和 NR 的频域资源调度粒度均为 PRB（1 个 PRB 由 12 个 RE 组成），如果 PRB 无法对齐，无论何种调度方式（静态、半静态或动态调度），都会存在一些无法被调度的 PRB。LTE/NR 上行频谱共享的 PRB 对齐与非对齐对比如图 2-91 所示；从图中可知，系统还必须预留额外的保护带，这将导致频谱效率下降。综上所述，协议支持在 LTE 和 NR 上行共享时的 PRB 对齐。

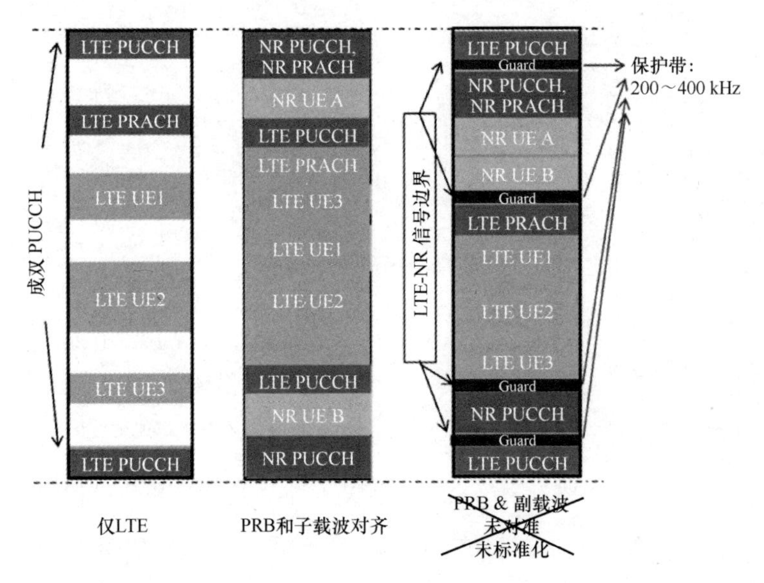

图 2-91　LTE/NR 上行频谱共享的 PRB 对齐与非对齐对比

PRB 对齐存在如下好处：

- 对齐后，无须在 LTE 和 NR 的上行传输之间增加额外开销。
- PRB 对齐会降低网络侧调度的复杂度，调度器无须在 LTE 和 NR 两侧协调，且不用考虑避开预留的频域资源。

为了实现 LTE 和 NR 的 PRB 对齐，3GPP Rel-15 协议分别支持了 NR 侧 BWP 级调度和多种灵活可配的子载波间隔。

✧ NR 侧 BWP 级调度

NR 调度的基本资源范围是 BWP[40]，BWP 是指频域上数个连续 RB 所组成的集合，终端可以在不大于系统带宽的 BWP 上依照调度收发信号。如何配置 BWP 在参考文献[38]的第 12 章中有描述，终端最多支持在上下行各配置 4 个不同的 BWP，且一段时间内最多只能有 1 个 BWP 被激活。终端不支持在激活的 BWP 之外接收 PDSCH、PDCCH 或 CSI-RS（不包含 RRM）。如果终端配置了 SUL，协议同样支持在 SUL 载波上最多配置 4 个 BWP，且一段时间内最多只能有 1 个 BWP 被激活。终端不会在当前激活的上行 BWP 之外发送 PUSCH 或 PUCCH。对于一个激活的小区，终端不会在激活的 BWP 之外发送 SRS。

✧ 配置了 TDD 载波与 SUL 载波的 NR 小区子载波间隔设计

如前所述，LTE UL 载波与 NR SUL 载波频谱共享且子载波间隔相同时对于系统设计是最优的，因此，Rel-15 协议支持了多种子载波间隔，其中包括 15kHz 子载波间隔。

对于数据信道，当载波频率在 6 GHz 以下时，协议支持 15 kHz、30 kHz、60 kHz 子载波间隔；当高于 6 GHz 时，协议支持 60 kHz 和 120 kHz 子载波间隔。表 2-39 列举了不同频段组合下支持的子载波间隔，不同运营商可以从中选取相应的值，用于部署 NR TDD 载波与 SUL 载波。

表 2-39　不同 NR 频段下的信道带宽[52]

频段	NR 频段 / SCS / UE 信道带宽												
	SCS/kHz	5 MHz	10 MHz①②	15 MHz②	20 MHz②	25 MHz②	30 MHz	40 MHz	50 MHz	60 MHz	80 MHz	90 MHz	100 MHz
n1	15	Yes	Yes	Yes	Yes								
	30		Yes	Yes	Yes								
	60		Yes	Yes	Yes								
n2	15	Yes	Yes	Yes	Yes								
	30		Yes	Yes	Yes								
	60		Yes	Yes	Yes								
n3	15	Yes	Yes	Yes	Yes	Yes	Yes						
	30		Yes	Yes	Yes	Yes	Yes						
	60		Yes	Yes	Yes	Yes	Yes						
n5	15	Yes	Yes	Yes	Yes								
	30		Yes	Yes	Yes								
	60												

（续表）

频段	NR 频段 / SCS / UE 信道带宽												
	SCS/kHz	5 MHz	10 MHz①②	15 MHz②	20 MHz②	25 MHz②	30 MHz	40 MHz	50 MHz	60 MHz	80 MHz	90 MHz	100 MHz
n7	15	Yes	Yes	Yes	Yes								
	30		Yes	Yes	Yes								
	60		Yes	Yes	Yes								
n8	15	Yes	Yes	Yes	Yes								
	30		Yes	Yes	Yes								
	60												
n12	15	Yes	Yes	Yes									
	30		Yes	Yes									
	60												
n20	15	Yes	Yes	Yes	Yes								
	30		Yes	Yes	Yes								
	60												
n25	15	Yes	Yes	Yes	Yes								
	30		Yes	Yes	Yes								
	60		Yes	Yes	Yes								
n28	15	Yes	Yes	Yes	Yes								
	30		Yes	Yes	Yes								
	60												
n34	15	Yes	Yes	Yes									
	30		Yes	Yes									
	60		Yes	Yes									
n38	15	Yes	Yes	Yes	Yes								
	30		Yes	Yes	Yes								
	60		Yes	Yes	Yes								
n39	15	Yes	Yes	Yes	Yes	Yes	Yes	Yes					
	30		Yes	Yes	Yes	Yes	Yes	Yes					
	60		Yes	Yes	Yes	Yes	Yes	Yes					
n40	15	Yes	Yes	Yes	Yes	Yes	Yes	Yes	Yes				
	30		Yes	Yes	Yes	Yes	Yes	Yes	Yes	Yes	Yes		
	60		Yes	Yes	Yes	Yes	Yes	Yes	Yes	Yes	Yes		
n41	15		Yes	Yes	Yes			Yes	Yes				
	30		Yes	Yes	Yes			Yes	Yes	Yes	Yes	Yes	Yes
	60		Yes	Yes	Yes			Yes	Yes	Yes	Yes	Yes	Yes

（续表）

频段	SCS/kHz	NR 频段 / SCS / UE 信道带宽											
		5 MHz	10 MHz[1,2]	15 MHz[2]	20 MHz[2]	25 MHz[2]	30 MHz	40 MHz	50 MHz	60 MHz	80 MHz	90 MHz	100 MHz
n51	15	Yes											
	30												
	60												
n66	15	Yes	Yes	Yes	Yes			Yes					
	30		Yes	Yes	Yes			Yes					
	60		Yes	Yes	Yes			Yes					
n70	15	Yes	Yes	Yes	Yes[3]	Yes[3]							
	30		Yes	Yes	Yes[3]	Yes[3]							
	60		Yes	Yes	Yes[3]	Yes[3]							
n71	15	Yes	Yes	Yes	Yes								
	30		Yes	Yes	Yes								
	60												
n75	15	Yes	Yes	Yes	Yes								
	30		Yes	Yes	Yes								
	60		Yes	Yes	Yes								
n76	15	Yes											
	30												
	60												
n77	15		Yes	Yes	Yes			Yes	Yes				
	30		Yes	Yes	Yes			Yes	Yes	Yes	Yes	Yes	Yes
	60		Yes	Yes	Yes			Yes	Yes	Yes	Yes	Yes	Yes
n78	15		Yes	Yes	Yes			Yes	Yes				
	30		Yes	Yes	Yes			Yes	Yes	Yes	Yes	Yes	Yes
	60		Yes	Yes	Yes			Yes	Yes	Yes	Yes	Yes	Yes
n79	15							Yes	Yes				
	30							Yes	Yes	Yes	Yes		Yes
	60							Yes	Yes	Yes	Yes		Yes
n80	15	Yes	Yes	Yes	Yes	Yes	Yes						
	30		Yes	Yes	Yes	Yes	Yes						
	60		Yes	Yes	Yes	Yes	Yes						

（续表）

频段	SCS/kHz	NR 频段 / SCS / UE 信道带宽											
		5 MHz	10 MHz①②	15 MHz②	20 MHz②	25 MHz②	30 MHz	40 MHz	50 MHz	60 MHz	80 MHz	90 MHz	100 MHz
n81	15	Yes	Yes	Yes	Yes								
	30		Yes	Yes	Yes								
	60												
n82	15	Yes	Yes	Yes	Yes								
	30		Yes	Yes	Yes								
	60												
n83	15	Yes	Yes	Yes	Yes								
	30		Yes	Yes	Yes								
	60												
n84	15	Yes	Yes	Yes	Yes								
	30		Yes	Yes	Yes								
	60		Yes	Yes	Yes								
n86	15	Yes	Yes	Yes	Yes			Yes					
	30		Yes	Yes	Yes			Yes					
	60		Yes	Yes	Yes			Yes					

注：① 90%频谱利用率在 30 kHz SCS 时不一定能达到。

② 90%频谱利用率在 60 kHz SCS 时不一定能达到。

③ UE 的信道带宽仅适用于下行传输。

2.4.3.3 NR SUL 共享载波的信道栅格对齐机制

子载波和 PRB 对齐还要求载波频率对齐（载波频率也指 NR 中的 RF 参考频率），这些载波频率应放置在信道栅格上。在 LTE 中，信道栅格位于 N×100 kHz 的频率上，其中 N 为整数。然而对于 NR，尤其是对于可以与 LTE 共存的工作频段，信道栅格应同样位于 N×100 kHz 的频率上。LTE/NR 上行共享时 NR 和 LTE 的 PRB 对齐如图 2-92 所示。当 NR PRB 没有与 LTE PRB 对齐时，LTE PRB 和 NR PRB 之间的频域间隙是不可避免的；与 PRB 对齐的情况相比，由于给定了带宽的保护带要求，这将导致 NR 可用的 PRB 更少。

信道栅格定义了一组 RF 参考频率，用于标识载波的位置。换句话说，只能在信道栅格定义的频率上部署载波，即相应的载波频率必须在信道栅格上。

在讨论 NR 信道栅格时建议采用灵活的设计，即在所有频率范围内，信道栅格都在 N×15 kHz 的频率上，从而使运营商可以更灵活地部署网络。

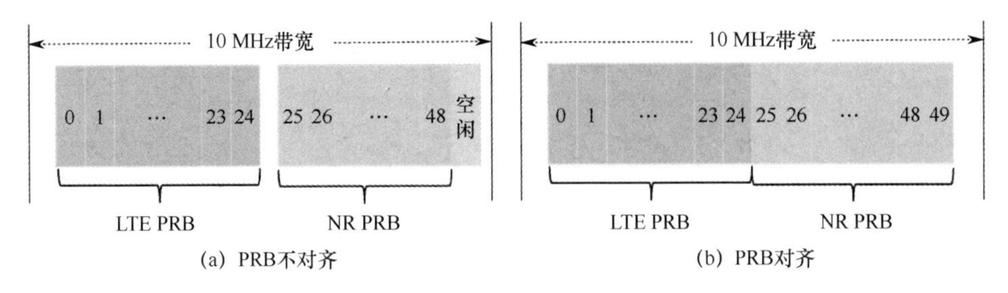

图 2-92　LTE/NR 上行共享时 NR 和 LTE 的 PRB 对齐

从 LTE 和 NR 之间 UL 共享的角度来看，尽管对 NR UL 应用了 7.5 kHz 的偏移，这种用于 NR 的信道栅格设计很少能够实现 LTE 和 NR 之间的子载波对齐。更具体地，仅在 LTE 上行链路的载波频率为 300 kHz 的倍数的情况下，才能获得子载波对准。也就是说，仅有 LTE 信道栅格中的频率的三分之一可用于部署 UL 共享，这对 UL 共享的使用是极大的限制。此外，考虑到已经在某些频率上部署了 LTE 网络，当 NR 与 LTE 共享上行链路频率时，预计不会影响当前的 LTE 网络。否则，运营商必须重新部署其载波频率不在 300 kHz 倍数上的当前 LTE 网络。

显然，实现 LTE 与 NR 之间的子载波对准的一种直接方法是，将 NR 网络部署在与 LTE 网络相同的频率上，即用于 NR SUL 频段的信道栅格也在 N×100 kHz 的频率上。因此，运营商可以在与传统 LTE 网络相同的载波频率上部署 NR，以确保 LTE 和 NR 之间的子载波对齐。需要强调的是，子载波对齐的要求仅针对在上行链路中有机会在 LTE 和 NR 之间共享的频段。至于其他频段，15 kHz 信道栅格方式是可取的，因为它更加灵活。由于上述原因，NR 支持 100 kHz 和 15 kHz 的信道栅格，但适用于不同的工作频段。通常 3 GHz 以下的大多数工作频段都支持 100 kHz 信道栅格。

2.4.3.4　LTE UL 和 NR SUL 载波间 TMD 资源协调机制

同步是 NR SUL 频段组合和 LTE/NR 频谱共享的关键。无论 LTE/NR 之间是时分复用或频分复用（半静态或动态共享），LTE 和 NR 的共享载波都需要在基站接收机侧进行符号同步，从而可避免子载波间干扰，以及 LTE 上行传输和 NR SUL 传输所分配的资源之间预留保护带。另外，LTE 小区的 UL 载波和 NR 小区的 SUL 共享载波在子帧资源分配上的共享以及协调也需要子帧 / 时隙级的同步。因此，3GPP Rel-15 为 NR SUL 频段组合引入了相应的时间提前机制，并增强了 LTE HARQ 时序配置，以保证与共享载波相关联的 LTE 下行的高效传输。

2.4.3.4.1 LTE 上行载波和 NR SUL 载波间的同步需求

为了避免 NR TDD 网络不同基站间的同频干扰，基站间应保持同步。TDD 小区级同步精确度的定义为：任意同频同覆盖区域的小区对之间的帧起始定时的最大绝对偏差。3GPP 协议规定，在基站天线连接器端口测得的同步精度至少要优于 3 μs。

对于 LTE 和 NR 上行共享场景，LTE 和 NR 基站侧在服务配置了 SUL 载波的 NR 终端时，需要以高频谱效率和较低的复杂度来实现同步，同步的需求包含两个级别：

- 基于 FDM 和 TDM 的 LTE/NR 频谱共享需要符号级同步。以基于 FDM 的资源共享为例，基站只需要进行一次接收。例如，当 LTE UL 和 NR UL 的时间和频率都同步时，需要进行一次 FFT 操作来获取基带信号。否则，基站就需要对 LTE 和 NR 分别进行信号接收。在基于 TDM 的资源共享中，如果 LTE 和 NR 的上行不同步，相邻的 LTE 和 NR 子帧的符号会重叠，导致两种接入技术间产生符号间干扰。于是必须通过对受影响的符号打孔来预留一部分时域资源，用于抑制符号间干扰，最终导致时域可用资源减少。因此，LTE 和 NR 在共享的 UL 频点上需要进行符号级同步。
- 基于时分 LTE/NR 频谱共享必须支持子帧 / 时隙级同步。该举措有利于简化调度和降低接收机复杂度，同样也利于基于频分的 LTE/NR 频谱共享。LTE 和 NR 时分共享支持在不同子帧 / 时隙上调度不同用户，还支持 NR UE 于不同时隙在 LTE 上行和 NR SUL 两种传输模式间进行切换。如果终端接入的 LTE UL 小区和 NR SUL 小区在子帧 / 时隙边界上是异步的，那么将很难在切换点之后调度上行业务，同时这一调度约束还会造成更多的开销。为了解决这个问题，3GPP Rel-15 协议定义了明确的子帧 / 时隙级同步要求，支持将 LTE 小区和 NR 小区的 LTE UL 载波和 NR SUL 载波的子帧边界对齐。这在共址的不同制式基站共享上行频谱时得到了应用。

2.4.3.4.2 上行频谱共享下的时间提前机制

终端侧的时间同步同样重要。特别地，对于 NR 侧的两个上行载波，可以通过使用时间调整命令以及为时间提前偏移设置相同的值来进行时间同步，具体步骤在参考文献[38，65]中已有详述。对于 LTE/NR 频谱共享的上行传输，可通过基站实现来进行时间同步。

LTE/NR 上行频谱共享的子帧 / 时隙级同步如图 2-93 所示，NR 的 TDD 上行载波和 SUL 载波使用相同的时间提前偏移，终端侧会在基站侧发送端的时隙边界基础上再提前 $TA_{UE,NR-TDD}$ 发送信号。同时，在 LTE 和 NR 频域共享时，需要将 LTE 上行子帧和 NR 上行时隙边界同步。为此，工作在 EN-DC 模式下的终端在传输 LTE FDD 上行信号时，相比 NR SUL 信号的时间栅格会增加数个毫秒的偏移。LTE 系统针对工作于 EN-DC 模式 UE 具有独立的时间提前指令 $TA_{UE,LTE-FDD}$。一般来说，对于 LTE 和 NR EN-DC 共站址部署，$TA_{UE,NR-TDD}$ 和 $TA_{UE,LTE-FDD}$ 是相似的，所以，此时联合服务同组终端的 LTE FDD 下行小区和 NR TDD 下行小区就是子帧 / 时隙级同步的。

值得注意的是，LTE FDD 系统中不同小区或站点之间不需要时间同步，因此不同 LTE 站点在共享的 UL 频率上的定时可能不同。由于 LTE UL 和 NR UL 需要在共享 UL 频率上时间同步，因此任何异步将导致来自不同站点的共享频率上的 NR UL 之间的异步，例如上行信号与小区间干扰的时域不对齐。3GPP Rel-15 协议主要针对 LTE UL 小区和 NR SUL 共享小区共址的场景，对于 NR UE 来说，单个时间提前命令在该场景下已足够。对于

NR 基站接收机的两路上行信号不同步的情况，同样需要 gNB 对 TDD 频点和共享频点的上行信号分别进行接收，但同步情况下只需要接收一次。这正好说明 NR 的 TDD 上行业务和 LTE 频域共享的上行业务之间的同步有益于简化基站实现。

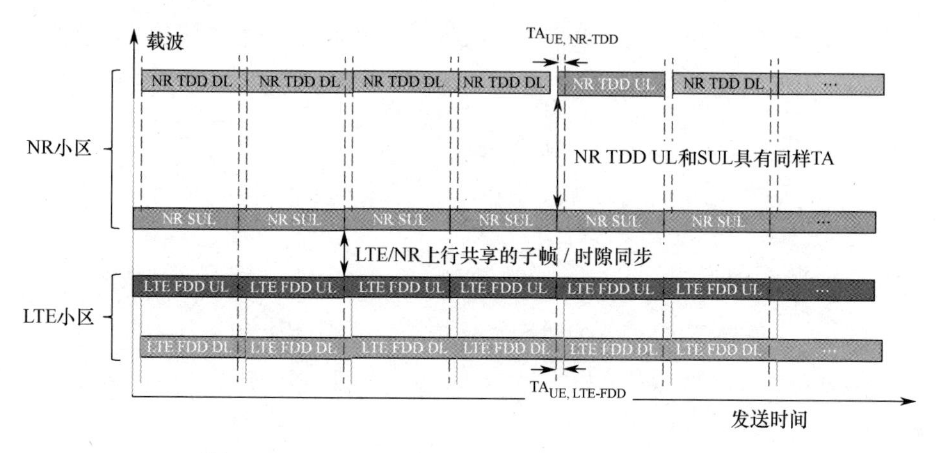

图 2-93　LTE/NR 上行频谱共享的子帧 / 时隙级同步

2.4.3.4.3　NSA LTE/NR 上行频谱共享下针对 HARQ 时序的半静态时隙配置

从 NSA 部署下终端侧角度来看，终端可以同时接入 LTE 和 NR 网络，并工作在 EN-DC 模式。具体到共享上行频谱的资源利用，网络能够支持时分和频分两种模式。在频分模式下，终端可以假设 LTE UL 和 NR UL 完全占用共享 UL 频率内的所有 UL 资源，并且网络可以通过调度避免资源重叠。对于时分模式，终端将在不同的上行子帧使用不同的无线接入技术（LTE 或 NR）传输上行信号。考虑到 LTE 中的 HARQ 时序不如 NR 灵活，基于半静态时分的资源共享解决方案比动态调度方法要更利于实现。此外，由于部分用于反馈 HARQ 信息的上行子帧已分配给 NR 传输，所以与其配对的下行 LTE 子帧不能用于传输 LTE 下行数据，因此单纯保证 LTE 和 NR 的上行子帧不重叠将进一步降低 LTE 侧的下行传输速率。为了避免这种性能损失，协议针对 EN-DC 终端引入了 Case 1 HARQ 时序，以方便基站在 LTE 侧使用所有下行子帧进行数据传输，如图 2-94 所示。

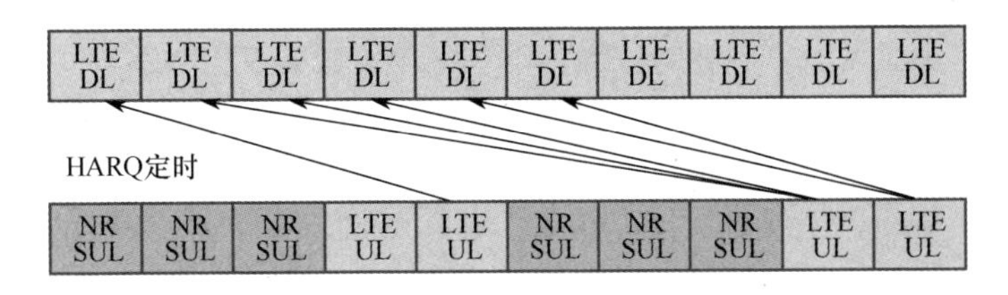

图 2-94　Case 1 HARQ 时序举例

综上所述，在 LTE/NR 频段共享场景下，为了达到较高的频谱效率，LTE 上行和 NR SUL 的共享载波需要采用如下机制：

- 在频域上，LTE 和 NR 的子载波和 PRB 要对齐，这样才能充分利用载波内的所有频域资源，而不会引入额外的干扰。同时，NR SUL 载波的信道栅格要能够匹配当前各国商用网的 LTE UL 载波。
- 在时域上，LTE UL 载波和 NR SUL 之间需要同时支持符号级和子帧 / 时隙级网络同步，以实现无线资源的时分共享。

要实现 LTE/NR 频段共享，无论从网络侧角度还是终端侧角度，上述要求都需要满足。

2.4.4　NR SUL 频段组合：上行链路载波选择和切换

2.4.4.1　单小区概念

5G NR 引入了新的 SUL 频段类型，同时也相应地引入了一种新的小区结构。小区是移动网络的基本元素。上下行解耦的基本逻辑是一个小区配置有两个上行链路和一个下行链路。单小区具有两个不同频率的上行链路示意图如图 2-95 所示。SUL 频段组合的一个典型部署是每个小区具有一个 DL 载波与两个并置的 UL 载波相关联，一个 UL 载波在正常的 TDD 或 FDD 频段，而另一个在 SUL 频段。

单小区结构可在 SUL 与正常上行链路（Normal Uplink，NUL）之间进行动态调度和载波切换，而不会产生任何中断时间。这有助于 SUL 与载波聚合相兼容，并最大限度地重用单小区的 L2/L3 设计。UE 针对同一小区的一个

DL 配置有 2 个 UL，并且这两个 UL 的上行链路传输由网络控制，以避免 PUSCH/PUCCH 传输在时间上重叠，从而获得最佳的上行链路功率。通过调度避免了 PUSCH 传输的重叠，并通过配置避免了 PUCCH 传输的重叠，即 PUCCH 只能为小区的 2 个 UL 中的一个进行配置[33, 37]。

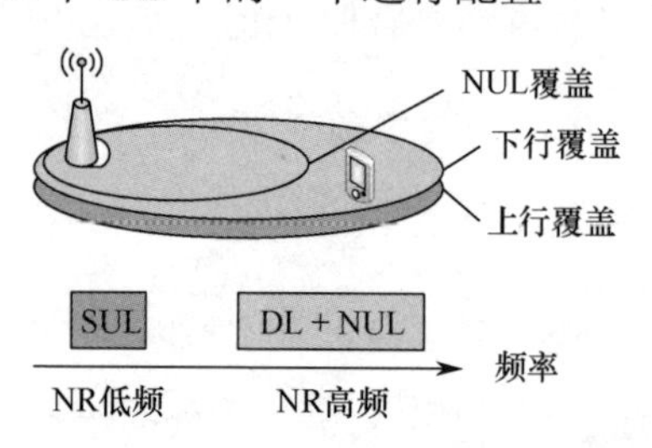

图 2-95　单小区具有两个不同频率的上行链路示意图

2.4.4.2　UL 载波选择和切换

如本书 2.4.1 节所述，上下行解耦通过引入额外的较低频率的上行链路来缓解覆盖瓶颈，从而扩大小区覆盖范围。考虑到较低频率的上行链路带宽通常小于较高频率的上行链路带宽（例如，1.8 GHz 的 20 MHz 与 3.5 GHz 的 100 MHz），可通过更高频率上的上行链路为距离基站足够近或高频上行链路上没有遭受较大传播损耗的 UE 提供更好的上行链路吞吐量。因此，上下行解耦应实现灵活的网络操作，即当 UE 处于小区边缘时，UE 可以在较低频率 f_1 上访问上行链路，而当 UE 处于小区中心时，UE 可以在较高频率 f_2 上访问网络，如图 2-96 所示。UE 将基于空闲模式和连接模式的下行链路测量来选择小区的最佳上行链路。

另外，即使对于位于小区边缘并在较低频率 f_1 上具有上行链路传输的 UE，也有必要偶尔在较高频率 f_2 上发送 SRS，以获取 DL 大规模 MIMO 的信道互易信息。这就需要上行链路的选择和切换。接下来讨论 UE 上行链路（UL）的选择和切换机制。

2.4.4.2.1　空闲模式 UL 选择：通过 PRACH 进行初始访问

为确保用于初始接入的覆盖范围，可以在 SUL 和 NUL 上为 UE 配置 PRACH 资源。在连接模式下，基站可以通过 DCI 向 UE 指示所选的上行链路用来进行 PRACH 传输。在空闲模式下，由于 UE 尚未连接到网络，所以必须由 UE 选择 PRACH 的上行链路。接下来对两个上行链路之间的 PRACH 选择过程进行讨论。

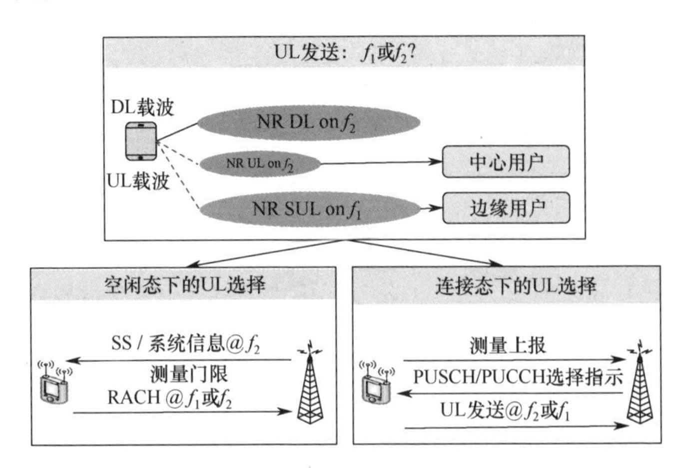

图 2-96　上行链路选择的动机

✧ 从 UE 侧选择 PRACH UL 载波

PRACH 上行链路选择如图 2-97 所示[66]，当在具有 SUL 载波的服务小区上启动随机接入过程时，UE 将比较 NR 小区 DL 载波的 RSRP 测量值与小区广播的阈值 rsrp-ThresholdSSB-SUL。如果 RSRP 测量值低于阈值，则意味着 UE 处于 NR 小区的小区边缘，UE 应选择 SUL 载波进行随机接入。否则，UE 假设位于 NR 小区中心，将通过 NUL 载波触发随机接入过程。

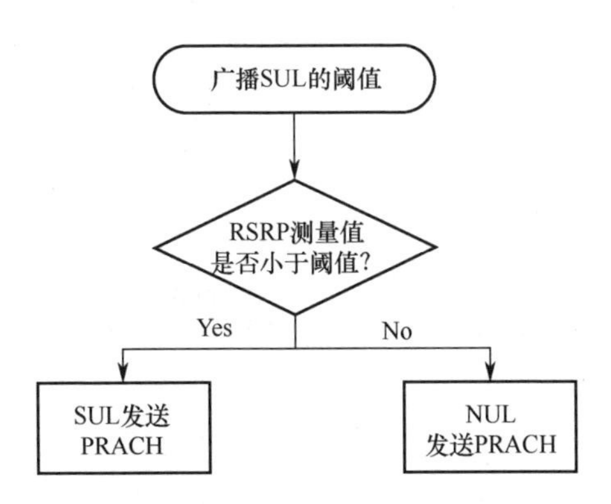

图 2-97　PRACH 上行链路选择

✧ 从网络侧选择 PRACH UL 载波

在参考文献[39]中，3GPP Rel-15 还指定了有关 RACH 过程的 PDCCH 命令。如果通过 C-RNTI 对 DCI 格式 1_0 的 CRC 进行了加扰，并且“频域资源分配”字段全为 1，则 DCI 格式 1_0 用于 PDCCH 指令启动的随机接入过程。

当随机接入前导索引（根据参考文献[65]中的 5.1.2 节可知，ra-PreambleIndex 为 6 位）不全为 0 时，并且如果 UE 在小区中配置有 SUL，则以下指示符有效：

- UL/SUL 指示符（1 比特）指示小区中的哪个 UL 载波发送 PRACH；
- SS/PBCH 索引（6 位）指示应用于确定 PRACH 传输的 RACH 时机的 SS / PBCH；
- 根据参考文献[66]，PRACH 掩码索引（4 比特）指示与 PRACH 传输的“SS/PBCH 索引”所指示的 SS/PBCH 相关联的 RACH 时间。

2.4.4.2.2 连接模式 UL 选择：PUSCH / PUCCH 调度

具有 SUL 小区上行链路配置的示意图如图 2-98 所示，图中给出 UE 可以由具有 SUL 能力的小区来服务。

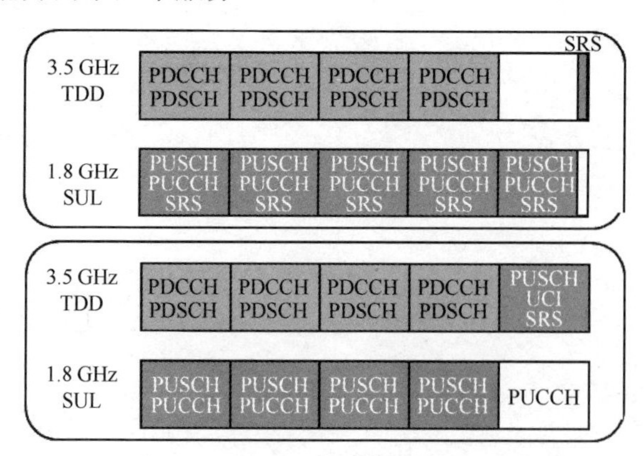

图 2-98 具有 SUL 小区上行链路配置的示意图

如果在小区内配置了正常上行链路和 SUL，则要发送的上行链路是由 DCI[39]中具有 UL/SUL 指示的回退 DCI 格式 0-0 或非回退 DCI 格式 0-1 来确定，如图 2-99 所示。回退 DCI 被设计为与具有 SUL 功能的 UE 和不具有 SUL 功能的 UE 兼容，使得具有 SUL 功能的小区可以为可能正在从其他国家或其他运营商网络漫游的不具有 SUL 功能的 UE 提供服务。

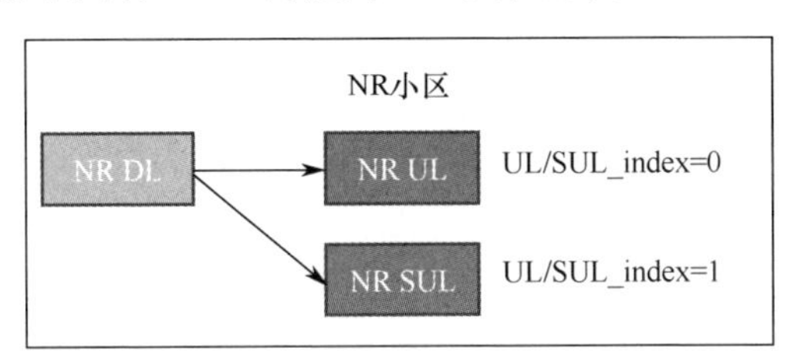

图 2-99　配置有两个上行链路小区的 UL/SUL 指示

具有 SUL 功能的小区的移动功能包括测量、小区选择、重选和切换，与普通小区的移动功能相同。主要区别仅在于小区选择过程完成后才执行上行链路选择。

✧ 上行数据传输：PUSCH 调度机制

对于 UL 数据传输，动态 PUSCH 选择基于 DCI 格式 0_0 和 DCI 格式 0_1，其在 SUL 和非 SUL 之间的切换时间是 0 或 140 μs，可参考文献[57]中表 5.2C-1 和文献[60]中表 5.2B.4.2-1。上行链路传输面临多方面的挑战，例如上行链路功率控制、定时提前、HARQ 反馈和资源复用等，下面将进行详细讨论。

在上行链路中，基站可以通过 PDCCH 上的 C-RNTI 为 UE 动态分配资源。UE 始终监视 PDCCH，以便在启用其下行链路接收［配置是由非连续接收（Discontinuous Reception，DRX）控制的］时找到上行链路传输的可能授权。配置 CA 后，相同的 C-RNTI 将应用于所有服务小区。

- 动态 UL/SUL 选择。DCI 格式 0_0 通过 UL/SUL 指示在一个小区[39]中对 PUSCH 进行动态调度，其中“0”表示选择普通 UL 载波，“1”表示选择 SUL 载波，见表 2-40。
- 半静态 UL/SUL 选择。如果 DCI 格式 0_1 不存在“UL/SUL 指示符”，根据高层参数 PUCCH-Config 完成载波的高层 RRC 配置，该载波也用于 PUSCH 传输。

表 2-40 UL/SUL 指示

UL/SUL 指示	上 行 载 波
0	普通上行载波（UL）
1	补充上行载波（SUL）

此外，通过配置授权，基站可以为 UE 分配上行资源用于 HARQ 初次传输。系统定义了两种配置的上行授权：

类型 1：RRC 直接提供配置的上行授权（包括周期）。

类型 2：RRC 定义了配置的上行链路授权的周期性，而发往 CS-RNTI（Configured Scheduling RNTI）的 PDCCH 可以发信号通知并激活配置的上行链路授权，也可以将其停用。例如，寻址到 CS-RNTI 的 PDCCH 指示，可以根据 RRC 定义的周期性隐式重用上行链路授权，直到被停用。

当配置的上行链路授权激活时，如果 UE 在 PDCCH 上找不到其 C-RNTI/CS-RNTI，则可以根据配置的上行链路授权进行上行链路传输；如果 UE 在 PDCCH 上找到其 C-RNTI/CS-RNTI，则 PDCCH 分配将替代配置的上行链路授权。

✧ UL 控制信息传输机制[12, 20]

3GPP Rel-15 支持 EN-DC 的单个上行链路传输，其中 UE 能够支持多个上行链路，但一次只能进行一个上行链路的传输。这不仅有助于避免互调干扰[37, 60]，还有助于在 UE 无法进行动态功率共享时，实现 LTE 上行链路或 NR 上行链路的最大传输功率。然而，由于同步 HARQ 下行链路调度缺少 HARQ 反馈时机，LTE PUCCH 子帧数量的降低将导致较少的下行链路吞吐量。因此，便引入了 LTE HARQ case 1。

✧ UCI 复用

在 3GPP Rel-15 中，UE 必须支持 PUSCH 中的 UCI 复用。[38]

- 如果 UE 在与 PUSCH 重叠传输的 PUCCH 中复用 UCI，并且 PUSCH 和 PUCCH 传输满足 UCI 复用的条件，则 UE 会在 PUSCH 传输中复用 UCI，并且不发送 PUCCH。

- 如果 UE 在 PUSCH 中复用非周期性 CSI，并且 UE 将在与 PUSCH 重叠的 PUCCH 中复用 UCI，则 UE 在 PUSCH 中复用 UCI。
- 如果 UE 在一个时隙向多个服务小区发送 PUSCH（包括针对响应 DCI 格式 0_0 或 DCI 格式 0_1 的第一 PUSCH 和由各小区高层参数 ConfiguredGrantConfig 配置的第二 PUSCH），且 UE 需在多个 PUSCH 中的一个复用 UCI，同时多个 PUSCH 满足参考文献[38]中 9.2.5 节关于 UCI 复用的条件，则 UE 将在第一 PUSCH 中复用 UCI。
- 如果 UE 在一个时隙向多个服务小区发送 PUSCH，以响应 UE 在每个小区所检测到的 DCI 格式 0_0 或 DCI 格式 0_1，且 UE 需在多个 PUSCH 的一个中复用 UCI；同时 UE 不在多个 PUSCH 中的任何一个中复用非周期性 CSI，UE 满足参考文献[38]中 9.2.5 节关于 UCI 复用的条件，UE 将在最小 ServCellIndex 服务小区的 PUSCH 中复用 UCI。如果 UE 在此时隙上向具有最小 ServCellIndex 的服务小区发送一个以上的 PUSCH 来满足参考文献[38]中 9.2.5 节关于 UCI 复用的条件，则 UE 在该时隙中首先发送的 PUSCH 中复用 UCI。

2.4.4.3 SRS 切换

利用 TDD 系统的信道互易性特性，上行链路的 SRS 在很大程度上增强其下行链路大规模 MIMO 的性能。现有具备 CA 能力的 UE 仅支持一个或两个上行链路载波，增加支持上行链路载波数量意味着更高的 UE 成本，更大的尺寸以及更多的功耗。因此，一种经济实用的解决方案是 SRS 切换，即同一组 UE 上行链路的硬件由不同的多个上行链路载波共享。

✧ SUL 和普通上行链路之间的 SRS 切换

由于不同上行链路传输之间的硬件共享，因此切换时间可能不为零，需要视具体情况而定。对于配置有 SUL 的单个服务小区，UE 能够将上行链路载波切换时间设为零，以便在 SUL 和 NUL 之间进行 SRS 切换，可参考文献[57]中表 5.2C-1。如果具有 SUL 的服务小区配置有 EN-DC，并且 SUL 和 LTE 上行链路载波频率都相同，则 UE 也能够将我们在 SUL 和 NUL 之间的切换时间设为零。如果 EN-DC 在 SUL 和 LTE 上行链路之间具有不同的载波频率，则应用 140 μs 的切换时间以允许 RF 调整，可参考文献[60]中的表 5.2B.4.2-1。

对于切换时间为零的情况，预期不会造成性能损失。然而，对于具有非零切换时间的情况，基站中的调度器必须考虑它，并且一些上行吞吐量损失可能是不可避免的。为了触发 SUL 和 NUL 之间的 SRS 切换，在 DCI 下行授权和 DCI 上行授权的 SRS 请求字段中都需要包含 UL/SUL 指示字段[39]。

✧ LTE 上行和 SUL 之间的 SRS 切换

LTE 上行和 SUL 之间的 SRS 切换时间为 0 或小于 20 μs[60]。

✧ 具有 SRS 载波切换的载波聚合

在移动网络中，存在多种下行繁重的业务，这导致聚合的下行载波数量多于上行载波。UE 通常具有比 UL 更多的 DL 载波聚合能力。因此，UE 用于 DL 传输的一些 TDD 载波将没有包括 SRS 的 UL 传输，并且信道互易性不能用于这些载波。TDD UL 载波之间进行快速载波切换，成为允许在这些 TDD 载波上进行 SRS 传输的解决方案。

UE 可以在载波 c_1 上被配置 SRS 资源，该载波具有由 DL 和 UL 符号组成的时隙格式，并且没有被配置用于 PUSCH/PUCCH 传输。对于载波 c_1，UE 配置高层参数 srs-SwitchFromServCellIndex 和 srs-SwitchFromCarrier，用于从载波 c_2 切换到 c_1（配置用于 PUSCH/PUCCH 传输）。在载波 c_1 上的 SRS 传输期间（包括任何由上层参数 rf-RetuningTimeUL 和 rf-RetuningTimeDL 定义的上行链路或下行链路 RF 调整时间引起的中断[66]），UE 会暂时中止载波 c_2 上的上行链路传输[44]。

2.4.4.4 功率控制

理想情况下，在移动蜂窝网络中应该不存在小区间干扰或用户间干扰，但是在实际网络中却存在。例如，一个 UE 驻留在一个小区中的上行信号会干扰相邻小区中其他 UE 的上行接收。上行链路信号的较高发射功率通常意味着更好的接收质量，但也可能使接收机饱和并导致较高的小区间干扰。为了应对这一挑战，功率控制机制通过测量 UE 接收 SINR 并向 UE 发信号通知适当的发射功率，来向 UE 环境提供动态发射功率的适配。

✧ EN-DC 的功率控制

如果为 UE 配置了使用 E-UTRA 无线接入的 MCG 和用于 NR 无线接入的 SCG，则 UE 会通过高层参数 p-MaxEUTRA 配置用于 MCG 最大传输功率 $P_{\rm LTE}$，并通过高层参数 p-NR 配置用于 SCG 最大传输功率 $P_{\rm NR}$。如参考文献[38]中所述，UE 使用 $P_{\rm LTE}$ 作为最大传输功率来确定 MCG 的传输功率。如参考文献[38]中的 7.1 至 7.5 节所述，UE 使用 $P_{\rm NR}$ 作为最大传输功率来确定 SCG 的传输功率（$P_{\rm CMAX} \leqslant P_{\rm NR}$）。

如果 UE 配置了 $\hat{P}_{\rm LTE} + \hat{P}_{\rm NR} > \hat{P}_{\rm Total}^{\rm EN\text{-}DC}$，其中 $\hat{P}_{\rm LTE}$ 是 $P_{\rm LTE}$ 的线性值，$\hat{P}_{\rm NR}$ 是 $P_{\rm NR}$ 的线性值，并且 $\hat{P}_{\rm Total}^{\rm EN\text{-}DC}$ 是针对 FR1 定义的 EN-DC 操作的配置最大传输功率的线性值[60]，则 UE 确定 SCG 上的传输功率如下：

- 如果 UE 已为 EUTRA 配置了参考 TDD 配置（通过参考文献[38]中的高层参数 tdm-PatternConfig-r15 配置），并且 UE 没有指示 EUTRA 和 NR 之间的动态功率共享的能力，则当参考 TDD 配置中的 MCG 的对应子帧是 UL 子帧时，不期望 UE 在 SCG 上的一个时隙中发送。同时，期望 UE 被配置为 EUTRA 的参考 TDD 配置（通过参考文献[12]中的高层参数 tdm-PatternConfig-r15 配置）。
- 如果 UE 指示 EUTRA 和 NR 之间具有动态功率共享的能力，未将 UE 配置为使用短 TTI 和 MCG 上的处理时间进行操作[1, 10]，UE 在 MCG 的子帧 i_1 上传输与 UE 在 SCG 的时隙 i_2 上传输重叠时，同时在 SCG 时隙 i_2 的任何部分中，$\hat{P}_{\rm MCG}(i_1) + \hat{P}_{\rm SCG}(i_2) > \hat{P}_{\rm Total}^{\rm EN\text{-}DC}$；那么 UE 会降低 SCG 时隙 i_2 的任何部分中的传输功率，从而在时隙 i_2 的任何部分中，

$\hat{P}_{\text{MCG}}(i_1)+\hat{P}_{\text{SCG}}(i_2)\leqslant\hat{P}_{\text{Total}}^{\text{EN-DC}}$，其中，$\hat{P}_{\text{MCG}}(i_1)$和$\hat{P}_{\text{SCG}}(i_2)$分别是在 MCG 的子帧$i_1$中和在 SCG 的时隙$i_2$中的总 UE 传输功率的线性值。

✧ PUSCH 的功率控制[38]

如果 UE 使用索引为j的参数集进行配置和索引为l的 PUSCH 功率控制调整状态，在服务小区c、载波f、UL BWP b上发送 PUSCH，则 UE 在 PUSCH 发送时刻i的 PUSCH 发送功率$P_{\text{PUSCH},b,f,c}(i,j,q_d,l)$为

$$P_{\text{PUSCH},b,f,c}(i,j,q_d,l)=\min\begin{Bmatrix}P_{\text{CMAX},f,c}(i),\\P_{\text{O\_PUSCH},b,f,c}(j)+10\lg(2^{\mu}\cdot M_{\text{RB},b,f,c}^{\text{PUSCH}}(i))+\\\alpha_{b,f,c}(j)\cdot PL_{b,f,c}(q_d)+\Delta_{\text{TF},b,f,c}(i)+f_{b,f,c}(i,l)\end{Bmatrix}\text{（dBm）}$$

✧ 物理上行链路控制通道的功率控制

如果UE使用索引为l的PUCCH功率控制调整状态，在主小区c、载波f、UL BWP b上发送 PUCCH，则 UE 在 PUCCH 发送时刻i的 PUCCH 发送功率$P_{\text{PUCCH},b,f,c}(i,q_u,q_d,l)$为

$$P_{\text{PUCCH},b,f,c}(i,q_u,q_d,l)=\min\begin{Bmatrix}P_{\text{CMAX},f,c}(i),\\P_{\text{O\_PUCCH},b,f,c}(q_u)+10\lg(2^{\mu}\cdot M_{\text{RB},b,f,c}^{\text{PUCCH}}(i))+\\PL_{b,f,c}(q_d)+\Delta_{\text{F\_PUCCH}}(F)+\Delta_{\text{TF},b,f,c}(i)+g_{b,f,c}(i,l)\end{Bmatrix}\text{（dBm）}$$

✧ SRS 的 TCP

用于 SRS 的 TPC 有三种 DCI，即 DCI UL grant、DCI 格式 2_2 和 DCI 格式 2_3 [38，39]。

2.4.5 4G/5G 下行频谱共享

NR 与 LTE 不仅可以共享上行频谱，还可以进行下行频谱共享，并且频分复用和时分复用的共享方式均可支持。在频谱共享中，最关键的问题是如何避免两个系统的载波间干扰。

在 NR 中，下行传输使用的是 CP-OFDM 波形，与 LTE 下行传输使用的波形相同。在 LTE 的载波中进行部署时，NR 可以使用与 LTE 完全相同的子载波间隔和循环前缀，并且 NR 和 LTE 的子帧长度相同（均为 1 ms），一个子帧内的 OFDM 符号数也是相同的（均为 14 个）。由于 NR 与 LTE 之间的子载波间隔和 OFDM 符号边界可以对齐，两个系统之间的载波间干扰是可以避免的。

此外，接下来介绍的若干机制也有利于 NR 和 LTE 之间的下行资源共享。

2.4.5.1　围绕 CRS 的速率匹配

NR 支持围绕 LTE 的小区特定参考信号（CRS）的速率匹配。在 LTE 中，在有效的带宽内，CRS 将在每个有效的下行子帧和下行导频时隙中传输。比如，“always on”信号在 LTE 中被终端设备用于数据解调和信道估计等。因此，对 NR 而言，当与 LTE 在下行频谱中共存时，有必要支持围绕 CRS 的速率匹配，从而避免把下行数据映射到 LTE CRS 占用的 RE 上。

下面这些信元（Information Element，IE）将会通知给 NR 终端设备以确定 LTE CRS 的时频位置：

- LTE 载波的中心频率；
- LTE 载波的下行带宽；
- LTE CRS 的端口数；
- LTE CRS 的 v-shift 值；
- LTE MBSFN 子帧配置（可选）。

当配置了这些信元后，NR 终端设备可以获知哪些 RE 上承载了 LTE CRS，NR 终端设备将不会在这些 RE 上接收下行数据。围绕 LTE CRS 的速率匹配（1 个 CRS 端口，无 MBSFN 子帧）的示例如图 2-100 所示。

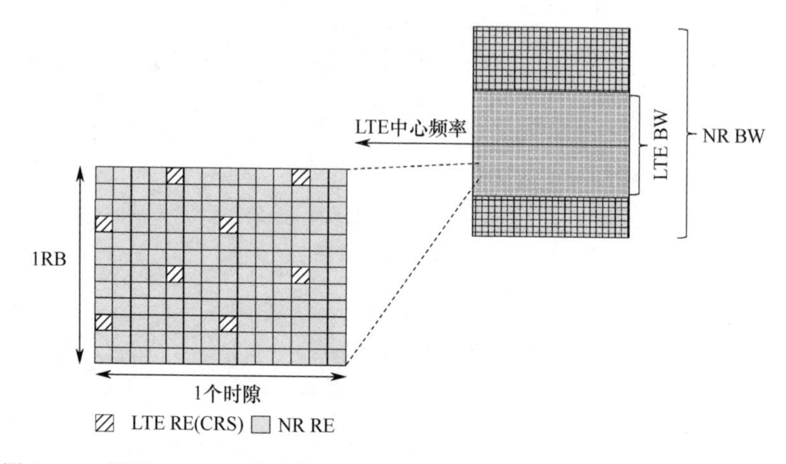

图 2-100　围绕 LTECRS 的速率匹配（1 个 CRS 端口，无 MBSFN 子帧）示例

需要注意的是，NR 仅支持在 PDSCH 中围绕 LTE CRS 进行速率匹配。NR 暂不支持在其他控制和广播信道（如 PDCCH、SSB 等）围绕 CRS 的速率匹配。

2.4.5.2　MBSFN 类型的共享

LTE 的 MBSFN 机制可用于 NR 与 LTE 的共享场景。在 LTE 中，若一个子帧被配置为 MBSFN 子帧，则该子帧分为两个区域：非 MBSFN 区域和 MBSFN 区域。非 MBSFN 区域包括一个 MBSFN 子帧中的前 1～2 个 OFDM 符号。3GPP Rel-8 LTE 标准的终端设备并不在 MBSFN 区域中接收 PDSCH 或 PDCCH。

起初，MBSFN 子帧中的 MBSFN 区域用于传输 PMCH。当 NR 与 LTE 共存时，MBSFN 的相关机制和配置方法可以复用于资源共享。这些没有 LTE PDCCH、PDSCH、CRS 传输的 MBSFN 区域可以用于 NR 的下行传输。通过 MBSFN 机制进行 LTE 和 NR 共存示例如图 2-101 所示。

对 NR 终端设备而言，LTE 的 MBSFN 配置可以是透明的、不可见的。与围绕 LTE CRS 进行的速率匹配不同，NR 基站完全可以基于实现的方式避免把 NR 终端设备调度到非 MBSFN 区域中传输。

2.4.5.3　迷你时隙（Mini-Slot）调度

NR 中，无论上行还是下行，均支持非时隙的调度，即一次传输中仅调度若干 OFDM 符号，而非调度整个时隙的资源，这种调度方式也称为迷你时隙调度。有效的起始符号和符号长度的定义见表 2-41[44]。

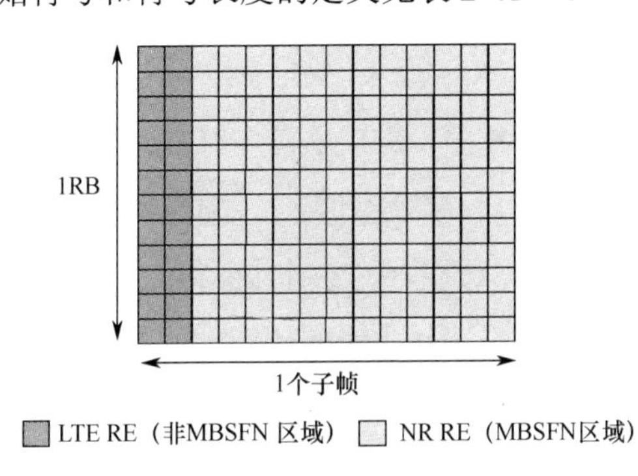

图 2-101　通过 MBSFN 机制进行 LTE 和 NR 共存示例

表 2-41　*S* 和 *L* 的有效组合

PDSCH 映射类型	正常循环前缀			扩展循环前缀		
	S	*L*	*S+L*	*S*	*L*	*S+L*
Type A	{0,1,2,3}①	{3,…,14}	{3,…,14}	{0,1,2,3}①	{3,…,12}	{3,…,12}
Type B	{0,…,12}	{2,4,7}	{2,…,14}	{0,…,10}	{2,4,6}	{2,…,12}

注：①*S* = 3，只应用在当 DM−RS−TypeA−Posiition = 3 的情况下。

在表 2-41 中，*S* 表示起始符号的索引，而 *L* 表示调度的符号长度。迷你时隙调度可用于 LTE 和 NR 共存的场景。例如：NR 终端可以被调度到那些没有承载 LTE CRS 的 OFDM 符号上进行传输；NR 终端可以被调度到 LTE 的 MBSFN 区域中进行传输。

2.4.5.4　共存频段中的同步信号和 SCS 定义

在 NR 中，SSB 包括 PSS、SSS 和 PBCH。一个 SSB 在时域上包括 4 个连续的 OFDM 符号，在频域上包括 20 个 RB。NR UE 可以通过 SSB 获取关键的系统信息，如物理小区 ID、系统帧号等。

SSB 对初始接入和下行信道测量而言非常关键，因此避免 LTE 信号干扰 NR SSB 也变得非常重要。在 LTE 中，PSS、SSS 和 PBCH 在系统带宽的中心 6 个 RB 中进行传输；而在 NR 中，SSB 的频域位置是灵活可配的，它不必在频带中心传输。与 LTE 下行共存时，NR SSB 可以通过 FDM 的方式避免与 LTE 的 PSS、SSS 和 PBCH 之间的干扰。唯一需要考虑来自 LTE CRS 的干扰，因为 CRS 总在非 MBSFN 中出现。

当与 LTE 进行下行频谱共存时，对于 3 GHz 以下频谱，NR 可以使用 SCS 为 30 kHz 的 SSB。SSB 的 SCS 为 30 kHz 时，NR 支持两种候选的样式，即 Case B 和 Case C。在 Case B 中，SSB 的首个符号在半无线帧中的索引为 $\{4, 8, 16, 20\} + 28 \times n$，其中，当载波频率位于 3 GHz 以下时（即 NR 与 LTE 的主要共存频段），$n = 0$。在 Case C 中，SSB 的首个符号在半无线帧中的索引为$\{2, 8\} + 14 \times n$，当载波频率位于 3 GHz 以下时，$n = 0, 1$。图 2-102 给出了这两种 SSB 候选样式的示例，其中 4 端口的 LTE CRS 也作为对比展示。

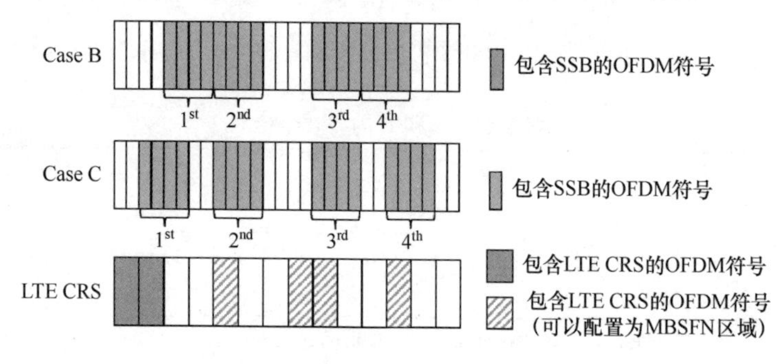

图 2-102　SSB 候选位置，SCS = 30 kHz

由图 2-102 可知，即使在最差的情况下（4 CRS 端口，无 MBSFN 配置），Case B 中仍然有 1 个 SSB 候选位置（第一个）完全不与 CRS 所在的 OFDM 符号交叠。这保证了至少存在 1 个 SSB 可以完全不被 LTE CRS 干扰地传输。另一方面，若 LTE 中配置了 MBSFN，则 Case B 中的所有 SSB 候选位置可以完全不被 LTE CRS 干扰。在这种情况下，SSB 的传输具有最高的灵活性。

2.5　5G NR 物理层新技术

2.5.1　波形和多址

OFDM 技术在 LTE 系统中得到了成功应用，但是它经历了很多年的验证，直至成熟后才被标准接纳。1998 年 6 月，对于 UMTS，ETSI 概念组最终选择了 WCDMA 而没有选取 OFDM；但是 OFDM 的研究并没有因此而停止，并且做了很多的外场测试（可参考文献[67]），3GPP 在 2002—2004 年对 OFDM 做了进一步的研究[68]。2000 年 3 月开始，3GPP 重点开展 WCDMA 的演进 HSPA 研究[69，70]，而 IEEE 802.16d/e（WiMAX）采用了 OFDM。对于 EUTRA，2004 年 12 月的 RAN#26 通过了针对 LTE 的研究，其中 OFDM 作为一个主要的候选波形，直到 2005 年 12 月 RAN#30 做出决定，LTE 下行链路采用 OFDM 波形，上行链路采用 SC-FDMA 波形，排除了多载波码分多址（Multi Carrier-Code Division Multiple Access，MC-CDMA）等候选波形[8]。

OFDM 被选择为下行波形的主要原因：支持宽带（如 20 MHz）传输的低成本和低实现复杂度，利用循环前缀可以简单地抵抗多径，以及支持不同系统带宽的可扩展性和便利性。在 LTE 中，12 个子载波组成一个 PRB。选择 12 作为单位主要考虑小数据包的资源分配大小和小包填充之间的权衡[71]。一个 0.5 ms 时隙包含 7 个或 6 个 OFDM 符号，取决于 CP 大小的选择。1 ms 子帧（两个 0.5 ms 时隙）是 0.5～2 ms 子帧长度建议的简化折中。在保持 10 ms 无线帧长度的基础上，针对多个不同子载波间隔进行了研究。最终为匹配不同的应用场景，在子载波间隔为 15 kHz 的前提下，定义了两种不同的 CP 长度，分别为 4.67 μs 和 16.67 μs。考虑到实现中的限制，资源利用效率约为 90%。

对于 LTE 上行链路，主要关注的是如何有效实现 20 MHz 带宽。20 MHz 的上行链路与当时所商用的蜂窝系统有很大的不同，所以当时非常关心功放和其他器件是否导致成本过高而无法广泛使用。另外，针对是否可以支持更小 UE 带宽的相关讨论也很多，如 10 MHz 带宽[72]，但是由于同步信号和系统带宽没有固定的关系而增加了 UE 初始接入的复杂度，这个想法最终被丢弃[73]（十几年后，NR 重复了相关的讨论，UE 支持的带宽可远小于最大载波带宽（参见本书 2.2.1 节），在 UE 带宽或系统带宽内，同步信号的位置也不固定）。PAPR 是一个很热门的课题，其很快被更精确但不那么直接的 CM 所取代[7]。单载波波形使上行链路的 CM 值大大降低，从而有利于降低 UE

的成本和功耗。DFT-S-OFDM 是一种 SC-FDMA 波形的实现方式，为了保持单载波特性，一个 SC-FDMA 符号中，数据和参考信号不能混合发送；为便于 DFT 实现而限制分配的子载波个数需要是 2、3 和 5 的倍数。另外，PUSCH 的多簇传输（具有更高的 CM）或 PUSCH/PUCCH 同时传输直到 3GPP Rel-10 才被标准化。

在 NR 阶段，又重新讨论了波形的选择，但是与 LTE 相比，波形选择的讨论时间明显缩短。3GPP 的 NR 研究项目于 2016 年 4 月开始，通过一系列的讨论，对于小于 52.6 GHz（WRC-19 识别的频率范围上限）的频率，基础波形是具有循环前缀（CP）且频谱受限的 OFDM。几种不同的频谱受限波形进行了讨论，具体包括“加窗”和“滤波”OFDM。最后，一致认为可以在载波带宽内分配更多数量的资源（例如，20 MHz 中 106 个 PRB，而不是 LTE 中的 100 个 PRB，可参见 TS38.101-1 的第 5.3.2 节），高于 LTE 的约 90%的资源利用率[74, 75]；但是，协议中并没有定义为满足这个资源利用率所要求的滤波实现方式。与 LTE 一样，RAN1 协议仍然允许基站具有比 RAN4 定义的最小需求（*X* %）[75, 76]更高的频谱利用率[77]（*Y* %）。系统频率和特定用户使用的频率示意图如图 2-103 所示。

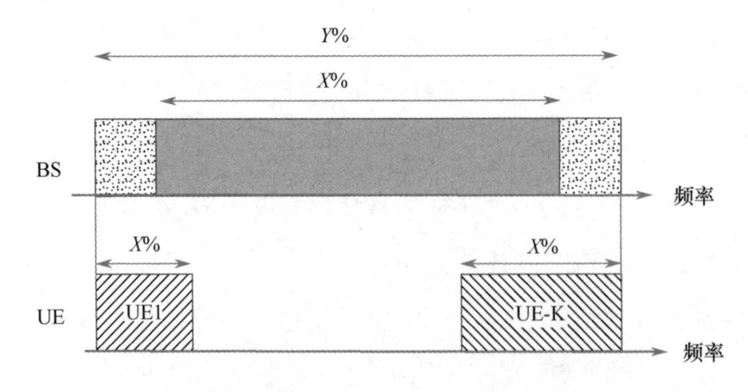

图 2-103　系统频率和特定用户使用的频率示意图

CP-OFDM 选择为 NR 下行和上行的基本波形。在开始阶段，DFT-S-OFDM 没有被选择作为上行链路的基本波形。部分原因是，NR 对非成对频谱的关注度增加，在考虑交叉链路干扰测量时，认为对称设计（包括 DM-RS 在内）是非常有吸引力的。由于 DFT-S-OFDM 具有低 PAPR 的优势，最后也被用作上行的补充波形。所有 NR UE 需同时支持 CP-OFDM 和 DFT-S-OFDM[78，79]。DFT-S-OFDM 仅适用于单流的传输，主要用于覆盖受限的场景。用于随机接入过程消息 3（Message 3，Msg 3）传输的上行波形是由 RMSI 指示的，而非回退模式 DCI 的波形是由 UE 特定 RRC 信令指示的（回退模式 DCI 使用与 Msg 3 相同的波形）。

NR 支持的调制方式与 LTE 相似，都支持从 QPSK 到 256QAM 等调制方式。FR1 的 DL 必须支持 256QAM，但是对于 UL 和 FR2，256QAM 是可选的。在 3GPP Rel-15 NR 中，不支持更高阶的调制星座，如 1024QAM，尽管其在 LTE 阶段被用于提供大容量的固定终端。

NR 和 LTE 一个显著的区别点是 NR 支持 π/2 BPSK（DFT-S-OFDM）[80,81]，与频域谱成形（Frequency Domain Spectral Shaping，FDSS）结合可降低 CM 值，如图 2-104 所示。FDSS 滤波器取决于 UE 的具体实现（Tx-FDSS 滤波器对 Rx 是透明的，即 RAN1 透明 FDSS）[82,83]。

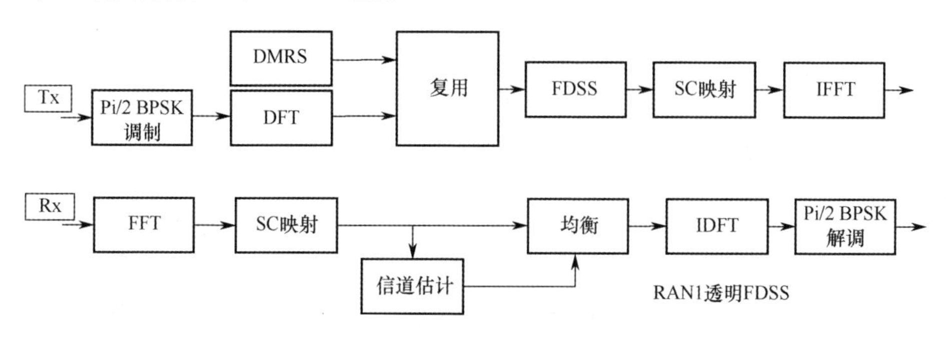

图 2-104　基于 π/2 BPSK 和 FDSS 上行传输和接收

NR 针对“DC 载波”的处理与 LTE 是不同的。DC 对齐如图 2-105 所示。LTE 的 DC 载波被预留且不用于下行的数据传输，并且在上行链路引入 7.5 kHz 移位以避免 DC 与单个子载波完全对齐。NR 的下行和上行是对称的，都不显示预留 DC 载波。发送的 DC 载波被调制（在基站或 UE 侧），而不是速率匹配或打孔。接收机可以知道发送 DC 载波是否存在于接收带宽内。在接收端，RAN1 没有对 DC 载波的处理做特殊的规定。NR 的发射机和接收机侧对 DC 载波处理不同于 LTE 的一个原因是：对于不同 UE，可能存在不同的最小带宽，其中 UE 的接收带宽不一定与基站侧载波带宽的中心对齐。

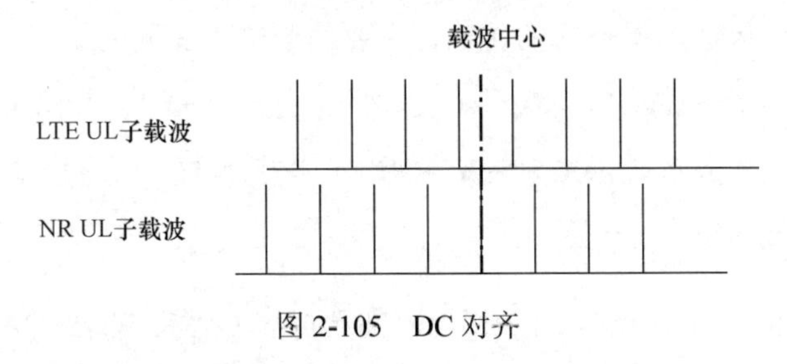

图 2-105 DC 对齐

NR 的一个重要特性是与 LTE 的共存（参见本书 2.4 节）。当 NR 和 LTE 部署在同一频段时，希望对齐 NR 和 LTE 的上行子载波以最小化子载波间干扰。因此，NR 引入上行子载波偏移 7.5 kHz 的情况。在这种场景下，LTE 和 NR 上行链路的子载波将对齐。上行栅格偏移 7.5 kHz 示例如图 2-106 所示。

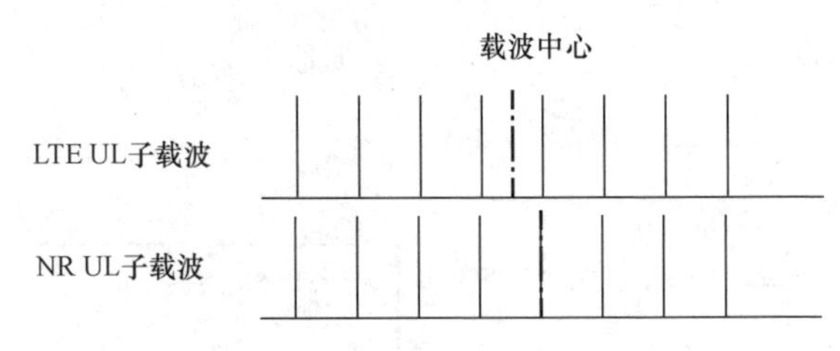

图 2-106 上行栅格偏移 7.5 kHz 示例

2.5.2 信道编码

对于每一代蜂窝通信系统，支持峰值数据速率的信道编码对硬件都是一个挑战，5G NR 也不例外。LTE 的高端 UE 具有非常高的速率（如 UE cat.26 大约 3.5 Gbps），理论上 LTE 可以满足超过 20 Gbps 的 ITU 要求（32 个载波，20 MHz/载波，256QAM/1024QAM）。5G NR eMBB 将支持 20 Gbps 或更高的速率，与 LTE 相比，NR 第一个版本将提供类似或更大的峰值速率，并且随着时间推移，其所支持速率将更高。对于长码块和高数据速率，面临的挑战是在合理的实现复杂度和译码时延前提下如何达到良好的（接近香农极限）性能。相对于咬尾卷积编码（Tail Biting Convolutional Code，TBCC），短码块（小于几百比特）的性能还有提升的空间（1～2 dB）。此外，NR 必须保持类似 LTE 调度的灵活性和对 HARQ 的支持。这些功能对于实际网络中的调度和自适应调制编码（Adaptive Modulation and Coding，AMC）是必不可少的。

除长码块之外，对短码块长度的关注也是 NR 与 LTE 的一个显著区别。在考虑系统的峰值数据速率性能时，长码块将决定“极端情况”下的实现复杂性和译码时延，然而短码块可能决定整个系统的性能。在 TR 36.822 中显示后台业务、即时消息、游戏等小于 200 Byte 的数据包占有很大比例（约 50%～90%）；另外，系统信息、RRC 信令、L1 DL/UL 控制通常都小于 200 Byte。小数据包和控制信息的性能将限制系统链路预算和系统覆盖范围。当数据采用波束成形，并且具有比控制更大的覆盖范围时，控制信道的覆盖将会特别重要。

与 LTE 一样，NR 的信道编码讨论分为两个阶段：信道编码类型选择和相应的码设计。

- LTE 信道编码类型选择：2005 年 4 月至 2006 年 8 月期间，候选信道编码方案有 WCDMA Turbo、非竞争 Turbo 码和 LDPC。
- LTE 信道编码详细设计：2006 年 11 月到 2008 年 2 月期间，以非竞争 Turbo 码设计为主（对于控制信道关注度不高，2007 年 3 月，TBCC 被选为控制信道编码）。
- NR 信道编码类型选择：2016 年 4 月至 2016 年 11 月期间，候选信道编码方案有非竞争 Turbo 码（简称 Turbo 码）、LDPC 码、Polar 码，控制信道也考虑 TBCC。
- NR 信道编码详细设计：2016 年 11 月或 2017 年 1 月至 2017 年 12 月期间，主要采用 LDPC 码和 Polar 码设计。

NR 信道编码的讨论主要集中在 Turbo 码（LTE 采用）、LDPC 码（LTE 时期讨论过，Wi-Fi 采用）和 Polar 码（新的信道编码）。在 LTE 信道编码类型选择阶段，尽管 LDPC 码[84]是个较早的概念，但当时与 Turbo 码相比，其被认为设计不太灵活，实现也还不成熟。因此，LTE 选择 Turbo 码作为信道编码，为了提升译码并行速度，将 HSPA 中使用的 Turbo 码版本进行了适当的改进[2]。在此后的十年中，对 LDPC 码有了更好的认识且并被用于 IEEE 802.11n 和 IEEE 802.11ac [85]。Polar 码实现相关的文献较少，但是 Polar 码被认为可以以低复杂度的简单译码实现高数据速率，以及提高小码块的性能[86]。尽管 Turbo 码得到了广泛应用，但 Turbo 码在达到 NR 所要求的峰值速率时，其芯片面积和能效相对于其他编码方案是一个挑战[79]。NR 信道编码的特性见表 2-42，表中简明扼要地给出了信道编码方案选择的要点。

表 2-42　NR 信道编码的特性

影 响 因 素	LTE（Turbo 码）	LDPC 码	Polar 码
成熟度	成熟度高并被广泛使用	成熟度高并被广泛使用	NR 之前没有商用先例
性能	长码块性能好	长码块性能好	长短码块性能好
复杂度	吞吐量和面积效率不高	吞吐量高，面积效率高	对于短码长 L=8 的列表译码是可实现的
在高数据速率下的时延	可并行译码，不确定是否满足要求	并行度最高	可接受
灵活性	可接受	可接受	可接受
其他	可支持 CC 和 IR	可支持 CC 和 IR	可支持 CC 和 IR

2.5.2.1　LDPC

LDPC 码用于 NR 的下行和上行数据传输。针对不同的码块长度（大小码长），具有两种校验矩阵的基本图。LDPC 码使用（$N-K$）×N 校验矩阵，每 K 个信息比特，产生 N 个编码比特。校验矩阵是由一个基图表示，基图的元素由 Z 大小的子矩阵表示。NR 有两个基图（Base Graph，BG）：BG1 和 BG2。第一个基图（BG1）大小为 46×68，Z 可从{2,3,4,…,320,352,384}等 51 个值中选取。可直接支持 K=22×Z 的信息块大小，对于 Z=384，K 值最大，即 K=8 448。第二基图（BG2），针对较小的块长度，其大小为 42×52，Z 选择与第一个基图类似，K 值最大为：K=3 840=10×Z，N=50/10×K。子矩阵可以是 0、单位矩阵或循环移位单位矩阵。

NR DL 框图如图 2-107 所示。与 LTE 类似，NR 定义了速率匹配和分段 /

级联。大的信息块被分割成多个编码块，如 LTE 一样，每个块有一个 CRC。速率匹配支持其他信息大小、编码速率和 IR-HARQ。前 $2\times Z$ bit 不包括在循环缓冲器中，因此 BG1 的母码码率（Mother Rate）为 22/66=1/3，N=66/22×K。与 LTE 一样，NR 定义了用于 HARQ 的四个冗余版本，可以配置有限缓冲速率匹配（Limited Buffer Rate-Matching, LBRM）。在速率匹配之后用于比特交织器，以便将比特随机分配到高阶调制符号中以获得增益。

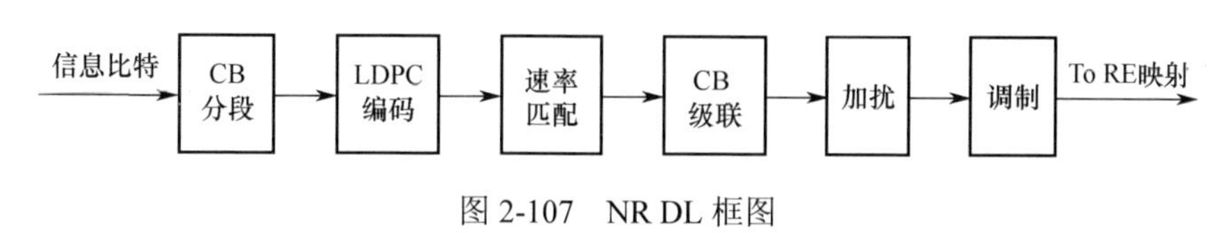

图 2-107　NR DL 框图

所选择的 LDPC 码具有很好的可实现性，例如，准行正交（Quasi-Row Orthogonal,QRO）、双对角等。LDPC 码的双对角结构如图 2-108 所示。

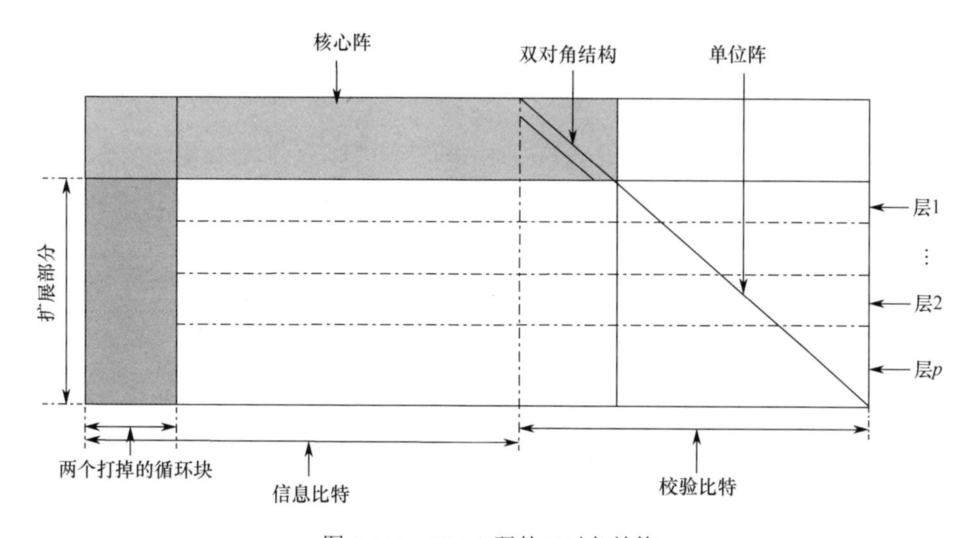

图 2-108　LDPC 码的双对角结构

通常同一码块的初始传输和重传都使用同一基图。两个 LDPC 基图在 NR 中的应用如图 2-109 所示，此图形象地说明了 BG1 和 BG2 的使用范围与编码码率（高达 0.95）和信息比特数（高达 8 448 bit）有关。当有效编码码率大于 0.95 时，UE 可以不进行译码，直接跳过（某些 CB 在编码速率大于 0.92 时可能就无法译码了）。

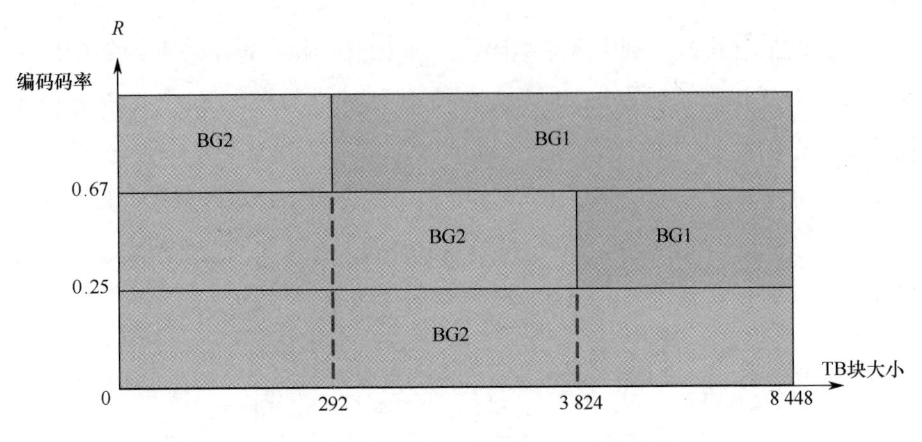

图 2-109　两个 LDPC 基图在 NR 中的应用

2.5.2.2　Polar 码

Polar 码用于控制信息，包括下行 DCI、上行 UCI，以及 PBCH，每种情况下的码结构和设计略有不同。NR 中的 Polar 码的信息块大小小于数据信道的信息块，DCI 的 K 最大值为 140 bit，而 UCI 的则为 1 706 bit（分段之前）。针对 UCI 和 DCI 进行速率匹配，但是仅对 UCI 进行码块分割和比特交织。与 LTE 一样，对于不同大小的 UCI 使用不同的编码，如重复、RM 码等[39]。

Polar 码的信息序列的位置可以根据可靠性进行排序。最可靠的位置用于辅助译码的重要“辅助”比特（例如，CRC 比特或其他比特），依次是其他输入信息比特，“冻结”比特位于最低可靠的位置。在译码器中，这些最低可靠性位置将被设置为译码器中的已知值（例如 0）。

Polar 码的编码流程如图 2-110 所示。输入信息比特与辅助比特放在一起生成编码向量。使用长度为 2 的幂次方（大于输入加上辅助比特的和）的极化序列生成编码向量，该极化序列按可靠性的升序进行排列。在 Arikan 编码之后，执行速率匹配以产生输出码字。

对于 DCI 码构造，辅助比特是 24 位 CRC 比特。CRC 移位寄存器的初始化值为全 1。长度为 164 的交织器在编码向量内把 CRC 比特分散开，以帮助译码器可提前终止译码。Polar 码序列的长度为 512 bit，然后进行速率匹配（子块交织、比特收集）。DCI 不使用分段和比特交织操作。NR DCI 采用的 CRC 长度大于 LTE 的 16 bit CRC 长度，主要原因是 NR DCI 需要更多的盲检测并且 CRC 比特也用于 Polar 编码，其目标虚警概率与 21 bit CRC 相当。

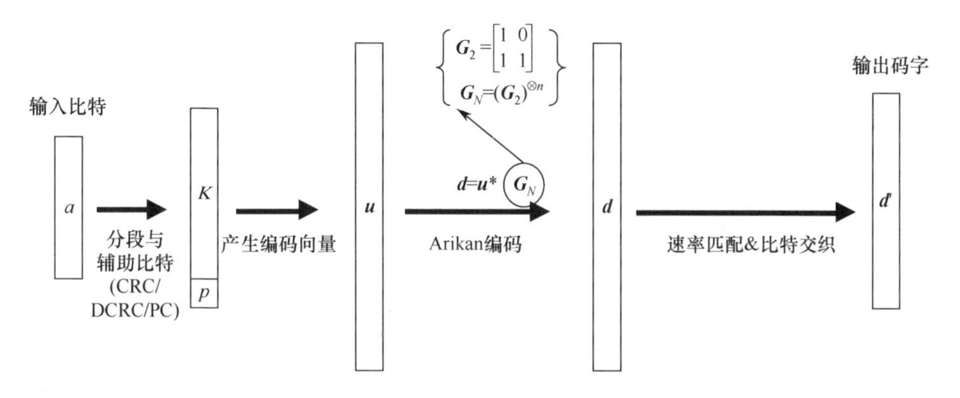

图 2-110 Polar 码的编码流程

对于 UCI 编码，信息比特长度为 20 或更长时，其中 11 位的 CRC 作为辅助比特；对于更短的信息比特，其中的 6 bit CRC 和 3 bit 的奇偶校验（Parity Check，PC）位被使用。CRC 移位寄存器初始化值为全 0。CRC 比特只是级联，不经过交织器。PC 比特的位置是从为信息位保留的最高可靠位集合中选择的。译码器知道相应的位置和计算方法。UCI 字段的排列顺序依次是 CSI-RS 资源指示（CSI-RS Resource Indicator，CRI）、RI、填充位（如果存在）、PMI、CQI。极化序列的长度为 1 024，速率匹配还包括比特交织。当 $K\geqslant 360$ 和 $M\geqslant 1\,088$ 时（其中 M 是 UCI 的编码比特长度），分段和码块级联被使用。

NR PBCH 的 Polar 编码与 DCI 相同：具有分布式 CRC 的极化编码（32 个信息位加上 24 位 D-CRC，N_{max}=512）。PBCH 的编码步骤包括有效载荷生成、加扰、CRC 添加、信道编码和速率匹配。有效载荷生成独立于 PBCH，PBCH 各字段（例如，SS 块时间索引、切换情况下的 SFN 比特等）按照特定顺序放置，其短期不变值有助于改进 PBCH 译码器性能和降低译码时延。NR 控制信道的信道编码方案汇总见表 2-43[87]。

表 2-43　NR 控制信道的信道编码方案汇总

控制信道内容	UCI					BCH[①]	DCI
信息比特长度（不包括 CRC）	$K=1$	$K=2$	$2<K\leqslant 11$	$11<K\leqslant 19$	$19<K$	K=32	$11<K$（小于 12 bit，填充到 12 bit）
章节（TS38.212）	重复码 5.3.3.1	简单码 5.3.3.2	块码 5.3.3.3	极化码 5.3.1.2	极化码 5.3.1.2	极化码 5.3.1.2	极化码 5.3.1.2
n_{max}	N/A	N/A	N/A	10	10	9	9
CRC 多项式	N/A	N/A	N/A	g_{CRC6}（D）	g_{CRC11}（D）	g_{CRC24C}（D）	g_{CRC24C}（D）
初始化 CRC 余数	N/A	N/A	N/A	0x00	0x000	0x000000	0xFFFFFF
最大分段数	N/A	N/A	N/A	1	2	1	1
信息比特交织（I_{IL}）	N/A	N/A	N/A	No（0）	No（0）	Yes (1)	Yes (1)
奇偶校验比特(n_{PC})	N/A	N/A	N/A	3	N/A	N/A	N/A
最高可靠性位置集合对应的最小行重的奇偶校验比特数(n_{PC}^{wm})	N/A	N/A	N/A	0 或 1	N/A	N/A	N/A
编码比特交织(I_{BIL})	N/A	N/A	N/A	Yes (1)	Yes (1)	No (0)	No (0)

2.5.3　MIMO 设计

在 NR 系统中，MIMO 整体设计与 LTE 系统 3GPP Rel-14/Rel-15 标准接近，其主要的差别见表 2-44。

表 2-44　5G MIMO 特性的总结

维　度	描　述
参考信号结构	去除了 CRS，引入 PT-RS 用于相位噪声补偿，同时扩展 CSI-RS 配置用于多种功能包括时间和频率精同步、QCL 假设、RRM 测量、CSI 获取和波束管理等
DM-RS	扩展了 DM-RS 设计，使得配置更加灵活。引入前置 DM-RS（低时延）和增量 DM-RS（高移动性）的设计框架。引入类型-1 和类型-2 两种 DM-RS 配置。DM-RS 配置可以灵活占用 1 个或 2 个 OFDM 符号，并支持最大 12 层正交 DM-RS 端口
CSI-RS	扩展了 CSI-RS 图样、符号以及用途，可以通过配置 CSI-RS 用于时间和频率精同步、波束管理和 RRM 等。同时更多的时域和频域位置、图样，以及密度可供配置

① 编者注：BCH 码取自 Bose、Ray-Chaudhuri 和 Hocquenghem 的缩写，是编码理论尤其纠错码中研究得比较多的一种编码方法。BCH 只用于传输 MIB 信息，并映射到物理信道 PBCH。

（续表）

维 度	描 述
SRS	类似于 Rel-15 LTE 系统中的 SRS，增强支持 4 端口 SRS 天线选发，载波切换发送，以及支持基于非码本的上行 MIMO 传输
可配置扰码和初始化	适用于上下行数据、PUCCH，以及上下行参考信号。默认为小区 ID，但可以使能用户为中心的网络服务
波束管理	NR 系统新的特性，一般用于高频（低频也可以用）。通过 RRC/MAC-CE 配置以及 TCI 动态指示。上行波束管理可以通过空域关系指示波束
波束失败恢复（BFR）	NR 系统新的特性。用户通过测量下行参考信号 CSI-RS/SSB 来检测波束失败以及新的候选波束，通过发送 PRACH 上报，并检测 CORESET 获得基站回复消息
下行 MIMO	NR 系统扩展了 CSI 的反馈架构，支持波束管理，支持基于 NZP CSI-RS 的干扰测量。NR 的下行 MIMO 还支持非透明的 MU-MIMO 传输，以及简化的码字与层映射。NR 支持类型-1 和类型-2 码本，类型-1 码本与 3GPP Rel-13/Rel-14 LTE 码本类似，类型-2 码本为高精度码本
上行 MIMO	支持基于码本的上行传输，具体码本在 LTE 系统基础上有所扩展；并引入了基于非码本的上行传输，相比较基于码本的上行传输方案有更高的预编码精度。一般需要下行信号辅助获得候选预编码，并通过 SRS 发送给基站，基站选择最优预编码

如本书 2.2.4 节中物理层参考信号的讨论，NR 中摒弃了小区级参考信号，整个参考信号的设计框架需要随之调整。在 NR 系统中，下行 MIMO 传输仅基于 DM-RS 解调，并由 TRS 辅助同步以及 PT-RS 相位补偿（在高频段）。需要注意的是，上行和下行在 NR 系统中没有标准化发送分集，意味着在某些场景下，NR 系统性能受限（例如高速场景）。

在 NR 系统中，基站侧可以采用大规模天线，而用户侧天线数量非常受限制，因此 MU-MIMO 是真正获得多天线空间复用增益来提高频谱效率的关键技术。为了获得 MU-MIMO 系统性能和参考信号开销的折中，NR 系统增强了 DM-RS 的设计，并支持显性通知多用户的 DM-RS 端口。另外，在 NR 系统中码字与层映射和 LTE 也有所不同。

在 NR 系统中，CSI 上报框架也在 LTE 系统框架上进行了扩展，使得能够支持一些新的特性，例如波束管理，基于 NZP CSI-RS 的干扰测量等。同时，NR 系统中，对于码本设计进行了增强和扩展，支持了多面板传输，以及更高的 CSI 反馈精度。

对于上行 MIMO，除了基于码本的 MIMO 传输方案，NR 系统引入了基于非码本的上行 MIMO 传输方案。在高频段，NR 系统引入了波束管理（BM）和波束失败恢复（Beam Failure Recovery，BFR）等技术。

虽然不像 LTE 系统支持多个传输模式，NR 系统只定义了一个基于 DM-RS 的下行闭环 MIMO 的传输方式，但 NR 系统的传输方式是一个灵活可配的模式，包括了很多的配置功能，例如，波束管理、灵活的参考信号配置，以及其他的相应增强。NR 系统大约支持 50 多个用户能力以及 200 多个 RRC 参数，相比于 LTE 系统有大量增加。一方面给系统带来了较大的灵活性，但同时也需要网络侧和终端侧协作选择正确的配置而发挥最好的 NR 系统性能。

2.5.3.1 基于 DM-RS 的 MIMO 传输

在 NR 系统中，上下行数据传输（PUSCH 和 PDSCH）都基于 DM-RS 解调。DM-RS 的设计可以参看本书 2.2.4.2 节。对于 SU-MIMO，NR 系统支持下行最大 8 个正交 DM-RS 端口以及最大 4 个上行 DM-RS 端口。对于 MU-MIMO，NR 支持上 / 下行最大 12 个正交的 DM-RS 端口。基于 DFT-S-OFDM 的上行传输，NR 仅支持每个用户单层的数据传输。基于 CP-OFDM 波形的传输，实际支持的最大端口数与 DM-RS 的类型配置以及最大 OFDM 符号数有关，见表 2-45。

表 2-45 用户支持的最大 DM-RS 端口数（CP-OFDM）

DM-RS 配置	单用户 MIMO 传输支持的最大端口数（CP-OFDM）		多用户 MIMO 传输支持的最大端口数（CP-OFDM）	
	下行	上行	下行	上行
DM-RS 类型-1（1 符号）	4	4	2	2
DM-RS 类型-1（2 符号）	8	4	4	4
DM-RS 类型-2（1 符号）	6	4	4	4
DM-RS 类型-2（2 符号）	8	4	4	4

下面详细介绍码字与层映射、PRB 绑定和 MU-MIMO 的 DCI 设计等。

2.5.3.1.1 码字与层映射

在 LTE 系统中，若大于 1 层的数据传输，会映射到两个码字上。在 NR

系统中，在 1～4 层数据传输时都只会映射到一个码字上，而在 4 层以上的数据传输时才会映射到两个码字上。这样的设计主要是综合考虑了用户实现复杂度、信令开销、链路自适应的稳健性以及解调性能等方面而实行的。由于一个码字只能对应一个 MCS 等级以及一个 CQI 反馈，在不同链路（MIMO 层）信道质量差别比较大时，可能存在系统性能损失。

当 5 层或 5 层以上数据传输时，$\lfloor L/2 \rfloor$层映射到第一个码字（CW0），剩下的层则映射到第二个码字（CW1），其中 L 表示总的层数。在映射编码后的符号时，映射的次序为：首先是不同传输层，其次是频域（子载波）映射，最后是时域（OFDM 符号）映射。

2.5.3.1.2　PRB 绑定

预编码频域粒度的设计需要同时考虑 DM-RS 信道估计性能和预编码精度。类似于 LTE 系统中的预编码资源块组（Precoding Resource block Group，PRG）设计，用户假设在一个 PRG 内连续 RB 上的预编码是相同的。LTE 系统中的 PRG 大小和系统带宽绑定，而在 NR 系统设计中 PRG 大小是可配置的，PRG 的可选配置值包括 2、4 或全带宽，由 RRC 和 DCI 配置和指示。如果 PRG 配置为全带宽，则用户假设所调度的带宽上使用同一个预编码，且此时的调度带宽不允许非连续 RB。如果配置的 PRG 大小为 2 或 4，则对应的带宽会被分成 2 和 4 RB 大小的资源块，且在多用户配对时，用户间资源分配以 PRG 为单位对齐。PRG 是按照不同用户配置的，在 RRC 配置前或 DCI 格式 1_0 时，默认的 PRG 值为 2。

PRG 的值可以由 RRC 配置 1 个值；或者 RRC 配置多个值，再通过 1 比特 DCI 动态指示。如果 RRC 配置了所有 3 个候选值，则分成 2 组，此时 1 比特的 DCI 只能用于指示选择了哪一组。若选择的一组中有两个值，实际应用的值由调度带宽是否大于系统带宽的一半来决定。具体的 PRG 值的取值流程如图 2-111 所示。

值得注意的是，NR 系统在连续子帧 PDSCH 传输时也支持 DM-RS 跨子帧时域绑定。

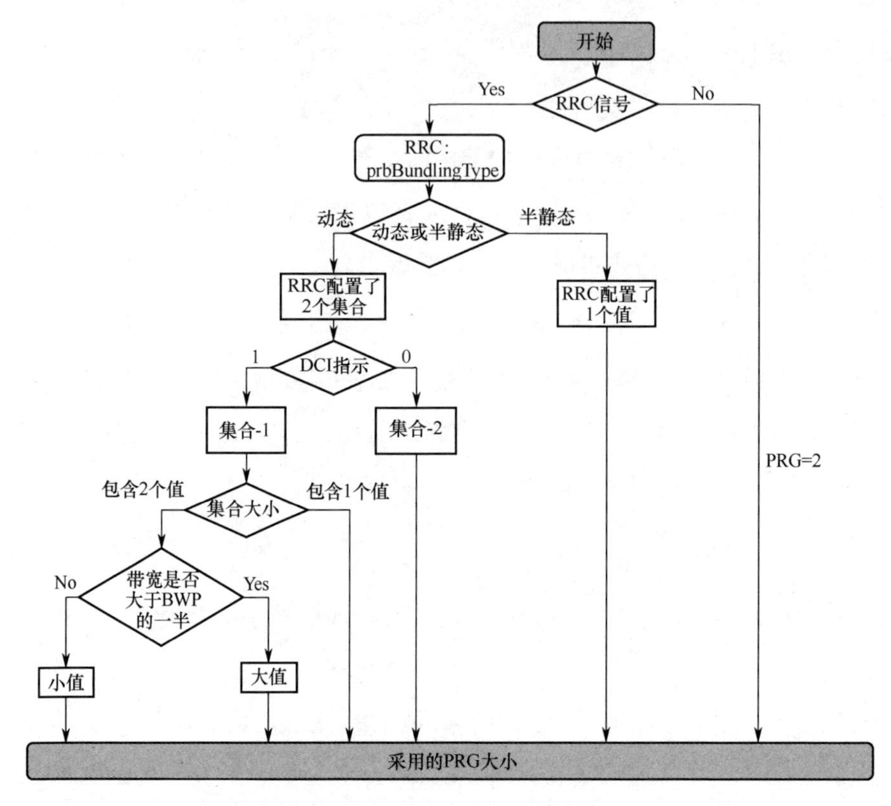

图 2-111　决定 PRG 大小的流程

2.5.3.1.3　MU-MIMO 的 DCI 设计

为了提高系统频谱效率，NR 系统支持 MU-MIMO 传输和接收，并根据信道条件、用户分布和数据业务等自适应动态调整 SU 或 MU-MIMO 传输。这就意味着 MIMO 传输层数以及多用户占用的 DM-RS 端口在时间（每次传输可能不同）和频率上（不同 RBG 上的调度不同）都会动态变化。传输层数越多，则传输速率越高，但对应的 DM-RS 开销也越大。在 NR 系统中，除通知给本用户的 DM-RS 端口之外，DCI 也同时通知不能传输数据的 DM-RS CDM 组信息。这些 CDM 组对应的 RE 可能被其他用户的 DM-RS 占用，为减少干扰，不放置数据。这个信息在一定程度上显性地动态指示了 MU-MIMO 传输以及 DM-RS 开销，而这种部分的显性信令通知使得 NR 系统中多用户传输介于透明 MU-MIMO（本用户不知道其他配对用户信息）和非透明 MU-MIMO（本用户知道其他配对用户信息）之间。

2.5.3.2　CSI 获取

为了支持下行 MIMO 传输，尤其是针对 FDD 系统，信道状态信息（CSI）需要从用户侧反馈给网络。网络基于 CSI 反馈决定配对用户、预编码、MCS 等级和传输层数等。

2.5.3.2.1　CSI 获取的配置以及信令框架

为了获取信道状态信息、用户测量信道和干扰，并生成需要的 CSI 上报信息，再通过反馈信道（PUCCH 和 PUSCH）及时（周期、非周期和准周期的反馈）上报给网络。NR 系统定义了用于 CSI 获取的配置和信令框架，主要包括三部分：资源设置、上报设置和上报触发机制。资源设置以及上报设置如图 2-112 所示。

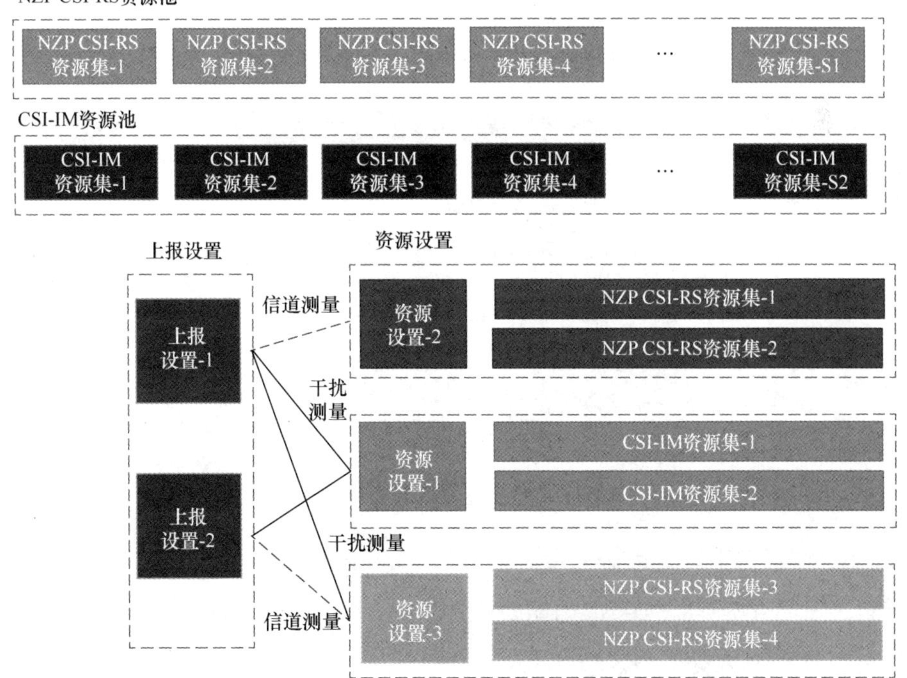

图 2-112　资源设置以及上报设置

一个资源设置包括一组 CSI 资源集，每一个 CSI 资源集由一组 NZP CSI-RS 资源，或者一组 SS/PBCH 块资源，或者一组 CSI-IM 资源组成。NZP CSI-RS 资源集、SS/PBCH 块资源，以及 CSI-IM 资源集都在一个用户载波（CC）或 BWP 定义的资源池中编号。每个用户在一个载波或 BWP 上可以配置多个资源设置。

用户也可以被配置多个上报设置，每一个上报设置需要配置信息用于用户测量和上报。这些信息包括信道测量资源、干扰测量资源、上报类型（周期、准周期或者非周期）、上报内容、上报带宽配置（宽带或者子带）、信道测量和干扰测量的时域限制、码本配置、基于波束组的上报、CQI 表格、子带大小和非 PMI 的端口指示等。CSI 获取的上报触发机制如图 2-113 所示。

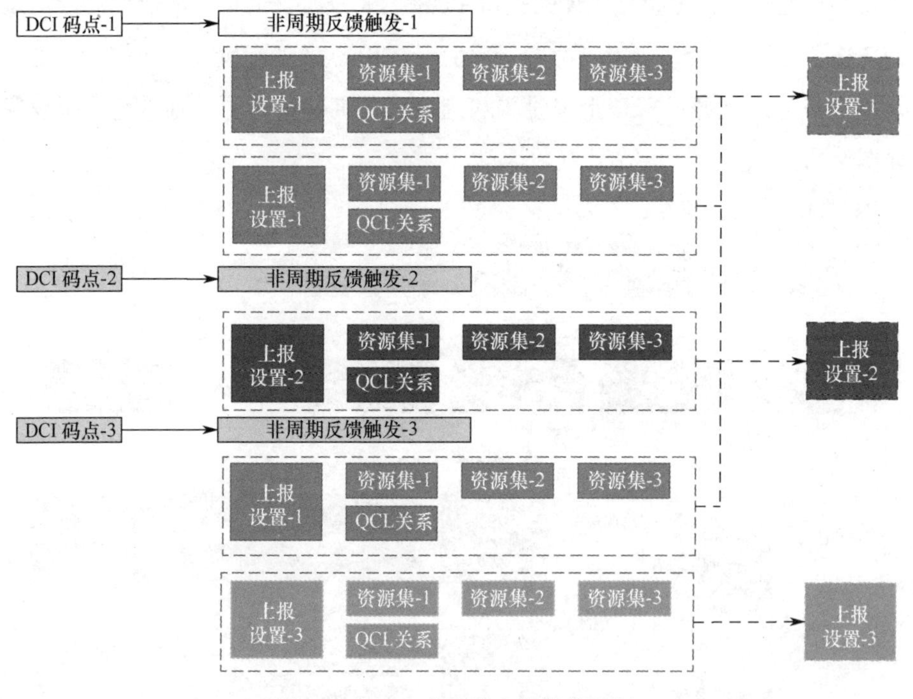

图 2-113　CSI 获取的上报触发机制

对于非周期 CSI 上报，网络可以配置一组触发状态，再由 DCI 域中 CSI 请求触发 CSI 上报。对于准周期的 CSI 上报，网络也可以配置一组触发状态，再由 DCI 触发 CSI 上报。

对于非周期 CSI 上报，DCI 中 CSI 请求的域所对应的每一个值都代表一个触发状态，每一个触发状态对应一组上报的配置信息。如果一个上报设置所对应的一个资源设置中包含多个非周期 CSI-RS 资源集，则只有一个非周期的 CSI-RS 资源集与触发状态对应。另外，可以通过高层信令配置每个触发状态所对应的 CSI-IM 或 NZP CSI-RS 资源集用于干扰测量。用户根据触发状态中的配置进行测量以及非周期上报 CSI。

2.5.3.2.2　CSI 测量

根据本书 2.5.3.2.1 节所述，用于 CSI 上报的信道测量和干扰测量资源可以在上报设置中配置 1 个、2 个或 3 个资源设置。当只有一个资源设置被配置时，就只能配置信道测量的资源，且只能用于 L1-RSRP 的测量和反馈（即只能用于波束管理）。当两个资源设置被配置时，一个资源设置用于信道测量，另一个用于干扰测量。干扰测量资源可以配置为 CSI-IM 或 NZP CSI-RS。当 3 个资源设置被配置时，第一个资源设置用于信道测量，第二个设置利用 CSI-IM 用于干扰测量，第三个设置利用 NZP CSI-RS 用于干扰测量。

NZP CSI-RS 和 SS/PBCH 块资源都可以作为信道测量资源，而只有 NZP CSI-RS 和 CSI-IM 可以作为干扰测量资源。若 CSI-IM 作为干扰测量，则 CSI-IM 对应的 RE 上没有信号传输，用户认为这些 RE 上的接收功率就是干扰。若 NZP CSI-RS 作为干扰测量，则用户会假设：

- 每一个 NZP CSI-RS 端口都对应干扰测量的一个干扰传输层。
- 所有 NZP CSI-RS 端口上的干扰传输层的测量都需要考虑 EPRE 的影响。
- 考虑信道测量资源或干扰测量资源（包括 NZP CSI-RS 与 CSI-IM）上的其他干扰。

用户累计这些测量资源上的干扰，并通过 CSI 上报。通过联合网络的干扰配置方式和用户的测量行为，NR 系统可以高效地获得精确的用户间干扰，并通过链路自适应来提高系统性能。举个例子，网络侧发送经过波束赋形的 CSI-RS 用于干扰测量，其中波束赋形的 CSI-RS 的每个端口模拟了配对用户的一层数据传输。用户测量这些 NZP CSI-RS 资源上的干扰，并把 MU 配对用户的干扰信息反映在 CQI 上并上报给基站，网络侧获得的准确的 CQI 信息用于链路自适应调整。类似的，基于 CSI-IM 和 NZP CSI-RS 的联合干扰测量，用户可以获得精确的小区间的干扰和小区内配对用户间的干扰信息，而基站通过用户上报的精确的 CQI 来调整链路发送来提高系统性能。

2.5.3.2.3 反馈信息计算和上报

在 NR 系统中，用于表征 CSI 的参数包括：CSI-RS 资源指示（CSI-RS Resource Indicator，CRI）、SSB 资源指示（SSB Resource Indicator，SSBRI）、层 1 参考信号接收功率（Layer 1 Reference Signal Received Power，L1-RSRP）、秩指示（Rank Indicator，RI）、预编码矩阵指示（Precoding Matrix Indicator，PMI）、层指示（Layer Indicator，LI）和信道质量指示（Channel Quality Indicator，CQI）。下面对这些参数进行简要介绍。

- **CRI** 用于指示一组 CSI-RS 资源中选定的 CSI-RS 资源。CRI 上报可以用于配置了多个 CSI-RS 资源的 CSI 测量上报中，也可以用于在波束管理的上报中。对于波束管理，如果高层参数 repetition 配置成 on，则表示网络侧相同波束重复发送，用于接收端波束扫描。而如果高层参数 repetition 配置成 off，则表示网络侧波束不重复发送，用于发送端的波束扫描。接收端波束扫描不需要反馈，而发送端波束扫描需要反馈 CRI 或 SSBRI。

- **SSBRI** 类似于 CRI，用来指示用于测量上报的多个 SSB 资源中被选定的 SSB 资源。SSBRI 和 CRI 一般用于发送端波束扫描的最优波束上报。

- **L1-RSRP** 用于测量 SSBI 对应的 SSB 资源的接收功率或 CRI 指示的 CSI-RS 资源的接收功率，并上报给网络侧用于波束选择更新。

- **RI** 用于上报用户选择的 PDSCH 的传输层数。

- **PMI** 用于上报在码本中选择的预编码矩阵。具体内容在 3GPP TS 38.214 的码本和 PMI 章节中有详细介绍[44]。

- **LI** 用于指示 PMI 对应的预编码矩阵中信道质量最好的列，其所在码字对应最大的 CQI。如果两个宽带的 CQI 相同，则 LI 对应的第一个码字的最强层。

- **CQI** 用于根据信道和干扰测量上报信道质量。CQI 索引与一个 PDSCH 的传输块调制阶数、目标码率、传输块大小，以及占用的 CSI 参考资源相关，且对应一个目标的传输块错误概率。值得注意的是，NR 系统中传输块误码率有两个，一个是 0.1 对应一般的业务，另一个是 0.000 01 对应 URLLC（超可靠低时延）业务。对于 CSI 反馈，CSI 参考资源在频域上定义为测量 CSI 的带宽对应的下行物理资源块，在时间上定义为与上报时间、上下行参数集（子载波间隔等）、CSI 测量资源以及 UE 能力相关的下行子帧。另外，在计算 CQI 时，用户需要假设 PDSCH 的传输情况，一般需要假设控制信道对应的 OFDM 符号数，PDSCH 对应的 DM-RS 配置，其他信道或信号的开销，信道编码的冗余版本，PRB 绑定大小，PDSCH 层数等。

需要注意的是，不同 CSI 参数之间有相关性。具体来说，RI 的计算是基于上报的 CRI，PMI 的计算是基于上报的 RI 和 CRI，CQI 的计算是基于上报的 PMI、RI 和 CRI，而 LI 的上报基于上报的 CQI、PMI、RI 和 CRI。

在上报设置中，网络会给用户配置一组上报的联合 CSI 参数：“none”“cri-RI-PMI-CQI”“cri-RI-i1”“cri-RI-i1-CQI”“cri-RI-CQI”“cri-RSRP”“ssb-Index-RSRP”“cri-RI-LI-PMI-CQ”。当配置 none 时，用户不上报任何信息。当配置为“cri-RI-i1”时，一般用于类型-1 单面板的码本的反馈，用户根据该码本上报宽带 PMI（即“i1”），另外上报 CRI 和 RI。当反馈内容配置为“cri-RI-i1-CQI”时，除前述上报内容外，还需要计算宽带 CQI 并上报，其中 CQI 计算是根据宽带以及假设的一组预编码（对应同一个“i1”但是不同的“i2”），其中用户假设的每个 PRG 的预编码（与“i2”对应）是随机从一组预编码中选出的。当反馈内容配置为“cri-RI-CQI”时（即非 PMI 上报模式），用户根据选定的 CSI-RS 资源以及高层参数指示的端口计算 CQI。

CSI 上报过程包括信道和干扰估计与测量、码本选择、反馈信道编码与调制等，因此依赖于用户的计算和存储能力。但是，对于不同反馈类型所需要的计算和存储的资源量以及资源的复用都较难计算。在 NR 协议中，用户支持的一个 CSI 计算量称为 CSI 处理单元（CPU），用户需要上报支持的 CPU 数量用于配置 CSI 计算和上报。每个 CSI 处理上报需要占用 CPU 资源，其实际占用的时间（OFDM 符号数）由上报内容和上报状态决定。如果 CSI 上报超过了用户的 CPU 量，用户将根据 CPU 占用时间以及优先级决定只更新部分的 CSI 上报。其中，CSI 上报的优先级与上报类型相关：基于 PUSCH 的非周期 CSI 上报＞基于 PUSCH 的准周期 CSI 上报＞基于 PUCCH 的准周期 CSI 上报＞基于 PUCCH 的周期反馈，而 CSI 上报的内容优先级为 L1-RSRP＞其他的类型，接着是根据小区序号优先级，最后根据上报设置的序号优先级。当物理信道所承载的 CSI 上报在一个载波上至少一个 OFDM 符号上有重叠时，这个优先级次序也可以用于决定是否或哪个 CSI 上报可以被扔掉。

CSI 上报可以承载在 PUSCH 或 PUCCH，见表 2-46。

表 2-46　CSI 上报可以承载在 PUSCH 或 PUCCH

	周期 CSI	准周期 CSI	非周期 CSI
码本以及上报信道	CSI 类型-1 • 短 PUCCH • 长 PUCCH	CSI 类型-1 • 短 / 长 PUCCH • PUSCH CSI 类型-2 • 长 PUCCH（只针对 CSI 的第一部分） • PUSCH	CSI 类型-1 • 短 PUCCH • PUSCH CSI 类型-2 • PUSCH

2.5.3.2.4　用于 PMI 上报的码本

NR 系统中用于下行传输的码本包括类型-Ⅰ码本和类型-Ⅱ码本。类型-Ⅰ码本与 3GPP Rel-13/ Rel-14 的 LTE 码本类似，但是做了一些修改和扩展。在 3GPP Rel-13/Rel-14 LTE 中，引入了波束选择码本，即 Class-A 码本 $\boldsymbol{W}=\boldsymbol{W}_1\boldsymbol{W}_2$，其中 $\boldsymbol{W}_1$ 由一组波束组成（参数可配置），$\boldsymbol{W}_2$ 用于波束的选择以及不同极化之间的相位加权。NR 系统中的类型-Ⅰ码本与之类似，在码本结构和参数上根据新的天线形态做了一些调整。类型-Ⅰ码本包括针对单个面板的码本和针对多面板（支持 2 或 4 个面板）的码本。对于多面板的类型-Ⅰ码本是在单面板码本上进行扩展得到的，主要是引入了面板之间的宽带或子带的相位差。

类型-Ⅱ码本主要通过各个波束的加权叠加获得最终的预编码矩阵，相比于类型-Ⅰ码本，类型-Ⅱ码本有更高的精度但开销较大。类型-Ⅱ码本包括单面板码本和端口选择码本。考虑开销和复杂度，在 3GPP Rel-15 NR 中，类型-Ⅱ码本只支持秩为 1 或 2 的情况。另外，NR 中类型-Ⅱ码本支持子带相位上报，以及宽带和子带幅度上报；其中，为了分配有效的反馈资源给相对重要的信息，NR 采用非均匀比特分配的反馈方式，即对幅度较低的参数分配较少的比特。类型-Ⅱ单面板码本架构为 $\boldsymbol{W}=\boldsymbol{W}_1\boldsymbol{W}_2$，其中 $\boldsymbol{W}_1$ 为一组正交 DFT 向量组成的矩阵，$\boldsymbol{W}_2$ 是对于正交向量进行幅度和相位线性的加权值。类型-Ⅱ的端口选择码本是基于类型-Ⅱ单面板码本的扩展，其 $\boldsymbol{W}_1$ 为一组天线选择向量组成的矩阵，主要用于波束赋形的 CSI-RS。

2.5.3.3　上行 MIMO 设计

在 NR 系统中，除类似于 LTE 系统的基于码本的上行 MIMO 传输方案外，引入了基于非码本的上行 MIMO 传输方案。

2.5.3.3.1　基于码本的上行 MIMO 传输

基于码本的上行 MIMO 传输支持 CP-OFDM 和 DFT-S-OFDM 两种波形。对于 DFT-S-OFDM 波形，NR 系统大部分重用了 3GPP Rel-10 LTE 的上行码本设计且仅支持单流传输。而对于 CP-OFDM 波形，采用了基于 DFT 向量的码本，在 3GPP Rel-10 LTE 的上行码本基础上进行了部分扩展。

根据用户的上报能力，用户天线可以分为相干发送、部分相干发送和非相干发送。若用户有相干发送能力，则可以配置 fullyAndPartialAndNonCoherent 码本子集，不同天线间的发送相位能够维持预编码所指示的相位，当然有相干发送能力的用户也可以使用部分相干或非相干的预编码矩阵。若用户只有部分相干发送能力，即配置了 partialAndNonCoherent 码本子集，则表示该用户只在部分天线上有相位维持预编码所指示的相位的能力，比如第 1 天线与第 3 天线间有相干能力，则预编码矩阵[1 0 1 0]可以被使用。同样的，部分相干的预编码包含非相干的发送预编码。若用户的天线之间没有相干发送能力，即 nonCoherent 码本子集，则该用户只能被配置或调度非相干的码本，例如 [1 0 0 0]。

针对 2 天线的码本，只有 2 个码本子集。一个是相干发送，其码本子集中包括 2 个天线在同一个传输层被赋值的预编码，例如[1 1]。另一个是非相干发送，其码本子集只包含任何一个传输层都只有 1 个天线被赋值的预编码，例如[1 0]。

对于 4 天线传输，分成了 3 个码本子集。第一个是相干发送码本子集，对应 fullyAndPartialAndNonCoherent，码本子集中包括同一层传输中所有天线都被赋值的预编码，例如[1 1 -j -j]。第二个是部分相干发送码本子集，即 partialAndNonCoherent，码本子集中不包含同一层所有天线被赋值的场景，但是包含同一层中部分天线（2 个）能够被赋值的预编码，例如[1 0 j 0]。第三个是非相干发送的码本子集，即 nonCoherent，码本子集中只包含 1 个天线在一层中能够赋值，其他天线为 0，例如[1 0 0 0]。上行 4 天线的码本如图 2-114 所示。

	非相干	部分相干	相干
rank-1	$\frac{1}{2}\begin{bmatrix}1\\0\\0\\0\end{bmatrix}$ $\frac{1}{2}\begin{bmatrix}0\\1\\0\\0\end{bmatrix}$ $\frac{1}{2}\begin{bmatrix}0\\0\\1\\0\end{bmatrix}$ $\frac{1}{2}\begin{bmatrix}0\\0\\1\\0\end{bmatrix}$	$\frac{1}{2}\begin{bmatrix}1\\0\\1\\0\end{bmatrix}$ $\frac{1}{2}\begin{bmatrix}1\\0\\-1\\0\end{bmatrix}$ $\frac{1}{2}\begin{bmatrix}1\\0\\j\\0\end{bmatrix}$ $\frac{1}{2}\begin{bmatrix}1\\0\\-j\\0\end{bmatrix}$ $\frac{1}{2}\begin{bmatrix}0\\1\\0\\1\end{bmatrix}$ $\frac{1}{2}\begin{bmatrix}0\\1\\0\\-1\end{bmatrix}$ $\frac{1}{2}\begin{bmatrix}0\\1\\0\\j\end{bmatrix}$ $\frac{1}{2}\begin{bmatrix}0\\1\\0\\-j\end{bmatrix}$	$\frac{1}{2}\begin{bmatrix}1\\1\\1\\1\end{bmatrix}$ $\frac{1}{2}\begin{bmatrix}1\\1\\j\\j\end{bmatrix}$ $\frac{1}{2}\begin{bmatrix}1\\1\\-1\\-1\end{bmatrix}$ $\frac{1}{2}\begin{bmatrix}1\\1\\-j\\-j\end{bmatrix}$ $\frac{1}{2}\begin{bmatrix}1\\j\\1\\j\end{bmatrix}$ $\frac{1}{2}\begin{bmatrix}1\\j\\j\\-1\end{bmatrix}$ $\frac{1}{2}\begin{bmatrix}1\\j\\-1\\-j\end{bmatrix}$ $\frac{1}{2}\begin{bmatrix}1\\j\\-j\\-1\end{bmatrix}$ $\frac{1}{2}\begin{bmatrix}1\\-1\\1\\-1\end{bmatrix}$ $\frac{1}{2}\begin{bmatrix}1\\-1\\j\\-j\end{bmatrix}$ $\frac{1}{2}\begin{bmatrix}1\\-1\\-1\\1\end{bmatrix}$ $\frac{1}{2}\begin{bmatrix}1\\-1\\-j\\j\end{bmatrix}$ $\frac{1}{2}\begin{bmatrix}1\\-j\\1\\-j\end{bmatrix}$ $\frac{1}{2}\begin{bmatrix}1\\-j\\1\\-j\end{bmatrix}$ $\frac{1}{2}\begin{bmatrix}1\\-j\\-1\\j\end{bmatrix}$ $\frac{1}{2}\begin{bmatrix}1\\-j\\-j\\-1\end{bmatrix}$
rank-2	$\frac{1}{2}\begin{bmatrix}1&0\\0&1\\0&0\\0&0\end{bmatrix}$ $\frac{1}{2}\begin{bmatrix}1&0\\0&0\\0&1\\0&0\end{bmatrix}$ $\frac{1}{2}\begin{bmatrix}1&0\\0&0\\0&0\\0&1\end{bmatrix}$ $\frac{1}{2}\begin{bmatrix}0&0\\1&0\\0&1\\0&0\end{bmatrix}$ $\frac{1}{2}\begin{bmatrix}0&0\\1&0\\0&0\\0&1\end{bmatrix}$ $\frac{1}{2}\begin{bmatrix}0&0\\0&0\\1&0\\0&1\end{bmatrix}$	$\frac{1}{2}\begin{bmatrix}1&0\\0&1\\1&0\\0&-j\end{bmatrix}$ $\frac{1}{2}\begin{bmatrix}1&0\\0&1\\1&0\\0&j\end{bmatrix}$ $\frac{1}{2}\begin{bmatrix}1&0\\0&1\\-j&0\\0&1\end{bmatrix}$ $\frac{1}{2}\begin{bmatrix}1&0\\0&1\\-j&0\\0&-1\end{bmatrix}$ $\frac{1}{2}\begin{bmatrix}1&0\\0&1\\-1&0\\0&-j\end{bmatrix}$ $\frac{1}{2}\begin{bmatrix}1&0\\0&1\\-1&0\\0&j\end{bmatrix}$ $\frac{1}{2}\begin{bmatrix}1&0\\0&1\\j&0\\0&1\end{bmatrix}$ $\frac{1}{2}\begin{bmatrix}1&0\\0&1\\j&0\\0&-1\end{bmatrix}$	$\frac{1}{2\sqrt{2}}\begin{bmatrix}1&1\\1&1\\1&-1\\1&-1\end{bmatrix}$ $\frac{1}{2\sqrt{2}}\begin{bmatrix}1&1\\1&1\\j&-j\\j&-j\end{bmatrix}$ $\frac{1}{2\sqrt{2}}\begin{bmatrix}1&1\\j&j\\1&-1\\j&-j\end{bmatrix}$ $\frac{1}{2\sqrt{2}}\begin{bmatrix}1&1\\j&j\\j&-j\\-1&1\end{bmatrix}$ $\frac{1}{2\sqrt{2}}\begin{bmatrix}1&1\\-1&-1\\1&-1\\-1&1\end{bmatrix}$ $\frac{1}{2\sqrt{2}}\begin{bmatrix}1&1\\-1&-1\\j&-j\\-j&j\end{bmatrix}$ $\frac{1}{2\sqrt{2}}\begin{bmatrix}1&1\\-j&-j\\1&-1\\-j&j\end{bmatrix}$ $\frac{1}{2\sqrt{2}}\begin{bmatrix}1&1\\-j&-j\\j&-j\\1&-1\end{bmatrix}$
rank-3	$\frac{1}{2}\begin{bmatrix}1&0&0\\0&1&0\\0&0&1\\0&0&0\end{bmatrix}$	$\frac{1}{2}\begin{bmatrix}1&0&0\\0&1&0\\1&0&0\\0&0&1\end{bmatrix}$ $\frac{1}{2}\begin{bmatrix}1&0&0\\0&1&0\\-1&0&0\\0&0&1\end{bmatrix}$	$\frac{1}{2\sqrt{3}}\begin{bmatrix}1&1&1\\1&-1&1\\1&1&-1\\1&-1&-1\end{bmatrix}$ $\frac{1}{2\sqrt{3}}\begin{bmatrix}1&1&1\\1&-1&1\\j&j&-j\\j&-j&-j\end{bmatrix}$ $\frac{1}{2\sqrt{3}}\begin{bmatrix}1&1&1\\-1&1&-1\\1&1&-1\\-1&1&1\end{bmatrix}$ $\frac{1}{2\sqrt{3}}\begin{bmatrix}1&1&1\\-1&1&-1\\j&j&-j\\-j&j&j\end{bmatrix}$
rank-4	$\frac{1}{2}\begin{bmatrix}1&0&0&0\\0&1&0&0\\0&0&1&0\\0&0&0&1\end{bmatrix}$	$\frac{1}{2\sqrt{2}}\begin{bmatrix}1&1&0&0\\0&0&1&1\\1&-1&0&0\\0&0&1&-1\end{bmatrix}$ $\frac{1}{2\sqrt{2}}\begin{bmatrix}1&1&0&0\\0&0&1&1\\j&-j&0&0\\0&0&j&-j\end{bmatrix}$	$\frac{1}{4}\begin{bmatrix}1&1&1&1\\1&-1&1&-1\\1&1&-1&-1\\1&-1&-1&1\end{bmatrix}$ $\frac{1}{4}\begin{bmatrix}1&1&1&1\\1&-1&1&-1\\j&j&-j&-j\\j&j&-j&j\end{bmatrix}$

图 2-114　上行 4 天线的码本

上行传输预编码指示（Transmit Precoding Matrix Indicator，TPMI）通过

SRS 测量来获得，并通过 DCI 中 SRI（SRS 资源指示）、TRI（传输秩指示）和 TPMI（传输预编码指示）通知用户。

2.5.3.3.2　基于非码本的上行 MIMO 传输

基于非码本的上行 MIMO 传输方案是 NR 系统引入的新特性。其上行预编码不依赖于上行码本，而是用户生成预编码候选集，网络侧根据预编码候选集来选择 PUSCH 发送的最优预编码和层数并通知用户。其优势是减少了上行预编码量化限制所带来的误差，能够根据实际信道和干扰条件提供精确的预编码矢量，提高上行吞吐量。

基于非码本的上行 MIMO 传输过程，如图 2-115。网络配置一组 SRS 资源给用户，用户通过测量下行参考信号（可以是 CSI-RS 资源或其他），根据上下行信道互易性获得上行传输预编码的候选集。用户发送波束赋形的 SRS（SRS 资源上加载候选预编码）。基站测量预编码的 SRS 资源，并决定采用候选集中的哪些 SRS 端口上的预编码用于上行传输。基站通过 SRS 资源指示（SRS Resource Indication，SRI）通知用户选定的 SRS 资源，即选定了 SRS 资源上所加载的预编码向量。用户根据 SRI 用对应 SRS 资源上加载的预编码矩阵用于 PUSCH 传输。基于非码本的上行传输过程中，若对应的下行参考信号为 CSI-RS，则关联的 CSI-RS 资源和 SRS 资源可以在 DCI 的 SRS 请求域中联合触发。

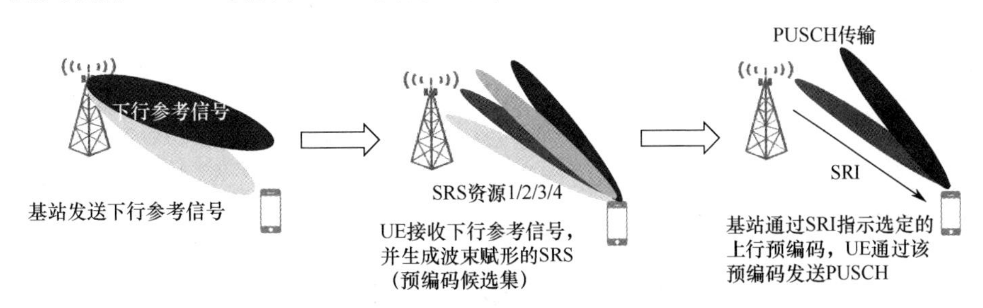

图 2-115　基于非码本的上行 MIMO 传输过程

值得注意的是，基于非码本上行传输方案支持多层数据传输。每个 SRS 资源只包含一个 SRS 端口，基站通知只有一个 SRI 时，表示上行一层数据传输，采用的预编码为 SRI 指示的 SRS 上的预编码。当基站通知多个 SRI 时，表示上行多层数据传输，采用的预编码为这些 SRI 指示的 SRS 资源上的预编码。

2.5.4　5G NR 针对 eMBB 和 URLLC 的统一空口设计

LTE 空口可灵活地支持各种业务类型，包括 MBB、VoIP 和 MBMS 等。在后续的标准版本中，5G 为垂直市场开发了特定的增强业务，如 V2X 和 MTC [NB-IoT（窄带物联网）/eMTC（enhanced Machine Type Communication，增强机器类型通信）]。MTC 增强广泛地利用了重复来达到覆盖增强的目标。对于 LTE，在 3GPP Rel-15 中引入了低时延和高可靠性的特性[88, 118]。尽管这个 URLLC 增强是在 LTE 标准后期制定的，但实际上它们在 LTE 的早期阶段就有了考虑。根据时延和可靠性等特征，用户调度粒度可以从 1 个时隙到 4 个时隙[89]，但最后为了系统设计的稳定性，一个子帧由 2 个时隙组成[71]。

NR 系统从一开始就被设计用于支持一系列 URLLC 服务。ITU 定义的 URLLC 需求目标[90]在 3GPP Rel-15 就被支持，具体要求是单个 32 字节（层 2 PDU）的情况下提供“5 个 9”（99.999%）的可靠性和 1 ms 时延。表 2-47 总结了 LTE 和 NR 在支持 URLLC 业务方面的一些关键区别点。

表 2-47　LTE 和 NR 在支持 URLLC 业务方面的一些关键区别点

URLLC 特性	LTE	NR
网络切片	No	Yes[91]
BWP	No	Yes
SCS	15 kHz	15 kHz、30 kHz、60 kHz（FR1） 60 kHz、120 kHz（FR2）
时域调度	子帧（1 ms、14 个符号） Rel-15：2/3/7 个符号	14 个符号 / 时隙 2/4/7 个符号 / 下行子时隙 1～14 个符号 / 上行子时隙
PDCCH 检测	子帧 / 时隙 / 子时隙	时隙 多次检测 / 时隙
FDD/TDD（配置）	FDD/TDD（子帧级、半静态配置）	FDD/TDD（类似 LTE、子包含时隙和动态）
SUL	N/A	Yes (时延和可靠性)
处理时间	正常：n+4 Rel-15：缩短（n+3 子帧、n+4 时隙 / 子时隙）	正常（设置 1） 缩短模式（设置 2）
抢占指示	No	Yes（下行）
PDCCH 聚合级别	最多 8 次	最多 16 次

（续表）

URLLC 特性	LTE	NR
Repetition（物理层）	PUCCH（最多6次） Rel-15：UL SPS、PDSCH（最多 6 次）、PDCCH（没有合并）	PUCCH，数据最多可重复8 次
重复（高层）	PDCP 重复	PDCP 重复
PDCCH-less 传输	SPS	SPS、Grant-Free
MCS 表	MBB（一些用于 VoIP）	eMBB、URLLC
CQI 表	MBB	eMBB、URLLC

在 3GPP Rel-15 LTE 中，降低时延的主要方法是调度时隙或子时隙的传输。NR 具有类似的灵活性，可以调度下行 2 符号 / 上行单符号进行传输。随着子载波间隔的增大，时延可以显著地降低。NR URLLC 的性能很大程度上取决于是否使用 FDD 或 TDD，以及 TDD 的配置、子载波间隔、监测能力和支持的处理时间。具有自包含子帧结构的 NR TDD 可以提供比 LTE 传统 TDD 配置更低的时延，而 FDD 和 SUL 具有最低的时延（参见本书 2.4.1.3.2 节）。对于监测能力，DCI 之间的最小间隔与 SCS 相关（15 kHz /30 kHz /60 kHz /120 kHz SCS 分别为 2、4、7、14 个符号），其中许多是 UE 的可选功能，并非所有设备都支持，至少在最初阶段是这样[92]。

为增强可靠性，3GPP Rel-15 LTE 支持 DL 和 UL（SPS）数据的重复传输，以及 sPDCCH 的多个译码机会。NR 除对 DL 和 UL 数据的重复支持以外，还具有一些增强特性如更高聚合级别 PDCCH、“免授权”操作（配置 UL 授权类型 1，完全 RRC 配置）和针对高可靠性的 MCS/CQI 表等。URLLC 业务也可由具有较高覆盖率 / 可靠性的 SUL 支持（参见本书 2.4.1.3.3 节）。NR 中的 eMBB 业务可能需要抢占，以便及时为 URLLC 业务服务，包括将组公共 PDCCH 作为抢占指示符，以避免 eMBB UE 存储损坏的数据到 HARQ 缓冲区。LTE 和 NR 都可以利用更高层的数据包复制功能，这对于下行链路特别是载波聚合场景尤其有用。

为了进一步扩大对运输业、工厂自动化 / 工业物联网（Industrial Internet of Things，IIoT）、电力 / 智能电网和 VR/AR 等业务的支持[93~96]，一些研究正在持续进行。这些业务的需求见表 2-47，也可参见 3GPP SA1 TS22.104。NR 与

Rel-15 LTE 的一个关键区别是要支持多个用户，这需要技术进一步增强，以增加支持的用户数量，并满足时延和可靠性要求。其主要的研究方向包括 PDCCH 增强（紧凑 DCI、PDCCH 重复、增加的 PDCCH 监听能力）、HARQ 和 CSI 增强、PUSCH 重复增强、用户内和用户间的复用、授权增强，以及对时间敏感网络的其他 IIoT 的改进。MIMO 课题将确定多 TRP 协作方案，以提高可靠性和稳健性。

2.5.5 mMTC

机器类型通信（MTC）是一种应用广泛的通信类型，其主要用移动网络连接机器类设备或提供机器类相关的应用。正如在上一节中提到的，工厂自动化 / IIoT 实际上也是一种 MTC 应用，由于其对时延和可靠性有非常严格的要求，因此被视为 URLLC。大规模 MTC（mMTC）通常与 LPWA（低功耗广域技术）通信联系在一起，3GPP 花了多年来定义 NB-IoT 和 eMTC，从而能够支持这种类型的 MTC 业务。LPWA 包括以下特点：

- 低功耗（单电池可支持 10～15 年）；
- 广域覆盖（或深度覆盖）；
- 低成本；
- 大连接。

尽管对于 mMTC 没有统一的用例，但应用包括传感器、监视器、仪表，以及可移动的设备。这些设计主要针对小包、心跳包等间歇性包传输进行了优化。正如预期的那样，随着成本、覆盖范围、功耗和连接性的提高，支持的数据速率会随之降低[97]。

2.5.5.1 NB-IoT

自 2016 年 6 月 3GPP Rel-13 NB-IoT 标准冻结以来，根据行业报告显示[98]，NB-IoT 已在全球广泛部署。在定义 3GPP Rel-13 NB-IoT 标准之前，3GPP 对基于蜂窝技术的物联网进行了广泛的讨论。2014 年 5 月，基于移动网络、支持低吞吐量和低复杂度的 M2M 技术的研究项目（Study Item，SI）在 3GPP GERAN[99]中首次得到批准。GERAN 研究这个课题的一个原因是，当时许多 M2M 业务依赖于传统的 GPRS，动机是研究新的 M2M 解决方案，使其在覆盖、复杂性、成本、功率效率、连接性等方面与传统 GPRS 相比具有更大的竞争力；并且后向兼容 GPRS 和全新的解决方案都在它的研究范畴内。

在研究期间，窄带机器间通信（Narrow Band M2M，NB-M2M）[100]和后向兼容 GSM 覆盖扩展（Extended Coverage for GSM，EC-GSM）[101]方案首先被讨论，随后另一个全新的解决方案窄带 OFDMA（Narrow Band OFDMA，NB-OFDM）[102]被提出。2015 年 5 月，NB-M2M 和 NB-OFDM 的空中接口技术进行了融合，下行链路采用 OFDMA，上行链路采用 FDMA，更名为窄带蜂窝物联网（Narrow Band Cellular IoT，NB-CIoT）[103]。在 2015 年 8 月的 SI 最后一次会议上，窄带 LTE（Narrow Band LTE，NB-LTE）[104]被提出。在 TSG GERAN#67 会议上，该研究项目结题，NB-CIoT 和 EC-GSM 达到了预设的所有目标[103]，但对于 NB-LTE 是否满足 SI 的目标没有达成一致结论。

根据 3GPP PCG#34[105]会议决定，全新的物联网技术规范将在 TSG RAN 内制定。在 RAN#69 中，通过对 NB-CIoT 和 NB-LTE 的广泛讨论，融合方案 NB-IoT[106]获得通过，并计划在 2016 年 6 月发布 3GPP Rel-13 版本，以满足上市时间的要求。

考虑部署的灵活性，一个 NB-IoT 载波的系统带宽被设计为 180 kHz，这有助于逐步地以每 200 kHz 为单位释放 GSM 载波用于物联网应用。另外还使系统能够在某些情况下容易部署（只要具有 180 kHz 的带宽即可）。在这些场景中，NB-IoT 以独立方式部署。此外，NB-IoT 的 180 kHz 载波带宽与 LTE 中的一个资源块兼容，NB-IoT 还支持 LTE 中的带内和保护带部署。一个 NB-IoT 载波占用 LTE 载波的一个资源块用于带内部署，也可以在 LTE 载波的不同资源块上部署多个 NB-IoT 载波。在这种情况下，一个 NB-IoT 载波是传送基本系统信息（例如，同步信号和主广播信道）的锚点载波，其余载波是没有这些系统信息传输的非锚点载波，它们仅用于随机接入、寻呼和低开销的数据传输。对于保护带部署，NB-IoT 部署在 LTE 载波的保护带处的未使用资源块中。NB-IoT 的三种部署模式如图 2-116 所示。

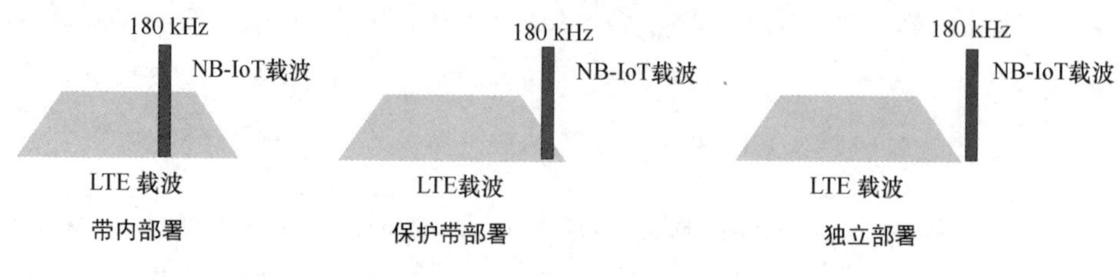

图 2-116　NB-IoT 三种部署模式

对于 NB-IoT，下行链路是基于 15 kHz 子载波间隔的 OFDMA，该子载波间隔与 LTE 兼容。对于数据传输，下行链路资源分配粒度为 180 kHz，上行链路支持 1 个资源单元（Resource Element，RE）和多 RE（包括 3/6/12 RE）传输，如图 2-117 所示。在 1 个 RE 传输的情况下，支持 15 kHz 和 3.75 kHz 两种子载波间隔。由于大部分物联网业务来自上行链路，即设备将信息发送到基站，如传感器结果报告，因此上行链路传输需要高效进行，以满足海量连接需求。对于 NB-IoT，上行单频窄带传输导致高功率谱密度（Power Spectrum Density，PSD），这对于提高连接数是有效的，特别是在覆盖受限的情况下。NB-IoT 在连接密度方面的优势可以在本书 5.4.4 节的系统仿真结果中看到。对于多载波传输，仅支持 15 kHz 子载波间隔，在这种情况下可应用 SC-FDMA 技术。

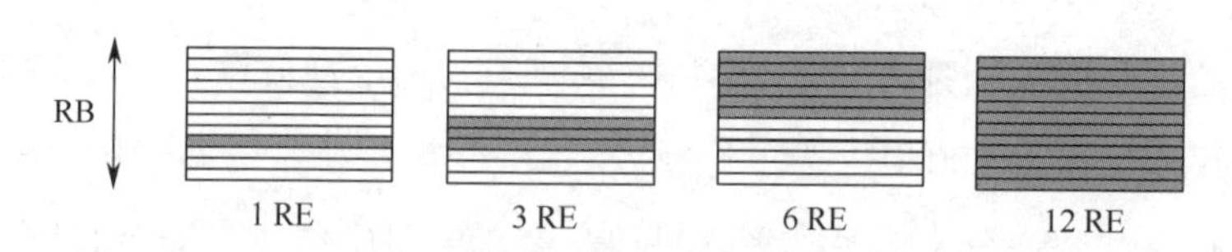

图 2-117　15 kHz 子载波的上行资源分配（1/3/6/12 RE）

NB-IoT 需要支持深度覆盖，相比于具有 144 dB 最大耦合损耗（Maximum Coupling Loss，MCL）的 GPRS，需要额外 20 dB 的覆盖增强。通常，由于 UE 传输功率的限制，上行链路是覆盖的瓶颈。对于 NB-IoT，具有 PSD 增强的窄带传输（例如 3.75 kHz）有助于覆盖范围的扩展。由于 LPWA 类业务通常是小数据包且对时延不敏感，因此重复是提高覆盖范围的有效方法，并且

NB-IoT 上行链路传输支持多达 128 次重复。此外，对于 PAPR 较低的单 RE 传输，还引入了其他增强方法，例如，新的调制方式 π/2-BPSK 和 π/4-QPSK。

针对 NB-IoT 的成本和复杂度降低，包括以下技术：180 kHz 系统带宽、单接收 RF 链、20 dBm 和 14 dBm 低发射功率、半双工操作等，上述技术降低了射频和基带成本。此外，还引入了一些技术，如仅支持 1 个或 2 个 HARQ 处理以减小缓冲区大小、低阶调制[107]等。

考虑到 NB-IoT 业务的特点，如数据包到达周期长、NB-IoT 设备位置固定、非连续接收（Discontinuous Reception，DRX）占空比最长近 3 小时、节电模式（Power Saving Moole，PSM）时间可长达 400 天、不支持小区切换（只有小区重选）等，可以最大限度地节省电能，延长电池寿命。在 3GPP Rel-15 中，引入了空闲模式下功耗降低的增强方案，包括唤醒信号（Wake Up Signal，WUS）和早期数据传输（Early Data Transmission，EDT）。

在 3GPP Rel-13 关于 NB-IoT 标准发布之后，标准一直在不断演进，进一步优化机制并满足 NB-IoT 实际部署的一些实际要求。在 3GPP Rel-14 中，支持多播和定位功能，并且引入了具有更高峰值数据速率（＞100 kbps）的 NB2 终端类型[108]。在 3GPP Rel-15 中，如上所述，支持用于 NB IoT 的 WUS、EDT、TDD 等[109]。在 3GPP Rel-16 中，支持 NB-IoT 连接到 NG 核心网和 NB-IoT 与 NR 的友好共存[110]。

2.5.5.2　eMTC

eMTC 是在 3GPP Rel-13 中引入的基于 LTE 的一个用于机器类型通信的特性。在 Rel-13 之前，Rel-12 中首先有一个基于 LTE 的低成本 MTC UE 的研究项目[111]，其目标是研究具有低成本和良好覆盖的基于 LTE 的 MTC 解决方案，被称为低成本 MTC。研究了一系列降低成本和提高覆盖率的候选技术[112]。在 Rel-12 中，只标准化了低成本部分，为了加快标准进度，标准化后期删除了 15 dB 覆盖增强的内容。Rel-12 引入了一个新的低成本终端类型（即 Cat.0）。通过降低峰值数据速率（单播的最大传输块大小限制为 1 000 比特）、单 RF 接收链和半双工[112]等技术，将成本降低到与 UE Cat.1 相比拟的程度。在 Rel-13 中，目标是进一步降低成本并支持 15 dB 的覆盖增强，改名为 eMTC，这个术语在现在的标准和产业领域中常用。另一个 UE 类型（即 Cat.M1）被引入[113]。eMTC 标准化工作于 2016 年 6 月完成。目前 eMTC 的部署正在全球范围内进行[98]。

由于 eMTC 是基于 LTE 的，在 Rel-16 之前只支持带内传输，即 eMTC 嵌入 LTE 网络。它不同于 NB-IoT（全新的信号和信道设计方案），eMTC 使用 LTE 的信号和物理信道用于初始接入，包括 PSS/SSS/PBCH/PRACH。因此，eMTC UE 的最小系统带宽不能小于 6 个资源块，远远大于 180 kHz NB-IoT。为了降低 eMTC UE 的成本，下行链路和上行链路的带宽都限制在 1.4 MHz。此外，还确定了一些增强技术，如 UE 最大发射功率降低、UE 处理要求放松（例如，HARQ 进程的数目、放松的 TX/RX EVM 要求）等。

eMTC 下行和上行数据传输的调度粒度为一个资源块（180 kHz），最多可分配 6 个资源块，适合中等数据速率物联网业务。如本书 2.5.5.1 节所述，窄带传输更有效，特别是在覆盖范围有限的情况下。由于上行链路宽带传输，eMTC 的连接密度小于 NB IoT（可参见本书 5.4.4 节）。为了进一步提高 eMTC 的连接密度，在 Rel-15 中上行增加了对 2/3/6 RE 调度颗粒度传输的支持。

eMTC 有两种覆盖增强（Coverage Enhancement，CE）模式：CE 模式 A 和模式 B，分别对应于 0～5 dB 和 5～15 dB 的覆盖增强。时域重复是提升覆盖的关键方法，数据信道支持最多 2 048 次重复，公共信道、控制信道和数据信道采用重复方式，提升了覆盖率。为了满足覆盖要求，eMTC 的物理下行链路控制信道（即 MPDCCH）与传统 PDCCH 相比有了很大的变化。MPDCCH 跨越整个子帧，在频域上与 PDSCH 进行复用。此外，支持跳频以获得频率分集增益。

与 NB-IoT 类似，eMTC 在 Rel-13 版之后持续改进以优化性能和扩展功能。在 Rel-14 中，支持定位和单小区点对多点传输（Single Cell-Point to Multipoint Transmission，SC-PTM）的多播功能。多播是 eMTC UE 软件升级的有效方法。另外将覆盖增强技术扩展到普通 UE 和 VoLTE。在 Rel-15 中，为区分 NB-IoT 和 eMTC 并避免市场上的混乱，有以下的结论[114]：

- eMTC UE 支持信道带宽不小于 6 PRB（包括上行和下行）；

- NB-IoT UE 支持信道带宽不超过 1 PRB（包括上行和下行）。

在上述原则指导下，eMTC 支持 Sub-RB 级上行链路调度（即 2/3/6 RE）以提高连接密度。在 Rel-16 中，支持 eMTC 连接到 NG 核心网及与 NR 的共存[111]。

2.5.5.3　NR mMTC

3GPP 标准定义的 LPWA 技术已在全球迅速部署。考虑到产业界在推动 NB-IoT/eMTC 的巨大努力、效率和部署设备很长的寿命周期，不必急于在 NR 上复制 LPWA 功能。NB-IoT 和 eMTC 很容易满足 mMTC 的 5G ITU 要求（可将本书 5.4.4 节中的评估结果与表 5-3 中的 ITU 需求进行比较）。在 3GPP Rel-15 中，NR 充分考虑了与 NB-IoT 和 eMTC 及 LTE 良好共存的机制。特别的是，NR 支持 PDSCH RE 映射模式，该模式可以包括 RB 和符号级指示方式[92]；还可以定义 BWP，以避免其资源被 NB-IoT/eMTC 占用而降低性能。

在未来，可能会有类似于 LPWA 的 mMTC 应用无法很好地被现有 LTE 解决方案覆盖，比如高清视频监控[115]。如前几节所述，提高 NB-IoT/eMTC 覆盖的技术与上文所述或考虑的用于 URLLC 可靠性的技术相似，即控制和数据信道的重复。为具有少量覆盖增强的场景而构建的设备可能只需要少量重复，如 3GPP Rel-15 NR 中所定义的。尽管最低成本可能不是 NR mMTC 的重点，但 Rel-15 NR 可以支持使用单个 PRB 传输和低 PAPR 调制的 5 MHz 带宽设备。这样的“窄带”设备可能需要更长的时间来发送数据包，这些设备可以比典型的 NR 设备具有更低的复杂性、成本和工作功率。窄带传输也可以具有更高的 PSD，这有助于提升覆盖和连接效率。评估表明，5 MHz NR mMTC 能够满足 5G ITU mMTC 对连接性的要求[116]。

在 Rel-16 中，有一些研究正在进行，这些研究可用于提高可靠性（即 URLLC SI）、空闲状态时获得更快的传输（即 NR-U SI）、功率节省（即节电 SI）、定义 1T2R UE（即 V2X RAN4 SI）来降低成本或通过非正交多址来增加连接数（即 NOMA SI）等。表 2-48 给出了 LTE 和 NR 对于 LPWA 业务的特征对比。

表 2-48 LTE 和 NR 对于 LPWA 业务的特征对比

mMTC 特征	LTE（NB-IoT 和 eMTC）	NR
连接密度	满足 ITU 需求	满足 ITU 需求（使用 5 MHz 带宽，没有 NB-IoT 好）
电池寿命	优化设计 eDRX、PSM 和 WUS	BWP，免调度，Rel-16 SI：WUS、1T2R
广域覆盖（覆盖和可靠性）	高度优化的设计 覆盖扩展	重复（最多 8 次） 16 CCE
低成本	高度优化的设计（包括低端软件 DSP NB-IoT 实现）	小 BWP/UE 带宽 π/2-BPSK（上行） Rel-16 SI：1T2R

2.6 本章小结

前面内容介绍的 5G NR 基本空口设计给出了 NR 物理层的框架结构。由于 NR 的空口重用了一些 LTE 的设计，所以本章开始先回顾了 LTE 相关的重要设计内容，这样可以帮助理解 NR 在这些方面的考虑和新设计。根据本书第 1 章的介绍，NR 需要满足不同业务需求，具体定义在本书 1.3 节。另外，NR 所需支持的频谱部署范围远大于 LTE（限制在 6 GHz 以下），因此 NR 需要很多新的设计来满足这些需求。NR 的系统传输参数、帧结构、物理信道、参考信号、波形、信道编码和 MIMO 等方面的设计在本章进行了重点介绍。在频谱部署方面，C-band 将是全球 NR 第一轮商用部署的典型频谱，识别出 C-band 上的覆盖是 NR 需重点解决的问题。针对覆盖的问题，详细介绍了上下行解耦方案（即 LTE/NR 频谱共享）。

LTE 的初始设计是基于 CRS 的传输方案，CRS 是始终存在的，在每个子帧中都发送，这在一定程度上简化了系统操作。在 LTE 的演进过程中，由于要支持后向兼容的需求，CRS 限制了系统设计的灵活度和对新特性的兼容。当 LTE 演进到基于 DM-RS 的传输模式 9 时，CRS 和 CSI-RS/DM-RS 的共存由于导频的资源开销而影响了系统性能。考虑到 LTE 在这方面的经验，NR 相对 LTE 的一个很大变化是要求前向兼容。为实现前向兼容，去掉了始终发送的 CRS，但是 CRS 承载的功能仍需要实现，这些功能通过一组 NR 的参考信号 CSI-RS、DM-RS 和 PT-RS 等来实现。

从频谱部署角度来看，NR 支持很宽的频率范围，具体包括 FR1（450 MHz～6 GHz）和 FR2（24.25～52.6 GHz），同时支持更宽的载波带宽。由于在 C-band 毫米波频段的可获得性，最大的载波带宽可支持 100 MHz（FR1）和 400 MHz（FR2），这将有助于实现 5G 的峰值速率要求。在具体的系统设计上，设计了多组系统传输参数包括子载波间隔和循环前缀来适应不同的频带和业务需求。同时，定义了 NR 的频带以及对应的子载波间隔。

尽管高频段有丰富的可用频谱，但是高传播路损限制了覆盖尤其是功率受限的上行链路。5G 部署的新频谱主要在 3 GHz 以上，因此 NR 覆盖是一个非常需要解决的关键问题；不然，就需要更多的基站来保证用户体验，增加了运营商的部署成本。另外，新站点的寻址也愈加困难，期望 C-band 的 NR 与 LTE 共站址部署，即需要二者有同样的覆盖。基于上下行解耦的 LTE/NR 频谱共享技术可以实现这个目的，即 NR 的一个载波是除 3 GHz 以上的 TDD 载波外，同时把 LTE FDD 频段的上行资源变为 NR 的补充上行载波。

FDD 和 TDD 是传统的双工方式，分别适用于成对频谱和非成对频谱，不能很好地自适应业务负载的变化。由于上下行负载的不均衡，FDD 的上下行对称带宽导致上行资源的利用率低。TDD 尽管可以配置不同的上下行子帧配比，但是由于同步的要求，这种配置是很慢的半静态配置。除 FDD 和 TDD 外，NR 引入了灵活双工，以满足频谱与业务负载之间的自适应。由于灵活双工，NR 支持灵活的帧结构，原则上一个时隙中的每个 OFDM 符号均可以灵活地配置为下行或上行。

关于 NR 物理层新技术，CP-OFDM 被选为下行和上行的基本波形。考虑到覆盖，上行也支持秩为 1 的 DFT-S-OFDM 传输。基于 CP-OFDM 波形，频率的利用率提升到大于或等于 90%，具体取决于频段和载波带宽。NR 的信道编码与 LTE 完全不同，LDPC 和 Polar 码分别被选择为数据信道和控制信道的编码方案。LDPC 用于上行和下行的数据信道主要是因为其译码时延、复杂度和性能尤其在高速率方面的优势。Polar 码展现了在控制信道方面的优点。大规模天线技术（Massive MIMO）是 NR 的关键技术之一，用于提升频谱效率和覆盖，其中 DM-RS、干扰测量和新的预编码矩阵码本提升了性能。另外，也引入了波束管理的概念，适用于高频的场景。最后，NR 设计了统一空口同时兼容 eMBB、URLLC 和 mMTC，使一个载波支持不同业务的复用。对于 mMTC，LPWA 仍基于 NB-IoT/eMTC，在 NR 的 Rel-15/ Rel-16 标准中没有涉及。由于 NB-IoT 的产业逐步成熟且 NB-IoT/eMTC 在全球开始规模化商用部署，产业共识是需要保护已有的投资，继续演进 NB-IoT/eMTC，而不是急于讨论 NR 的 LPWA。对于 NR，可以着重与 LPWA 互补的新 MTC 业务，如视频监控、工业传感等。

可以看到，5G NR 的物理层发生了一些重大变化，因此它可以满足在本书第 1 章中讨论的各种要求。由于本章介绍的是新引入的物理层技术，所以相应的物理层技术和 RAN 协议栈也发生了变化，这些将在接下来的章节中详细介绍。

参考文献

[1] Dahlman E, Parkvall S, Skold J. 4G: LTE/LTE-Advanced for Mobile Broadband[M]. Amsterdam: Elsevier, 2011.

[2] Sesia S, Toufik I, Baker M. LTE: The UMTS Long Term Evolution[M]. New York: Wiley, 2011.

[3] 3GPP TS36.211, Physical Channels and Modulation (Release 15) [S]. 2018-06.

[4] ITU-R M.2370-0. IMT traffic estimates for the years 2020 to 2030 [R]. 2015-07.

[5] Nee R V, Prasad R. OFDM Wireless Multimedia Communications[M]. Boston: Artech House Publishers, 2000.

[6] Yin C C, Luo T, Yue G X. Multi-Carrier Broadband Wireless Communication Technology[M]. Beijing: Beijing University of Posts and Telecommunications Press, 2004.

[7] Motorola. Cubic Metric in 3GPP-LTE: R1-060385[R]. Denver: 3GPP TSG-RAN WG1 Meeting #44, 2006-02.

[8] 3GPP TR25.814, Physical Layer Aspects for Evolved Universal Terrestrial Radio Access(UTRA) (Release 7)[S]. 2006-09.

[9] 3GPP TS36.104, Base Station (BS) Radio Transmission and Reception (Release 8)[S].2010-03.

[10] 3GPP TR25.913, Requirements for Evolved UTRA (E-UTRA) and Evolved UTRAN(E-UTRAN) (Release 8)[S]. 2008-12.

[11] 3GPP TS36.331, Radio Resource Control (RRC) Protocol Specification (Release 8)[S].2009-09.

[12] 3GPP TS36.213, Physical Layer Procedures (Release 15)[S]. 2018-06.

[13] 3GPP TS36.214, Physical Layer-Measurements (Release 15)[S]. 2018-06.

[14] Samsung, Nokia Networks. New SID proposal: study on Elevation Beamforming/Full-Dimension (FD) MIMO for LTE: RP-141644[R]. Edinburgh: 3GPP TSG RAN Meeting #65, 2014-09-09.

[15] Samsung. New WID proposal: enhancements on full-dimension (FD) MIMO for LTE: RP-160623[R]. Goteborg: 3GPP TSG RAN Meeting#71, 2016-03-07.

[16] 3GPP TR36.872, Small Cell Enhancements for E-UTRA and E-UTRAN, Physical Layer Aspects (Release 12) [S]. 2013-12.

[17] Chu D C. Polyphase codes with good periodic correlation properties[C]. IEEE Trans. Inf. Theory 8, 1972: 531–532.

[18] Panasonic, NTT DoCoMo. reference signal generation method for E-TTRA Uplink: R1-073626[R]. Athens:3GPP TSG-RAN WG1 Meeting #50, 2007-08-20.

[19] 3GPP TS36.212, Multiplexing and Channel Coding (Release 15)[S]. 2018-06.

[20] 3GPP TS36.331, Radio Resource Control (RRC); Protocol Specification (Release 13)[S]. 2018-09.

[21] Motorola. TBS and MCS Table Generation and Signaling for E-UTRA: R1-080072[R]. Seville: 3GPP TSG RAN1 #51bis, 2008-01-14.

[22] Ericsson. Outcome of Ad Hoc Discussions on TB Size Signaling: R1-080556[R]. Seville: 3GPP TSG RAN1 #51bis, 2008-01-14.

[23] Huawei, HiSilicon. A/N Coding Schemes for Large Payload Using DFT-S-OFDM: R1-105247 [R]. Xi'an: 3GPP TSG RAN1 #62bis,2010-10-11.

[24] Ericsson P, Motorola. MCS and TBS Tables for PUSCH: R1-082091[R]. Kansas City: 3GPP

TSG RAN1 #53, 2008-05-05.

[25] Ericsson, et al. R1-073871, Maximum Number of Hybrid ARQ Processes, 3GPP TSG RAN1 #50, Athens, Greece, 2007-08-20.

[26] Huawei, et al. Way Forward for TDD HARQ Process: R1-081124[R]. Sorrento: 3GPP TSG RAN1 #52, 2008-02-11.

[27] Wicker S. Error Control Systems for Digital Communication and Storage[M] .Englewood Cliffs: Prentice Hall, 1995.

[28] 3GPP TS36.104, Base Station (BS) Radio Transmission and Reception (Release 15)[S]. 2018-06.

[29] 3GPP TR36.913, Requirements for Further Advancements for Evolved Universal Terrestrial Radio Access (E-UTRA) (LTE-Advanced) (Release 8)[S]. 2009-03.

[30] GSA . Evolution from LTE to 5G[R]. GSA Report, 2018-04.

[31] Huawei. P-SCH Sequences: R1-072321[R]. Kobe: 3GPP TSG RAN1 #49,2007-05-07.

[32] Texas Instruments et al. Way Forward for Secondary SCH Mapping and Scrambling: R1-074143[R]. Shanghai: 3GPP TSG RAN1 #50,2007-10-08.

[33] 3GPP TS36.300, Overall Description, Stage 2 (Release 15)[S]. 2018-06.

[34] 3GPP TS38.104, Base Station (BS) Radio Transmission and Reception (Release 15)[S]. 2018-09.

[35] IMT-2020 (5G) PG. 5G Vision and Requirement White Paper[R/OL]. 2014-05. http://www.imt-2020.cn/zh/documents/download/1.

[36] 3GPP TR38.901, Study on Channel Model for Frequencies from 0.5 to 100 GHz (Release 15)[S]. 2018-06.

[37] 3GPP TS38.331, NR, Radio Resource Control (RRC) Protocol Specification (Release 15)[S].2018-09.

[38] 3GPP TS38.213, NR, Physical Layer Procedures for Control (Release 15)[S]. 2018-09.

[39] 3GPP TS38.212, NR, Multiplexing and Channel Coding (Release 15)[S]. 2018-09.

[40] 3GPP TS38.211, NR, Physical Channels and Modulation (Release 15)[S]. 2018-09.

[41] 3GPP TR38.913, Study on Scenarios and Requirements for Next Generation Access Technologies (Release 15)[S]. 2018-06.

[42] Huawei, HiSilicon. Principles for reference signal design and QCL assumptions for NR: R1-167224[R]. Gothenburg: 3GPP TSG RAN WG1 Meeting #86, 2016-08-22.

[43] Liu J L, Xiao W M, Soong A C K. Dense network of small cells, in (A. Anpalagan, M. Bennis and R. Vannithamby eds.) [D]// Design and Deployment of Small Cell Networks.

Cambridge: Cambridge University Press, 2015.

[44] 3GPP TS38.214, NR. Physical Layer Procedures for Data (Release 15)[S]. 2018-09.

[45] NTT DoCoMo. WF on band specific UE channel bandwidth: R4-1706982[R]. Qingdao: 3GPP TSG-RAN WG4-NR Meeting #2, 2017-06-27.

[46] GSA. The Future Development of IMT in 3300-4200 MHz Band[R/OL]. GSA White Paper, 2017-06. https://gsacom.com/.

[47] TD Industry Alliance. TD-LTE Industry White Paper[R]. 2013-01.

[48] ECC.Analysis of the Suitability of the Regulatory Technical Conditions for 5G MFCN Operation in the 3400-3800MHz band: ECC Report 281[R]. 2018-07-06.

[49] Ofcom. Award of the 2.3 and 3.4GHz Spectrum Bands, Competition Issues and Auction Regulations[S/OL].2017-07-11. https://www.ofcom.org.uk/_data/assets/pdf_file/0022/103819/Statement-Award-of-the-2.3-and-3.4-GHz-spectrum-bands-Competition-issues-andauction-regulations.pdf.

[50] Ofcom. Award of the 2.3 and 3.4GHz Spectrum Bands, Information Memorandum[C/OL]. 2017-07-11. https://www.ofcom.org.uk/spectrum/spectrum-management/spectrum-awards/awards-archive/2-3-and-3-4-ghz-auction.

[51] Wan L, Zhou M, Wen R. Evolving LTE with flexible duplex in 2013 IEEE Globecom Workshops (GC Workshops)[G]. Atlanta, 2013: 49–54.

[52] Everett E, Duarte M, Dick C, et al. Empowering full-duplex wireless communication by exploiting directional diversity, in 2011 Conference Record of the Forty Fifth Asilomar Conference on Signals, Systems and Computers (ASILOMAR)[G]. 2011-11-06: 2002-2006.

[53] Choi J, Jain M, Srinivasan K,et al. Achieving single channel, full duplex wireless Communication[C]. Proceedings of the ACM MobiCom Conference, 2010: 1-12.

[54] 3GPP TR36.828, Further Enhancements to LTE Time Division Duplex(TDD) for. Downlink-Uplink (DL-UL) Interference Management and Traffic Adaptation (Release 11)[S]. 2012-06.

[55] Doppler K, Rinne M, Wijting C, et al. Device-to-device communication as an underlay to LTE-advanced networks[J]. IEEE Commun. Mag. 47(12), 2009:42-49.

[56]Sahin O, Simeone O, Erkip E. Interference channel with an out-of-band relay[J]. IEEE Trans. Inf. Theory 57(5), 2011: 2746–2764.

[57] 3GPP TS38.101-1, NR. User Equipment Radio Transmission and Reception; Part 1: Range 1 Standalone (Release 15)[S]. 2018-06.

[58] Vodafone. Mandatory 4Rx Antenna Performance for NR UE: RP-172788[R]. Lisbon

Portugal: 3GPP TSG RAN#78, 2017-12-18.

[59] 3GPP TS38.101-2, NR. User Equipment Radio Transmission and Reception; Part 2: Range 2 Standalone (Release 15)[S]. 2018-06.

[60] 3GPP TS38.101-3, NR. User Equipment Radio Transmission and Reception; Part 3: Range 1 and Range 2 Interworking Operation with Other Ratios (Release 15)[S]. 2018-06.

[61] Huawei. RP-190714 WID Revision: SA NR SUL, NSA NR SUL, NSA NR SUL with UL Sharing from the UE Perspective (ULSUP)[R].

[62] 3GPP TS36.101, E-UTRA. User Equipment (UE) Radio Transmission and Reception (Release 15)[S]. 2018-09.

[63] Wang Q, Zhao Z, Guo Y, et al. Enhancing OFDM by pulse shaping for self-contained TDD transmission in 5G[J]. 2016 IEEE 83rd Vehicular Technology Conference (VTC Spring), 2016: 1-5.

[64] Huawei, HiSilicon. Subcarrier mapping for LTE-NR coexistence: R1-1709980[R].Qingdao: 3GPP TSG RAN WG1 NR AH Meeting, 2017-06-27.

[65] 3GPP TS38.321, NR. Medium Access Control (MAC) Protocol Specification (Release 15)[S]. 2018-12.

[66] 3GPP TS38.133, NR. Requirements for Support of Radio Resource Management (Release15)[S]. 2018-09.

[67] Batariere M D, Kepler J F, Krauss T P, et al. An experimental OFDM system for broadband mobile communications[J]. IEEE VTC Fall 2001, 2001-10-07.

[68]3GPP TR28.892, Feasibility Study for Orthogonal Frequency Division Multiplexing(OFDM) for UTRAN Enhancement (Release 6)[S]. 2004-06.

[69] Motorola. Work item description sheet for high speed downlink packet: RP-000032[R]. Madrid: 3GPP TSG RAN Meeting #7, 2000-03-13.

[70] Motorola. Details of high speed downlink packet access: RP-0000126[R]. Madrid: 3GPP TSG RAN Meeting #7, 2000-03-13.

[71] 3GPP MCC. R1-063013, Approved Minutes of 3GPP TSG RAN WG1 #46, Tallinn, Estonia[R]. 2006-08-28.

[72] 3GPP MCC. R1-061099, Approved Report of 3GPP TSG RAN WG1 #44 Meeting, Denver, CO, USA[R]. 2006-02-13.

[73] 3GPP MCC. R1-070633, Approved Report of 3GPP TSG RAN WG1 #47, Riga, Latvia[R]. 2006-11-10.

[74] Huawei, HiSilicon. Way forward on waveform: R1-167963 [R]. Gothenburg: 3GPP TSG

RAN WG1 #86 Meeting, 2016-08-22.
[75] 3GPP MCC. R1-1608562, Final Report of 3GPP TSG RAN WG1#86[R]. Gothenburg: Final Report of 3GPP TSG RAN WG1 #86 v1.0.0, 2016-08-22.
[76] 3GPP RAN WG1. R1-1715184, LS response on spectrum utilization[R]. Prague: 3GPP TSG RAN WG1 #90 Meeting, 2017-08-21.
[77] Samsung, et al. R4-1709075, Way forward on spectrum utilization[R]. Berlin: 3GPP TSG RAN WG4 #84 Meeting, 2017-08-21.
[78] Qualcomm, et al. R1-1610485, WF on Waveform for NR Uplink[R]. Lisbon: 3GPP TSG RAN WG1 #86bis, 2016-10-10.
[79] 3GPP MCC. R1-1611081, Final Report of 3GPP TSG RAN WG1#86bis[R]. Lisbon: 3GPP TSG RAN WG1 #86bis, 2016-10-10.
[80] IITH, et al. R1-1701482, WF on pi/2 BPSK modulation with frequency domain shaping[R]. Spokane: 3GPP TSG RAN WG1 AH_NR Meeting, 2017-01-16.
[81] 3GPP MCC. R1-1701553, Final Report of 3GPP TSG RAN WG1#AH1_NR[R]. Spokane: 3GPP TSG RAN WG1#AH1_NR, 2017-01-16.
[82] 3GPP TSG RAN1. R1-1715312, LS on further considerations on pi/2 BPSK with spectrum Shaping[R]. Prague: 3GPP TSG RAN WG1 Meeting #90,2017-08-21.
[83] 3GPP MCC. R1-1716941, Final Report of 3GPP TSG RAN WG1#90, Prague: 3GPP TSG RAN WG1#90,2017-08-21.
[84] Gallager R G. Low-Density Parity-Check Codes[M]. Cambridge: MIT Press, 1963.
[85] Park H, Lee S. The hardware design of LDPC decoder in IEEE 802.11n/ac[C]. in Proceedings of the 2014 6th International Conference on Electronic, Computer and Artificial Intelligence (ECAI), 2014:35-38.
[86] Arikan E. Channel polarization: a method for constructing capacity-achieving codes for symmetric binary-input memoryless channels[J]. IEEE Trans. Inf. Theory **55**(7), 2009: 3051–3073.
[87] Qualcomm. R1-1801271, Polar coding[R]. Vancouver: 3GPP TSG RAN WG1 Meeting #AH1801,2018-01-22.
[88] Ericsson. RP-181870, Summary for WI shortened TTI and processing time for LTE[R]. Gold Coast: 3GPP TSG RAN Meeting #81, 2018-09-10.
[89] Motorola. R1-050246, Downlink multiple access for EUTRA[R]. Beijing: 3GPP TSG RAN1#40bis Meeting,2005-04-04.
[90] IMT-2020.Report ITU-R M.2410, Minimum Requirements Related to Technical

Performance for IMT-2020 Radio Interface(s)[R]. 2017-11.

[91] 3GPP TS38.300 V15.0.0, Technical Specification Group Radio Access Network; NR; NR and NG-RAN Overall Description; Stage 2(Release 15)[S]. 2017-12.

[92] 3GPP TR38.822 v15.0.1, NR User Equipment（UE）feature list(Release 15)[S]. 2019-07.

[93] 3GPP TR22.804, Study on Communication for Automation in Vertical Domains (Release 16)[S]. 2018-12.

[94] 3GPP TR22.186, Enhancement of 3GPP Support for V2X Scenarios; Stage 1 (Release 16)[S]. 2018-12.

[95] 3GPP TR38.824, Study on Physical Layer Enhancements for NR Ultra-Reliable and Low Latency Case (URLLC) (Release 16)[S]. 2018-11.

[96] 3GPP TR38.825, Study on NR Industrial Internet of Things (IoT) (Release 16)[S]. 2018-11.

[97] GSMA White Paper. 3GPP Low Power Wide Area Technologies[R/OL]. https://www.gsma.com/iot/wp-content/uploads/2016/10/3GPP-Low-Power-Wide-Area-Technologies-GSMA-White-Paper.pdf.

[98] GSA. NB-IoT and LTE-M: Global Market Status[R]. 2018-08.

[99] VODAFONE Group Plc. GP-140421, New study item on cellular system support for ultra low complexity and low throughput internet of things[R]. Valencia: 3GPP TSG GERAN Meeting #62, 2014-05-26.

[100] Huawei, HiSilicon. GP-140322, Discussion on MTC evolution for cellular IoT[R]. Valencia: 3GPP TSG GERAN Meeting #62, 2014-05-26.

[101] Ericsson. GP-140297, GSM/EDGE optimization for internet of things[R], Valencia: 3GPP TSG GERAN Meeting #62, 2014-05-26.

[102] Qualcomm Incorporated. GP-140839, Narrow band OFDMA based proposal for GERAN cellular IoT[R]. San Francisco: 3GPP TSG GERAN Meeting #64,2014-11-17.

[103] 3GPP TR45.820, Cellular System Support For Ultra-Low Complexity and Low Throughput Internet of Things (CIoT) (Release 13)[S]. 2015-11.

[104] Ericsson, et al. GP-150863, narrowband LTE-concept description[R]. Yin Chuan: in 3GPP TSG GERAN Meeting #67,2015-08-10.

[105] 3GPP PCG#34 Meeting Report, available at http://www.3gpp.org/ftp/PCG/PCG_34/report/.

[106] Qualcomm Incorporated. RP-151621, New work item: NarrowBand IOT (NB-IOT)[R]. Phoenix: 3GPP TSG RAN Meeting #69, 2015-09-14.

[107] Huawei. RWS-180023, 3GPP's Low-Power Wide-Area IoT Solutions: NB-IoT and

Emtc[R]. Brussels: Workshop on 3GPP Submission Towards IMT-2020, 2018-10-24.

[108] Vodafone, Huawei, et al. RP-161324, New work item proposal; Enhancements of NB-IoT[R]. Busan: 3GPP TSG RAN Meeting #72, 2016-06-13.

[109] Huawei, HiSilicon, Neul. RP-170852, New WID on further NB-IoT enhancements[R]. Dubrovnik: 3GPP TSG RAN Meeting #75, 20176-03-09.

[110] Ericsson. RP-180581, Interim conclusions on IoT for Rel-16[R]. Chennai: 3GPP TSG RAN Meeting #79, 2018-03-19.

[111] Vodafone. Provision of low-cost MTC UEs based on LTE[R]. Chicago: 3GPP TSG RAN Meeting #57,2012-09-04.

[112] 3GPP TR36.888, Study on Provision of Low-cost Machine-Type Communications (MTC) User Equipments (UEs) Based on LTE (Release 12)[S]. 2012-06-11.

[113] Ericsson, Nokia Networks. RP-141660, New WI proposal: further LTE physical layer enhancements for MTC[R]. Edinburgh: 3GPP TSG RAN Meeting #65, 2014-09-09.

[114] Deutsche Telekom, et al. RP-171467, Way forward on NB-IoT and eMTC evolution and UE capability[R]. West Palm Beach: 3GPP TSG RAN Meeting #76,2017-06-05.

[115] Huawei, HiSilicon. RP-180888, Motivation for WI proposal on NR uplink enhancements for broadband MTC[R]. La Jolla: 3GPP TSG RAN Meeting#80,2018-06-11.

[116] Huawei, HiSilicon. R1-1808080, Considerations and evaluation results for IMT-2020 for mMTC connection density[R]. Gothenburg: 3GPP TSG RAN1 Meeting#94, 2018-08-20.

[117] 3GPP. RP-121772, Further Enhancements to LTE TDD for DL-UL Interference Management and Traffic Adaptation[R]. 3GPP TSG RAN#28, 2012-12-04.

[118] Ericsson. RP-181869, Summary for WI ultra reliable low latency communication for LTE[R]. Gold Coast: 3GPP TSG RAN Meeting#81,2018-09-10.

第3章　5G NR 的新流程、RAN 架构和协议栈

本章首先介绍 5G NR 的一些新流程，具体包括初始接入和移动性（Initial Access and Mobility，IAM）、波束管理、功率控制和 HARQ。“波束”是 NR 的基本概念，基于波束的操作应用在诸如初始接入以及上下行的波束管理方面。HARQ 的操作更灵活，以实现短时延的需求。另外，RAN 架构也是本章重点介绍的内容，考虑不同的 5G 组网方式，包括独立组网（Standalone，SA）的 NR、LTE-NR 双连接和 RAN 功能划分。最后介绍 SA 的高层协议栈，包括 UE 状态转换、寻呼和移动性等。

3.1　5G NR 新流程

3.1.1　初始接入和移动性（IAM）

UE 在 NR 载波上运行之前，需要首先接入网络并与网络建立 RRC 连接。系统接入的方法有独立模式和非独立模式两种。在 LTE-NR 双连接模式下，UE 是从 LTE 载波接入 5G 网络的，接入流程就是 LTE 的初始接入流程（参见本书 2.1.8 节）。当网络获知 UE 支持 NR 时，可以为 UE 配置一个 NR 载波作为辅小区，UE 在 NR 载波上无须再做初始接入。然而，UE 仍需通过同步信号 / 广播信道块（Synchronization Signal/PBCH Block，SSB）来获得时间同步（即辅载波上的系统帧定时），NR 载波上所需的 RRC 连接信息是由 LTE 主小区发送给 UE 的。进一步，当 NR 载波上支持波束扫描时，UE 通过波束管理得到 NR 载波上的最优的收发波束对。

在 NR 独立部署场景下，UE 需直接在 NR 载波上进行初始接入。UE 遍历 SSB 的所有候选频率资源，并尝试在最优波束的 SSB 所对应的优选载波上接入网络。UE 使用的 SSB 发射波束资源同时关联上行随机接入信道 PRACH 的接收波束资源。每个 PRACH 资源对应一个 UE 检测到的 SSB 索引，网络根据该索引可获得最优的 PRACH 接收波束。

UE 扫描所有已知的频段后接入 NR 小区，考虑到 6 GHz 以下和 24～52.6 GHz 载频范围需遍历的带宽很大，为确保终端小区搜索的效率，同步栅格和信道栅格在设计上应独立解耦。同步栅格指示 SSB 的频域位置。为减少 UE 搜索候选频域位置的数量，对于 3 GHz 以上的频段，两个 SSB 的频域间隔被扩大到 1.44 MHz。对于 3 GHz 以下的频段，同步栅格的间隔被扩大到 1.2 MHz。相比 LTE 100 kHz 的信道栅格[1]，该设计可大大地降低 UE 的小区搜索次数。UE 需检测 SSB 的几种传输假设，包括频域栅格的位置，SSB 的子载波间隔和传输图样［根据全球同步信道编号（Global Synchronization Channel Number，GSCN）参数和 3GPP Rel-15[2]中指定的每个工作频段可适用的同步栅格，每个频段有一两种假设］，NR 的小区 ID 多达 1 008 种，一个同步广播信道的最大 SSB 的数目在 0～3 GHz/3～6 GHz/6～52.6 GHz 范围内分别为 4/8/64。

系统信息获取示例如图 3-1 所示，当 UE 检测到 SSB 时，获取广播信道 MIB 中的系统信息。MIB 的传输间隔为 80 ms，在 80 ms 内系统信息做重复传输。MIB 携带了接收 SIB1 对应的下行控制信道所需的基本物理参数信息（帧定时参考、SSB 和资源块栅格间的偏移量），这里的下行控制信道至少包括 SI-RNTI 加扰的下行控制信道。如果检测到的 SSB 不是小区定义的，UE 可能被重新指向不同频域位置的另一个 SSB，该重新指向信息是由广播信道下发给 UE，并通过 SSB 的 GSCN 偏移量 / 范围发送给 UE 的。

SIB1 为 UE 提供是否允许接入这个小区的信息，即公共陆地移动网（Public Land Mobile Network，PLMN）标识、小区特定的参数配置和其他小区级无线资源配置信息等。另外，SIB1 也会告知 UE 下行配置信息、上行配置信息（正常上行配置和 SUL）、初始下行带宽划分配置信息、TDD 上下行配置信息和为共存预留的物理资源信息等。SIB1 也称剩余最小系统信息（Remaining Minimum System Information，RMSI），SIB1 中的下行配置包括参考资源块的绝对频域位置、子载波间隔值和该载波归属的频段。对于 NR，UE 不能仅通过 SSB 的检测就可以推导出载波的频域位置，因为 NR 的 SSB 不一定在载波中心，这一点与 LTE 不同。上行配置中除给出相似的信息外，同时还会给出 SUL 7.5 kHz 频移的候选配置。

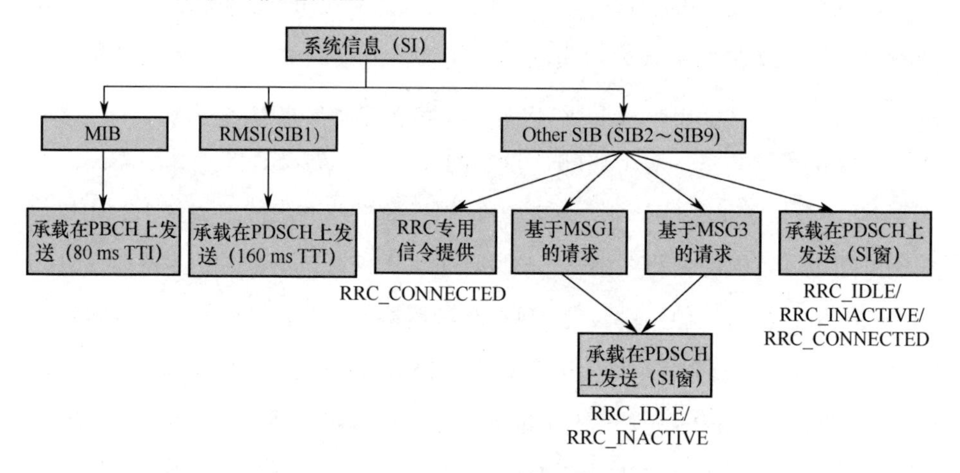

图 3-1 系统信息获取示例

此外，SIB1 还包括其他系统信息块的可获得性和调度信息（如系统信息块到系统消息的映射、周期、系统信息窗大小），同时指示哪些系统信息块仅根据请求就能够触发。这些请求可由 RRC-Idle 或 RRC-Inactive 态 UE 发起，或者由随机接入过程中的 Msg1 或 Msg3 来承载。其他系统信息在一个系统信息窗的 PDSCH 上广播传输。当 SIB1 中没有系统信息块的触发请求配置信息时，这些系统信息在一个系统信息窗的 PDSCH 上广播传输。对于 RRC 连接态的 UE，网络通过专用 RRC 信令提供系统信息（如 SIB6/SIB7/SIB8）给终端。

当 UE 已经获取到公共 RRC 消息，并能够确定下行接收和上行发送的资源时，其依旧不能接入小区。UE 必须首先执行随机接入过程，通过 PRACH 资源发送 Msg1，该资源根据 SIB1 提供的上行配置信息确定并与 UE 检测到的 SSB 相关联。当 SIB1 中指示了 SUL 存在时，UE 对下行测量的参考信号接收功率 RSRP 和 SIB1 中指示的阈值门限进行比较，以此来确定是在常规上行载波还是 SUL 上发送 PRACH。一旦 UE 确定了 PRACH 传输可用的上行资源，UE 发送 Msg1 给网络。具体的网络侧和 UE 侧的随机接入资源确定流程如图 3-2 所示。这里，基于竞争的 4 步随机接入工作流程与 LTE 相同（可参见本书 2.1.8 节）。

图 3-2　随机接入资源确定流程

3.1.2　波束管理

支持高频通信（FR2）是 NR 系统的一个特性。为了使高频通信能够很好地工作，NR 系统引入了波束管理和 PT-RS，前者用于克服高频段较为严重的路径损耗和遮挡，而后者用于补偿相位噪声带来的影响。

3.1.2.1　下行波束管理

在 NR 系统中定义的下行波束管理流程如图 3-3 所示。首先，网络配置下行参考信号（包括 CSI-RS、SS/PBCH block），并波束赋形后发送给 UE，其中用于波束管理的下行参考信号的配置和传输可以参见有关 CSI-RS 和

SS/PBCH 的介绍。接着，UE 测量这些经过波束赋形的下行参考信号，选择波束并通过 CSI-RS 资源指示（CSI-RS Resource Indicator，CRI）或 SSB 资源指示（SSB Resource Indicator，SSBRI）反馈选定的波束给网络，同时也反馈选定波束所对应的 L1-RSRP，具体流程可以参见本书 2.5.3.2 节中关于 CSI 获取的内容。基于 UE 的反馈信息，网络侧最后决定用于下行数据或控制信息（包括 PDSCH、PDCCH，以及用于 CSI 获取的 CSI-RS 等）传输的发送波束，并指示该波束信息给 UE 选择对应的接收波束。下行波束的指示是通过 TCI 状态中的 QCL 空域接收参数（QCL 类型-D）实现的，且由 RRC 配置并通过 DCI 中动态指示（可参见本书 2.2.4.6 节）。由于用户移动以及信道遮挡，传输接收节点与用户间的服务波束可能发生失败，NR 系统中定义了波束失败恢复（Beam Failure Recovery，BFR）的机制用于快速重建新的波束，具体流程将在本书 3.1.2.2 节中讨论。

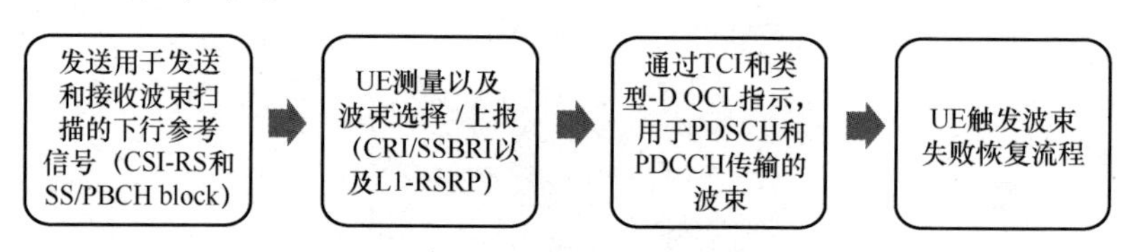

图 3-3　下行波束管理流程

需要注意的是，在初始接入阶段最优波束（SSB 波束）可以通过 PRACH 资源序号隐式指示，其中 PRACH 资源与 SSB 资源存在对应关系。

3.1.2.2　波束失败恢复

BFR 流程如图 3-4 所示，主要包括 4 个步骤。

首先，UE 检测与 CORESET 相关联的周期 CSI-RS 或 SSB 信号，若假定的 BLER（Hypothetical BLER）在连续几次测量中都高于设置的阈值，则会认为检测到了服务波束失败。用户同时检测配置的 SSB 和周期 CSI-RS 资源，若 L1-RSRP 大于设置的阈值，则会被认为 SSB 或 CSI-RS 资源上的新的候选波束被识别。当服务波束失败且识别新的候选波束这两个条件都满足时，UE 就会通过基于竞争的 RACH 资源或基于非竞争的 RACH 资源向网络侧发送波束

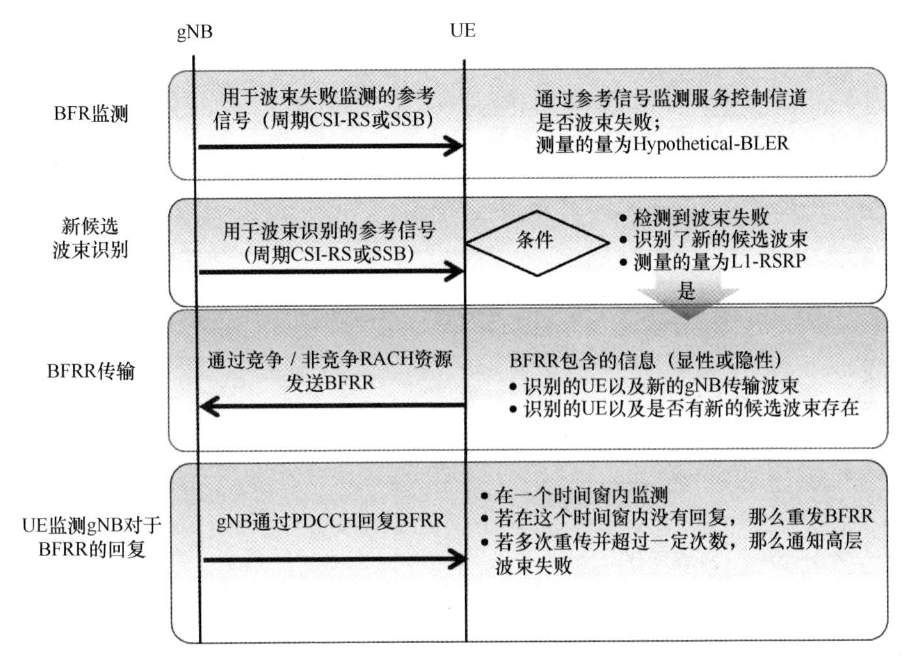

图 3-4　波束失败恢复流程

失败恢复请求（BFR Request，BFRR），其包括新的候选波束信息。网络侧接收到 BFRR 后，通过 PDCCH 发送响应。如果 BFRR 基于非竞争的 RACH，则 UE 通过检测用于 BFR 的 CORESET 得到响应。如果 BFRR 基于竞争的 RACH，则这个过程类似于初始接入过程。如果在一个时间窗内没有收到响应，那么用户将会重新发送 BFRR。若几次 BFR 过程都没有成功，那么将会通知更高层启动其他的恢复方式，例如链路失败恢复。

3.1.2.3　上行波束管理

在 NR 中的上行波束管理有两种不同的实现方式。基于 SRS 的上行波束管理如图 3-5 所示，第一种实现方式类似于下行波束管理过程。根据网络侧配置，UE 发送一组 SRS 资源（SRS 资源需配置为“Beam Management”），不同的 SRS 资源对应不同波束。基站测量这组 SRS 资源并选择最优波束，再通过 SRI 通知用户。

第二种实现方式，若 UE 支持发送和接收波束间的波束互易（Beam Correspondence），则可以通过下行波束的测量来确定上行波束，即 UE 根据接收 SSB/CSI-RS 的波束可以用于上行信号或数据的发送。网络侧通过指示SSB/CSI-RS 的空域关系（Spatial Relation）通知 UE 上行 PUSCH 和 PUCCH 的发送波束。在 FR2 中，波束互易要求用户的发送波束和接收波束的峰值等效全向辐射功率（Effective Isotropic Radiated Power，EIRP）和球面覆盖差别足够小。

图 3-5　基于 SRS 的上行波束管理

3.1.3　功率控制

功率控制作为通信的一个关键技术，可提高信号的质量、降低干扰和节省功耗。一方面，增加发射功率可提高数据传输速率和降低误码率；另一方面，更高的发射功率也会带来严重的同频和邻频干扰。尤其对于上行传输来说，不做功率控制可能会极大地减少手机电池的寿命，所以进行合理的功率控制很重要。

NR 与 LTE 类似，上行功率控制和下行功率控制均有考虑，上行功率控制是基于部分路损补偿的功控机制，而下行功率控制有较少的标准化影响，主要依赖于网络实现。原理上，NR 的上行功控机制在部分路损补偿的基础上结合新特性和新场景进行了扩展设计。

3.1.3.1　部分补偿的功率控制设计

部分补偿的功率控制机制在 LTE 系统中就被引入，用于上行干扰管理[3，4]为最大化上行频谱效率，所有小区占用相同的时频资源，当终端满功率发射时，基站侧将观测到严重的小区间干扰，从而导致小区边缘的性能很差。另外，完全路损补偿使得上行干扰被较好地控制，但同时降低了上行数据的传输速率和频谱效率。

通过部分路损补偿，距离基站近且路损较小的 UE 可采用相对小的发射功率发射，既可降低对邻区的干扰又不影响数据传输速率。小区边缘 UE 为追求好的性能而采用较高发射功率发射时极有可能带来不必要的干扰增加，因此功率控制设计上需兼顾频谱效率和小区边缘性能。

图 3-6 给出了不同功率控制方案下的用户吞吐量[3]。当路损补偿因子为 0 时，UE 满功率发射带来高干扰和差的小区边缘性能的问题。当路损补偿因子为 1 时，所有 UE 有相同的功率水平，系统性能较差。部分路损补偿机制下，例如 α=1/2，可同时满足较好的小区边缘吞吐量和系统性能。通过选择路损补偿因子值 α 和开环目标接收功率，网络可采用不同的功率控制策略调整上行干扰水平、小区边缘性能和小区平均性能。

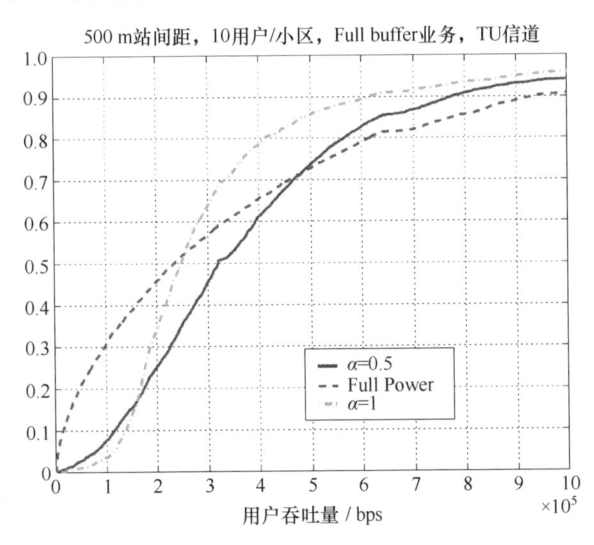

图 3-6　不同功率控制方案下的用户吞吐量

LTE 中除慢变的路损补偿外，还有两个快变补偿因子项。一个是闭环补偿因子，该项由基站通过 DCI 中的功率控制命令字发送给 UE，用于在路损补偿的基础上实现上行发射功率的快速调整。该闭环补偿因子可根据上行业务负载和干扰水平实现系统级的干扰管理或提升数据传输速率。另一个快速补偿因子是与上行传输的调制编码方式水平和分配带宽相关的一个偏移量。这使得上行发射功率的控制需要综合考虑资源分配和链路自适应等因素。

3.1.3.2　NR 上行功控设计需求和框架

在 NR 中，LTE 的部分功率控制机制被扩展以支持 NR 的新需求和新特性。

相比 LTE，一个最主要的变化是 CRS 被去掉，在消除网络侧实时存在的干扰源的同时也带来频谱效率的提升。在没有 CRS 时，功率控制机制中的路损测量需要基于其他参考信号，候选的如 CSI-RS 和 SSB 等。

NR 的另一个新特色就是，基于波束管理的高频传输，波束管理机制能有效提高覆盖。波束赋形可有效补偿路损，最终的信号接收质量依赖于基站和 UE 的发送和接收波束赋形增益，UE 可能在不同时隙和不同信道采用不同的收发波束对与基站通信。对不同的波束，UE 需要基于不同的下行参考信号测量得到对应的路径损耗。

进一步，NR 支持可配的系统参数、帧结构、上行波形和多种业务类型（如 eMBB、URLLC）等。这些新特性需要上行功率控制灵活适配各种场景的新需求。然而，新特性的潜在候选组合数目很多，对每个场景独立配置可能使得 UE 和网络的复杂度增加。

上行发射功率的设置可基于下面的公式：

$$\begin{aligned} P &= \min[P_{\text{CMAX}}, \{\text{开环功控}\} + \{\text{闭环状态}\} + \{\text{其他偏移量}\}] \\ &= \min[P_{\text{CMAX}}, \{P_0(j) + \alpha(k) \cdot PL(q)\} + \{f(l)\} + \{10\lg M + \varDelta\}] \end{aligned}$$

在上行功控的关键参数组成项中，路损项和闭环状态项对 UE 复杂度有更大的影响，而开环项相对简单。NR 上行功控的配置框架定义既能保持相对低的 UE 复杂度又保留了足够的网络实现灵活度。UE 可被配置少量（最多 4 个）下行参考信号（CSI-RS 或 SSB）用于不同收发波束对的路损测量，同时被配置少量的闭环状态量（最多 2 个）和相对多数量（最多 32 个）的开环参数（P_{O} 和 α）。网络配置（RRC 半静态）并指示（DCI 动态指示）UE 采用路损、开环参数和闭环状态的组合项计算得到上行发射功率。

3.1.4 HARQ

NR 的下行和上行传输都采用了异步自适应 HARQ。UE 最多可支持 16 个下行 HARQ 进程，但是网络可配置少于 16 个 HARQ 进程。LTE 的 PDSCH 接收和 HARQ-ACK 反馈时间间隔固定为 4 ms，但是 NR 与 LTE 不同，其设计使 UE 的 HARQ-ACK 反馈保持了很大的灵活度。DCI 可以显性指示 PDSCH 接收和 HARQ-ACK 反馈所间隔的时隙和符号数，HARQ-ACK 可以在对应的 PUCCH 或 PUSCH（当 PUSCH 和 PUCCH 同时在上行传输时）资源上发送。这种灵活度允许网络对于低时延业务可请求快速 HARQ-ACK 反馈；或者，为了支持其他的下行或上行传输，延迟 HARQ-ACK 反馈。

网络配置的 HARQ-ACK 定时依赖于 UE 的处理能力。3GPP Rel-15 NR 支持 UE PDSCH 的快速处理能力，其定义为 PDSCH 的最后一个符号与承载 HARQ-ACK 反馈的 PUCCH 的第一个符号之间的上行 OFDM 符号个数的最小数量（N_1），见表 3-1。UE 处理 PDSCH、计算 HARQ 结果和准备 PUCCH 或 PUSCH 发送所需要的最小时间通过 OFDM 符号的个数来表示。这个最小时间依赖于上下行传输所配置的子载波间隔、PDSCH 映射模式、DM-RS 个数，以及其他条件如一个小区组中的载波数，不同载波间的定时差，CORSET 的符号数和 HARQ-ACK 与其他 UCI 在 PUCCH 或 PUSCH 中的复用。

表 3-1　UE PDSCH 的最小处理时间 N_1（OFDM 符号个数）

SCS	最小处理（能力 #1）		快速处理（能力 #2）
	UE 配置只处理前置的 DM-RS	UE 配置可处理额外的 DM-RS	UE 配置只处理前置的 DM-RS
15 kHz	8 个符号 [571 μs]	13 个符号 [929 μs]	3 个符号 [214 μs]
30 kHz	10 个符号 [357 μs]	13 个符号 [464 μs]	4.5 个符号 [161 μs]
60 kHz	17 个符号 [304 μs]	20 个符号 [357 μs]	9 个符号 [161 μs]（针对 FR1）
120 kHz	20 个符号 [179 μs]	24 个符号 [214 μs]	

由于一个时隙有 14 个 OFDM 符号，从表 3-1 可以看到，一些 UE 可支持 PDSCH 接收和对应的 HARQ-ACK 反馈发生在同一时隙，这个可以应用于很低时延的业务。

UE 可以配置基于传输块（Transport Block，TB）或码块组（Code Block Group，CBG）的 HARQ-ACK 反馈。CBG HARQ 是指一个 TB 分成多个码块组，每个码块组传输有其独立的 CRC，这个可允许 UE 只反馈没有正确接收的 CBG，以及基站只重传 UE 错误接收的 CBG。这种机制不仅可以节省下行资源，还可以使基站通过对正在传输的 UE 进行打孔，来传输低时延 QoS 的业务给其他 UE，但是这并不会造成被打孔 UE 的整个 TB 的错误。基于 CBG 的 HARQ-ACK 反馈代价是反馈开销的增加。UE 配置每个传输块的最大 CBG 数量，并根据调度的 TB 中码本的数量确定 CBG 的确切数量。CBG 传输信息（CBG Transmission Information，CBGTI）通过调度 PDSCH 的下行 DCI 通知 UE。对于初传时具有 CBG 的 PDSCH，在 PDSCH 重传时，DCI 会指示哪些 CBG 将被重传，还可以指示先前发送的 CBG 是否在实际发送中。CBG 重传时只能使用与 TB 的初始传输相同的码块。

与 LTE 相同，NR 也支持多个 HARQ 进程的 HARQ-ACK 在同一个上行时隙反馈，具体为 HARQ 复用（HARQ multiplexing）和 HARQ 绑定（HARQ bundling）。HARQ 复用支持半静态的 HARQ 码本和动态的 HARQ 码本（依赖于 DCI 信令中的下行关联索引 DAI 的辅助）。HARQ-ACK 绑定可根据 UCI 有效载荷动态地适配。

上行 HARQ 在 LTE 中已经进行了非常灵活的设计，NR 进一步增强了这种灵活性（与下行链路类似的功能）。LTE 通过下行链路物理控制格式指示信道（PCFICH）指示针对 UL TB 的 HARQ ACK 或 NACK，但是 NR 只通过 DCI 来携带所有的 HARQ-ACK 指示。这意味着，仅当 UE 接收到一个 DCI 调度其之前传输的 TB 时，UE 才知道其上行链路传输不成功。由于 NR 中用于 PUSCH 的 UL 授权时序非常灵活，所以 UE 的同一 TB 两次传输之间的时序也是如此。NR 的上行也支持基于 TB 和 CBG 的 HARQ 反馈。

3.2 RAN 架构演进和协议

3.2.1 整体架构

5G 系统提供了一个可以支持多种部署场景的端到端架构。考虑到不同的市场需求对网络部署的灵活性有不同的要求，Rel-15 同意支持以下的几种部署模式。

- Option2：独立的 NR 系统。
- Option3：E-UTRA-NR 双连接。
- Option4：NR-E-UTRA 双连接。
- Option5：E-UTRA 连接到 5G 核心网。
- Option7：NG-RAN E-UTRAN-NR 双连接。
- NR-NR 双连接。

除此以外，5G 系统中提出了将 RAN 分解成不同的功能实体的 CU-DU 架构，后续内容将具体介绍上述 RAN 架构的主要设计思路。

3.2.1.1　RAN 架构概述

5G 系统中，RAN 网络节点可以称为 NG-RAN，具体包括 gNB 和 ng-eNB。gNB 提供 NR 的控制面和用户面功能，ng-eNB 提供 E-UTRA 的控制面和用户面功能。

NG-RAN 和 5G 核心网（5G Core Network，5GC）之间的接口称为 NG 接口。控制面由 NG-RAN 通过 NG-C 接口连接到核心网的接入和移动性管理功能（Access and Mobility Management Function，AMF）上，用户面由 NG-RAN 通过 NG-U 接口连接到核心网的用户面功能（User Plane Function，UPF）上。gNB 和 ng-eNB 彼此之间通过 Xn 接口互联，5G 系统整体的架构如图 3-7 所示。

NG-RAN 具体提供的功能包括：无线资源管理，IP 头压缩，数据加密和完整性保护，路由选择控制面数据到 AMF，路由选择用户面数据到 UPF，无线资源控制（Radio Resource Control，RRC）连接管理，以及 NR 和 E-UTRA 的互联互通等。

核心网通过 AMF/UPF/会话管理功能（Session Management Function，SMF）提供不同的功能。AMF 主要提供控制面功能，包括鉴权、移动性管理和 SMF 选择等。UPF 主要提供用户面功能，包括数据包的路由和转发、QoS 管理等。SMF 主要提供会话管理的相关功能。

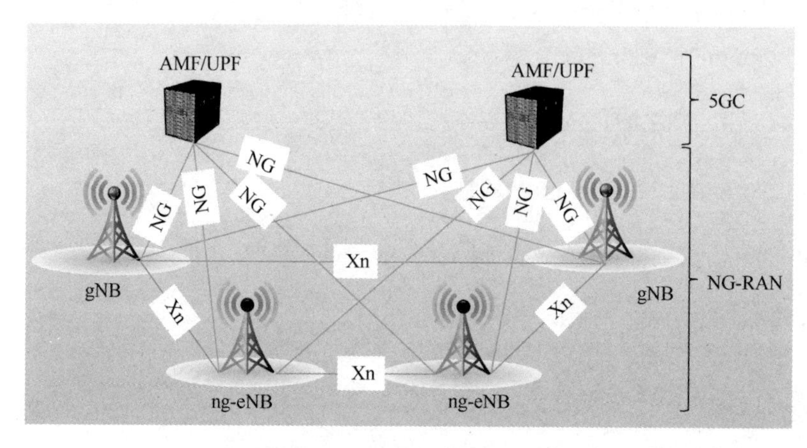

图 3-7　5G 系统整体架构

上述功能分工总结如图 3-8 所示，其中虚线框格代表各个逻辑节点，实线框格描述了各个逻辑节点的主要功能，具体细节可以参考文献[5]的 4.2 节。

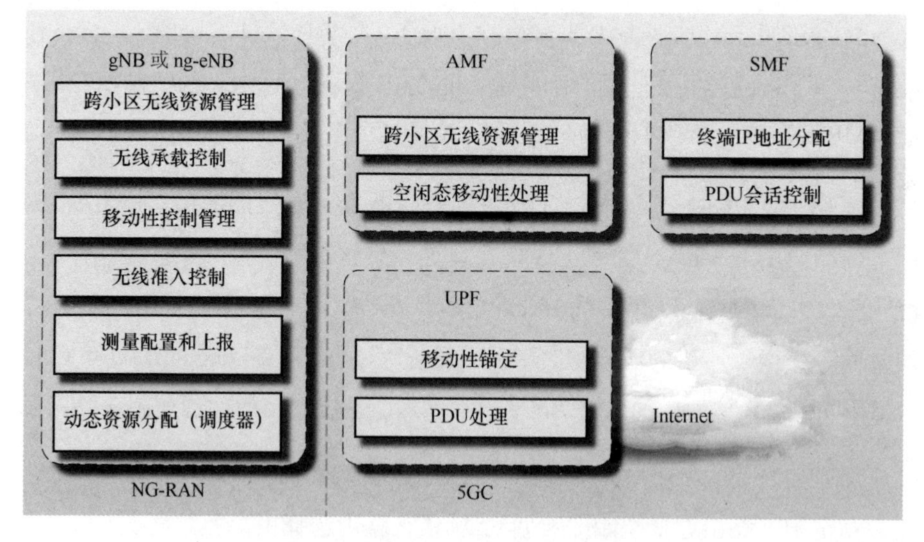

图 3-8　NG-RAN 和 5GC 之间的功能分解

3.2.1.2　RAN 架构场景

考虑到不同的市场需求对网络部署的灵活性有不同的要求，Rel-15 同意支持多种部署模式。5G EN-DC 架构如图 3-9 所示。

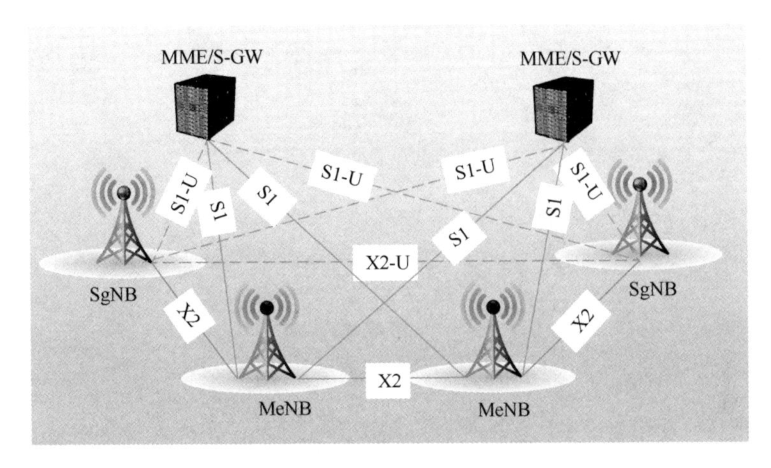

图 3-9 5G EN-DC 架构

部署模式可以分成两大类：

一类是单一无线接入技术的独立部署，例如，NR 连接 5GC 独立部署或 E-UTRA 连接 5GC 独立部署；

另一类是非独立部署，也叫多制式双连接（Multi-Radio Dual Connectivity，MR-DC），例如，E-UTRA 和 NR 的双连接。

MR-DC 的一个典型架构是 E-UTRA-NR 双连接（EN-DC），这种部署下 NR 不连接 5GC，并且 E-UTRA 作为主基站，NR 作为辅基站。

在图 3-9 所示的 EN-DC 架构下，主基站（Master eNB，MeNB）的控制面和用户面都通过 S1 接口连接到 EPC 上，辅基站（Secondary gNB，SgNB）只有用户面通过 S1-U 接口连到 EPC 上。MeNB 的控制面和用户面通过 X2 接口连到 SgNB 上，SgNB 只有用户面通过 X2-U 接口连到 SgNB 上。

除了 EN-DC 架构，还有其他的与 5GC 连接的部署场景：NG-RAN E-UTRA-NR 双连接（NG-RAN E-UTRA-NR Dual Connectivity，NGEN-DC）如图 3-10 所示，NR-E-UTRA 双连接（NR-E-UTRA Dual Connectivity，NE-DC）如图 3-11 所示。

对于上述提到的独立部署的 NR 系统，也可以支持 NR-DC 场景，也就是 NR-NR 双连接，主 gNB 同时连接 5GC 和辅 gNB 来提供更多的无线资源。这种场景尤其适合需要同时利用 FR1 和 FR2 频谱的运营商。3GPP 将 NGEN-DC、NE-DC 和 NR-DC 都划分到 MR-DC 里。

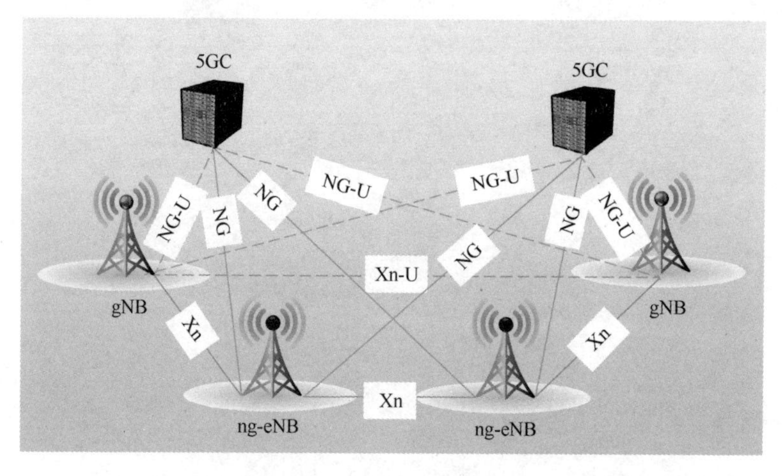

图 3-10　5G NGEN-DC 架构

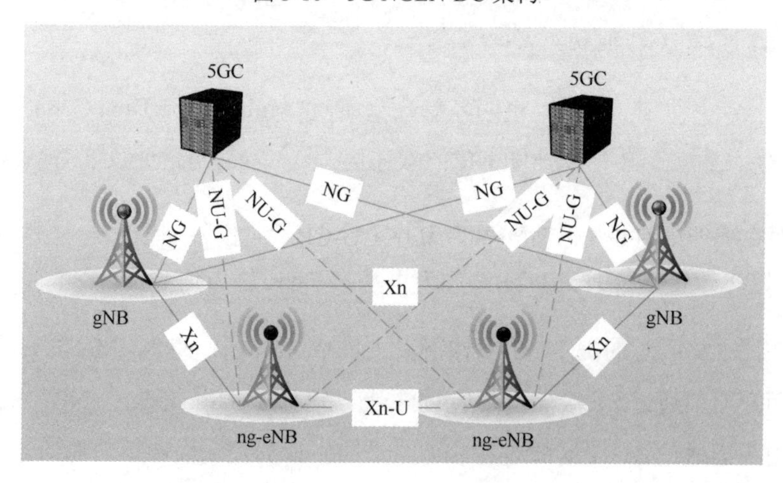

图 3-11　5G NE-DC 架构

3.2.1.3　CU-DU 分离

在 NG-RAN 节点内，NG-RAN 结构框图如图 3-12 所示，有两个功能实体：gNB 集中单元（gNB Central Unit，gNB-CU）和 gNB 分布单元（gNB Distributed Unit，gNB-DU）。一个 gNB 由一个 gNB-CU 和一个或多个 gNB-DU 组成，gNB-CU 和 gNB-DU 之间的接口为 F1 接口。具体细节可以参考文献[6]。

gNB-CU 提供 RRC/PDCP/SDAP 层的功能，gNB-DU 提供 PHY/MAC/RLC

层的功能。一个 gNB-CU 可以连接到多个 gNB-DU 上，但是一个 gNB-DU 只能连接到一个 gNB-CU 上。F1 接口只在一个 gNB 内部可见，在 gNB 外部不同 gNB-CU 之间通过 Xn 接口相连。gNB-CU 和 5GC 之间的接口重用 NG 接口。

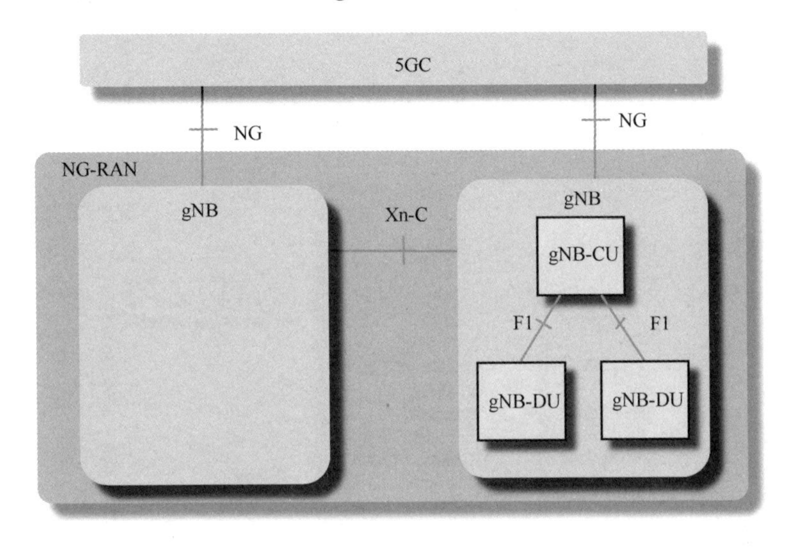

图 3-12　NG-RAN 结构框图

gNB-CU 的 CP 和 UP 分离如图 3-13 所示，图中一个 gNB-CU 的控制面和用户面在功能上有进一步的分离，其中 CU-CP 和 CU-UP 通过 E1 接口连接。CU-CP 通过 F1-C 接口连接 gNB-DU，CU-UP 通过 F1-U 接口连接 gNB-DU。

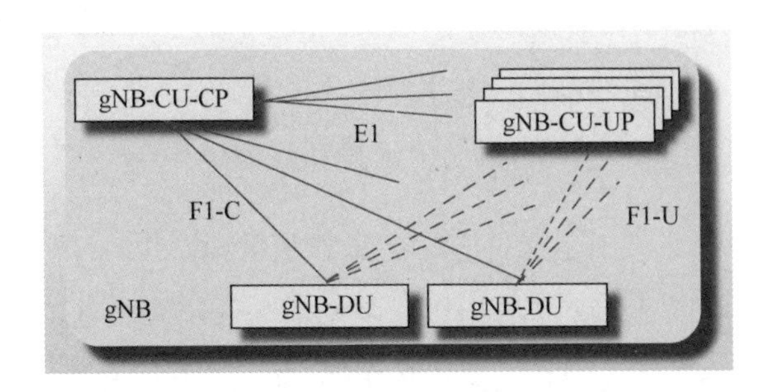

图 3-13　gNB-CU 的 CP 和 UP 分离

3.2.1.4　RAN 协议栈

本节将介绍 NR SA 和 MR-DC 下的 RAN 协议架构，其中包括控制面和数据面的相关设计。

3.2.1.4.1　NR 独立网络协议架构

独立的 NR 系统，跟 E-UTRA 类似，无线接口协议也分成控制面和用户面，后续内容将具体介绍主要的设计思路。

3.2.1.4.1.1　控制面

控制面框图如图 3-14 所示。对于控制面，图 3-14 中的协议层和在 E-UTRA 中的协议层提供类似的功能。[5]

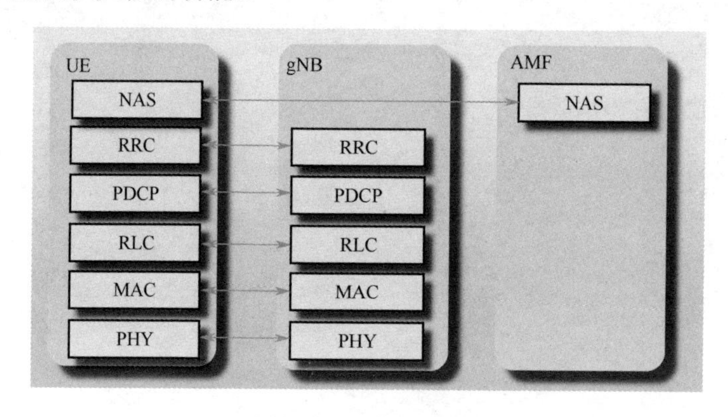

图 3-14　控制面框图

其中，NR 的 RRC 层提供如下功能：系统信息、寻呼、RRC 连接管理、安全、信令无线承载（Signaling Radio Bearer，SRB）和数据无线承载（Data Radio Bearer，DRB）的建立 / 修改，不同 RRC 状态下的用户移动性管理，QoS 管理，用户测量管理，无线链路失败检测和恢复等。如果支持载波聚合或双连接，RRC 层也支持这些功能的添加、修改和释放。

跟 E-UTRA 相比，由于支持基于波束的测量和上报，NR 的 RRM 测量功能有所增强。除此以外，为了省电以及降低信令开销和时延，NR 里引入了新的 RRC 状态：RRC_INACTIVE 态。RRC 层也支持例如 BWP、SUL，以及波束管理等物理层引入的新概念的配置。为了降低广播消耗，NR 进一步优化了系统消息发送机制，引入了按需请求系统消息的机制[6]。

3.2.1.4.1.2　用户面

用户面框图如图 3-15 所示。NR 系统中的媒体接入控制（Medium Access

Control，MAC）/ 无线链路控制（Radio Link Control，RLC）/ 分组数据汇聚协议（Packet Data Convergence Protocol，PDCP）跟 E-UTRA 中的 MAC/RLC/PDCP 提供类似的功能。此外，NR 中引入了一个新的协议——业务数据适配协议（Service Data Adaptation Protocol，SDAP）。

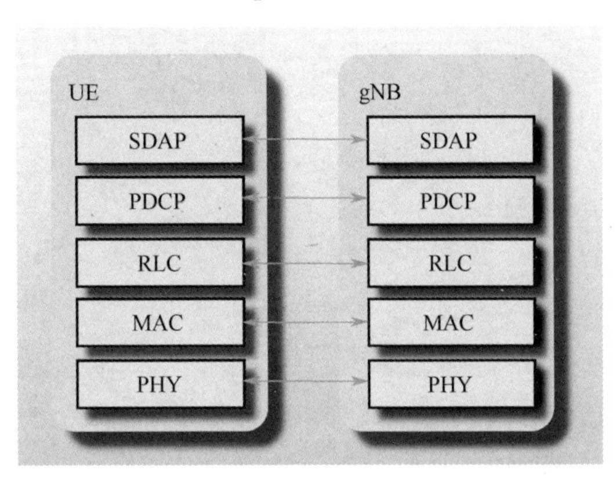

图 3-15　用户面框图

✧　MAC 层

MAC 层提供如下功能：逻辑信道和传输信道的映射，MAC SDU 的（解）复用，HARQ 进程，功率余量报告，多用户的调度和优先级管理等。跟 E-UTRA 相比，NR 的 MAC 层的增强主要体现在支持了多种空口格式：BWP、波束相关的功能（比如波束失败恢复）和 SUL。NR 的第一个版本主要定义基础功能，后续演进会支持更多功能，如广播 / 多播业务。

RRC 负责 MAC 层的参数配置，同一用户的 MAC 实体的功能，相关的定时器以及参数等是独立运行或配置的。每个小区组有一个 MAC 实体，当配置了辅小区组（Secondary Cell Group，SCG）时，一个 UE 需要配置两个 MAC 实体，其中主小区组（Master Cell Group，MCG）对应一个 MAC 实体，SCG 对应一个 MAC 实体。MAC 实体的结构如图 3-16 所示。

图 3-17 是同时配置了 MCG 和 SCG 的 MAC 实体结构图。

跟 E-UTRA 类似，NR 定义了传输信道和逻辑信道，MAC 实体的传输信道见表 3-2，MAC 实体的逻辑信道见表 3-3。

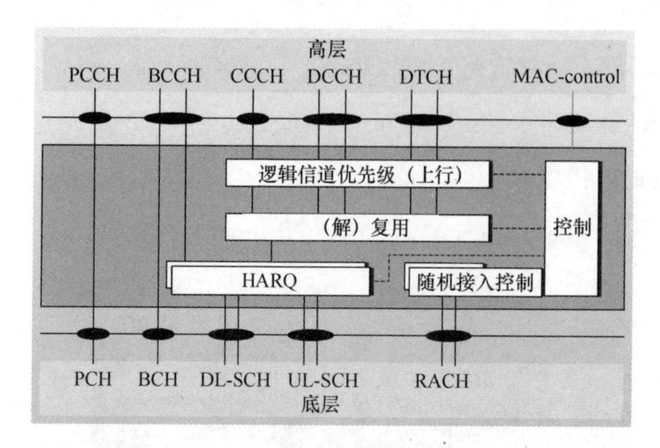

图 3-16　MAC 结构框图

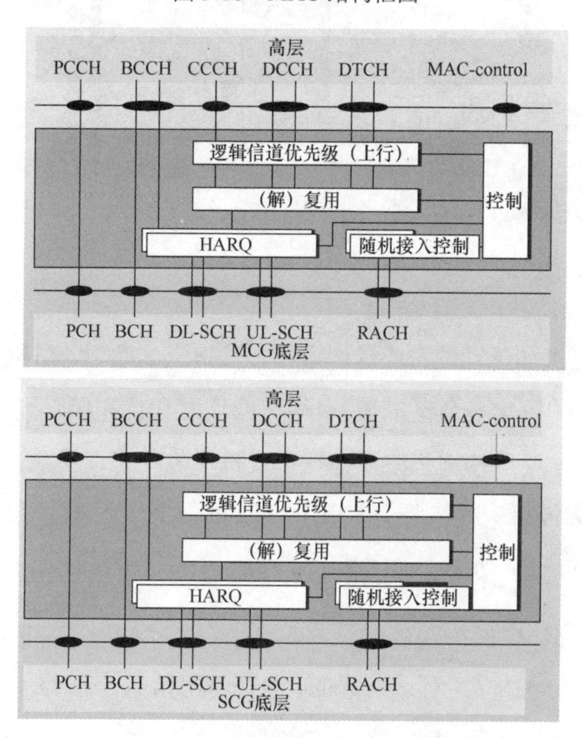

图 3-17　两个 MAC 实体的 MAC 结构框图

表 3-2　MAC 实体的传输信道

传输信道名称	英 文 全 称	缩 略 词	链路
广播信道	Broadcast Channel	BCH	下行
下行共享信道	Downlink Shared Channel	DL-SCH	下行
寻呼信道	Paging Channel	PCH	下行
上行共享信道	Uplink Shared Channel	UL-SCH	上行
随机接入信道	Random Access Channel	RACH	上行

表 3-3　MAC 实体的逻辑信道

逻辑信道名称	英 文 全 称	缩略词	信道类型
广播控制信道	Broadcast Control Channel	BCCH	控制信道
寻呼控制信道	Paging Control Channel	PCCH	控制信道
共享控制信道	Common Control Channel	CCCH	控制信道
专用控制信道	Dedicated Control Channel	DCCH	控制信道
专用业务信道	Dedicated Traffic Channel	DTCH	业务信道

下行 MAC PDU 格式如图 3-18 所示，上行 MAC PDU 格式如图 3-19 所示，由此可知，MAC 实体负责将逻辑信道映射到传输信道上，一个 MAC PDU 包含多个 MAC subPDU。对于下行 MAC PDU，MAC CE 放在任意数据 MAC subPDU 前面，携带填充的 MAC subPDU 放在 MAC PDU 的最后。对于上行 MAC PDU，数据 MAC subPDU 放在任意 MAC CE 前面，携带填充的 MAC subPDU 放在 MAC PDU 的最后。在 NR 系统里，MAC 子头和 MAC CE/MAC SDU 是交织的，通常一个 MAC 子头包含四个字段，分别是 R/F/LCID/L，F 字段指示 L 字段的长度，0 表示 L 字段有 8 bit，1 表示 L 字段有 16 bit。LCID 是逻辑信道标识符（Logical Channel Identifier），用来标识 MAC SDU 对应的逻辑信道，或者用来标识 6 bit 的 MAC CE 的类型。

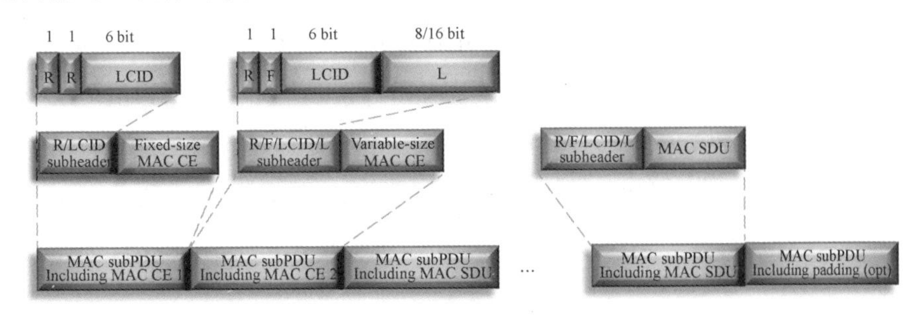

图 3-18　下行 MAC PDU 格式示意图

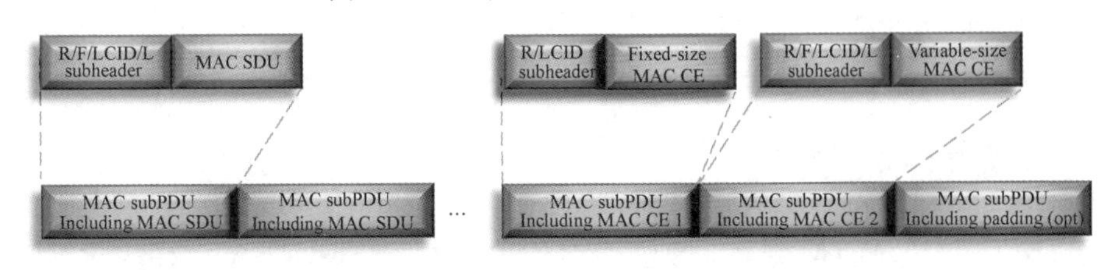

图 3-19　上行 MAC PDU 格式示意图

NR 的 MAC 层可以支持多种新特性，例如，BWP、SUL、波束恢复，以及多种空口格式。另外，NR 的 MAC 层与 E-UTRA 的 MAC 层还有一些不同，例如，逻辑信道数量的扩展，只支持异步 HARQ，调度机制的增强等。接下来将详细介绍。

在 E-UTRA 中，为逻辑信道预留了 10 个 LCID：LCID1 和 LCID2 预留给 SRB1 和 SRB2，总共支持 8 个 DRB。在 NR 中，由于引入了 SRB3，LCID1 到 LCID3 分别预留给 SRB1 到 SRB3，一个 MAC 实体总共支持最多 29 个 DRB。

在 NR 中，上行链路和下行链路都只支持异步 HARQ。为了提高数据传输的可靠性，NR 引入了时隙聚合，网络侧可以通过 RRC 配置时隙重复次数。同时为了提高重传的有效性，物理层支持基于 CBG 的重传，但是这对 MAC 层是透明的。

NR 既支持动态调度也支持半静态调度，此外，SR 机制和缓冲状态报告（Buffer Status Report，BSR）相比于 E-UTRA 也有了进一步增强。

NR 系统中的 SR 机制有了显著增强，每个 SR 配置可以关联多个跨 BWP 或服务小区的 PUCCH 配置，此外，一个 MAC 实体也支持多个 SR 配置。

BSR 有以下几种触发方式：当逻辑信道组（Logical Channel Group，LCG）中有更高优先级的上行数据到达时；或者新数据到达而之前逻辑信道组里的所有逻辑信道都没有上行数据；或者周期性 BSR 定时器超时；或者有填充比特剩余。这几种触发条件分别触发的是常规 BSR、周期性 BSR 和填充 BSR。NR 里引入了一种新的长截断 BSR 格式，可以上报尽可能多的 LCG 的缓存数据量。

这里仅粗略地介绍了 MAC 层在 NR 和 E-UTRA 中的不同，感兴趣的读者可以在参考文献[7]中探寻更多细节。

✧ RLC 层

RLC AM/UM/TM 模式示意图如图 3-20 所示。跟 E-UTRA 一样，NR RLC 支持三种模式分别是确认模式（Acknowledge Mode，AM）、非确认模式（Un-Acknowledged Mode，UM）和透明模式（Transparent Mode，TM）。RLC

AM 实体包括发送端和接收端，并且可以支持重传。RLC UM 实体可以配置成接收实体或发送实体，RLC TM 实体只能是发送实体或接收实体。系统消息和寻呼消息使用 RLC TM 模式[8]。

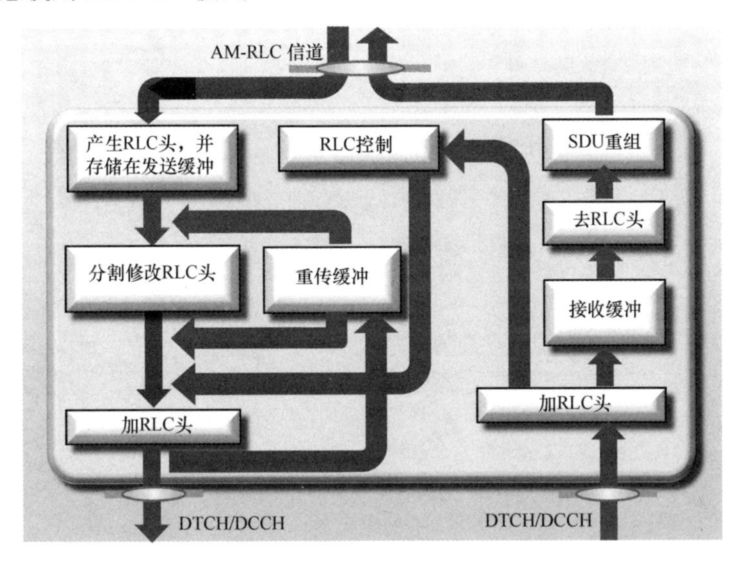

(a) RLC确认模式

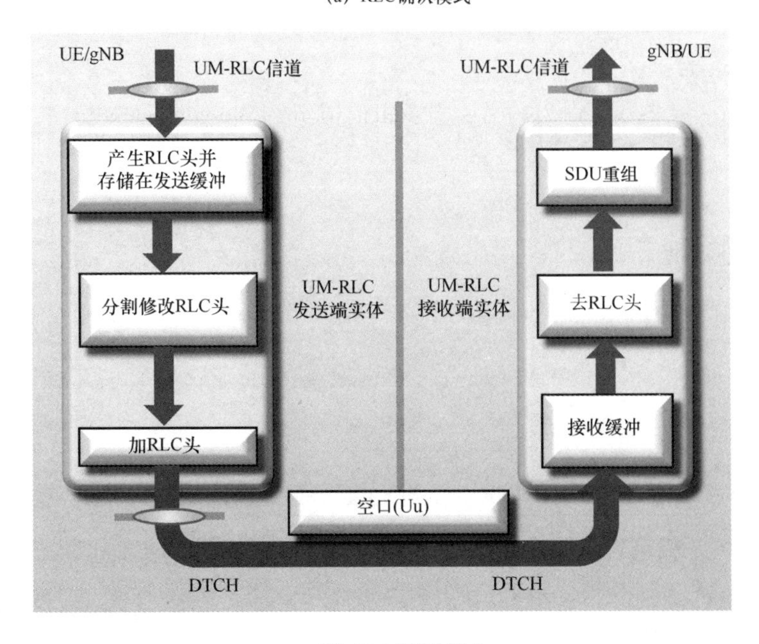

(b) RLC非确认模式

图 3-20　RLC AM/UM/TM 模式示意图

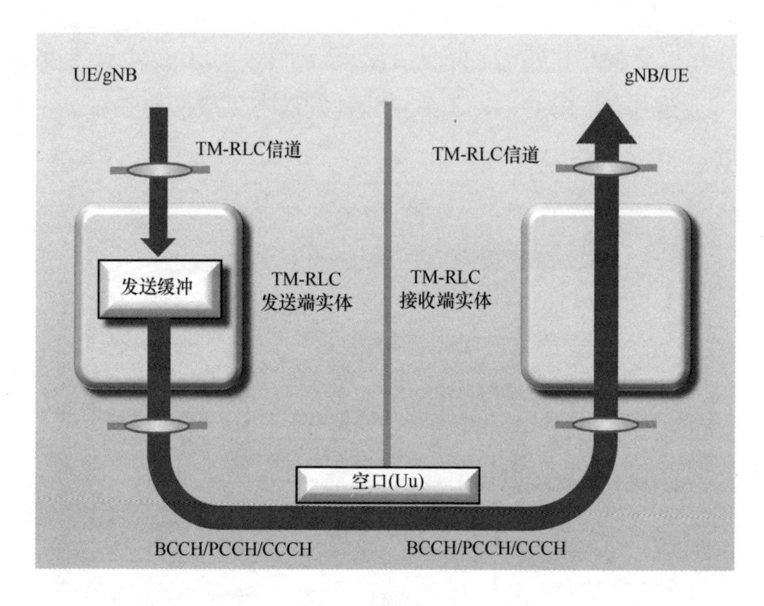

(c) RLC透明传输模式

图 3-20　RLC AM/UM/TM 模式示意图（续）

NR RLC 相比于 E-UTRA RLC，最主要的变化就是去除了 RLC 级联功能和重排序功能。去除级联功能是为了实现预处理以满足 NR 系统对时延的高需求，去除重排序功能是因为该功能统一在 PDCP 层得到支持，RLC 层不需要重复重排序功能，收到一个完整的数据包可以直接递交到 PDCP 层。更多细节请参考文献[9]。

✧　PDCP 层

PDCP 层提供头（解）压缩、（解）加密、完整性保护和验证功能，PDCP 层还负责用户面和控制面多种承载类型的数据传输。PDCP SDU 和 PDCP 控制 PDU 最大支持 9 000 字节。

与 E-UTRA 不同，NR PDCP 支持不按次序递交，允许仅在更高层排序。除此以外，为了提高可靠性，在双连接和载波聚合场景下，PDCP 支持通过不同链路传输相同的数据包。NR PDCP 也引入了针对数据承载的完整性保护功能。

PDCP 示意图如图 3-21 所示，图中描述了 PDCP 层的整体功能。发送 PDCP SDU 时，PDCP 实体首先启动丢弃定时器并给这个 PDCP SDU 分配 COUNT

值，执行头压缩然后进行完整性保护和加密。如果配置了可分流的承载，PDCP PDU 可以根据总数据量是否达到或超过预配置的门限，决定是递交到主 RLC 实体还是辅 RLC 实体。

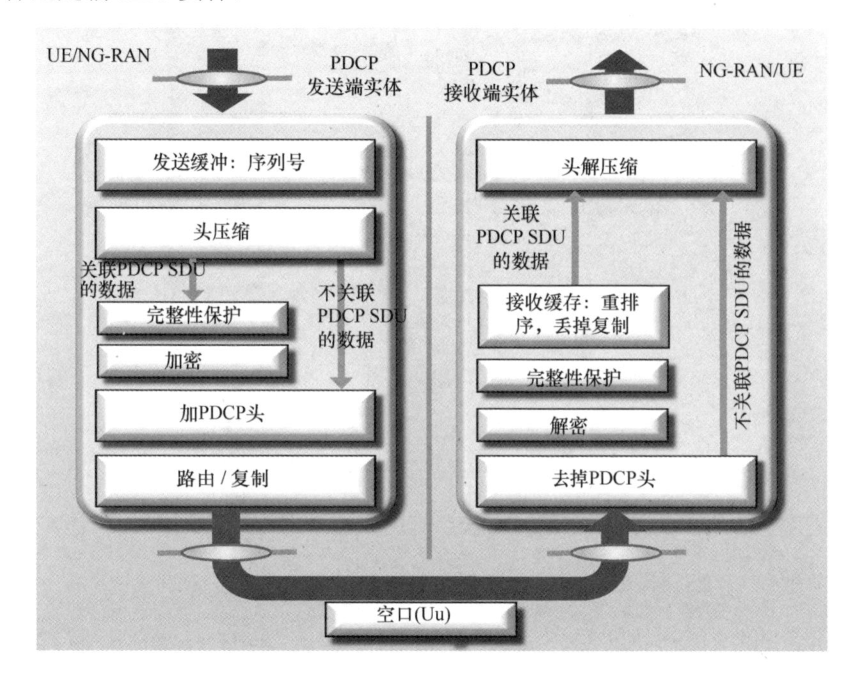

图 3-21　PDCP 示意图

接收端的 PDCP 实体确定接收的 PDCP PDU 的 COUNT 值，并对数据包执行解密和完整性验证。然后执行重复包检测和丢弃。对于一个 DRB 来说，如果没有配置不按次序递交，还要执行重排序，然后进行头解压缩，之后这个数据包就可以递交到高层了。更多细节请参考文献[10]。

✧　SDAP 层

NR 用户面另外一个重要变化是引入了一个 SDAP 层。SDAP 层提供 QoS 流管理的功能。SDAP 层结构示意图如图 3-22 所示[11]。将数据包映射到数据承载上需要两层：

首先，在 NAS 层，UE 侧和 5GC 侧的数据包过滤器将上下行数据包映射到 QoS 流上；

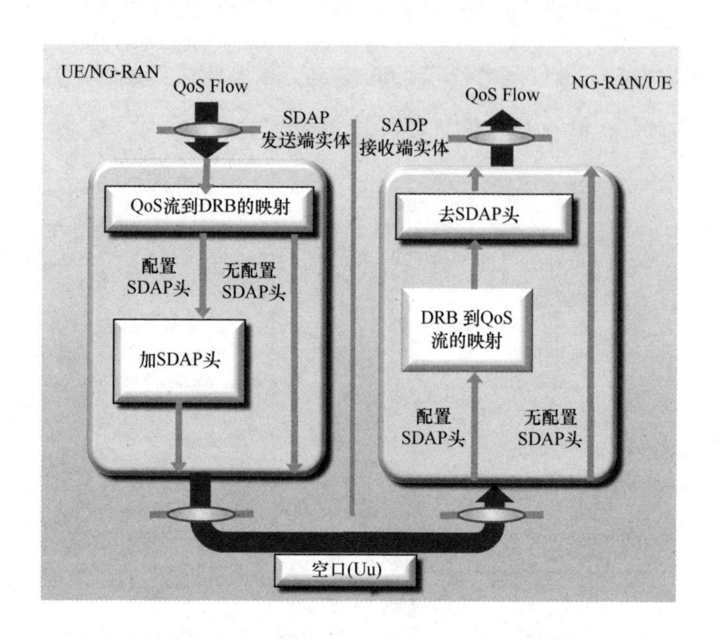

图 3-22　SDAP 层结构示意图

其次，在 AS 层，UE 侧和 5GC 侧的映射功能将上下行 QoS 流映射到 DRB 上。

携带 NAS 层指示的 QoS 流标识的数据包通过 SDAP 传输，RAN 通过反向映射或显示配置来管理 QoS 流到 DRB 的映射。

总体来说，用户面整体数据处理如图 3-23 所示。当 UE 与网络侧建立了 RRC 连接并且将要发送数据，首先需要根据数据包的 QoS 流选择对应的数据承载，接下来 UE 根据网络侧的配置执行头压缩和加密，经过 PDCP 层的处理后，UE 将数据包递交到 RLC 层和 MAC 层，并最后递交到物理层。

3.2.1.4.2　MR-DC 协议架构

本节将简要介绍 MR-DC 协议架构。感兴趣的读者可以在参考文献[12]中探寻更多细节。MR-DC 控制面如图 3-24 所示。UE 仅和主基站（Master Node，MN）确定一个 RRC 状态，并且跟核心网之间也只有一个控制面连接。主基站和辅基站（Secondary Node，SN）分别有各自的 RRC 实体，对于 EN-DC、NGEN-DC 和 NR-DC 场景，UE 和辅基站可以直接建立 SRB3，这主要是为了加速某些独立于主基站的 RRC 配置信令的发送（比如，一部分测量管理和基站内的移动报告）。

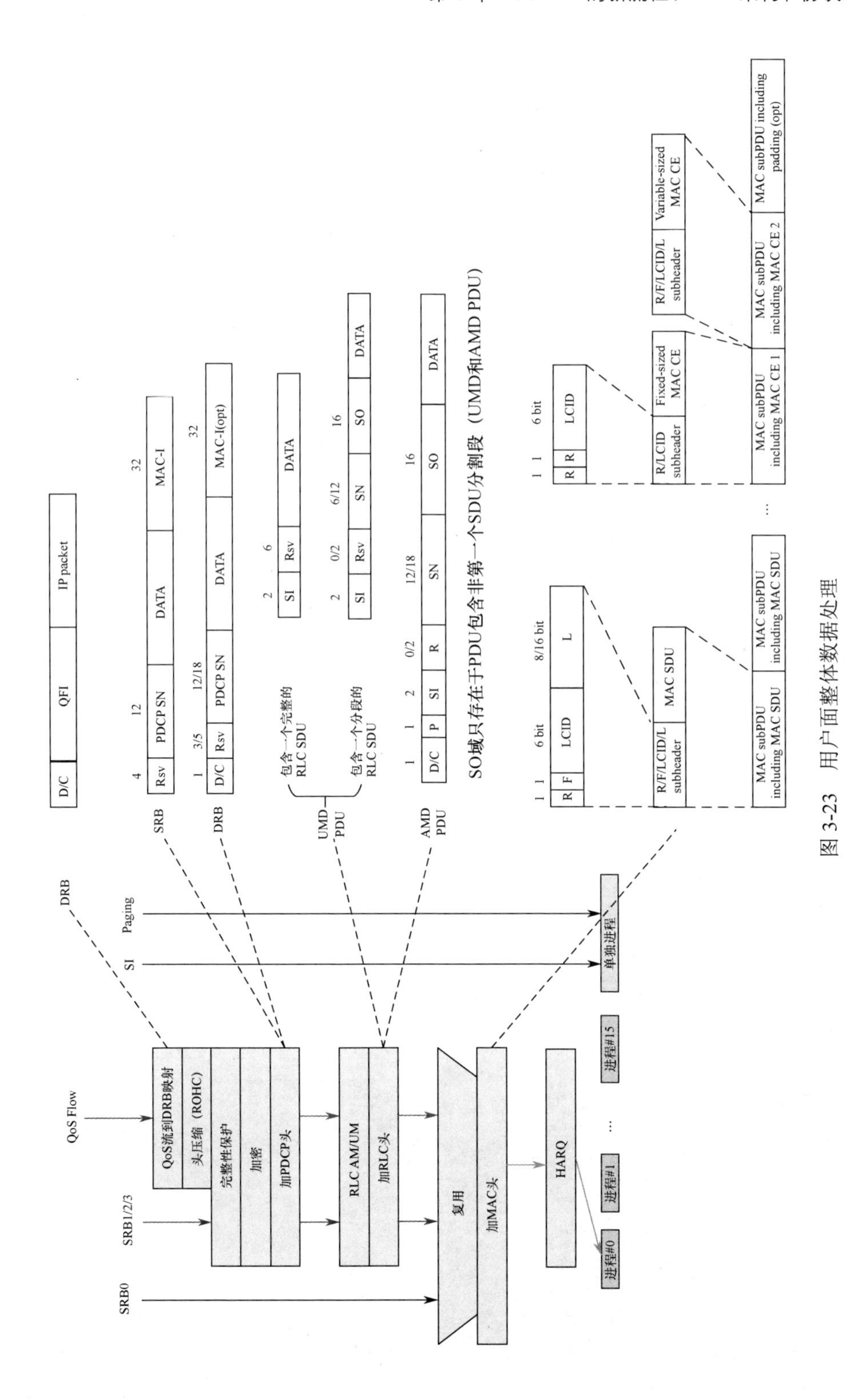

图 3-23　用户面整体数据处理

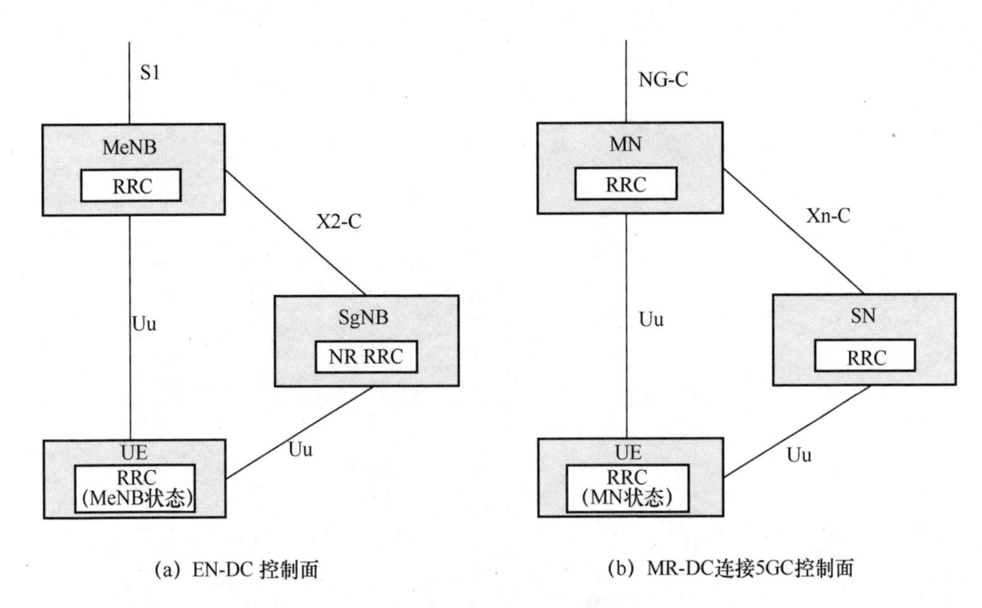

(a) EN-DC 控制面

(b) MR-DC连接5GC控制面

图 3-24　MR-DC 控制面

对于用户面，EN-DC 和 MR-DC 连接 5GC 的协议体系如图 3-25 所示，在 UE 来看，基于不同配置，承载（Bearer）类型包括 MCG 承载、SCG 承载和 MCG/SCG 分流承载。分流承载主要用来将数据分流到不同的连接上，或者用来支持双连接场景下的重复发包来提高可靠性。MCG 和 SCG 承载也可以用在载波聚合场景下的重复发包。

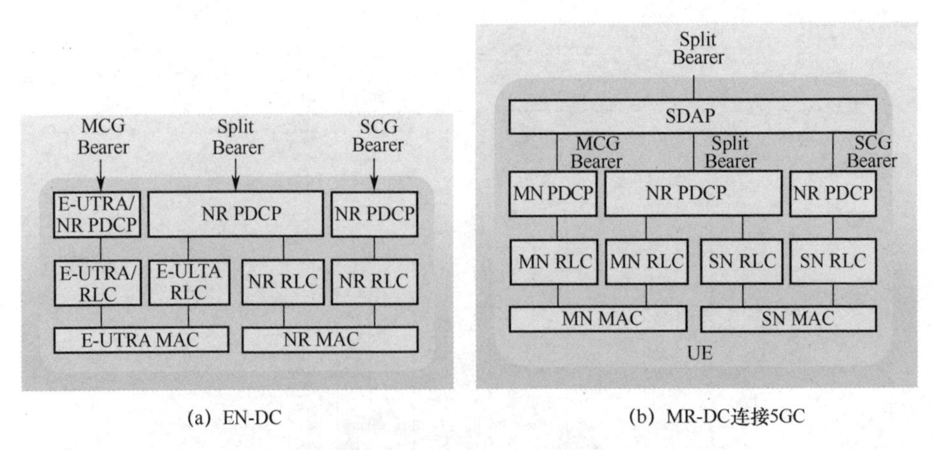

(a) EN-DC

(b) MR-DC连接5GC

图 3-25　UE 侧的 NR 协议体系

图 3-24 和图 3-25 也是网络侧的协议体系设计，鉴于允许 RLC/MAC 层属

于一个 RAT，PDCP 层属于另一个 RAT，eNB/gNB 支持的承载类型总结如下：

- 终结于 MN 的 MCG 承载；
- 终结于 MN 的 SCG 承载；
- 终结于 MN 的分流承载；
- 终结于 SN 的 MCG 承载；
- 终结于 SN 的 SCG 承载；
- 终结于 SN 的分流承载。

跟 E-UTRA 类似，NR 使用 UE 和 RAN 之间专用的密钥，用来给 SRB 和 DRB 做加密和完整性保护。对于 MR-DC，此密钥只适用并终结于 MN 的数据承载和控制面承载 SRB1/SRB2；为了给终结于 SN 的数据承载和控制面承载的 SRB3 提供加密和完整性保护，网络侧还需要给 UE 分配一个专门的密钥。除此以外，承载终止于 MN 或 SN 对 UE 来说是透明的，因为这只影响到 eNB/gNB 之间的交互。网络侧的 EN-DC 承载架构如图 3-26 所示，网络侧的 MR-DC 连接 5GC 的承载架构如图 3-27 所示。

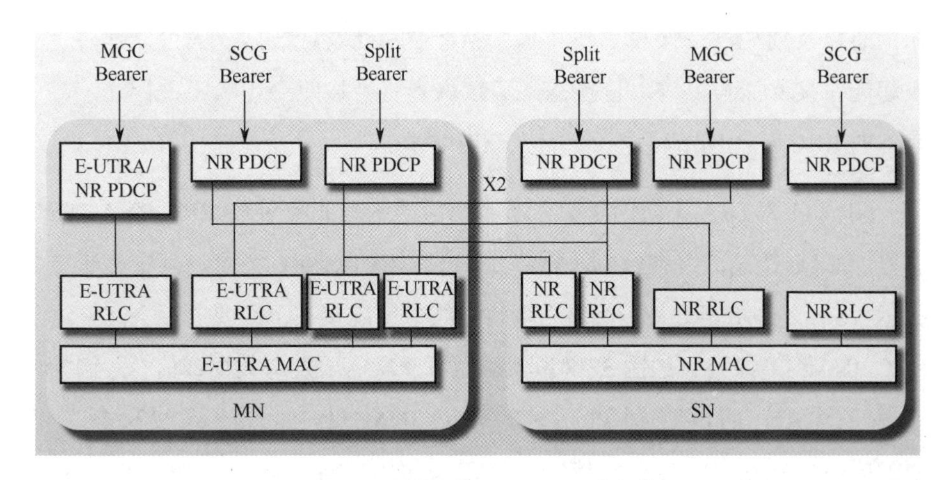

图 3-26　网络侧的 EN-DC 承载架构

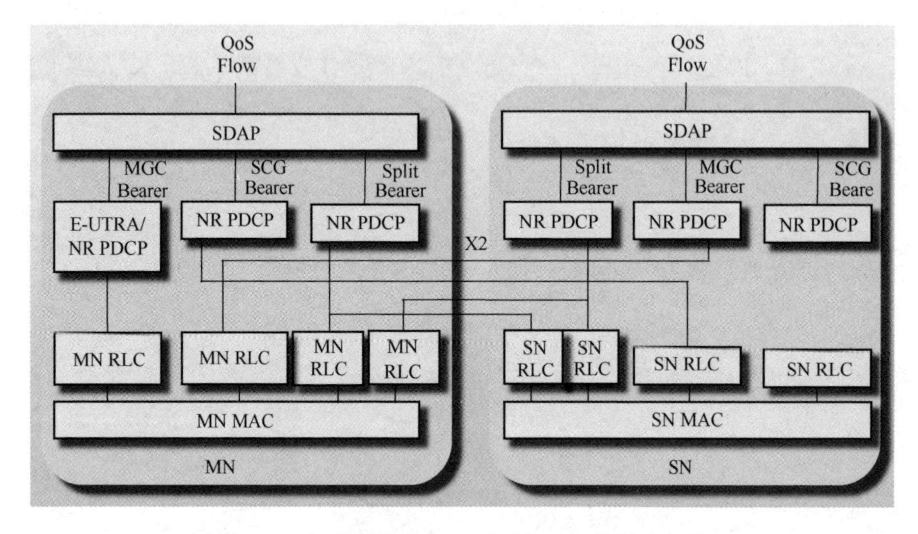

图 3-27　网络侧的 MR-DC 连接 5GC 的承载架构

3.2.2　NR 系统的基本流程

NR 系统的主要流程，包括终端状态转换、系统信息获取、寻呼和非连续接收、接入控制和随机接入过程等，接下来将分别进行阐述。

3.2.2.1　终端状态转换

在 NR 中，RRC_CONNECTED 态和 RRC_IDLE 态之间的转换和 E-UTRA 系统中是一致的。通常，终端在 IDLE 态下，会驻留在一个小区里，并读取系统消息以及周期性地接收寻呼消息。当终端需要发送数据或应答寻呼时，会发起随机接入流程以进入连接态。后续内容将会按照上述顺序进行介绍，更具体的 RRC 流程细节可以在参考文献[6]中找到。

NR 和 E-UTRA 不同的是引入了一个新的状态非激活态（RRC_INACTIVE 态）。如果连接态的终端收到了网络发送的 RRCRelease 消息，其中携带挂起指示（Suspend Indication），该终端将继续保留连接态下必要的上下文并进入 RRC_INACTIVE 态，如图 3-28 所示。当下一次需要发送数据或信令（例如进行基于 RAN 的区域通知）时，RRC_INACTIVE 态的终端可以发送 RRCResumeRequest 消息给网络，从而建立 RRC 连接。对于 RRC_IDLE 态的终端来说，当每次需要发送数据时，都需要通过 RRC 连接建立流程才能进入连接态。因此，相比于从 IDLE 态进入连接态的方式，RRC_INACTIVE 态终端可以实现更少的信令交互和更快地传输和接收数据。另外，相比于 RRC_CONNECTED 态的终端，RRC_INACTIVE 态的终端可以通过基于终端的移动性和 IDLE 态下的 DRX 机制获得更好的功耗性能。图 3-28 给出了这几个状态之间的转换。

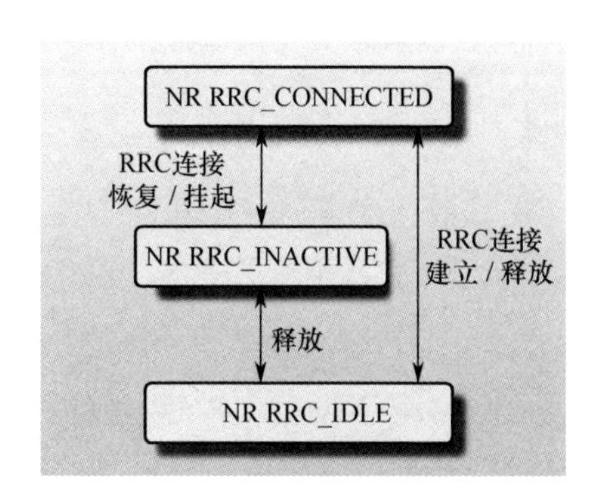

图 3-28　RRC 状态转换图

3.2.2.2　系统信息获取

和 E-UTRA 类似，系统信息被划分为 MIB 和若干 SIB。MIB 在 BCH 传输信道上以 80 ms 为周期进行传输，并在 80 ms 周期内进行重复。

系统信息块（SIB）进一步划分为 SIB1 和其他基于 DL-SCH 传输信道的 SIB。最小系统信息（即终端初始接入到小区所必需的系统信息，如接入控制信息和公共信道配置等）总是在 MIB 和 SIB1 中进行广播。SIB1 的传输周期为 160 ms，其传输重复周期可以由网络进行配置，默认重复周期为 20 ms。SIB1 还包含其他 SIB 的调度信息。

其他系统信息是在初始接入时，并非必须获取到的系统信息，这些系统信息可能通过广播的方式提供给终端，也可能通过终端请求的方式传输给终端。NR 的初始版本引入了 SIB2～SIB9：

SIB2　包含用于小区重选的服务小区信息；

SIB3　包含用于小区重选的服务频点以及同频邻区测量的小区信息；

SIB4　包含用于小区重选的其他 NR 频点和异频测量的邻区信息；

SIB5 包含用于小区重选的 E-UTRA 频点和 E-UTRA 邻区信息；

SIB6 包含 ETWS 主通知；

SIB7 包含 ETWS 辅通知；

SIB8 包含 CMAS 商业移动告警；

SIB9 包含 GPS 时间和 UTC 时间信息，用于终端获取 UTC、GPS 时间和当地时间。

除了 SIB1，具有相同周期的 SIB 可以放在同一 SI 消息，SI 消息有各自的时间窗，不同的 SI 消息的 SI 时间窗不重合。跟 E-UTRA 相比，为了降低信令和广播控制信道的开销，NR 的 SI 获取流程引入了按需请求 SI，如图 3-29 所示，网络侧可以基于用户请求，在某些广播周期内发送某些系统消息。按需请求 SI 可以通过随机接入过程中的 Msg1 或 Msg3 携带。通过 Msg1 携带的 SI 请求使用特定的 RACH 资源来识别，以及通过 Msg3 携带的 SI 请求，具体的 SI 请求通过 Msg3 中的位图来识别。

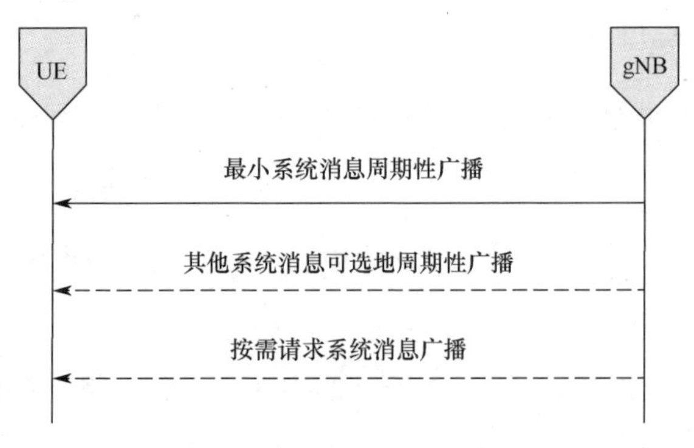

图 3-29　按需请求 SI 流程

区别于 E-UTRA 的另外一点是 NR 中引入了基于区域的系统消息。UE 从一个服务小区获取的系统消息（除了 MIB 和 SIB1 中的最小系统消息）在其他服务小区也可能有效。UE 在某个服务小区获取 SIB1 之后，如果 UE 验证另外一个小区广播的 SIB 消息在相同的系统消息区域内并且标签值相同，则认为保存的 SIB 是有效的，UE 可以继续使用这个 SIB 而不需要重新读取系统消息。通过这种方式，UE 可以减少不必要的系统消息读取，不仅达到节电的目的，也能减少广播信道的开销。基于区域的系统消息示意图如图 3-30 所示，当 UE 从服务小区 1 移动到服务小区 2 或从服务小区 4 移动到服务小区 5 时，鉴于在同一个系统消息区域并且有相同的系统消息，UE 不需要重新读取系统消息。

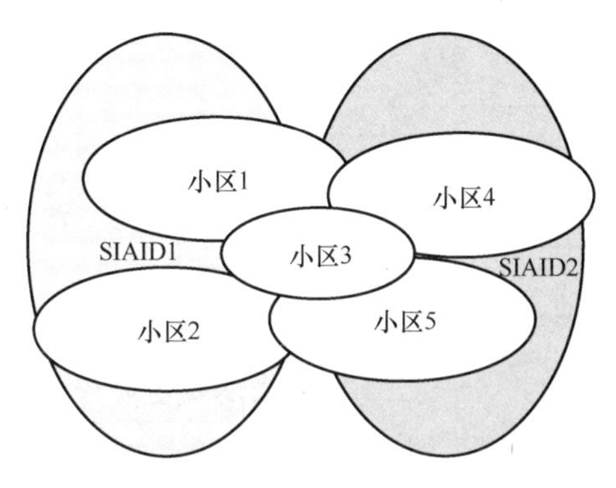

图 3-30　基于区域的系统消息示意图

3.2.2.3　寻呼和非连续接收

网络侧可以通过寻呼给处于 RRC_IDLE 或 RRC_INACTIVE 的 UE 发送寻呼消息，也可以通知处于空闲态、非激活态和连接态（RRC_CONNECTED）的 UE 系统消息的变更以及地震海啸或紧急警报信息。

- 处于空闲态的 UE，5GC 发送寻呼消息寻呼区域内所有的 gNB，这些 gNB 再将寻呼消息发送给 UE。
- 处于非激活态的 UE，由于配置了基于 RAN 的通知区域，gNB 已经知道 UE 驻留在哪个通知区域，因此仅在对应通知区域发送寻呼消息，以降低寻呼消耗的无线资源。RAN 发起的寻呼和核心网发起的寻呼消息设计是相同的。
- 对于要通知系统消息的变更以及地震海啸或紧急警报信息，NR 物理层引入了通过 PDCCH 携带的 DCI 发送的短消息。

如果要寻呼处于非激活态的 UE，NR 中引入了 RAN 区域更新流程，这样可以让 gNB 知道 UE 是否更换了 RAN 的通知区域（RAN based Notification Area，RNA）。RNA 更新流程图如图 3-31 所示，UE 可以周期性地发送 RNA 更新消息（RAN Update，RNAU），也可以在小区选择到一个不属于配置的 RNA 的小区时发送 RNA 更新消息。

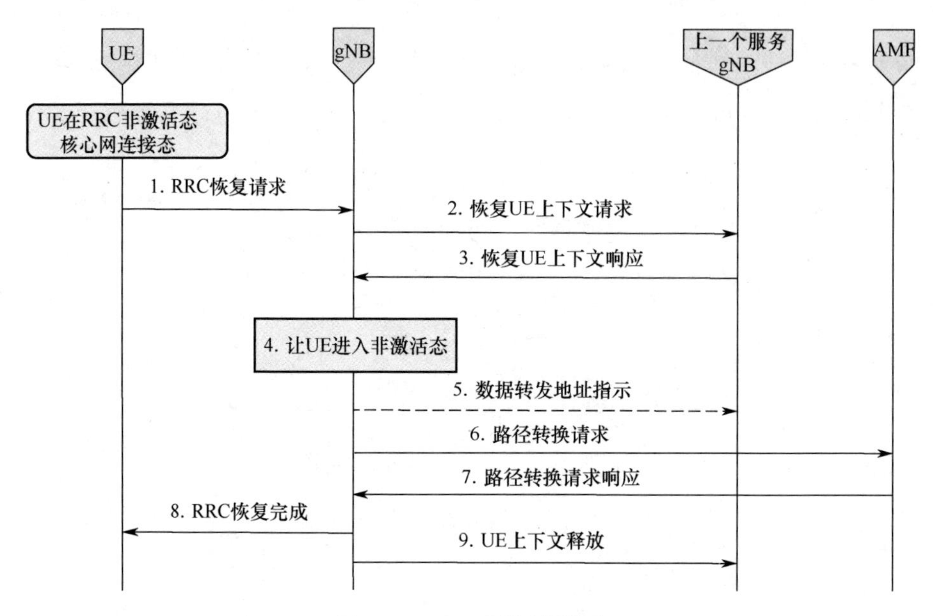

图 3-31 RNA 更新流程图

NR 支持空闲态和连接态下的非连续接收（Discontinuous Reception，DRX）。在空闲态和非激活态下的非连续接收可以降低功耗。NR 中重用了寻呼帧（Paging Frame，PF）和寻呼机会（Paging Occasion，PO）的概念。PF 是指包含一个或多个寻呼机会，或者寻呼机会起始点的无线帧。寻呼机会是一组 PDCCH 监听机会，包含多个可以发送寻呼下行控制信息的时隙（比如子帧或 OFDM 符号）[13]。UE 在一个 DRX 周期内只监听一个寻呼机会。

在多波束场景下，一个寻呼机会的长度可以是一个波束扫描的周期，UE 可以假设在这个扫描模式下所有波束上的寻呼消息是相同的，因此 UE 可以基于实现选择接收寻呼消息的波束。

3.2.2.4 接入控制

RAN 支持多种接入，控制功能，比如随机接入过程中的回退机制、RRC 连接拒绝、RRC 连接释放，以及用户的禁止访问功能等。

NR 引入了统一接入控制（Unified Access Control，UAC）机制，这样允许通过运营商定义的访问类别对不同的切片做不同的处理，NG-RAN 可以广播禁止接入的控制信息（与运营商定义的访问类别对应的禁止接入参数列表）

以减少对拥塞切片的影响。

NR 的统一接入控制机制适用于所有的 UE 状态（空闲态、非激活态和连接态）。NG-RAN 广播与访问类别和接入标识对应的禁止接入控制信息，对于共享网络，每个公共陆地移动网可以单独设置其对应的禁止接入控制信息。UE 根据选择的 PLMN 广播的禁止接入控制信息，接入尝试选择的访问类别以及访问标识，按照以下分类确定本次访问尝试是否被许可：

- NAS 层触发的接入请求，NAS 层确定接入类别和接入标识；
- AS 层触发的接入请求，RRC 层确定接入类别，NAS 层确定接入标识。

接入类别号和接入类型之间的对应关系见表 3-4。当接入尝试是“紧急情况”或其他优先接入类别（比如紧急呼叫）时，gNB 优先处理这些接入，并且只有在极端网络负荷条件下才会拒绝这些接入尝试。

表 3-4　接入类别号和接入类型之间的对应关系[14]

接入类别号	UE 相关状态	接 入 类 型
0	所有	终端由寻呼发起的信令
1	UE 的归属 PLMN 和选择的 PLMN 的功能 UE 配置了时延容忍业务并受限于接入类别 1	除紧急情况以外
2	所有	紧急情况
3	除了访问类别 1 里定义的条件	终端由除寻呼外的其他发起的 NAS 级信令
4	除了访问类别 1 里定义的条件	多媒体电话（Multi-Media Telephony，MMTEL）语音
5	除了访问类别 1 里定义的条件	MMTEL 视频
6	除了访问类别 1 里定义的条件	短信服务
7	除了访问类别 1 里定义的条件	不属于任何接入类别的终端数据
8	除了访问类别 1 里定义的条件	终端由除寻呼以外的其他发起的 RRC 级信令
9～31	—	预留的接入类别
32～63	所有	运营商分类

3.2.2.5　随机接入过程

通常情况下，UE 有数据要发送并且通过了接入控制，UE 可以发起随机接入流程。更确切地说，随机接入过程有多种触发方式：

- 空闲态的初始接入；
- RRC 连接重建立；
- 切换（Handover，HO）；
- 连接态下上下行数据到达但是上行失步；
- 连接态下上行数据到达但是没有发调度请求的 PUCCH 资源；
- 调度请求失败；
- RRC 请求的同步重配置；
- 添加辅小区时建立时间对齐；
- 非激活态转换成连接态；
- 请求其他系统消息；
- 波束失败恢复。

随机接入流程如图 3-32 所示，随机接入流程有两种方式：基于竞争的随机接入和基于非竞争的随机接入。对于基于竞争的随机接入，UE 将随机选择一个前导码，因此有跟其他 UE 冲突的风险，所以必须有竞争冲突解决流程。对于基于非竞争的随机接入，由于前导码是基站分配给 UE 的，所以不存在冲突的风险，因此不需要有竞争冲突解决流程。

网络侧通过系统消息给每个 SSB/CSI-RS 配置关联的前导码和 PRACH 时机。如果 UE 想发起随机接入，在 RACH 资源选择之前首先要选择 SSB/CSI-RS。如果候选列表里有 SSB/CSI-RS 信号高于配置的门限，UE 就选择这个 SSB/CSI-RS，否则 UE 根据实现选择任意一个 SSB/CSI-RS。另外，功率攀升和回退机制同样适用于 NR 的随机接入过程。

跟 E-UTRA 相比，NR 的随机接入过程支持一些额外的功能：上行选择和波束失败恢复。对于上行选择来说，当一个服务小区配置了两个上行（正常 NR 上行和 SUL），UE 根据配置的门限选择发起随机接入的上行。如果测量的下行 RSRP 低于门限，UE 选择 SUL。对于波束失败恢复，我们会在本书 3.2.3.4.1 节波束级别的移动中介绍。

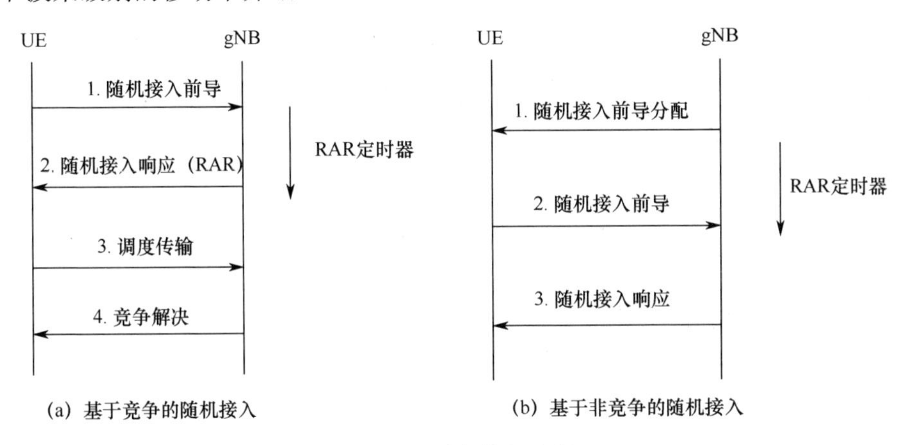

图 3-32　随机接入流程

3.2.2.6　RRC_INACTIVE 态下的 RRC 流程

NR 中基本的 RRC 连接建立、重建和释放等 RRC 连接管理流程和 E-UTRA 中的类似[8]，主要的新引入流程用于支持 RRC_INACTIVE 态。

如果终端已经建立了 RRC 连接，网络可以使用 RRC 连接释放流程从而挂起已经建立的无线承载，以及挂起所述 RRC 连接。终端和网络都会存储 UE 的上下文，该终端此时进入 RRC_INACTIVE 态。

当想要重新进行数传时，该终端需要从 RRC_INACTIVE 态转移到 RRC 连接态。从 RRC_INACTIVE 态到 RRC_CONNECTED 态的恢复过程如图 3-33 所示。通过这样的方式，该终端可以避免重复建立新的 RRC 连接带来的信令开销。

上述状态转移并不总是终端触发的，当接入网需要终端应答并寻呼终端时，网络侧也可以触发 RRC 恢复流程。网络触发的 RRC 恢复流程如图 3-34 所示，通过此图给出了网络侧触发的状态转换的基本原理。

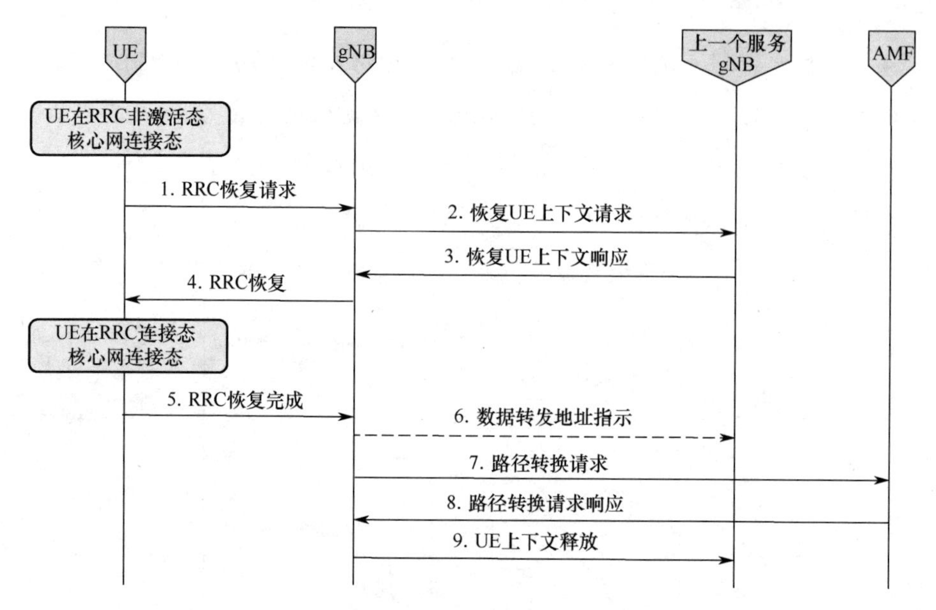

图 3-33 终端触发的 RRC 恢复过程

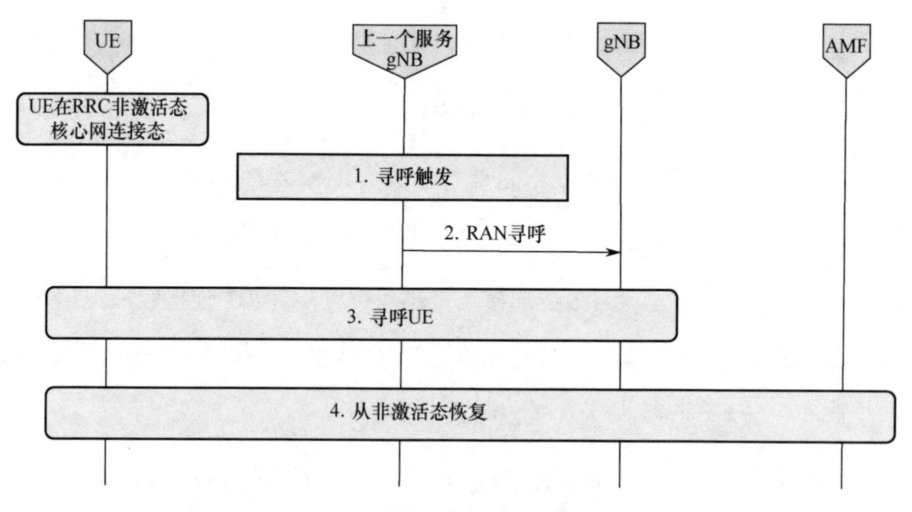

图 3-34 网络触发的 RRC 恢复流程

3.2.3 移动性控制

3.2.3.1 小区选择

NR 中的小区选择原则上和 E-UTRA 中的小区选择是一致的[15]。终端的 NAS 选择并向 RRC 层指示所选择的 PLMN 和等效 PLMN 列表。对于多波束操作下的小区选择，小区的测量结果由终端基于实现确定。如果没有发现合适的小区，该终端将选择一个可接受的小区进行驻留。

3.2.3.2　小区重选

NR 中的小区重选同样基于 E-UTRA 的现有原则，但是需要额外考虑到波束级的测量。在多波束操作下的小区重选中，一个小区的测量结果根据这个小区的不同波束方向上的 SSB 获得。具体而言，UE 可以使用最好波束的测量结果作为小区测量结果，也可以根据高于某个配置门限的最大配置个数的波束的测量结果的平均值来获得。同频小区重选是基于小区信号强度的排序来实现的，而异频小区重选则基于优先级。

对于异系统小区重选，NR 目前仅支持和 E-UTRA 的小区重选，并且重用已有的基于优先级的跨 RAT 小区重选机制。

相比于 E-UTRA，NR 小区重选的主要不同在于小区的排序可能根据配置需要考虑多波束的情况以及 SUL。对于具有高于一定门限的多波束的小区以及具有更好质量波束的小区，将会采取一定的补偿机制使得这些小区被优先重选到。对于 SUL，允许对具有 SUL 能力的终端使用不同的补偿参数以使得终端可以及时地根据自己的能力重选到另一个小区。

3.2.3.3　RRC 连接态测量

当终端处于 RRC 连接（RRC_CONNECTED）态时，网络可能会通过 RRC 信令向终端提供测量配置，以进行不同类型的测量上报。所述测量配置包含测量对象、上报配置、测量标识、测量结果，以及测量通用访问配置文件（Generic Access Profile，GAP）的配置等。

NR 支持针对 NR 的同频和异频测量，以及针对 E-UTRA 的跨系统测量。这些测量可以是基于周期上报的，也可以是基于事件触发的。对于跨系统测量上报，NR 支持基于 B1 事件和 B2 事件的事件触发上报。对于 NR 系统内测量上报，支持以下事件类型触发的测量上报。

A1 事件：服务小区好于门限。

A2 事件：服务小区差于门限。

A3 事件：邻小区比特殊小区（Special Cell，SpCell）好于偏移量。

A4 事件：邻小区好于门限。

A5 事件：SpCell 小区差于门限 1，同时邻小区好于门限 2。

A6 事件：邻小区比辅小区好于偏移量。

NR 中支持基于 SSB 或 CSI-RS 的测量，同时引入 SS/PBCH 测量时间配置（SS/PBCH Measurement Timing Configuration）配置测量时间，也就是 UE 测量 SSB 的时间机会。对于异频间测量和不同接入技术间（inter-RAT）测量，还需要根据 UE 能力配置测量间隔：如果 UE 仅支持 UE 级的测量间隔，则间隔期间 UE 在所有服务小区中都无法接收或传输数据；如果 UE 支持高频和低频采用不同的间隔，那么在 UE 测量 FR1 的服务小区时，UE 可以继续在 FR2 的服务小区中接收或传输数据。

上述提到的测量主要用于连接态下的移动和双连接场景下的辅小区组管理。除此以外，NR 也支持小区全球标识（Cell Global Identification，CGI）上报以实现自动邻区关系（Automatic Neighbor Relation，ANR)。经网络配置后，UE 可以向网络报告某个小区的小区标识，以帮助网络自动维护邻小区列表。

另一个重要的测量称为系统帧定时差（System Frame Timing Difference，SFTD)。该测量用于指示两个小区之间的时间差异，这有助于网络对 UE 进行更准确的测量配置，尤其当邻小区与服务小区不同步的时候。

在 MR-DC 场景下，主基站和辅基站可以单独进行测量配置。辅基站只能配置在同一接入技术内（intra-RAT）测量，主基站和辅基站通过节点间信令进行协调，保证两个节点之间的测量配置一致，且不超过 UE 的测量能力。在配置 SRB3 时，针对辅基站测量配置的测量报告通过 SRB3 发送。

3.2.3.4 连接态下的系统间/接入技术间的移动性

Rel-15 NR 的移动流程除了增加波束管理，很大程度上重用 LTE 的切换流程。这里讨论的移动包括小区级别的移动（切换）和波束级别的移动（小区内波束转换）。小区级别的移动是基于 L3 的小区级的测量的，而波束级别的移动则是基于 L1 的单个波束的测量的。

3.2.3.4.1　波束级别的移动

波束级别的移动管理流程如图 3-35 所示。网络侧首先配置最多 64 个波束，包括 SSB/CSI-RS 的配置、波束失败检测条件和波束失败恢复配置。收到网络的测量配置后，UE 持续测量波束质量，如果物理层检测到波束失败，物理层会通知 MAC 层。一旦波束失败定时器和最大波束失败次数满足条件，UE 可以通过随机接入过程请求恢复。同时，网络侧可以通过重配置给 UE 更新波束配置。

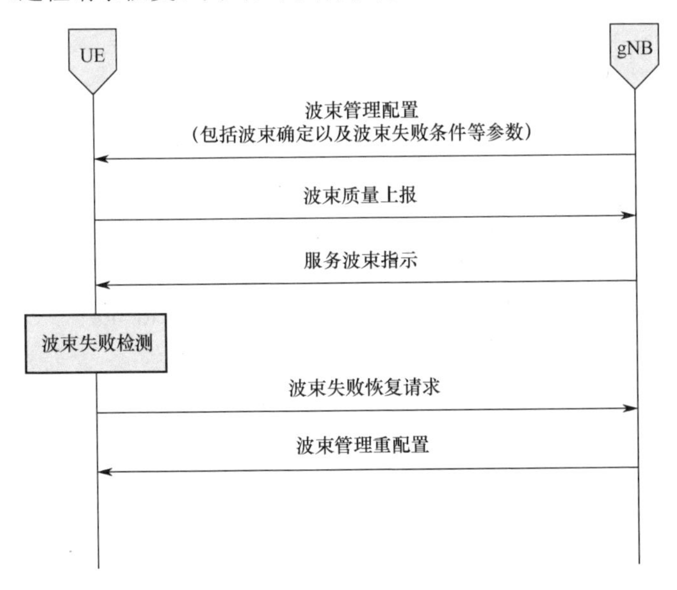

图 3-35　波束级别的移动管理流程

3.2.3.4.2　切换

频内 / 频间切换流程如图 3-36 所示。切换请求消息里携带了上报小区的 SSB 和 CSI-RS 关联的波束测量信息。切换流程里也考虑了 QoS 流的要求。

切换命令配置了跟 SSB 或 CSI-RS 关联的专用随机接入资源，这样 UE 可以在目标小区发起基于非竞争的随机接入过程。由于只有 SSB 可以配置公共随机接入资源，CSI-RS 资源需要配置额外的随机接入资源。

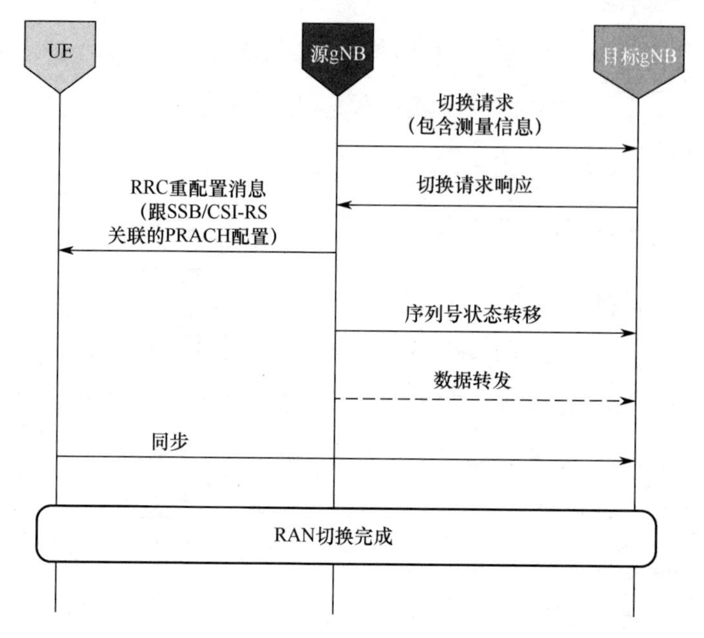

图 3-36　频内/频间切换流程

对于 E-UTRA 和 NR 互联，Rel-15 支持以下场景：

- NR/E-UTRA 系统的接入技术内切换：同系统内核心网不变的 NR 内部 / E-UTRA 内部切换。
- NR 和 E-UTRA 系统内跨接入技术切换：只适用于两种接入技术都连接 5GC 的场景；基于 Xn 和基于 NG 接口的切换都支持。
- 系统间同一接入技术内切换：这种场景特指 E-UTRA 小区分别连接 EPC 和 5GC；当 UE 在这两个小区之间移动时支持系统间切换。
- NR 和 E-UTRA 系统间跨接入技术切换：这种场景特指 E-UTRA 小区连接 EPC，UE 在这个 E-UTRA 小区和 NR 小区之间移动；只支持基于核心网的切换，不支持按序递交的无损切换。

3.2.4　垂直行业支持

3.2.4.1　切片

5G 引入了“切片”概念。切片是指一种端到端的功能，以支持根据不同的用户需求，进行业务级的差异化处理和更灵活的资源利用。切片的关键特性就是允许系统灵活定制来支持多种垂直行业的通信服务。

网络切片包括 RAN 部分和核心网部分。从 RAN 角度来看，不同切片的业务由不同的 PDU 会话处理。网络侧可以通过调度和不同的 L1/L2 配置来支持不同的网络切片。NG-RAN 支持对预先配置的不同网络切片的切片感知及差异化处理。不同切片之间的具体资源管理取决于网络实现。

NG-RAN 还支持通过 UE 或 5GC 提供的辅助信息来选择网络切片对应的 RAN 部分。

切片感知通过引入 PDU 会话级别对应的切片标识获得支持。操作维护管理（Operation Administration and Maintenance，OAM）为 NG-RAN 提供针对不同网络切片的配置，以便能够对具有不同服务等级协议（Service Level Agreement，SLA）的网络片的业务提供对应的服务。此外，RAN 还支持切片移动性管理，通过在移动性管理过程中传输切片标识来实现切片感知的许可和拥塞控制。

UE 可以通过由消息 5（Msg5）中的 5GC 分配的标识来协助找到合适的核心网切片，NG-RAN 将使用这个标识将消息路由到合适的 AMF。

3.2.4.2　超可靠低时延通信（URLLC）

URLLC 是 5G 引入的另一个重要特性，以支持超可靠和低时延需求的业务。5G 在高层协议层引入了数据包复制和预配置授权机制：数据包复制机制通过重复发送数据包来提高可靠性，预配置授权机制通过预先配置资源而不进行动态调度来传输数据以降低时延。

3.2.4.2.1　数据包复制

Rel-15 支持两种类型的数据包复制：一种是载波聚合复制，如图 3-37 所示；另外一种是双连接复制，如图 3-38 所示。SRB 和 DRB 都支持数据包复制机制。

更具体地说，PDCP 层为每个数据包生成两个副本，然后向下递交给两个 RLC 实体。在载波聚合复制的情况下，主路径和辅路径必须在两个不同的载波上，以确保传输链路的多样性，最多可以同时配置 8 个 DRB 和 2 个 SRB；在双连接复制的情况下，主路径和辅路径分别位于 MCG 和 SCG 上，网络通过 RRC 配置指示主路径和辅路径。

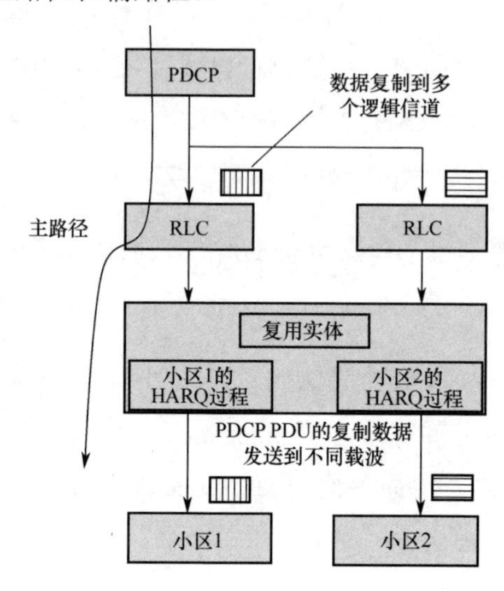

图 3-37　载波聚合复制示例

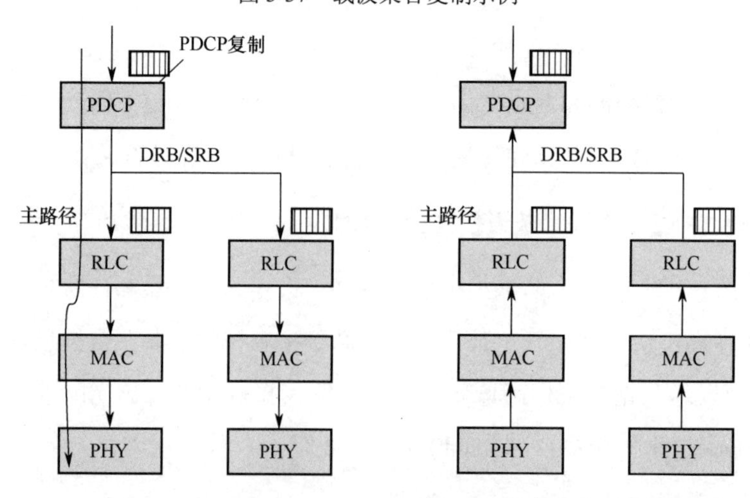

图 3-38　双连接复制示例

3.2.4.2.2　无动态调度的收发数据

NR 对无动态调度的收发数据进行了增强，从而进一步降低了动态资源调度带来的时延。对于下行接收，支持 SPS（半静态调度），其原理与 E-UTRA 类似。

对于上行发送，引入了两种类型的预配置资源，称为预配置授权类型 1 和预配置授权类型 2。对于预配置授权类型 1，上行授权通过 RRC 信令配置和激活，并被存储为预配置上行授权；对于预配置授权类型 2，上行授权通过 RRC 信令配置同时通过物理层信令激活 / 去激活，这与 E-UTRA 中的上行半静态调度非常相似。同一个服务小区，只能配置预配置授权类型 1 或预配置授权类型 2。

预配置授权类型 1 在激活 / 去激活上节省了更多的信令，可以通过 RRC 配置同时实现激活，因此与预配置授权类型 2 相比能进一步降低延迟。这两种类型的预配置授权也支持重复发包以提高可靠性，具体通过配置传输块的传输包周期、重复次数和每次重复 RV 序列来实现。

3.3　本章小结

结合 NR 的设计特点，本章介绍了 5G NR 引入的新流程，包括初始接入、波束管理、功率控制和 HARQ。此外，还介绍了 NR 独立部署下的 RAN 架构和移动性管理。

NR 中采用了“波束”的概念，基于波束的操作在不同的流程中都有应用。在 LTE 中，公共信道是基于宽波束的，位于小区不同位置的 UE 都可以接收到。由于 LTE 的传统部署频谱为低频段，路径损耗较小，宽波束可以覆盖整个小区。然而，当 NR 进入高频时，其路径损耗明显增大，如果公共信道仍然基于宽波束，波束赋形增益很有限，其小区覆盖将会缩小。

由于多天线是 NR 的关键技术，所以可以通过多天线的波束赋形来补偿路径损耗。高波束赋形增益的波束比较窄，因此需要更多的波束进行波束扫描以保证小区覆盖。在这种情况下，可以将常用的信号 / 信道（如 SSB）通过多个波束传输，UE 在多个 SSB 中获得最优的 SSB 来接收小区信息。然后 UE 可以获取与被检测到的 SSB 关联的 RACH 资源、RMSI 的 CORESET 资源等，UE 获得这些信息后将进入正常的通信过程。

波束管理流程是为了克服更大的路径损耗和阻塞概率。基于一组预配置的波束赋形下行信号（CSI-RS 和 / 或 SSB），UE 将下行信号的质量报告给网络侧，网络侧选择合适的波束用于 PDSCH 和 PDCCH 的传输。一旦根据检测结果判定发现波束失败，网络侧触发波束失败恢复流程来寻找新的合适的波束用于 PDSCH/PDCCH 传输。对于上行链路，UE 传输多个波束赋形的 SRS 资源，网络侧可以选择合适的上行波束进行 PUCCH/PUSCH 传输。另外的一种方法是在接收和发射波束之间引入一个波束对应关系。在不依赖网络辅助的上行波束管理的情况下，UE 根据下行测量选择相应的波束做上行传输。

与 LTE 类似，NR 的功率控制同时适用于上行链路和下行链路。上行功率控制仍然是基于部分补偿的功率控制方法的，下行功控对协议的影响非常有限，主要依靠网络来实现。

NR 中，下行链路和上行链路均采用自适应和异步 HARQ。与 LTE 的数据接收和 HARQ-ACK 反馈之间固定为 4 ms 相比，NR 中 HARQ 的发送更灵活。网络侧通过 DCI 中的一个字段指示 UE PDSCH 和 HARQ-ACK 反馈传输之间的时隙和符号的数量。HARQ 时机的配置取决于 UE 处理能力。

5G 系统支持多种部署场景，包括独立的 NR 系统和 LTE-NR 双连接等。RAN 被进一步划分为不同的功能实体，如 CU 和 DU。本章中介绍了 RAN 架构的设计，还详细介绍了独立 NR 系统中的一些流程，包括 UE 状态转换、寻呼、随机接入流程等。

到目前为止，前面关于 5G 的介绍主要集中在物理层以及相关的 RAN 流程和架构上。5G 系统的多个部署场景取决于 RAN 和连接的核心网络之间的关系，这将是下一章的主题。

参 考 文 献

[1] 3GPP TS36.104, Base station (BS) radio transmission and reception (Release 15)[S]. 3GPP, 2018-06.

[2] 3GPP TS38.104, Base Station (BS) radio transmission and reception (Release 15)[S]. 3GPP, 2018-09.

[3] Motorola. Interference Mitigation via Power Control and FDM Resource Allocation and UE Alignment for E-UTRA Uplink and TP: R1-060401[R]. Denver, USA: 3GPP TSG RAN1#44, 2006-02.

[4] Xiao W, Ratasuk R, Ghosh A, et al. Uplink power control, interference coordination and resource allocation for 3GPP E-UTRA[R]. in Proc., IEEE Veh. Technology Conf., 2006-09: 1-5.

[5] 3GPP TS38.300: NR, NR and NG-RAN Overall Description; Stage 2 (Release 15)[R]. 3GPP, 2018-12.

[6] 3GPP TS38.331: NR, Radio Resource Control (RRC) protocol specification (Release 15) [R], 3GPP, 2018-12.

[7] 3GPP TS38.321: NR, Medium Access Control (MAC) protocol speciation (Release 15) [R]. 3GPP, 2018-12.

[8] 3GPP TS38.401: NG-RAN, Architecture description (Release 15) [R]. 3GPP, 2018-12.

[9] 3GPP TS38.322: NR, Radio Link Control (RLC) protocol specification (Release 15) [R]. 3GPP, 2019-03.

[10] 3GPP TS38.323: NR, Packet Data Convergence Protocol (PDCP) specification (Release 15) [R]. 3GPP, 2019-03.

[11] 3GPP TS37.324: E-UTRA and NR, Service Data Adaptation Protocol (SDAP) specification (Release 15) [R]. 3GPP, 2018-12.

[12] 3GPP TS37.340, Evolved Universal Terrestrial Radio Access (E-UTRA) and NR; Multi-connectivity; Stage 2(Release 15) [R]. 3GPP, 2018-12.

[13] 3GPP TS38.213: NR, Physical Layer Procedures for Control (Release 15) [R]. 3GPP, 2018-09.

[14] 3GPP TS22.261, Service requirements for the 5G system: Stage 1 (Release 16) V16.7.0.[S/OL]. 3GPP,2019-03. https://portal.3gpp.org/desktopmodules/Specifications/ SpecificationDetails.aspx?specificationId=3107.

[15]3GPP TS38.304, User Equipment (UE) procedures in Idle mode and RRC Inactive state (Release 15) v15.4.0[S/OL]. [R/OL].2019-06. https://portal.3gpp.org/desktopmodules/Specifications/ SpecificationDetails.aspx?specificationId=3192.

第4章 5G系统架构[①]

本章简要介绍了5G系统（5G System，5GS）的3GPP标准，并重点介绍了相比于4G的主要增强功能。网络切片、虚拟化和具有增强连接性与移动性管理的边缘计算是一些关键性技术的增强。这些增强满足了在同一网络下不同业务对低时延、高可靠、海量连接的需求。

本章首先概述了5G端到端架构，然后描述了基于服务化的架构，该体系架构将核心网功能组织成一组面向服务的功能，以更好地支持虚拟化部署。不同网络服务的组合可以形成不同的网络切片，提供差异化的网络功能和服务等级。5GC的会话和连接管理提供了更灵活的业务和会话连续性模式以支持边缘计算，并对5GC中控制面和用户面协议进行了详细的描述。本章最后讨论了5GC和4G演进分组核心网（Evolved Packet Core，EPC）的互通，以及漫游和非漫游情况下的策略和计费控制。

4.1 5G端到端架构概述

与4G（LTE/EPC）及之前几代系统一样，3GPP标准的5G系统定义了用户设备（User Equipment，UE）与另一端点［如数据网络（Data Network，DN）中的应用服务器（Application Server，AS）或其他UE］之间的通信架构。UE与数据网络的交互通过3GPP标准定义的接入网和核心网进行。图4-1简单描述了端到端的体系架构。本章将重点介绍5G核心网标准[1-3]。另外，在3GPP

① 本章由John Kaippallimali、Amanda Xiang和李岩合著。

的标准中的接入网是指无线接入网络（Radio Access Network，RAN）。

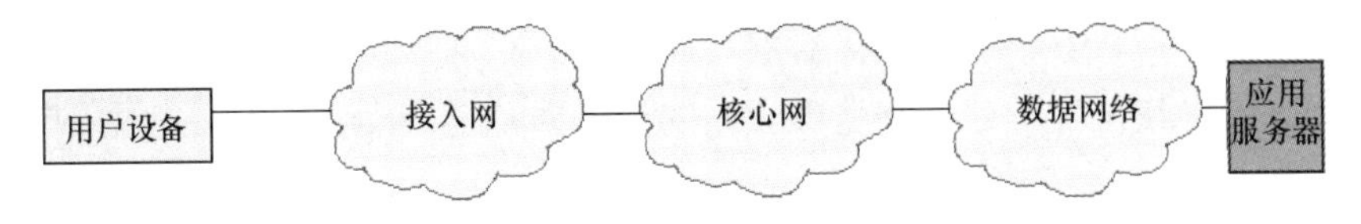

图 4-1 端到端的体系架构

核心网和接入网由若干网络功能组成，这些网络功能包括控制面和用户面功能。用户数据通常通过用户面路径传输，而控制面用于建立用户面路径。一个例外是短消息服务（Short Message Service，SMS），其通过控制平面传送用户数据。

5G 系统架构在 3GPP 标准中以两种方式表示：一种是服务化表示，其中控制面网络功能通过服务化接口访问彼此的服务；另一种是参考点表示，其中网络功能之间的交互用点对点参考点表示。由于 5G 架构采用了服务化架构，因此本章我们采用服务化表示。基于服务化表示的 5GS 非漫游参考架构图如图 4-2 所示。在 Rel-15 规范中，基于服务化的接口只在控制面内定义。在 3GPP 术语中，网络功能可以实现为专用硬件上的网元，运行在专用硬件上的软件实例或在合适平台（例如云基础设施）上实例化的虚拟化功能。

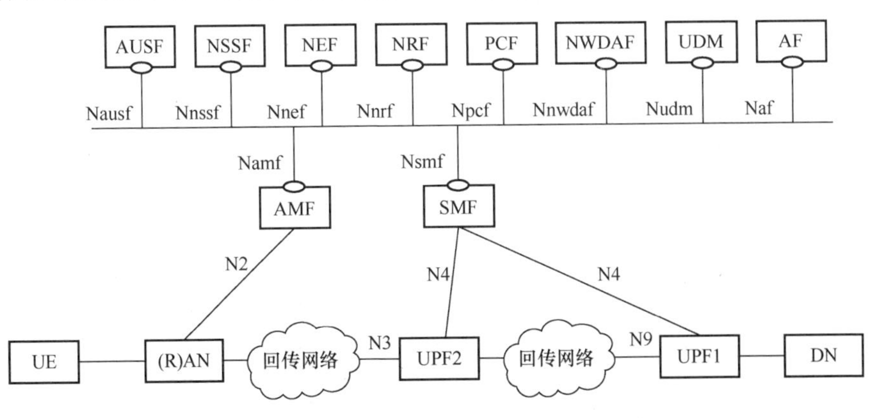

图 4-2 5GS 非漫游参考架构图

4G EPC 的 Rel-14 规范支持控制面和用户面分离的可选特性。在本特性中，服务网关（Serving Gateway，SGW）和分组网关（Packet Gateway，PGW）被划分为不同的控制面和用户面功能（例如，SGW-C 和 SGW-U）。该特性为网络部署提供了更大的灵活性和更高的效率，详见参考文献[4]。在 5G 架构中，控制面与用户面分离是固有能力，会话管理功能（Session Management Function，SMF）实现建立和管理会话的控制面功能，而实际用户数据则通过用户面功能（User Plane Function，UPF）进行路由。UPF 选择（或重选）由 SMF 处理，UPF 的部署非常灵活，既可以在中心位置集中式部署，也可以靠近接入网附近分布式部署。

在 EPC 中，移动性管理功能和会话管理功能由移动性管理实体（Mobility Management Entity，MME）处理。在 5GC 中，这些功能由单独的实体处理。接入和移动性管理功能（Access and Mobility Management Function，AMF）处理移动性管理流程，AMF 是 RAN 和 UE 控制面连接的终结点。UE 和 AMF（通过 RAN）之间的连接称为非接入层（Non-Access Stratum，NAS）。SMF 处理会话管理流程。移动性和会话管理功能的分离允许一个 AMF 支持不同的接入网（3GPP 和非 3GPP），而 SMF 可以针对特定的接入网进行功能裁剪。

拜访地路由的漫游体系架构如图 4-3 所示。该场景下，包含签约信息的统一数据管理（Unified Data Management，UDM）功能和支持 3GPP 和非可信非 3GPP 接入认证服务器功能（Authentication Server Function，AUSF）位于归属 PLMN。安全边缘保护代理（Security Edge Protection Proxy，SEPP）用于保护归属和拜访 PLMN 之间的通信。UE 通过拜访 PLMN 中的 UPF 与数据网络（Data Network，DN）进行通信。处理 UE 移动性和会话管理的 AMF 和 SMF 也位于拜访 PLMN 中。

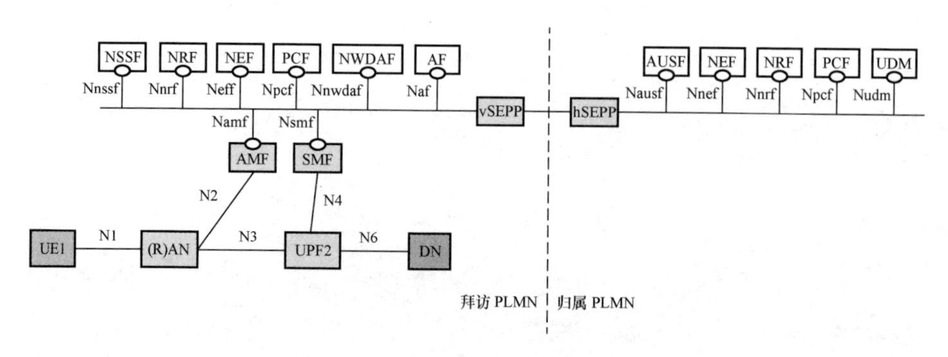

图 4-3　拜访地路由的漫游体系架构

4.2 5G 核心网服务化架构

5GC 架构相对于 EPC 和前几代的主要变化是引入了服务化架构。在 EPC 架构中，控制面功能之间通过直接接口（或参考点）相互通信，直接接口（或参考点）使用标准化的消息。在基于服务化的体系结构中，网络功能（Network Function，NF）通过通用框架将其服务公开给其他网络功能使用。在 5GC 架构模型中，网络功能之间的接口称为基于服务化接口（Service Based Interface，SBI），通用框架使用生产者-消费者模型定义服务化接口的交互，NF（生产者）提供的服务可以被授权使用服务的其他 NF（消费者）使用。在 3GPP 协议中，这些服务通常被称为“网络功能服务”。

NF 之间的交互可以是“请求-响应”或“订阅-通知”机制。在“请求-响应”模型中，NF（消费者）请求另一个 NF（生产者）提供服务和 / 或执行某个动作，如图 4-4 所示。在“订阅-通知”模型中，一个 NF（消费者）订阅另一个 NF（生产者）提供的服务，生产者通知消费者订阅的结果，如图 4-5 所示。

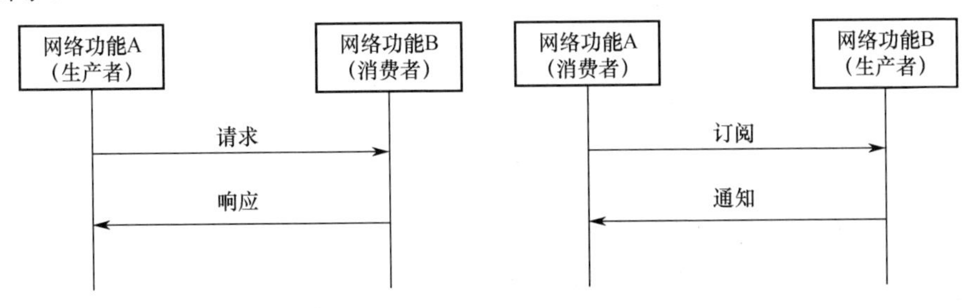

图 4-4 “请求-响应”NF 服务示意图　　图 4-5 “订阅-通知”NF 服务示意图

从图 4-3 可以看出，在 5G 架构中，每个网络功能都有一个关联的基于服务化的接口命名，例如，Namf 表示 AMF 呈现的业务。3GPP 协议定义了每个网络功能提供 / 支持的一组服务。例如，表 4-1 中就是 AMF 提供 / 支持的一组服务。有关服务描述的内容请参考文献[2]。

表 4-1　Namf 服务

服务名称	服务描述
Namf_Communication	NF 消费者通过 AMF 与 UE 和 / 或 AN 进行通信，还包括 SMF 请求 AMF 分配 EBI 以支持与 EPS 的互通
Namf_EventExposure	NF 消费者订阅或获得与移动性相关的事件和统计信息的通知
Namf_MT	NF 消费者请求目标 UE 可达性信息
Namf_Location	NF 消费者请求目标 UE 的位置信息

3GPP 中定义了与通用框架相关的三个主要流程[1,5]：

- NF 服务注册和去注册：使网络存储功能（Network Repository Function，NRF）感知可用的 NF 实例及支持的服务。
- NF 服务发现：使 NF（消费者）能够发现提供预期 NF 服务的 NF 实例（生产者）；NF 通常与 NRF 一起执行服务发现流程发现 NF 实例和服务。
- NF 服务授权：确保 NF（消费者）有权访问 NF（生产者）提供的服务。

4.2.1　NF 服务注册示例

服务注册示意图如图 4-6 所示，图中 AMF 作为 NRF 提供服务的消费者，向 NRF 发送 HTTP PUT 请求以调用网络功能服务注册请求（包含 NF 配置文件）。NF 配置文件包括 NF 类型、NF 的 FQDN 或 IP 地址、支持的服务名称等信息。NRF 对请求进行授权，成功后存储 NF 服务消费者的 NF 配置文件，并标记该 NF 服务消费者可用。NRF 通过返回包含网络功能注册服务应答的 HTTP 201 Created 响应，确认 AMF 注册成功。详细内容请参见 3GPP TS23.501[1] 和 3GPP TS29.510[5]。

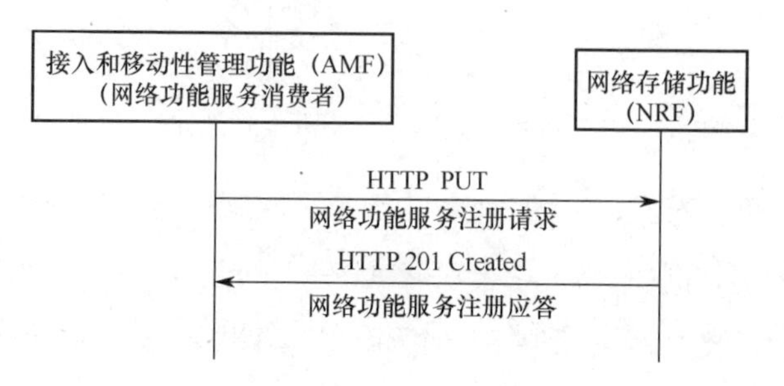

图 4-6　服务注册示意图

4.2.2　NF 服务发现示例

NF 服务发现示意图如图 4-7 所示。在图 4-7 中，AMF 作为 NRF 提供服务的消费者，需要发现网络中针对目标 NF 类型的 NF 实例或服务。AMF 向同一 PLMN 的 NRF 发起 HTTP GET 请求以调用网络功能服务发现请求。该请求包含期望的 NF 服务名称、期望 NF 实例的 NF 类型、NF 消费者的 NF 类型，还可以包含其他信息 / 参数，如 SUPI、AMF Region ID 等。NRF 对请求进行授权，如果允许，NRF 确定发现的 NF 实例或 NF 服务，并将搜索结果通过 HTTP 200 OK 发送给 NF 服务消费者，详细内容可参考文献[1，5]。

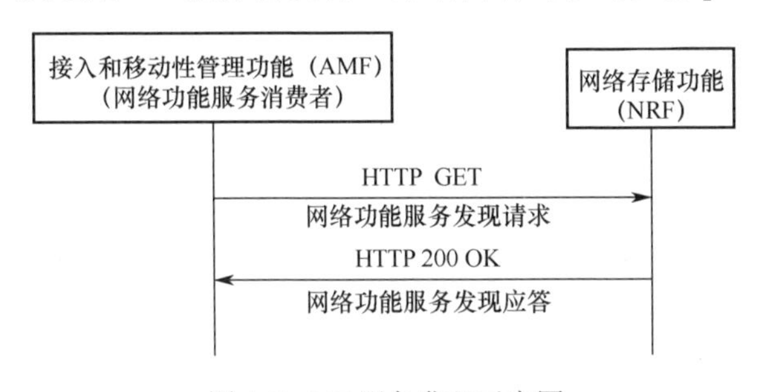

图 4-7　NF 服务发现示意图

4.3　网络切片

从 3GPP 的视角看，5G 网络切片是一个逻辑网络，具有特定功能 / 网元，这些功能 / 网元专用于特定的场景、业务类型、流量类型或其他商业合约，并有约定的服务等级协议（Service Level Agreement，SLA）。值得注意的是，3GPP 实现的网络切片技术限定于 3GPP 定义的系统架构，没有解决传输网络切片或组件的资源切片问题。

业界最常讨论的切片类型有增强移动宽带（eMBB）、超可靠低时延通信（URLLC）和海量机器类通信（massive Machine Type Communication，mMTC），但是可能会有更多的网络切片。在 4G 系统（EPS）中，有一个名为

eDecor 的可选功能以支持专用核心网络（Dedicated Core Network，DCN），允许根据 UE 的签约和使用类型选择不同的核心网络。5GS 中的网络切片是更完整的解决方案，提供了将多个专用的端到端网络组合成切片的能力。

端到端网络切片包括核心网控制面网络功能、用户面网络功能和接入网。接入网可以是下一代无线接入网[6]，也可以是具有 N3IWF 功能的非 3GPP 接入网。为了强调一个网络切片可能存在多个实例，3GPP 5GS 规范将术语“网络切片实例”定义为形成网络切片的网络功能实例和资源的集合，例如，计算、存储和网络资源。

在 5GS 中，网络切片选择辅助信息（Network Slice Selection Assistance Information，NSSAI）是网络切片标识的集合。网络切片使用单一网络切片选择辅助信息（Single NSSAI，S-NSSAI）术语标识。UE 向网络发送 S-NSSAI，辅助网络选择特定的网络切片实例。S-NSSAI 由切片 / 服务类型（Slice/Service type，SST）和可选切片区分器（Slice Differentiator，SD）组成，切片区分器可用于区分相同切片服务类型的多个网络切片。

一个 S-NSSAI 可以有标准值，也可以有非标准值。标准值的 S-NSSAI 意味着它仅由具有标准 SST 值的 SST 组成。非标准值的 S-NSSAI 用于标识与其关联的 PLMN 内的单个网络切片。3GPP 在 TS23.501[1]中定义了一些标准化的 SST 值。这些 SST 值将反映最常用的切片服务类型，并将有助于实现切片的全球互操作性。在一个 PLMN 中，不需要支持所有的标准 SST 值，见表 4-2。

表 4-2　标准 SST 取值说明

切片业务类型	SST 值	特　征
eMBB	1	适用于 5G 增强移动宽带处理的切片
URLLC	2	适合处理超可靠低时延通信的切片
mMTC	3	适合处理海量机器类通信的切片

5GS 中的网络切片示例如图 4-8 所示，图中以 5GS 中的 3 个网络切片为例，UE 可以同时连接切片 1 和切片 2，这种情况下，AMF 实例在两个切片中是共用的（或者逻辑上属于两个切片），切片 3 中的 UE 由另一个 AMF 服务。

其他网络功能，如 SMF 或 UPF 可能属于某个特定的网络切片。

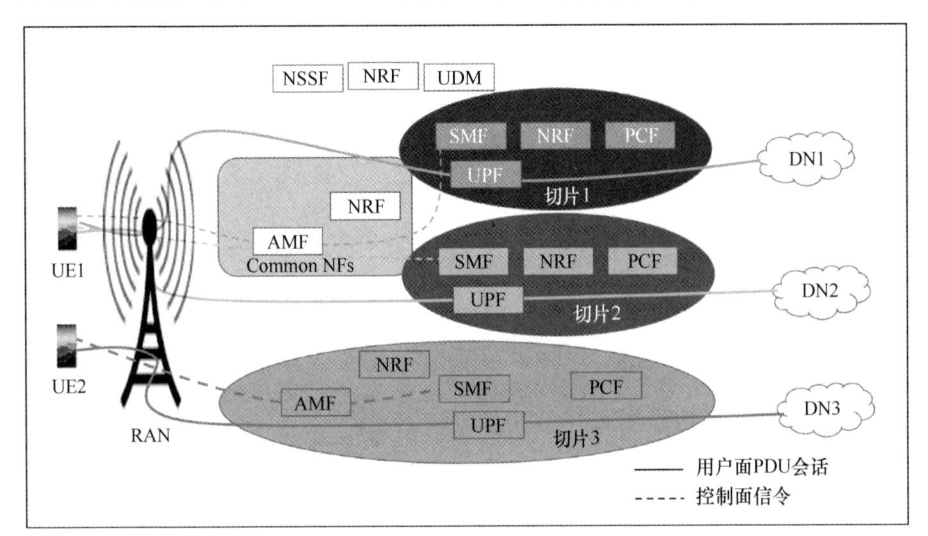

图 4-8 5GS 中的网络切片示例

UE 的网络切片选择通常作为注册流程的一部分，由接收到 UE 注册请求的第一 AMF 触发。AMF 检索用户签约允许的切片，并与网络切片选择功能（Network Slice Selection Function，NSSF）交互以选择适当的网络切片（例如，基于允许的 S-NSSAI、PLMN ID 等）。NSSF 包含用于切片选择的运营商策略，切片选择策略也可以配置在 AMF 中。

UE 与 DN 之间的连接在 5GS 中称为 PDU 会话。在 3GPP Rel-15 规范中，PDU 会话与一个 S-NSSAI 和一个数据网络名称相关联。当 AMF 收到 UE 发送的会话管理消息时，触发 PDU 会话的建立。AMF 通过多个参数（包括 UE 请求中提供的 S-NSSAI）发现并选择合适的 SMF。UPF 的选择由 SMF 完成。NRF 用于发现切片中的网络功能，详细过程请参考文献[2]。在网络切片中建立了到 DN 的 PDU 会话之后，才能进行数据传输。PDU 会话关联的 S-NSSAI 提供给（R）AN 以及策略和计费实体，以应用切片特定的策略。

对于漫游场景，VPLMN 中使用拜访地的 S-NSSAI 值发现 VPLMN 中的 SMF 实例，如果这是归属地路由，还需要用归属地的 S-NSSAI 值发现 HPLMN 中的 SMF 实例。

4.4 注册、连接和会话管理

本节概述 5GS 中注册、连接和会话管理的高级特性。

4.4.1 注册管理

用户需要初始注册才能接收网络服务。初始注册时，AMF 利用配置在统一数据管理（Unified Data Management，UDM）中的签约信息完成用户认证和接入授权，同时在 UDM 中保存服务 AMF 的标识。注册流程完成后，UE 的状态变为 5GMM-REGISTERED（UE 和 AMF）。在 5GMM-REGISTERED 状态，UE 要执行周期性注册更新以通知 AMF 其处于激活状态，并执行移动性注册更新以通知 AMF 其服务小区不在注册时 AMF 提供的跟踪区标识（Tracking Area Identifier，TAI）列表中或 UE 自身能力发生了变化。UE/AMF 状态机将在周期定时器超时（且 UE 没有进行周期性注册）或 UE / 网络显式注销时迁移到 5GMM-DEREGISTERED 状态。当 UE 同时使用同一运营商的 3GPP 接入和非 3GPP 接入网络时，AMF 会利用同一个 5G 全球唯一临时标识符（5G Globally Unique Temporary Identifier，5G-GUTI）关联多个接入特定的注册上下文。

4.4.2 连接管理

UE 和 AMF 之间的信令连接为 NAS 连接管理过程。当 UE 处于 5GMM-REGISTERED 状态且没有建立 NAS 连接（即处于 5GMM IDLE 状态）时，UE 需要执行服务请求流程来响应网络发起的寻呼［除非在仅移动发起连接模式（Mobile Initiated Connections Only，MICO）中，此时不需要响应寻呼］，并进入 5GMM-CONNECTED 状态。如果 UE 有信令或用户数据要发送，UE 也会执行服务请求流程并进入 5GMM-CONNECTED 状态。当 N2 连接（接入网和 AMF

之间）建立时，AMF 认为 UE 进入了 5GMM-CONNECTED 状态。UE 和 AMF 在 5GMM-IDLE 和 5GMM-CONNECTED 之间的转换过程如图 4-9 所示。

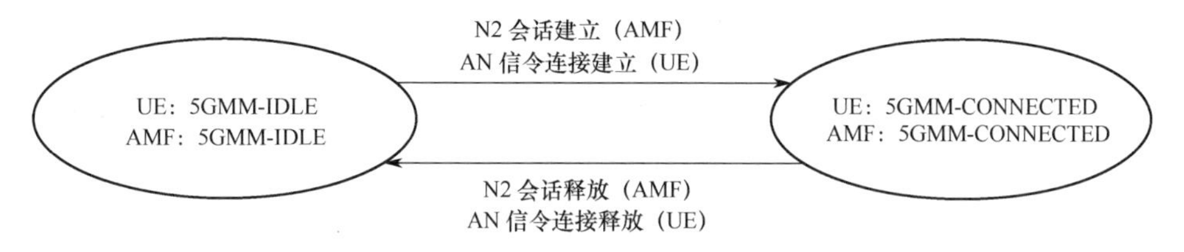

图 4-9　连接管理状态转换过程

当接入网络信令连接在非活动状态下释放时（RRC-IDLE 态），UE 从 5GMM-CONNECTED 状态变为 5GMM-IDLE 状态。当 NG AP 信令连接（N2 上下文）和 N3 用户面连接释放后，AMF 认为 UE 进入 5GMM-IDLE 态。当 UE 处于 RRC Inactive 态和 5GMM-CONNECTED 态时，UE 的可达性和寻呼由 RAN 管理，在该状态下，AMF 通过配置 UE 特定非连续接收（Discontinuous Reception，DRX）值、注册区域、周期性注册更新定时器值和 MICO 模式指示向 RAN 提供协助。UE 使用 5GS 临时移动用户标识（Temporary Mobile Subscriber Identity，TMSI）和 RAN 标识监听寻呼。

特别说明，TS23.501[1]使用 RM-REGISTERED 和 RM-DEREGISTERED 状态，而 TS24.501 [7]对于同一组状态使用 5GMM-REGISTERED 和 5GMM-DEREGISTERED 状态。同样地，TS23.501 使用 CM-IDLE 和 CM-CONNECTED 状态，而 TS24.501 使用 5GMM-IDLE 和 5GMM-CONNECTED 表示同一组状态。

4.4.3　注册管理流程

注册管理流程示意图如图 4-10 所示，完整的呼叫流程和参数细节可参见 3GPP TS23.502 的 4.2.2 节[2]。初始时，UE 和网络状态为 RRC-IDLE、5GMM-IDLE 和 5GMM-DEREGISTERED。UE 和 gNB 之间需要建立一个 RRC 连接来交换消息。无线链路建立后，UE 和 gNB（流程 1）（gNB 是下一代 NodeB 的简称）之间建立 RRC 连接。

一旦 RRC 连接建立，UE 就准备并开始向网络注册。注册请求包括注册类型（初始注册、移动性注册或周期性注册、紧急注册）、UE 用户标识（SUCI/SUPI/5G-GUTI）、安全参数、请求的 NSSAI（参见本书 4.3 节网络切片中的详细描述）、UE 能力和 PDU 会话信息（会话状态、要重新激活的会话、后续请求）和 MICO 模式偏好。gNB 使用全球唯一 AMF ID（Globally Unique AMF Identifier，GUAMI，5G-GUTI 中的部分信息）和 NSSAI 选择 AMF，并将注册请求转发给选择的 AMF（流程 3）。

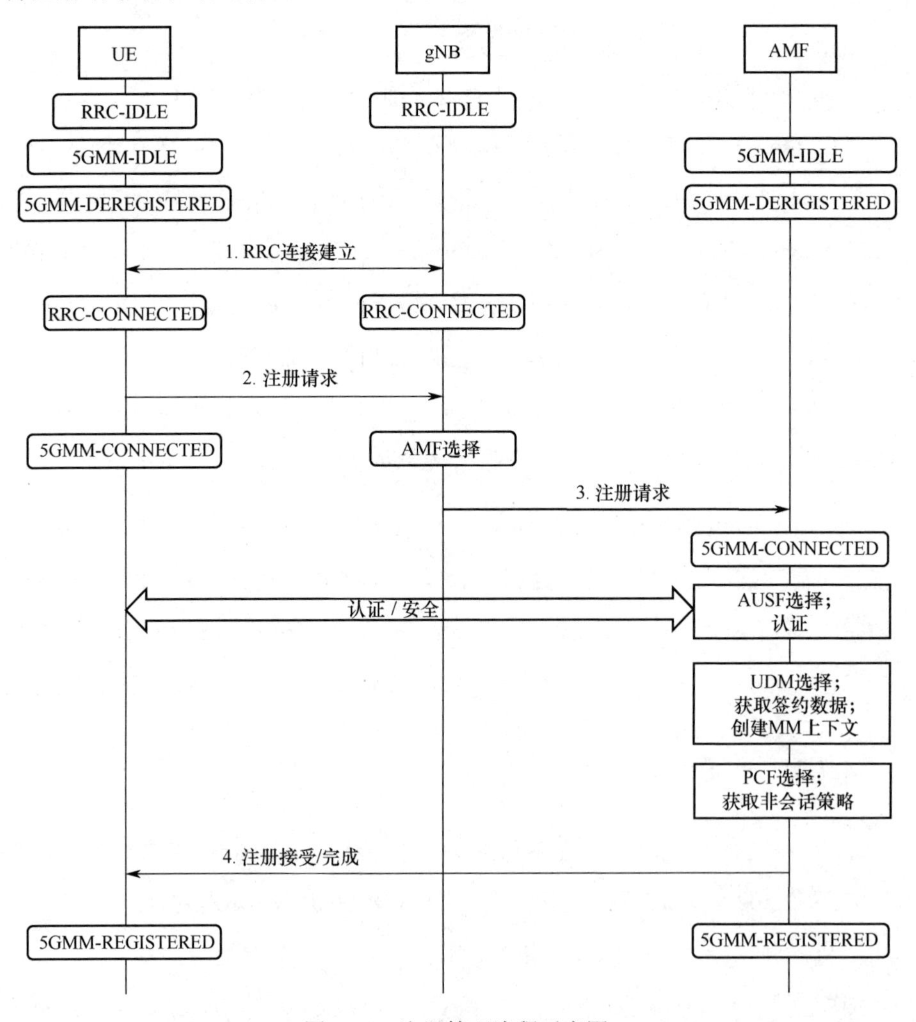

图 4-10　注册管理流程示意图

AMF 根据 SUPI 或 SUCI 选择认证服务器功能（Authentication Server Function，AUSF）并发起鉴权流程（该步骤仅用于初始注册）。如果该注册是紧急注册，则跳过鉴权。当 AMF 和 UE 建立 NAS 安全连接后，AMF 发起 NG AP 流程（5G 接入节点和 AMF 之间的 UE 逻辑关联）。在安全流程之后，UE 被认证，gNB 存储 UE 的安全上下文，并使用安全上下文保护与 UE 交互的消息，详细介绍可参考文献[1]。AMF 根据 SUPI 选择 UDM 和统一数据存储（Unified Data Repository，UDR）实例，并获取接入和移动性签约数据、SMF 选择签约数据。AMF 根据获取到的签约数据创建 MM 上下文，然后 AMF 选择一个策略控制功能（Policy Control Function，PCF），并请求接入和移动性相关策略（在策略和计费部分中进一步描述）。AMF 向 UE 发送 Registration Accept 消息，携带 5G-GUTI、注册区域、移动性限制、允许的 NSSAI、周期性注册更新定时器、本地局域数据网络（Local Area Data Network，LADN）、MICO 模式信息和其他会话信息。如果 5G-GUTI 是新的，则 UE 返回 Registration Complete 消息。UE 和网络的状态都变为 5GMM-REGISTERED。在周期性注册更新定时器超时之前，UE 可以发送注册请求（类型为周期性更新）以保持 5GMM-REGISTERED 状态（UE / 网络进入 5GMM-CONNECTED 状态后，周期性注册更新定时器会重置）。

UE 在 3GPP 接入的常规（非紧急）注册过程中，可以请求使用 MICO（仅移动时发起的连接）模式。在 MICO 模式下，所有 NAS 定时器（除周期性注册更新定时器和少数其他定时器）都被停止，UE 不能被寻呼。

4.4.4　PDU 会话建立流程

UE 注册后的 PDU 会话建立流程如图 4-11 所示。

UE 向 AMF 发送 PDU 会话建立请求（流程 1），其中携带 S-NSSAI、选择的数据网络名称（Data Network Name，DNN）、请求类型（初始请求、紧急请求）、PDU 会话标识和会话管理容器（PDU 会话建立请求）来发起会话建立。当 AMF 接收到该请求后，AMF 确定请求类型（本场景为初始请求），并根据 S-NSSAI、选择的 DNN、SMF 选择签约数据、本地运营商策略、候选 SMF 的负载状态和 UE 使用的接入技术来选择 SMF。由于这是一个初始请求，因此 AMF 向新选择的 SMF 发起创建会话上下文请求和响应序列（流程 2）。

AMF 转发会话管理容器（即 PDU 会话建立请求）和其他参数。对于初始请求，SMF 获取 UDM 的会话签约信息，包括授权 PDU 类型、授权 SSC 模式（在本书 4.5 节中进一步描述）、默认 5G QoS 标识（5G QoS Identifier，5QI）、分配和保留优先级（Allocation and Retention Priority，ARP）和签约会话聚合最大比特速率（Aggregate Maximum Bit Rate，AMBR）。如果 UE 请求符合签约信息，SMF 向 AMF 返回响应（流程 2）。

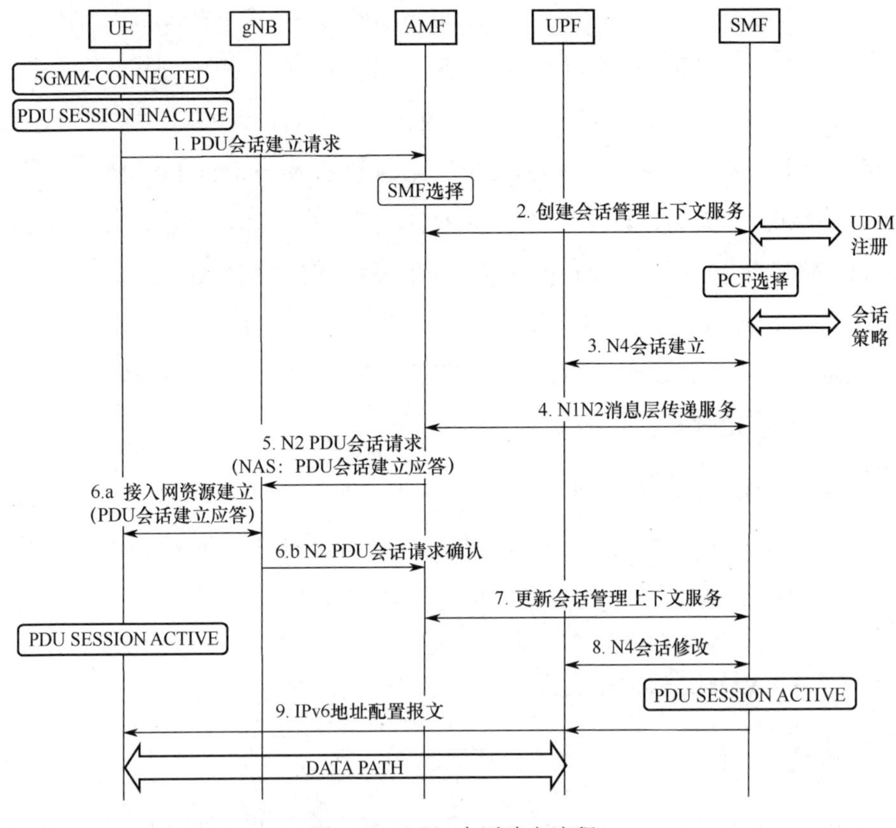

图 4-11　PDU 会话建立流程

然后 SMF 选择 PCF 获取动态会话策略，如果没有部署动态策略控制和计费（Policy Control and Charging，PCC），则 SMF 可以应用本地会话策略。会话管理相关的策略控制包括门控、计费控制、QoS 和应用策略（在本书 4.10 节中进一步描述）。

动态策略建立之后，SMF 选择一个或多个 UPF。UPF 选择所考虑的因素，包括部署（例如，中心位置的 UPF 和靠近接入网的 UPF）、漫游、配置信息（例如，容量、位置、支持的能力）和动态条件（例如，UPF 负载）。SMF 向单个或者多个 UPF 发起 N4 会话建立请求 / 响应序列（流程 3），携带报文检测、执行和上报规则、CN 隧道信息和用于去激活用户面的不活动定时器。SMF 还负责分配 IPv4 /IPv6 地址和安装转发规则。对于非结构化的 PDU 会话，SMF 既不分配 MAC 地址，也不分配 IP 地址。

UPF 会话建立后，SMF 在 gNB 和 UE 上配置会话信息（流程 4）。SMF 通过 N1N2Transfer 消息将 N2 SM 容器（PDU 会话标识、服务质量流程识（QoS Flow ID，QFI）、QoS Profile、CN 隧道信息、S-NSSAI、AMBR、PDU 会话类型）和 N1 SM 容器（PDU 会话建立接受消息，携带 QoS、切片和会话参数）发送给 AMF。AMF 向 UE 发送 PDU 会话建立接受消息，并向 gNB 发送 N2 SM 消息。gNB 到 AMF 的响应中包含拒绝的 QFI 和已建立的 AN 隧道信息的列表。

AMF 向 SMF 发送更新会话管理上下文请求（流程 5）消息，携带拒绝的 QFI 和 AN 隧道信息。SMF 执行 N4 会话修改序列（流程 5），更新 AN 隧道和 QoS 信息。至此，PDU 会话建立完成。

IPv6 地址路由通告（流程 6）由 SMF 发起，UPF 转发，用于 IP 地址分配。步骤 4 中 N1 SM 容器中发送的接口标识符用于 UE 派生完整的 IPv6 地址。此时 UE 可以发送 IP 数据流量。

4.4.5　服务请求流程

服务请求流程允许 UE 从 5GMM-IDLE 状态迁移到 5GMM-CONNECTED 状态。例如，当 UE 处于 5GMM-IDLE 状态（且未处于 MICO 模式）时，网络可以寻呼 UE 以指示其有下行数据（临时缓存在 UPF 处）。一旦服务请求流程被执行，UE 和网络将迁移到该 UE 的 5GMM-CONNECTED 状态，控制面和用户面路径将建立。在上述情况下，已经缓存在 UPF 的下行数据可以发送给 UE。

业务请求可以是 UE 触发的，也可以是网络触发的。UE 触发服务请求的原因可能是处于 5GMM-IDLE 状态时接收到来自网络的寻呼请求，或者 UE

想要发送上行信令消息或数据，也可能是处于 5GMM-CONNECTED 状态时 UE 为某个 PDU 会话独立激活用户面连接。在 UE 触发的服务请求中，如果 UE 处于 5GMM-IDLE 状态则 UE 和 AMF 会首先建立安全连接。网络侧收到业务请求后，发起控制面和用户面建立流程。

网络触发的服务请求流程用于当网络需要向 UE 发送信号（例如，N1 信令，激活某个 PDU 会话的用户面连接以传递下行用户数据，下行短消息等）。网络触发的服务请求可以在 5GMM-IDLE 或 5GMM-CONNECTED 状态下调用。

4.4.6 其他流程

5GS 提供了许多流程来支持各种会话管理能力。对于会话管理，除了 PDU 会话建立（上文描述）之外，还包括 PDU 会话修改和会话释放。

UE 连接、注册和移动性流程包括所有注册、服务请求、UE 配置、AN 释放和 N2 信令流程。SMF 和 UPF 流程用于在 UPF 中建立和管理 PDU 会话状态（建立、修改、删除、报告、计费）。用户档案管理流程用于通知 AMF 签约数据更新、通知 SMF 会话管理签约数据更新和通知 AMF 用户数据清除。这些流程和其他流程的详细信息，请参见 3GPP TS23.502 的第 4 节系统流程[2]。

4.5 5GC 下的会话和业务连续性

5G 支持从物联网到关键通信的一系列业务，对分组数据和用户面提出了各种需求，包括移动性和会话连续性，以适应不同程度的时延、带宽和可靠性连接。因此，连接服务（PDU 会话）模式除了支持与 4G 系统中类似的采用中心位置 PDU 会话锚点的经典会话连续性外，也支持其他形式，PDU 会话可以保留到与同一数据网络建立另一个 PDU 会话之后，也可以在与同一数据网络建立另一个 PDU 会话之前释放。在讨论如何处理会话和服务连续性时，必须考虑 PDU 会话的 IP 地址、IP 网络、子网和网关的布局。下面讨论 5G 控制面和用户面实体如何支持会话和业务连续性模式。

在 5GC 中，PDU 会话和标识它的 IP 地址锚定在 PDU 会话锚点（PDU Session Anchor，PSA）上。为了满足不同应用的连续性需求，5G 系统支持三种会话连续性模式：SSC 模式 1、SSC 模式 2 和 SSC 模式 3。使用 SSC 模式 1 建立的 PDU 会话在生命周期内保持相同的会话锚点。因此，在 SSC 模式 1 下，网络选择中心位置的 PDU 会话锚点，这样即使 UE 跨无线接入位置移动，网络也能为 PDU 会话提供服务。

在 SSC 模式 1 中，中继 UPF 切换示意图如图 4-12 所示。在 UE 初始时有一个到 DN（外部数据网络）的 PDU 会话，其中 UPF2 为中继 UPF，用于连接无线接入网和会话锚点，UPF1 为 PDU 会话锚点。当 UE 移动到新的无线接入网络时，SMF 根据 AMF 提供的位置信息，决定将中继 UPF 从 UPF2 迁移到 UPF3。由于这是 SSC 模式 1，PDU 会话继续锚定在 UPF1。

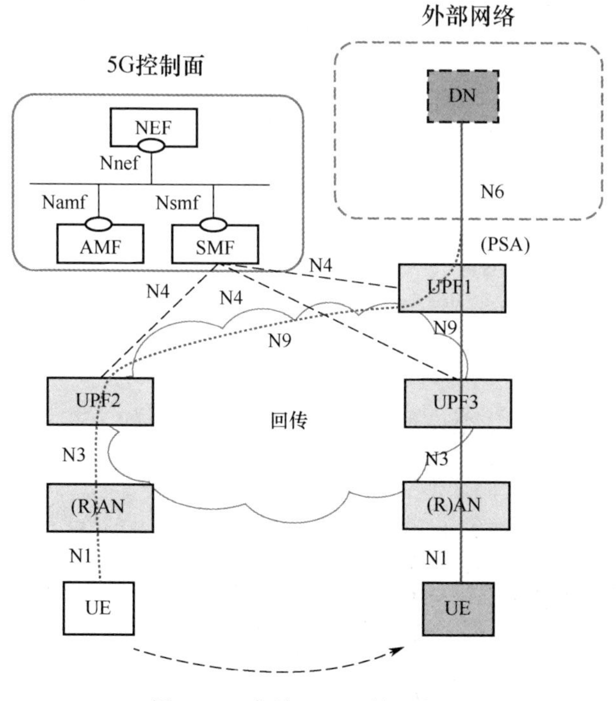

图 4-12　中继 UPF 切换示意图

在 SSC 模式 2 和模式 3 中，可以选择迁移 PDU 会话锚点，因为 PDU 会话可以释放，并且可以建立新的PDU会话以维持连接。在SSC模式2下，SMF释放PDU会话锚点后，选择新的锚点建立会话。在SSC模式3下，SMF选择新的锚点并建立会话后，原有的PDU会话锚点才会释放。需要连接持续可用的应用程序可以选择SSC模式3，而能够容忍连接中断的应用程序可以选择SSC模式2。

除了PDU会话管理，5GC还需要管理IP地址。当SMF为PDU会话选择新的锚点时，分配给该PDU会话的IP地址也需要重新分配到拓扑正确的锚点上。例如，在SSC模式2 PDU会话上，使用TCP传输的应用程序可能会在TCP连接上传输数据，当移动时，由于新IP地址分配而建立新的TCP连接，应用程序可以通过Cookie或其他状态信息将两个TCP连接关联起来。另外，在SSC模式3 PDU会话上，支持多径TCP（MultiPath TCP，MPTCP）的应用程序可以并行使用不同的IP地址和连接路径。在切换过程中，来自源锚点的连接路径和目标锚点的连接路径都可以由MPTCP处理。IP地址管理还可能涉及与锚点位置相关的隐私（位置的无意泄露）。分配给PDU会话的IP地址可以被外部跟踪，因为它们揭示了锚点所在的位置。许多应用程序对隐私非常敏感，通过中心位置的PDU会话锚点分配IP地址可以避免通过IP地址无意中泄露细粒度位置信息。虽然这解决了隐私问题，但是要求低延迟的会话没有得到很好的服务，而且到中心位置的PDU会话锚点路径可能很长（相对于更近的锚点）。本地PDU会话锚点的切换如图4-13所示，图中给出了同时保障低延迟路径和IP地址/位置隐私的示例。

这里以PDU本地会话锚点在接入网（图4-13中的UPFb）附近，IP地址锚点在中心位置（图4-13中的UPFa）的场景为例。初始时，SMF在UPFa和UPFb上安装PDU转发信息。因此，UE具有到AS1的低时延路径，而UPFa处的IP地址不会向外部实体泄露精确位置信息。当UE移动到另一个无线接入时，SMF重新配置UPFc（添加转发信息）和UPFb（删除转发信息）的转发信息。SMF还向应用功能实体（AF）提供事件（如果应用功能实体无法直接从SMF订阅UE信息，则通过NEF）。应用功能实体可以使用该事件，将应用会话从AS1重新部署或迁移到AS2。

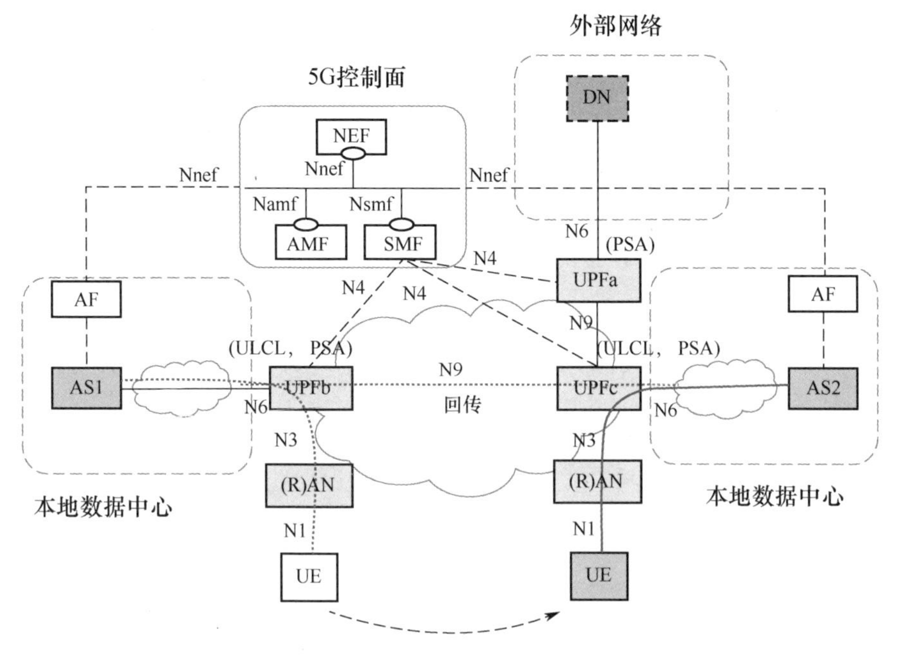

图 4-13　本地 PDU 锚点的切换

为了在 UE 移动时保持会话连续性，SMF 如本节前面所述重新编程 PDU 会话的 UPF 转发状态。除改变转发路径外，传输数据包时还需要尽量保障不丢包和乱序。UPF 缓冲数据包并使用结束标记，以避免在从一个 UPF 过渡到另一个 UPF 期间进行重新排序。TCP 和 QUIC 中的端到端拥塞和流量控制机制也得到管理，以防止在切换期间拥塞崩溃，特别是具有较短往返时间的流。

4.6　与 EPC 对接

同一网络（即在一个 PLMN 内）可以同时部署 5GC 和 EPC 以支持 5G 和 4G 的 UE 共存。支持 5G 的 UE 可能支持 EPC NAS 流程，以在漫游到传统 4G 网络中时提供服务。3GPP 标准定义了支持 EPC 到 5GC 的互操作和迁移的架构选项。EPC 与 5GC 之间互通的非漫游架构示例如图 4-14 所示。对于迁移场景，一般假设 5GC 和 EPC 共用签约数据库。即 5GC 中的 UDM 和 EPC 中的

HSS 为公共数据库。可选地，还可以假设 EPC 中的策略和计费规则功能（Policy and Charging Regulation Function，PCRF），5GC 中的 PCF、EPC 中的分组网关控制面功能（PGW Control Plane Function，PGWC），5GC 中的 SMF、EPC 中的分组网关用户面功能（PGW User Plane Function，PGWU），和 5GC 中的 UPF 分别合设，专用于 EPC 和 5GC 之间的互通。统称为 HSS+UDM、PCF+PCRF、SMF+PGWC 和 UPF+PGWU。在与 EPC 互通时，为了管理 4G 的用户面连接，SMF+PGW-C 通过 N4 接口向 UPF+PGWU 提供处理 S5-U 接口流量相关的信息。

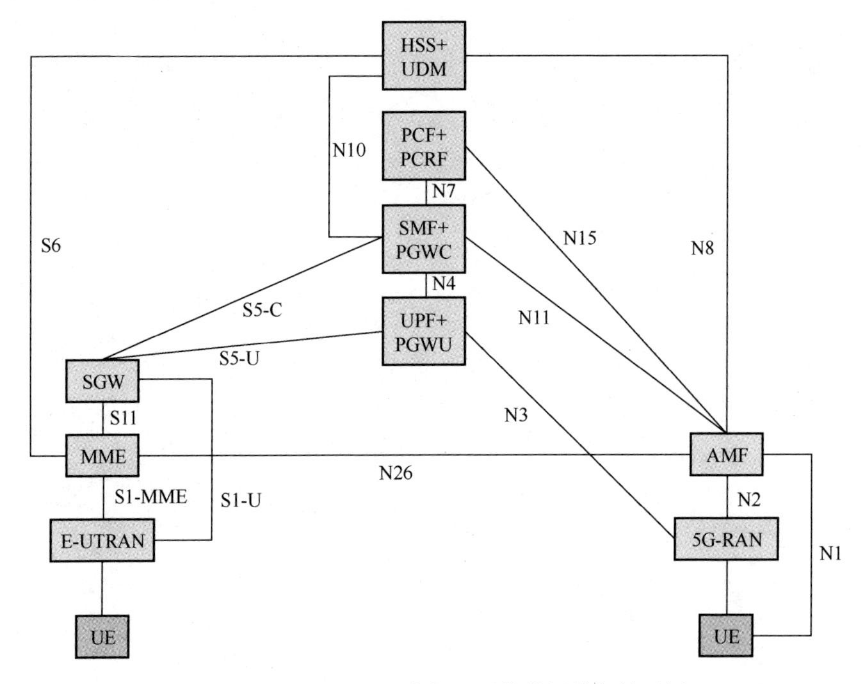

图 4-14　EPC 和 5GC 之间互通的非漫游架构示例

EPC 和 5GC 之间定义了一个可选接口 N26，用于 MME 和 AMF 之间的互相连接。由于 N26 是可选的，因此网络也可以提供无 N26 接口的互通。支持 N26 接口互操作流程的网络为支持单注册模式的 UE 提供了系统间移动时的 IP 地址连续性（当使用 N26 接口进行互操作时，UE 为单注册模式）。支持无 N26 接口互操作流程的网络为支持单注册和双注册模式的 UE 提供系统间移动时的 IP 地址连续性。N26 接口实现源和目标网络之间移动性管理和会话管理状态的交换。在这些互通场景中，UE 的移动性状态要么保存在 AMF，要么保存在 MME 中，AMF 或 MME 在 HSS+UDM 中注册。EPC 和 5GC 的互操作细节可参考 TS23.501 中 4.3 节和 5.17 节。[1]

4.7　5G 核心网中的控制面和用户面协议

5G 核心网协议用于注册 UE、管理 UE 的接入和连接、传输用户数据包，以及 5G 网络功能之间的信令交互，从而管理和控制用户的各个方面。5G 核心网最重大的变化是引入了具有虚拟化和解构功能的服务化架构，以及由此产生的信令协议变化。

4.7.1　控制面协议栈

控制面协议栈包括 3GPP 接入网与 5G 核心网之间、非可信非 3GPP 接入网与 5G 核心网之间、UE 与 5G 核心网之间，以及 5G 核心网中各网络功能之间的控制面协议栈。UE 到网络的控制面协议栈如图 4-15 所示。

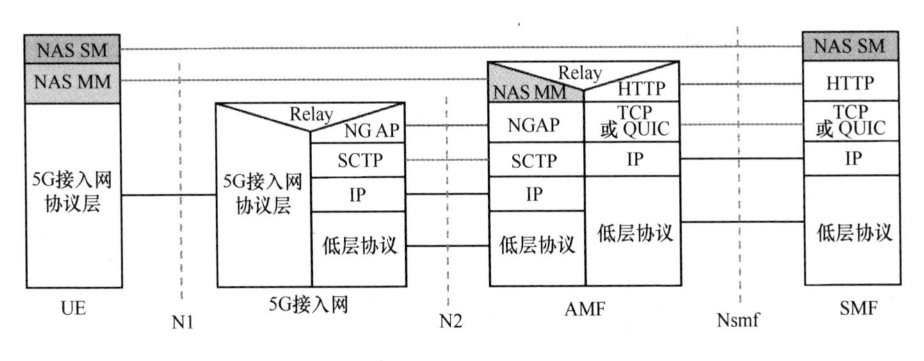

图 4-15　控制面协议栈

UE 到 5G 接入网的 N1 接口协议集取决于接入网。对于 3GPP 接入，UE 和 NG RAN（eNB、gNB）之间的无线协议在 TS36.300 和 TS38.300[6]中进行了定义。对于非 3GPP 接入，UE 和非 3GPP 互通功能（Non-3GPP InterWorking Function，

N3IWF）之间使用 EAP 5G/IKEv2/IP 协议集建立互联网安全协议（Internet Protocol Security，IPSec）的安全连接，NAS 在已建立的 IPSec 连接上发送。5G 接入网和 5G 核心网之间的控制平面接口使用相同协议来支持不同类型的接入网（3GPP RAN、N3IWF）的连接。5G 接入网和 AMF 之间的 N2 接口采用 SCTP/IP 传输连接，NG 应用协议（NG Application Protocol，NGAP）承载在该传输连接上。NGAP 用于中继 AN 和 SMF 之间的 N2 会话管理消息和中转 UE 侧的 NAS 协议。

NAS MM 层用于注册管理（Registration Management，RM）和连接管理（Connection Management，CM），以及中继会话管理（SM）。NAS SM 层用于承载 UE 和 SMF 之间的会话管理消息。5G NAS 协议可参考 TS24.501[7]。

AMF 与 SMF 之间的 Nsmf 接口及协议基于服务化架构，在 TCP 传输层上采用 HTTPS 协议。随着 QUIC（Quick UDP Internet Connection）传输协议在 IETF 完成标准化和成熟，3GPP 将采用 QUIC 作为服务化架构的信令传输层。在服务化架构下，核心网各功能之间通过一对多总线进行交互。服务化架构中的服务发现是通过网络存储功能（NRF）实现的，NRF 基于多个请求标准解析目标服务功能。SMF 和 UPF 之间的控制面信令使用 N4 接口，这对 TS29.244[8]中定义的分组流控制协议进行了扩展。

4.7.2 用户面协议栈

UE 到网络的用户面协议栈如图 4-16 所示。

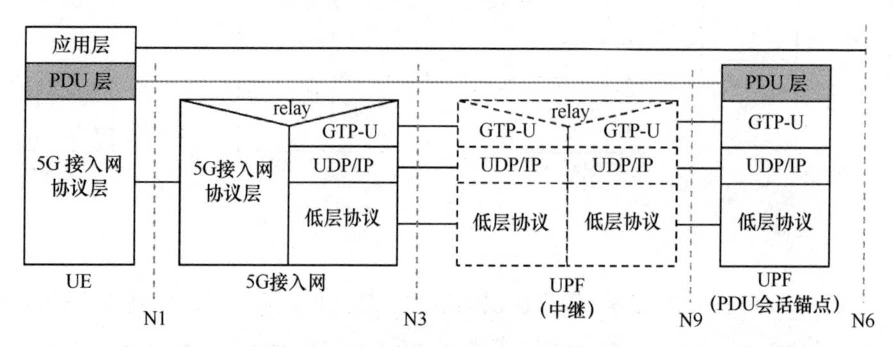

图 4-16 UE 到网络的用户面协议栈

用户面协议栈主要是将 PDU 层报文从 UE 传输到 UPF（PDU 会话锚点）。PDU 层可以是 IPv4、IPv6 或 IPv4v6。对于 IPv4 和 IPv6，SMF 负责分配和管理 IP 地址。PDU 层也可以是以太网或非结构化。如果 PDU 层是以太网，SMF 不分配 MAC 或 IP 地址。3GPP 接入采用隧道技术将报文承载到 PDU 会话锚点。GTPU（GPRS 隧道协议用户面）在 5G AN 和中继 UPF（例如，执行上行分类的 UPF）之间的 N3 和中继 UPF 和 PDU 会话锚点之间的 N9 复用用户数据。与 4G GTPU 隧道对应一个承载（一个 UE 的一个会话可能有多个承载）不同的是，UE 的所有同一会话的数据包复用一个 GTPU 连接传输。在此连接中，与 QoS 流相关联的流标记被显式指示，以指示 IP 传输层中的 QoS 级别。

4.8　支持虚拟化部署

5GS 在其架构设计中采用了网络功能虚拟化（Network Function Virtualization，NFV）和云化技术。5GS 支持不同的虚拟化部署场景：

- 每个网络功能实例都是全分布、全冗余、无状态和完全可扩展的，可以部署到多个位置或在一个位置部署多个实例。
- 可以将几个网络功能实例组成一个网络功能集合，网络功能集合内提供全分布、全冗余、无状态和完全可扩展性。

5GS 支持的网络切片特性也是通过虚拟化来实现的，在虚拟化环境中，可以创建、实例化和隔离网络功能实例，形成不同的网络切片，从而为不同的业务服务。

为了管理 5GS 虚拟化功能及其实例的生命周期，以及网络切片的虚拟资源，5G 操作维护管理（Operation Administration and Maintenance，OAM）提供了与虚拟化网络功能管理和编排能力集成的手段，以及提供了标准化生命周期管理接口对接其他标准（如 ETSI Industry Specification Group for Network

Functions Virtualization，ETSI ISG NFV）定义的虚拟化功能管理和编排系统。

5G OAM 系统与 ETSI NFV 管理与编排（Management and Orchestration，MANO）系统的集成关系图如图 4-17 所示。[9]

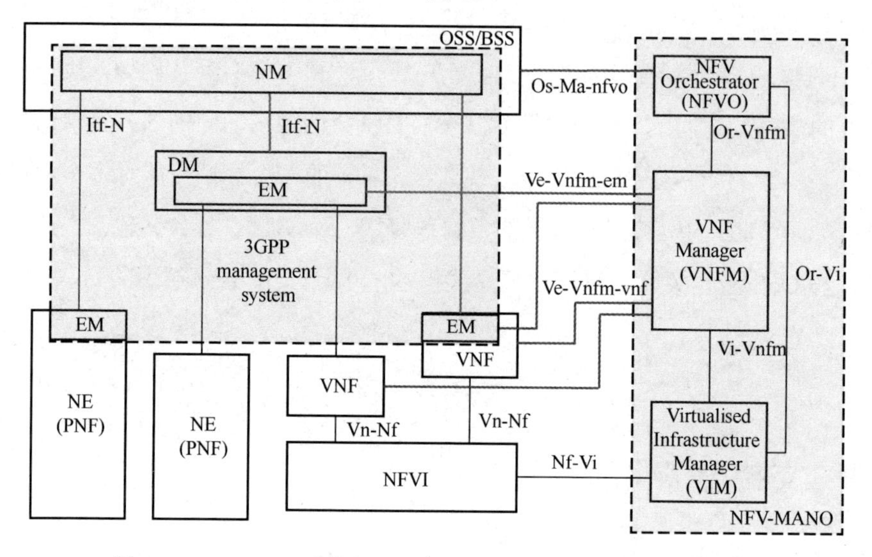

图 4-17　5G OAM 系统与 ETSI NFV-MANO 系统的集成关系图

在图 4-17 中，5G 管理系统提供 5G 服务和功能管理，例如 NM 扮演 OSS/BSS 的角色，提供包括虚拟网络功能在内的移动网络管理功能；EM/DM 负责某个域内网元级别的管理，包括虚拟网络功能应用级和物理网元的 FCAPS 管理功能。ETSI ISG NFV-MANO 为那些虚拟化的网络功能，以及由这些功能组成的网络服务和网络切片提供了虚拟化的资源和生命周期管理。

4.9　支持边缘计算

5GS 架构的设计从一开始就考虑了边缘计算的需求，边缘计算被认为是高效路由到应用服务器并满足低延迟要求的关键技术。

在 3GPP 视角中，边缘计算是指应用服务器需要托管在靠近 UE 无线接入网位置的场景。如前所述，在 5GS 中，数据业务的路由是通过 UPF 接口到达数据网络的。5G 核心网支持灵活选择 UPF，该功能允许将流量路由到靠近 UE 接入网络的本地数据网络。包括漫游用户本地分流场景和非漫游用户本地分流场景。

用于选择（或重选）本地路由 UPF 的决策可以基于来自边缘计算应用功能（Application Function，AF）的信息和 / 或其他标准，例如用户签约、位置、策略等。根据运营商的策略和与第三方之间的协议，AF 可以通过网络开放功能（Network Exposure Function ，NEF）直接或间接访问 5G 核心网。例如，位于边缘数据中心的外部 AF 可以通过与策略控制功能的交互来改变 SMF 的路由决策，从而影响流量的路由。

在 3GPP TS23.501 的 5.13 节[1]中，定义了几种支持边缘计算的使能技术：

- 通过 UPF 选择和重选，将业务流量路由到本地数据网络；
- 本地路由和本地数据网络的应用分流；
- 会话和业务的连续性，从而实现 UE 和应用的移动性；
- 应用功能通过策略控制功能或网络能力开放功能影响 UPF 选择（重选）和流量路由；
- 5G 核心网和应用功能之间的网络能力开放，并通过网络能力开放功能相互提供信息；
- 针对本地数据网络流量 QoS 和计费的策略控制；
- 支持本地局域数据网络（LADN）。

4.10　5G 系统的策略与计费控制

PCF 负责流粒度的离线计费和在线计费控制、授权、移动性、QoS、会话管理、UE 接入和 PDU 会话选择等策略。5G 支持移动宽带、超可靠低时延和物联网连接等场景，这需要丰富的策略和计费能力。5GS 中的策略和计费控制系统支持实时管理会话的 QoS 和计费、接入管理（非会话）、网络和用户策略，支持基于网络分析和负载信息生成策略，对边缘网络中的应用进行能力开放。根据运营商和应用需求，支持在线计费和离线计费。上述策略控制可以大致分为会话管理策略和非会话管理策略。后面将进一步详细说明非漫游场景、拜访地路由漫游场景和归属地路由漫游场景下的功能和架构。非会话管理相关的策略控制包括接入和移动性管理策略、PDU 会话选择策略。接入和移动性管理策略在 UE 初始注册到 AMF 时由 PCF 安装。AMF 向 PCF 提供签约用户永久标识（Subscription Permanent Identifier，SUPI）、用户位置信息、时区、当前服务 UE 的无线接入技术，以及从 UDM 接收到的服务区限制、无线接入技术频段选择优先级（RAT Frequency Selection Priority，RFSP）索引和通用公共用户标识（Generic Public Subscriber Identifier，GPSI）等参数。PCF 进行策略决策，提供 UE 接入网络发现和选择策略、用户路由选择策略（UE Route Selection Policy，URSP）和修订的接入和移动性策略（无线接入技术频段选择优先级和服务区限制）。这些策略可以随变更而修改，由 PCF 主动通知 AMF，或者由 AMF 触发 PCF 重新评估。

会话管理相关的策略控制包括门控（丢弃未匹配任何策略的报文）、PDU 会话级别、业务数据流级别和应用级别（业务数据流级别和应用级别仅根据需要建立）的计费控制和 QoS。QoS 控制策略可以是基于业务的，也可以是基于签约的或预定义的，这些策略可以应用于 PDU 会话级别或业务数据流级别。业务数据流策略包括过滤器、优先级、提供者标识、计费密钥、计费方法（在线、离线）和测量方法（流量、时间、事件或这些方法的组合）、门控、5G QoS 标识符（5G QoS Identifier，5QI）、是否启动反射 QoS、保障带宽和最大带宽等参数。

基于会话的策略还包括使用量监控控制、应用检测、能力开放和业务链等。使用量监控控制策略可以应用于 PDU 会话级别、业务数据流级别或排除特定数据流的 PDU 会话级别。PCF 可以向网络数据分析功能（Network Data

Analytic Function，NWDAF）订阅或者请求网络切片实例的负载水平以做出策略决策。

非漫游场景下基于服务化架构的策略和计费架构如图 4-18 所示。PCF 和 AMF 通过 Npcf 接口 / Namf 接口交互，创建非会话管理策略关联，发放非会话管理策略。PCF 与 SMF 通过 Npcf 接口 / Nsmf 接口交互，创建会话管理策略关联，发放会话和计费控制策略。SMF 与 CHF 交互实现离线计费和在线计费，PCF 与 CHF 交互实现消费限额控制。

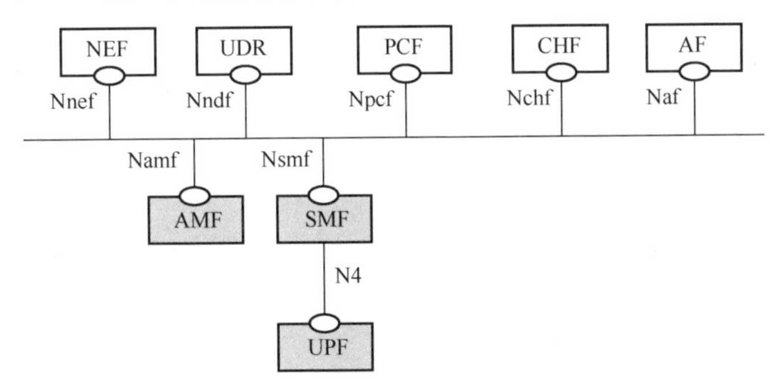

图 4-18　非漫游场景下基于服务化架构的策略和计费架构

PCF 可以在 UDR（Npcf 接口 / Nudr 接口）访问策略控制相关的用户签约信息，UDR 可能在用户签约信息发生变化时通知 PCF。PCF 也可以向 UDR 订阅 AF 请求，该请求针对某一数据网络、某一切片或由内部群组标识限定的一组用户而非单一用户。

PCF 通过和 AF 交互获取应用层会话信息，包括 IP 过滤信息（或以太网包过滤信息）用于策略控制或差异化计费，媒体带宽信息用于 QoS 控制。Npcf 和 Naf 支持 AF 和 PCF 之间 PDU 会话事件的订阅和通知。对于 IP 多媒体子系统（IP Multimedia Subsystem，IMS）和关键任务一键通（Mission Critical Push To Talk，MCPTT）业务，PCF 和 AF 之间还可以通过 Rx（使用 Diameter 协议）接口进行交互。如果 AF 属于非可信第三方部署，AF 不允许直接和 PCF/SMF 交互，在这种情况下，这些请求和通知由 NEF 处理。拜访地路由漫游策略与计费控制架构如图 4-19 所示。在拜访地路由漫游架构下，HPCF 和 UDR 属于归属 PLMN，其他功能属于拜访 PLMN。此时，拜访地 PCF（VPCF）根据漫游协议使用本地配置的会话策略。VPCF 通过 Npcf 或 N24 接口从 HPCF 获取 UE 接入选择和 PDU 会话选择信息。需要说明的是，在跨 PLMN 控制面接口上，可以使用安全边缘保护代理对消息进行过滤和监管。

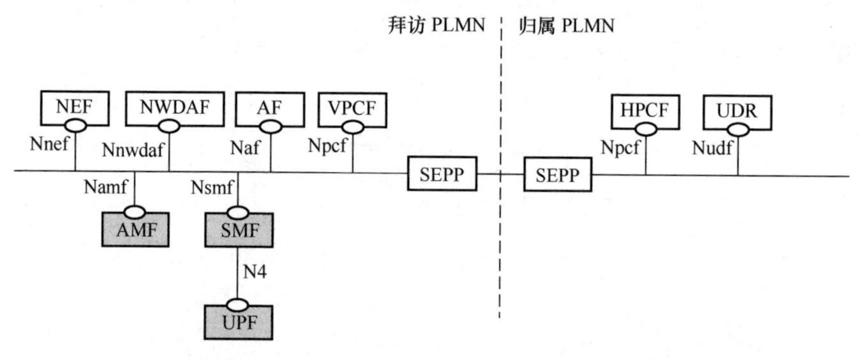

图 4-19　拜访地路由漫游策略与计费控制架构

归属地路由漫游策略与计费控制架构如图 4-20 所示。在归属地路由漫游架构中，接入管理功能属于拜访 PLMN，会话和策略管理属于归属 PLMN。

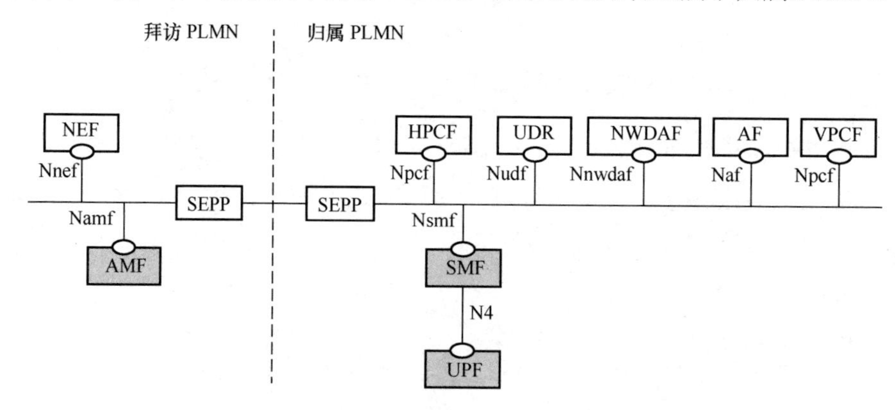

图 4-20　归属地路由漫游策略与计费控制架构

4.11　本章小结

与 4G（EPS）系统相比，3GPP 标准定义的 5G 系统架构增强了连接、会话和移动性管理服务以支持网络切片、虚拟化和边缘计算。这些功能旨在同一网络同时支持低延迟、高可靠性、高带宽或大量连接的多种业务。

如本章所述，3GPP 标准定义了 5GS 架构，由网络功能以及它们之间的接口组成。5GS 控制面定义了服务化接口，允许网络功能通过公共框架访问彼此的服务。服务框架使用生成者–消费者模型定义 NF 之间的交互。5GS 在架构设计中采用了网络功能虚拟化和云化技术。5GS 支持不同的虚拟化部署场景，比如，每个网络功能实例都是全分布、全冗余、无状态和完全可扩展的。

5GS 的一个主要特点是网络切片。3GPP 将网络切片定义为一个逻辑网络，具有特定功能 / 网元，专用于特定场景、业务类型、流量类型或其他商业合约。业界最常讨论的切片类型有 eMBB、URLLC、mMTC。在本节中，我们概述了 3GPP 5G 核心网标准中的网络切片。

5GS 架构的设计充分考虑了边缘计算的需求。在 3GPP 的视角中，边缘计算是指业务需要托管在靠近 UE 接入网络的场景。5G 核心网具有灵活选择 UPF 的能力，该 UPF 将流量路由到靠近 UE 接入网络的本地数据网络。

本章概述了 5G 架构、网络功能、新能力（如网络切片）以及注册、连接管理和会话管理的高级特性。与 4G 相比，5G 系统为具有不同级别的时延、带宽和可靠性的连接定义了更多的功能，以提高移动性和会话连续性。

由于 5G 支持在同一网络中提供低延迟、高可靠性、高带宽或大规模连接的业务，因此必须仔细设计和评估性能能力。下一章将介绍有关性能的评估方法、度量标准，以及系统级仿真的全面视图。

参 考 文 献

[1] 3GPP TS23.501, Technical Specification Group Services and System Aspects; System Architecture for the 5G System; Stage 2[S]. 2018-12.

[2] 3GPP TS23.502, Technical Specification Group Services and System Aspects; Procedures

for the 5G System; Stage 2[S]. 2018-12.

[3] 3GPP TS23.503, Technical Specification Group Services and System Aspects; Policy and Charging Control Framework for the 5G System; Stage 2[S]. 2018-12.

[4] 3GPP TS23.214, Technical Specification Group Services and System Aspects; Architecture enhancements for control and user plane separation of EPC nodes; Stage 2[S]. 2018-12.

[5] 3GPP TS29.510, Technical Specification Group Core Network and Terminals; 5G System; Network Function Repository Services; Stage 3[S]. 2018-12.

[6] 3GPP TS38.300, Technical Specification Group Radio Access Network; NR; NR and NG-RAN Overall Description; Stage 2[S]. 2018-12.

[7] 3GPP TS24.501, Technical Specification Group Core Network and Terminals; Non-Access-Stratum (NAS) protocol for 5G System (5GS); Stage 3[S]. 2018-12.

[8] 3GPP TS29.244, Technical Specification Group Core Network and Terminals; Interface between the Control Plane and the User Plan Nodes; Stage 3[S]. 2018-12.

[9] 3GPP TS28.500, Technical Specification Group Services and System Aspects; Telecommunication management; Management concept, architecture and requirements for mobile networks that include virtualized network functions[S]. 2018-06.

第5章　5G能力展望：ITU-R提交&性能评估

本章主要通过ITU-R M.2412定义的评估方法，对5G的能力进行eMBB、URLLC、mMTC性能需求的评估，而在5.3节将详细介绍评估方法以及外场测试结果。性能评估主要针对5G关键技术特性进行性能评估，包括：5G宽带帧结构、物理信道结构、Massive MIMO、多址和波形，以及LTE / NR共存（即上下行解耦）在内的物理层关键特性。毫无疑问，3GPP的5G技术表现出了满足ITU-R定义的IMT-2020所有需求的强大能力。这种能力是3GPP的5G技术进一步向更多行业应用演进的基础，也是弥补未来业务需求与现实基础差距的基础。

5.1　5G需求概述

如本书1.3节所述，5G从eMBB扩展到mMTC和URLLC。在ITU-R中，将按照技术性能需求评估候选的5G技术，以测试对上述三种应用场景的支持。

ITU技术性能需求汇总见表1-5～表1-7，文中还讨论了ITU-R M.2412报告中定义的相关测试环境。可以看出，测试环境覆盖了每种应用场景（如eMBB、URLLC和mMTC）的主要应用场景。对于eMBB，室内、密集城区和农村被定义为测试环境；对于URLLC和mMTC，城市宏小区被定义为测试环境。下面的第5个百分点用户速率（或频谱效率）指的是在用户速率（或频谱效率）的累积分布函数中5%所对应的用户速率（或频谱效率）。

为实现ITU-R定义的5G愿景，3GPP进一步研究了部署场景以及与3GPP TR38.913 [1]中描述的三种应用场景的相关需求。这些需求通常高于ITU的技术性能需求，这表明 3GPP 希望提供高于 ITU 要求的 5G 网络。

接下来，将详细阐述 eMBB、URLLC 和 mMTC 技术性能需求评估指标的定义，以及 3GPP 5G 技术的相关计算方法。

5.2 评估方法概述

ITU-R M.2412 报告对本书 5.1 节中技术性能需求的评价方法进行了定义，通常采用仿真、分析和检查的方法。表 5-1 列出了 ITU-R M.2412 报告中针对每项技术性能需求所采用的评估方法。

表 5-1 采用的技术性能需求评价方法[2]

应用场景	技术性能需求	评估方法
eMBB	峰值数据速率	分析
	峰值频谱效率	分析
	用户体验速率	分析或系统级仿真（考虑多用户）
	第 5 个百分点用户频谱效率	系统级仿真
	平均频谱效率	系统级仿真
	区域流量容量	分析
	能效	检查
	移动性	系统级仿真以及链路级仿真
eMBB 和 URLLC	用户面时延	分析
	控制面时延	分析
	移动中断时间	分析
URLLC	可靠性	系统级仿真以及链路级仿真
mMTC	连接密度	系统级仿真以及链路级仿真，或者全程系统级仿真
General	带宽和扩展性	检查

5.2.1 eMBB 技术性能需求的系统级仿真

在 IMT-Advanced 阶段已经确立了系统级仿真，ITU-R M.2412 报告为

eMBB 要求的系统级仿真定义了以下原则和程序：

- 在整个系统网络布局的预定义区域中以一定的独立分布方式放置用户。
- 根据适用的信道模型，为 UE（用户设备）随机分配 LOS 和 NLOS 信道条件。
- 基于提交者的小区选择方案，进行 UE 的小区分配选择。
- 在 Full Buffer 业务模型和其他业务模型中，数据包调度可以使用合适的调度器或非调度机制。以下应当在仿真中建模：信道质量反馈时延，反馈误差，协议数据单元（Protocol Data Unit，PDU）错误，以及包括信道估计误差，并且可以根据需要进行数据包的重新传输。
- 应当建模信道开销（即反馈和控制信道产生的开销）。
- 对于给定的随机数种子运行仿真，然后将 UE 放置在新的随机位置并重新运行仿真。仿真足够数量的随机数种子可以收敛 UE 和系统性能。
- 系统内所有小区应使用动态信道特性进行模拟。系统性能应考虑小区环绕（wrap-around）的网络布局配置，需要注意的是，室内情况不考虑小区环绕。

第 5 个百分点用户频谱效率和平均频谱效率应采用系统级仿真进行评估。上述 eMBB 技术性能要求（评估指标）的系统级仿真评估中，假设用户设备已经处于连接态，并根据 ITU-R M.2412 报告采用 Full Buffer 业务模型，即仿真中的用户设备一直都有待传输的数据。这种情况非常适合重负载网络，通常用于频谱效率评估，该仿真目的是在提供高数据速率的情况下，找出网络利用频谱资源的最大潜在能力。

然而，在许多 3GPP 评估中，Burst Buffer 业务在系统级仿真中也起着重要作用。Burst Buffer 业务能够评估从低负载到中负载网络的候选技术的性能。对于 Burst Buffer 业务，通常将用户感知吞吐量作为评价指标[3]。这样，在吞吐量评估中充分考虑数据包调度的等待时间，这就可以更准确地反映用户下载文件时的感知数据速率。但是，很难在“极端”情况下测试网络能力。因此，在系统级仿真评估中，Full Buffer 业务和 Burst Buffer 业务都非常有用。

此外，用户体验速率的单层单频段评估应使用系统级仿真，而不是使用分析方法。对于单层单频段情况，一旦得出频谱效率，则可以通过频谱效率乘以系统带宽来得出用户数据速率。多层或多频段评估也应使用系统级仿真。但是，对于多层或多频段评估，小区接入的用户会影响该小区的一定频段上的用户数，进而会影响用户数据速率。这样，多层多频段评估的数据速率就无法直接从单层单频段中得出。因此，需要一种新的系统级仿真方法来测试多层或多频段的情况。

5.2.2 连接密度评估

采用仿真方法对 mMTC 应用场景的连接密度进行评估。全系统级仿真和系统级仿真加链路级仿真是连接密度评估的两种可选方案。

5.2.2.1 全系统级仿真的方法概述

全系统级仿真类似于 eMBB 评估指标定义的系统级仿真。原则和程序可以重用。但是，对于连接密度评估，整个系统级仿真是假定用户在数据包到达之前处于空闲态的。这是因为数据包到达率很低（例如，每两个小时最多一个数据包）。此时，用户在完成数据传输后将返回空闲态。eMBB 频谱效率评估的系统级仿真中假设用户处于连接态。因此，连接密度评估需要在系统级仿真中建模从空闲态到连接态的用户接入过程。

在连接密度评估中，空闲态同步和系统信息获取的性能和延迟被考虑在内（请参阅本书 5.3 节和参考文献[4]中提供的详细接入过程）。对系统的接入过程、上行数据传输和连接释放过程也需要建模。

此外，全系统级仿真使用 Burst Buffer 业务，因为连接密度是根据对应一定 QoS 要求的特定系统负载定义的。在 ITU-R M.2412 报告中，假设每个用户每两个小时将收到一个数据包，并且该数据包应在 10 s 内正确接收。如果该业务是 Full Buffer 业务，那么数据包到达率太密集，所以在如此高系统负载下数据包很难保证 10 s 的包延迟。因此，在连接密度评估中假设该业务是 Burst Buffer 业务。

值得注意的是，如果对连接过程中每个步骤的全部细节进行建模，将会大大增加评估工作的负担。因此，在用户开始数据传输之前，针对同步、PRACH 传输等提出了从“SINR-to-delay”链路级模型。然而，尽管资源分配有可能冲突（例如，PRACH 冲突、PDSCH 冲突等），但仍然需要通过资源分配建模进行仿真，就像在传统的系统级仿真中一样。这种建模可以保证得到合适的精确性与复杂性水平。

5.2.2.2　系统级仿真加链路级仿真的方法概述

另一种方法是使用系统级仿真，然后使用链路级仿真。这是一种可以评估候选技术连接密度能力的简化方法。该评估方法的步骤如下：

第一步，采用 Full Buffer 业务的系统级仿真来获得候选技术的上行 SINR 分布。

第二步，执行链路级仿真以确定上行频谱效率和数据速率作为 SINR 的函数。

第三步，将上述功能结合起来，计算出每个 SINR 的时频资源需求，以支持给定的业务模型。

第四步，连接密度为候选技术声明的系统带宽除以平均所需的频率资源。

该评估方法主要是从上行数据吞吐量的角度来评估连接密度。容量计算是基于在多个分组和用户之间理想资源分配的假设的（例如，资源分配上没有冲突），而数据包时延计算未考虑接入流程时延。

5.2.3 可靠性和移动性评估

移动性评估和可靠性评估采用系统级仿真加链路级仿真的方法，其目的是为了简化评估。

在第一步中，使用 Full Buffer 业务仿真来导出候选技术的 SINR（无论是上行还是下行）分布。移动性评估采用 50%对应的 SINR 进行链路级仿真，得到用户归一化速率。在可靠性评估中，采用 5%对应的 SINR 进行链路级仿真，得到给定时延下的误块率（Block Error Rate，BLER）。

该评估不考虑资源分配对速率和可靠性的影响，但是，它考虑了用户分布和给定分布下的 SINR。因此，它是评估复杂性和评估准确性的折中方案。

5.2.4 分析方法

分析方法用于评估峰值数据速率、峰值频谱效率、区域流量容量、用户面时延、控制面时延和移动中断时间。

分析方法是指在没有仿真的情况下进行计算或数学分析，其捕获了技术性能需求的最基本影响。例如，对于时延评估，帧结构（包括时隙长度、上下行比例等）的影响由分析方法得到。但是，它没有反映系统的影响。此外，以用户面时延为例，这种方法无法捕获调度时延。调度时延是需要进行系统级仿真的。

5.2.5 检查方法

检查方法用于评估能效、带宽和扩展性。检查方法是通过审查候选技术的功能性和参数化来完成的。

5.3 评估指标定义及评估方法

为了定义针对上述技术性能需求（通常称为评估指标）的性能评估，将详细描述每个评估指标的详细定义和评估方法。这是基于 ITU-R 中定义的内容确定的，适用于任何候选技术，但是，补充提供了所评估的 3GPP 5G 技术细节。

5.3.1　eMBB 的评估指标

以下评估指标用于评估 eMBB 应用场景的技术性能。

5.3.1.1　峰值频谱效率

如 ITU-R M.2410 报告定义，峰值频谱效率是按信道带宽（以 bps/Hz 为单位）归一化的理想条件下的最大数据速率，其中，最大数据速率是当使用对应链路方向上的所有可分配无线资源（不包括用于物理层同步信号资源、参考信号、导频、保护带和保护时间）时，假设可分配给单个移动台的无差错条件下的接收数据比特数。

应注意，在多个不连续的“载波”（一个载波是指连续的频谱块）的情况下，应计算每个载波的峰值频谱效率。因为对于不同频率范围的载波，其频谱效率可能有很大的不同。

特定载波单元（Component Carrier，CC）（例如，第 j 个载波单元）的 FDD 和 TDD 峰值频谱效率的通用公式为

$$\mathrm{SE}_{p_j}=\frac{v_{\mathrm{Layers}}^{(j)}\cdot Q_m^{(j)}\cdot R_{\max}\cdot\dfrac{N_{\mathrm{PRB}}^{\mathrm{BW}(j),\mu}\cdot 12}{T_s^{\mu}}\cdot\left(1-\mathrm{OH}^{(j)}\right)}{\mathrm{BW}^{(j)}}\tag{5-1}$$

式中：

- $R_{\max}=948/1\,024$ 是 5G 数据信道支持的最大编码率。
- 对于第 j 个载波单元：
  - $v_{\mathrm{Layers}}^{(j)}$ 是最大层数；
  - $Q_m^{(j)}$ 是最大调制阶数；
  - μ 是参数集（numerology），与 3GPP TS 38.211 中定义的子载波间

隔相关，即子载波间隔等于 $15\times2^{\mu}$ kHz 给出。例如，如果子载波间隔为 15 kHz，则 $\mu=0$；如果子载波间隔为 30 kHz,60 kHz，……，则 $\mu=1, 2, \cdots$。T_s^{μ} 对应一个子帧（1 ms）内平均 OFDM 符号持续时间，例如 $T_s^{\mu}=\frac{10^{-3}}{14\cdot2^{\mu}}$，注意这里假设是常规循环前缀。

- $N_{\mathrm{PRB}}^{\mathrm{BW}(j),\mu}$ 对应一个带宽 $\mathrm{BW}^{(j)}$ 内最大可分配的资源块数，参见 3GPP TR 38.817-01 第 4.5.1 节，这里 $\mathrm{BW}^{(j)}$ 是 UE 在给定频段或频段组合中支持的最大带宽。
- $\mathrm{OH}^{(j)}$ 是系统开销，开销计算为 L1/L2 控制、同步信号、PBCH、参考信号和保护间隔（TDD）等占用的资源元素 RE 数量相对于有效带宽 $(\alpha^{(j)}\cdot\mathrm{BW}^{(j)}\cdot(14\times T_s^{\mu}))$ 内的总 RE 的平均比率。
  - α^{j}是考虑了下行 / 上行比率的归一化标量。FDD，对于 DL 和 UL，$\alpha^{j}=1$；TDD 和其他双工，对于 DL 和 UL，α^{j}是基于上下行时隙配比计算出来的。
  - 对于保护间隔(GP)，保护间隔的 50%符号被视为下行开销，50%符号被视为上行开销。

通过降低整个带宽上的开销，可以提升峰值频谱效率。例如，在 3GPP 5G NR 设计中，可以在更大的带宽上降低控制信道开销和参考信号开销。这意味着 NR 大带宽可以提供更高的峰值频谱效率。

5.3.1.2 峰值数据速率

根据参考文献[2]中的定义，峰值数据速率是在理想条件下（以 bit/s 或 bps 为单位）可以达到的最大数据速率，即当单个用户使用对应链路方向上的所有可分配无线资源（不包括用于物理层同步信号、参考信号或导频、保护带和保护时间的无线资源）时，这个用户在无差错条件下的接收数据比特数。

FDD 和 TDD 在 Q 个载波单元上的 DL/UL 峰值数据速率计算如下：

$$R = \sum_{j=1}^{Q} W_j \cdot \mathrm{SE}_{p_j} = \sum_{j=1}^{Q} \left(\alpha^{(j)} \cdot \mathrm{BW}^{(j)}\right) \cdot \mathrm{SE}_{p_j} \tag{5-2}$$

式中，W_j 和 SE_{p_j}（$j = 1, 2, \cdots, Q$）分别是载波单元 j 上的有效带宽和频谱效率，$\alpha^{(j)}$ 是考虑该载波单元上的下行 / 上行比例的载波单元 j 上的归一化标量；对于 FDD，$\alpha^{(j)}=1$；对于 TDD 和其他双工，以及对于 DL 和 UL，$\alpha^{(j)}$ 是基于帧结构计算的，$\mathrm{BW}^{(j)}$ 为分量 j 的载波带宽。

5.3.1.3　第 5 个百分点用户频谱效率和平均频谱效率

根据参考文献[2]中的定义，第 5 个百分点用户频谱效率是归一化用户吞吐量累积分布函数（Culmulative Distriution Function，CDF）中 5%点所对应的频谱效率。归一化的用户吞吐量定义为正确接收的比特数，即在单位时间内层 3（Layer 3，L3）收到的 SDU 包含的比特数除以信道带宽，单位为 bps/Hz。于是可以得出下式：

$$r_i = \frac{R_i(T_i)}{T_i \cdot W} \tag{5-3}$$

式中，$R_i(T_i)$ 表示用户 i 的正确接收的比特数；T_i 表示用户 i 的激活会话时间；W 表示信道带宽，信道带宽定义为有效带宽×频率复用因子，其中有效带宽是考虑上下行比例的归一化工作带宽；r_i 表示用户 i 的（归一化）用户吞吐量。

另外，平均频谱效率是所有用户（正确接收的比特数）的聚合吞吐量，即在一定时间内 L3 接收到的 SDU 中包含的比特数除以特定频段的信道带宽，再除以 TRxP 个数，单位为 bps/Hz/TRxP。于是可得出下式：

$$\mathrm{SE}_{\mathrm{avg}} = \frac{\sum_{i=1}^{N} R_i(T)}{T \cdot W \cdot M} \tag{5-4}$$

式中，$R_i(T)$ 表示在包括 N 个用户和 M 个 TRxP 的系统中用户 i（下行）或用户 i（上行）的正确接收的比特数；W 表示信道带宽；T 表示数据接收使用的时间；$\mathrm{SE}_{\mathrm{avg}}$ 表示平均频谱效率。

根据 ITU-R M.2412 报告的要求，平均频谱效率应与第 5 个百分点用户频谱效率联合评估，应使用同样的仿真方法。

频谱效率与许多设计因素有关。与峰值频谱效率类似，减少开销（包括控制开销和参考信号开销）将有助于提高频谱效率。因此，5G NR 减少大带宽开销的能力可以提高频谱效率。

另一方面，大规模 MIMO 将为实现 ITU-R 制定的 3 倍频谱效率目标做出巨大贡献。5G NR 在大规模 MIMO 上的设计将有利于完成 ITU-R 制定的频谱效率目标。

最后，信道状态信息（CSI）反馈机制和大规模 MIMO 技术将最大化多天线的性能。5G NR 在 CSI 反馈方面的设计将对最大化多天线的性能十分有效。

5.3.1.4 用户体验速率

根据参考文献[2]可知，用户体验速率是指用户吞吐量的累积分布函数（CDF）的 5%点。用户吞吐量（在激活时间内）定义为正确接收的比特数，即在一定时间内，L3 收到的服务数据单元 SDU 的比特数。

用户体验速率与边缘用户数据吞吐量相关。对于上行用户体验速率，面对的挑战是如何在最大发射功率约束下实现高边缘用户数据速率。因为高速率通常需要较大的用户带宽（即用户占用的带宽）。然而，对于上行传输，发射功率是有限的。对于边缘用户，如果边缘用户的传播损耗使得所需发射功率超过最大发射功率，则发射功率不可能与占用带宽成比例地增加。此时，发射功率密度会随着带宽的增加而减小。在这种情况下，频谱效率将随着传输功率密度的降低而降低，因此大带宽无法帮助提高数据速率。

对于 5G NR，因为早期可用的 5G 频谱主要位于 3.5 GHz 和 2.6 GHz 所在的频段，它将会面临上行用户体验速率的挑战。在这种情况下，本书 2.4 节描述的上下行解耦将对解决这个挑战十分有帮助。

5.3.1.5 区域流量容量

根据参考文献[2]中定义，区域流量容量（Area Traffic Capacity）是每个区域所有业务的总流量（单位：Mbps/m^2）。吞吐量是正确接收的比特数，即在一定时间内 L3 接收的 SDU 包含的比特数。

基于可实现的平均频谱效率、网络部署（例如 TRxP 站点密度）和带宽，针对一个频段和一个 TRxP 层的特定应用场景（或部署场景），可以得出区域流量容量。即

$$C_{\text{area}} = \rho \times W \times \text{SE}_{\text{av}} \tag{5-5}$$

式中，W 为信道带宽，ρ 为 TRxP 密度（TRxP/m2），C_{area} 为区域流量容量，SE_{avg} 为平均频谱效率，C_{area} 与 SE_{avg} 相关[2]。

如果带宽跨多个频段聚合，则区域流量容量将在各个频段上求和。

从定义中可以看出，更大的带宽、更高的频谱效率、更低的开销（控制或参考信号开销）和更高的网络节点密度可以提供更大的区域业务量。与 Rel-10 LTE-Advanced 相比，5G NR 将在上述方面展现出强大的能力，达到 10 倍至 100 倍甚至更高的区域流量容量。

5.3.1.6　用户面时延

根据参考文献[2]中定义，用户面时延是无线网络从源端发送数据包到目的端接收到数据包所消耗的时间（以 ms 为单位）。用户面时延定义为在网络空载条件下，假设用户处于激活状态，对于给定业务在上行或下行中成功地从无线协议层 2/3 SDU 入口点，向无线协议层 2/3 SDU 出口点成功发送应用层分组 / 消息所需的单向时间。

3GPP 5G NR 用户面时延评估是基于图 5-1 所示流程的，它考虑了重传的情况。假设初传时延为 T_0，初传和一次重传的时延为 T_1，初传和 n 次重传的时延为 T_n；则预期的用户面时延为

$$T(l)=p_0T_0+ p_1T_1+\cdots+p_NT_N \tag{5-6}$$

式中，p_n 为第 n 次重传的概率（n=0 表示仅初传），且 $p_0+ p_1+\cdots+p_N =1$。重传的概率与 SINR、编码方式、调制阶数等相关。为简单起见，通常假设 $p_n =0$（$1<n<N$ 且 $N>2$）。

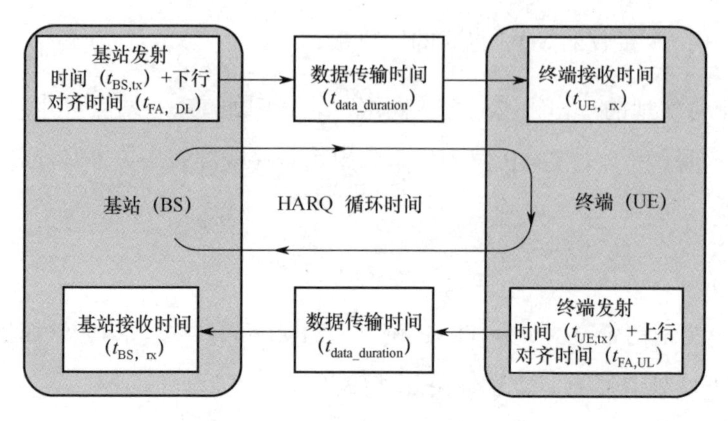

图 5-1　用于评估的用户面时延

$T(l)$的确切值取决于 l，l 是数据包到达时所对应的一个时隙中 OFDM 符号的索引。对于 TDD 频段来说，如果下行数据包到达上行时隙，这个等待到下一个下行时隙的时间比数据包到达下行时隙所需要的时间更多，这个很贴近实际情况。这个定义对 NR FDD 频段来说同样有效。因为 NR 允许子时隙处理，如果数据包到达时隙的后半部分，则可能需要等到下一个时隙的开始才能进一步处理；而如果数据包到达时隙的起始部分，则可能在该时隙内处理。为了消除具体到达符号索引的影响，定义用户面时延的平均值很有帮助。其定义如下：

$$T_{UP} = \frac{1}{14 \times N} \sum_{l=1}^{14 \times N} T(l) \tag{5-7}$$

式中，N 是构成一个 DL/UL 图案周期的时隙数，14 是在一个时隙中的 OFDM 符号数目。例如，对于 FDD，N=1；对于 TDD 图案“DDDSU”，N=5。T_{UP} 被应用在本时延评估中。

NR 的下行用户面过程见表 5-2，表中显示了下行评估过程，其中给出了每个步骤的标识，介绍了每个步骤中 5G NR 的时延计算方法和总时延。需要说明的是，这里假设数据包可以在一个时隙中的任何 OFDM 符号的任意时间到达，因此时延是这些情况的平均数。这将用于本书 5.4 节中的性能评估。

表 5-2　NR 的下行用户面过程

步骤	描　述	标　识	取　值
1	下行数据传输	$T_1 = (t_{BS,tx} + t_{FA,DL}) + t_{DL\_duration} + t_{UE,rx}$	
1.1	基站处理时延	$t_{BS,tx}$ 表示从包产生到数据到达的时间	$T_{proc,2}/2$,，其中，$d_{2,1}= d_{2,2}= d_{2,3}=0$，$T_{proc,2}$ 的定义在 TS 38.214 的 6.4 节①②
1.2	下行帧对齐（传输对齐）	$t_{FA,DL}$ 包括帧对齐时间和下一个有效下行时隙的等待时间	$T_{FA} + T_{wait}$ T_{FA}：在当前下行时隙中的帧对齐时间。 T_{wait}：如果当前时隙不是下行时隙，那么它表示到下一个下行时隙的等待时间
1.3	下行数据包传输 TTI	$t_{DL\_duration}$	一个时隙的长度（14 个 OFDM 符号长度），或者子时隙的长度（2/4/7 个 OFDM 符号长度），取决于在评估中选择的是时隙还是子时隙
1.4	UE 处理时延	$t_{UE,rx}$ 表示从 PDSCH 接收完到数据解码完毕的时间	$T_{proc,1}/2$ （$T_{proc,1}$ 的定义在 TS38.214 的 5.3 节） $d_{1,1}=0$，$d_{1,2}$ 是由资源映射类型和 UE 能力确定的。 N_1 等于没有额外 PDSCH DMRS 配置对应的值③④
2	HARQ 重传	$T_{HARQ} = T_1 + T_2$ $T_2 = (t_{UE,tx} + t_{FA,UL}) + t_{UL\_duration} + t_{BS,rx}$ （对应步骤 2.1 到步骤 2.4）	
2.1	UE 处理时延	$t_{UE,tx}$ 表示从数据解调到 ACK/NACK 包产生的时间	$T_{proc,1}/2$ （$T_{proc,1}$ 定义在 TS38.214 的 5.3 节） $d_{1,1}=0$，$d_{1,2}$ 是由资源映射类型和 UE 能力确定的。 N_1 等于没有额外 PDSCH DMRS 配置对应的值③⑤
2.2	上行帧对齐（传输对齐）	$t_{FA,UL}$ 包括帧对齐时间和下一个有效上行时隙的等待时间	$T_{FA} + T_{wait}$ T_{FA}：在当前上行时隙中的帧对齐时间。 T_{wait}：如果当前时隙不是上行时隙，那么它表示到下一个上行时隙的等待时间
2.3	ACK/NACK 传输 TTI	$t_{UL\_duration}$	1 个 OFDM 符号
2.4	基站处理时延	$t_{BS,rx}$ 表示从 ACK 接收到 ACK 解调的时间间隔	$T_{proc,2}/2$，其中 $d_{2,1}= d_{2,2}= d_{2,3}=0$①⑥
2.5	重复下行数据传输从步骤 1.1 到步骤 1.4	T_1	

（续表）

步骤	描　述	标　识	取　值
—	总单向下行用户面时延	$T_n = T_1 + n \cdot T_{HARQ} + 0.5T_s$ 其中，n 是重传的次数（$n \geqslant 0$），T_s 是符号长度，由于数据包在任何 OFDM 符号的任意时间到达，因此在过程开始时将 $0.5 \times T_s$ 定义为平均符号对齐时间	

注：① 这里使用 $T_{proc,2}$ 的值进行评估。$T_{proc,2}$ 的值在 3GPP TS 38.214 的 6.4 节被定义为 UE PUSCH 传输准备时间。这里假设 gNB PDSCH 准备时间与 UE 的 PUSCH 准备时间相同。然而，gNB 处理延迟将取决于实现。进一步说明，gNB PDSCH 准备时间 $T_{proc,2}$ 用于重传的情况中由两个部分构成：第一部分是准备 ACK/NACK 的处理时间，第二部分是准备数据包的处理时间。步骤 1.1 是对应第二部分的。假设第二部分将消耗 $0.5 \times T_{proc,2}$ 的时间，而第一部分（由步骤 2.4 表示）消耗另一个 $0.5 \times T_{proc,2}$ 的时间。

② 对于 TDD 频段（30 kHz 子载波间隔）与 SUL 频段（15 kHz 子载波间隔）的情况，初传中该步骤的取值为 $T_{proc,2}/2$（μ=30 kHz），重传中该步骤的取值为 $T_{proc,2}/2$（μ=15 kHz）。

③ $T_{proc,1}$ 的值在 TS 38.214 的 5.3 节中被定义为 UE PDSCH 接收处理时间。

④ 对于以上的情况，UE 在处理 30 kHz 子载波间隔的 TDD 频段上 PDSCH 的接收时，此步骤的取值为 $T_{proc,1}/2$（μ=30 kHz）。

⑤ 对于以上的情况，此步骤的取值为 $T_{proc,1}(\mu$=15 kHz$) - T_{proc,1}/2$（μ=30 kHz）。

⑥ 对于以上的情况，此步骤的取值 $T_{proc,2}/2$（μ=15 kHz）。

在表 5-2 中，步骤 1.2 和步骤 2.2 中定义了帧对齐时间 T_{FA} 和等待时间 T_{wait}。帧对齐时间是由于前一步骤的结束可能位于时隙的中间，需要等待到时隙开始。在这种情况下，该过程应该等到可用的起始 OFDM 符号。下一个可用的起始 OFDM 符号与数据传输所需的资源映射类型和 OFDM 符号的长度有关。如果 S 是起始 OFDM 符号的索引，L 是用于数据传输的 OFDM 符号的调度长度，则 S 的选择应保证 $S+L \leqslant 14$。也就是说，所选择的起始 OFDM 符号应保证数据传输不超过一个时隙的边界。

等待时间应考虑 TDD 的情况，在 TDD 频段中下一个时隙可能是无法传输的链路方向。例如，如果现在在表 5-2 中的步骤 1.2 中执行所述过程，则意味着需要所述下行时隙来传输数据。但是，如果下一个时隙是上行时隙，则在下行时隙到达之前需要等待。

帧对齐时间（T_{FA}）和等待时间（T_{wait}）的示意图如图 5-2 所示。在此图中，假设了下一个可用 OFDM 符号位于下一个时隙的开始。

在上行评估使用免授权机制的情况下，一旦上行数据到达 UE 侧，UE 就可以传输上行数据。由于UE不需要等待上行数据传输的授权，所以时延会降低。这个过程在表5-3中进行了描述，同时表中给出了5G NR各阶段的时延计算方法和总时延。这将用于本书5.4节中的性能评估。

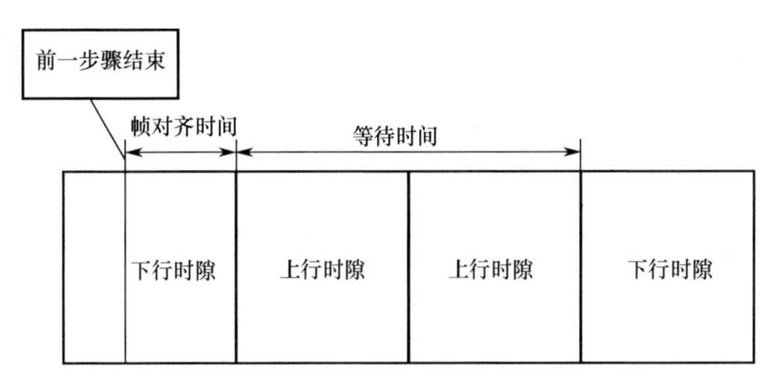

图5-2　帧对齐时间和等待时间示意图

表5-3　NR的上行用户面过程

步骤	描　　述	标　　识	取　　值
1	上行数据传输	$T_1 = (t_{UE,tx} + t_{FA,UL}) + t_{UL\_duration} + t_{BS,rx}$	
1.1	UE处理时延	$t_{UE,tx}$ 表示从包产生到数据到达的时间	$T_{proc,2}/2$（$T_{proc,2}$的定义在3GPP TS38.214的6.4节），其中$d_{2,1}=d_{2,2}=d_{2,3}=0$
1.2	上行帧对齐（传输对齐）	$t_{FA,UL}$ 包括帧对齐时间和下一个有效上行时隙的等待时间	$T_{FA} + T_{wait}$ T_{FA}：在当前上行时隙中的帧对齐时间。 T_{wait}：如果当前时隙不是上行时隙，那么它表示到下一个上行时隙的等待时间
1.3	上行数据包传输TTI	$t_{UL\_duration}$	一个时隙的长度（14个OFDM符号长度），或者子时隙的长度（2/4/7个OFDM符号长度），取决于在评估中选择的是时隙还是子时隙①
1.4	基站处理时延	$t_{BS,rx}$ 表示PUSCH接收到数据解调的时间间隔	$T_{proc,1}/2$（$T_{proc,1}$的定义在TS38.214的5.3节）$d_{1,1}=0$，$d_{1,2}$是由资源映射类型和UE能力确定的。N_1等于没有额外PDSCH DMRS配置对应的值。这里假设基站的处理时延等于UE对于PDSCH的处理时延②
2	HARQ重传	$T_{HARQ} = T_2 + T_1$ $T_2 = (t_{BS,tx} + t_{FA,DL}) + t_{DL\_duration} + t_{UE,rx}$（对应步骤2.1到步骤2.4）	

（续表）

步骤	描 述	符 号	取 值
2.1	基站处理时延	$t_{BS,tx}$ 表示从数据解调到 PDCCH 准备的时间	$T_{proc,1}/2$（$T_{proc,1}$ 的定义在 TS38.214 的 5.3 节） $d_{1,1}=0$，$d_{1,2}$ 是由资源映射类型和 UE 能力确定的。N_1 等于没有额外 PDSCH DMRS 配置对应的值
2.2	下行帧对齐（传输对齐）	$t_{FA,DL}$ 包括帧对齐时间和下一个有效下行时隙的等待时间	$T_{FA}+T_{wait}$ T_{FA}：在当前下行时隙中的帧对齐时间。 T_{wait}：如果当前时隙不是下行时隙，那么它表示到下一个下行时隙的等待时间
2.3	PDCCH 传输 TTI	$t_{DL\_duration}$	调度重传的 PDCCH 占用 1 个 OFDM 符号
2.4	UE 处理时延	$t_{UE,rx}$ 表示 PDCCH 接收到解调的时间间隔	$T_{proc,2}/2$（$T_{proc,2}$ 的定义在 3GPP TS38.214 的 6.4 节），其中 $d_{2,1}=d_{2,2}=d_{2,3}=0$
2.5	重复上行数据传输从步骤 1.1 到步骤 1.4	T_1	
—	总单向上行用户面时延	$T_n=T_1+n\times T_{HARQ}+0.5T_s$ 其中，n 是重传的次数($n\geqslant 0$)，T_s 是符号长度，由于数据包在任何 OFDM 符号的任意时间到达，因此在过程开始时将 $0.5\times T_s$ 定义为平均符号对齐时间	

注：① 根据 3GPP 规范，免授权传输假设使用以下起始符号：

- 对于 2 符号 PUSCH，PUSCH 资源映射类型 B 的起始符号可以是符号{0,2,4,6,8,10,12}。
- 对于 4 符号的 PUSCH，起始符号可以是：
  - PUSCH 资源映射类型 B：符号{0,7}。
  - PUSCH 资源映射类型 A：符号 0。
- 对于 7 符号的 PUSCH，起始符号可以是：
  - PUSCH 资源映射类型 B：符号{0,7}。
  - PUSCH 资源映射类型 A：符号 0。
- 对于 14 符号的 PUSCH，PUSCH 资源映射类型 A 和 B 的起始符号可以在符号 0 处。

② 这里使用 $T_{proc,1}$ 的值进行评估。$T_{proc,1}$ 的值在 3GPP TS38.214 的 5.3 节被定义为 UE PDSCH 接收处理时间。这里假设 gNB PUSCH 接收处理时间与 UE 的 PDSCH 接收时间相同。然而，gNB 处理延迟将取决于实现。还应注意，gNB PUSCH 接收时间 $T_{proc,1}$ 包含用于重传的两个部分：第一部分是 PUSCH 接收的处理时间，第二部分是 PDCCH 的准备时间。步骤 1.4 为第一部分。假设第一部分消耗 $0.5\times T_{proc,1}$，而第二部分（由步骤 2.1 表示）消耗另一个 $0.5\times T_{proc,1}$。

表 5-3 中，步骤 1.2 和步骤 2.2 中的帧对齐时间 T_{FA} 和等待时间 T_{wait} 的定义和计算与下行用户面时延评估相同。相关示例如图 5-2 所示。从上述过程可以看出，由于 TDD 系统存在帧对齐时间，用于等待所需链路方向的可用时间

资源（时隙）将导致 DL 和 UL 用户面数据传输的时延增大，例如，用于下行或上行过程的步骤 1.2 和步骤 2.2。尤其当采用下行为主的帧结构时，上行用户面时延会较差。在这种情况下，上下行解耦机制将对减少上行用户面时延非常有用。

5.3.1.7　控制面时延

根据参考文献[2]中的定义，控制面时延是指从电池效率最高的状态（例如空闲状态）到连续数据传输开始（例如激活状态）。

3GPP 5G NR 的控制面时延可以评估从 RRC_INACTIVE 态到 RRC_CONNECTED 态的转化时间。图 5-3 提供了用于评估的控制面流程。

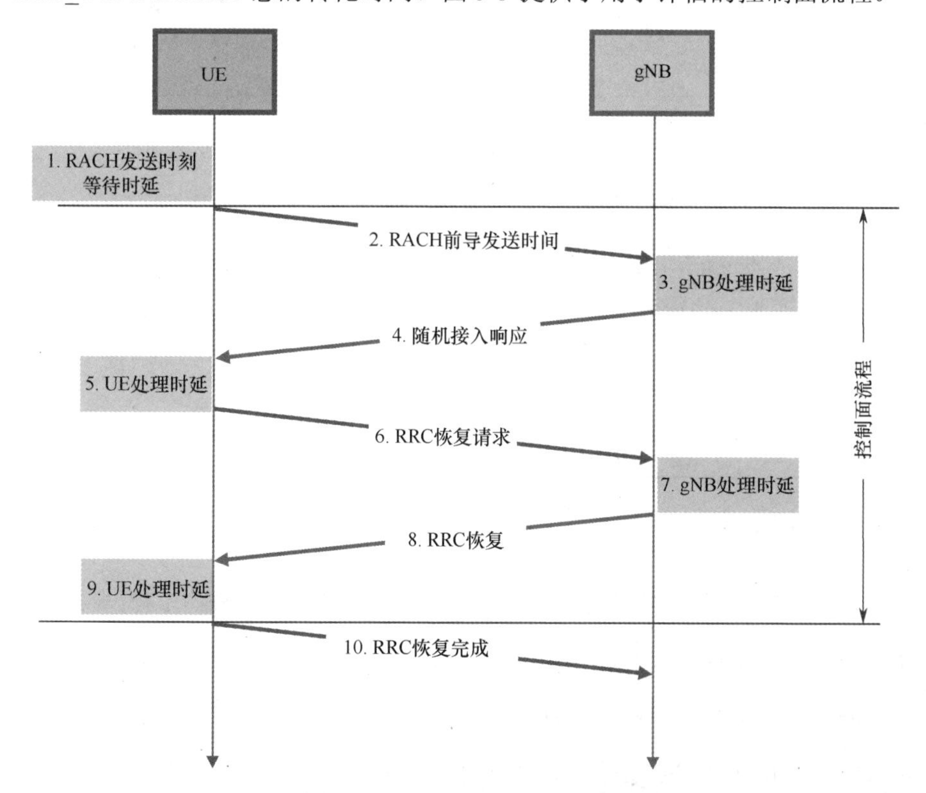

图 5-3　在控制面时延评估中所应用的控制面流程

图 5-3 所示的每个步骤的详细假设见表 5-4，该评估适用于上行数据传输。其中，步骤 2、步骤 4、步骤 6、步骤 8 需要计算所需链路方向的可用下行或

上行资源的等待时间。这取决于具体的下行 DL 与上行 UL 配置。同样，如果在 TDD 频段上使用下行为主的帧结构，则上行控制面时延可能较大。在这种情况下，上下行解耦机制将对上行控制面时延减少非常有用。

表 5-4　NR 控制面过程假设

步骤	描　述	取　值
1	RACH 发送时刻的等待时延（1TTI）	0
2	前导传输	在 3GPP TS38.211 的第 6 章中定义的 PRACH 格式对应的前导码长度
3	gNB 中的前导码检测和处理	$T_{proc,2}$（$T_{proc,2}$ 在 3GPP TS38.214 的 6.4 节定义），其中假设 $d_{2,1}$=0
4	随机接入（RA）响应的传输	T_s（1 slot / non-slot 的长度） 注：1 slot 或 1 non-slot 的长度包括 PDCCH 和 PDSCH（PDSCH 的第 1 个 OFDM 符号与 PDCCH 进行频率复用）
5	UE 处理时延（调度许可的解码、定时对齐和 C-RNTI 分配+ RRC 恢复请求的 L1 编码）	$N_{T,1}+N_{T,2}$+0.5 ms
6	RRC 恢复请求的传输	T_s（1 slot / non-slot 的长度） 注：1 slot 或 1 non-slot 的长度等于 PUSCH 分配长度
7	gNB 的处理时延（L2 和 RRC)	3
8	RRC 恢复的传输	T_s (1 slot / non-slot 的长度)
9	RRC 恢复中 UE 的处理时延，包括授权接收	7
10	RRC 恢复完成和用户面数据的传输	0

5.3.1.8　能效

根据参考文献[2]中的定义，网络能效是网络相对于所提供的流量将无线接入网络能量消耗最小化的能力。

网络能效的评估可分低负载、中负载和高负载三种情况。在当前的 ITU-R 报告中，低负载（或零负载）是能效评估的第一个聚焦场景。在这种情况下，需要保证低能耗。低能耗可通过睡眠比例和睡眠时长来估算。终端侧的睡眠比例是指在没有用户数据传输时设备非连续接收周期内的设备睡眠时间的比例；网络侧的睡眠比例是指在网络控制信令周期内的网络空闲时间资源的比例。睡眠时长是无发送（网络端和设备端）和无接收（设备端）的连续时间。

具备稀疏同步信号和广播信道传输的帧结构将有助于在低负载网络中提高网络能效。

5.3.1.9　移动性

根据参考文献[2]中的定义，移动性是指能达到所定义的 QoS 的最大移动速度（以 km/h 为单位）。QoS 定义为归一化业务信道链路的数据速率。移动性可分为以下几类：

- 固定：0 km/h。
- 行人：0 km/h 至 10 km/h。
- 车辆：10 km/h 至 120 km/h。
- 高速车辆：120 km/h 至 500 km/h。

定义了以下步骤来评估移动性需求[2]：

步骤 1，运行上行系统级仿真，统计并构造上行 SINR 的 CDF，供之后的步骤使用。其中，用户移动速度设定为预定义值（如室内热点 10 km/h，密集城区 30 km/h，农村 120 km/h 或 500 km/h），并将这些用户移动速度值确定合适的链路应用到系统的接口。

步骤 2，确定上行 SINR CDF 中 50%点的 SINR 值。

步骤 3，以用户移动速度作为输入参数，对 NLOS 或 LOS（Line of Sight）信道条件进行新的链路级仿真。可以得到对应 SINR 的链路数据速率和残留误包率的函数。链路级仿真应考虑重传、信道估计和相位噪声影响。

步骤 4，使用从步骤 2 获得的 SINR 值，将从步骤 3 获得的上行频谱效率（通过信道带宽归一化的链路数据速率）与相应的阈值（IMT-2020 性能要求）进行比较。

步骤 5，如果频谱效率大于或等于相应的阈值，并且残留误包率也小于

1%，则此技术满足移动性要求。

对于 Massive MIMO 配置，物理天线阵子的数量通常很大（例如，可以使用多达 256 个天线振子）。但通常射频（RF）链的数目是有限的。（例如，256 个天线振子使用 16 条射频链）。在此情况下，建议在具有 16 条射频链的系统级仿真中使用 256 天线振子来导出上行 SINR 分布。在链路级仿真中，假设 16 条射频链（或 16 个天线）来简化链路级仿真器的计算量。

可以看出，移动性评估是在假设用户速度高的情况下进行的。因为大子载波间距的帧结构能提供良好的抗多普勒扩展性能，所以在高移动性评估中大子载波间隔的性能更好。考虑到 MIMO 能够很好地处理高移动性场景下的 CSI 反馈，因此 MIMO 可以增强高移动性下的 SINR，并可以得到较高的归一化数据速率。

5.3.1.10 移动中断时间

根据参考文献[2]可知，移动中断时间是指在移动转换期间用户与任何基站之间不能进行用户面数据包交互的情况下，系统支持的最短时间。移动中断时间包括候选技术中执行任何无线接入网流程、无线资源控制信令协议或移动台与无线接入网之间的其他消息交换所需的时间。对移动中断时间的评估使用的是检查方法。

5.3.2 mMTC 的评估指标——连接密度

根据参考文献[2]中的描述，连接密度是系统容量指标，定义为满足 99% 服务等级的单位面积（每平方千米）特定服务质量的设备总数。

有两种评估连接密度的方法可供选择：

一是使用 Burst Buffer 业务进行全系统级仿真；

二是先使用 Full Buffer 业务进行系统级仿真，然后进行链路级仿真。

以下步骤基于全系统级仿真来评估连接密度[2]。采用 Burst Buffer 业务，例如，每个用户每 2 小时一个数据包，并且数据包到达遵循泊松分布。

步骤 1，将每个 TRxP 的系统用户数设置为 N。

步骤 2，根据业务模型生成用户数据包。

步骤 3，运行 non-Full Buffer 业务模型的系统级仿真来获取数据包丢包率。丢包率定义为在小于或等于 10 s 的传输延迟内未能传送到目标的数据包数与步骤 2 中生成的数据包总数之比。

步骤 4，更改 N 的值，然后重复步骤 2 和步骤 3，以获得满足 1%数据包丢包率的每个 TRxP 中系统用户数 N'。

步骤 5，通过公式 $C = N' / A$ 计算连接密度，其中，TRxP 面积 A 是通过 $A = \text{ISD}^2 \times \text{sqrt}(3)/6$ 计算出来的，ISD 是站点间距离。

以下步骤用于评估基于 Full Buffer 系统级仿真和链路级仿真的连接密度。系统级仿真部分采用 Full Buffer 业务。而用于计算连接密度的业务是突发的业务，例如，每个用户每 2 小时一个数据包。

步骤 1，使用城区宏小区 mMTC 测试环境的评估参数执行 Full Buffer 系统级仿真，为用户分布的每个百分比 i=1,…,99 确定上行链路 SINR_i，并记录平均分配的用户带宽 W_{user}。

步骤 2，执行链路级仿真，确定记录的 SINR_i 和 W_{user} 值对应的可实现的用户数据速率 R_i。

步骤 3，计算单用户数据包传输时延 $D_i = S/R_i$，其中，S 是数据包大小。

步骤 4，计算每个用户产生的流量 $T = S/T_{\text{inter-arrival}}$，$T_{\text{inter-arrival}}$ 为包到达时间间隔。

步骤 5，计算 SINR_i 所需的频率资源 $B_i = T/(R_i/W_{\text{user}})$。

步骤 6，计算每 TRxP 支持的连接数，$N = W / \text{mean}(B_i)$。其中 W 为仿真带宽，而 B_i 的均值可以在最好 99%的 SINR_i 的条件下获得。

步骤 7，计算连接密度 $C = N/A$，其中 TRxP 面积 A 计算为 $A = \text{ISD}^2 \times \text{sqrt}(3)/6$，ISD 为站点间距离。

该技术应确保每个用户 D_i 的 99%的时延小于或等于 10 s。

可以看出，连接密度的关键问题在于，特别是在用户处于小区边缘时，在短延迟时间内从用户向基站传输数据包（通常很小）的能力。在这种情况下，窄带传输是对连接密度十分有利的。这是因为用户的功率可以集中用于上行，从而保证上行数据传输的时延。NB-IoT 窄带物联网就具备这种能力。

5.3.3 URLLC 的评估指标

5.3.3.1 用户面时延

用户面时延定义参见本书 5.3.1.6 节，类似的评估方法也可以应用于 URLLC。但是，不同之处在于，URLLC 通常需要 99.999%的成功率。如果空口设计保证初传成功率达到 99.999%，则可以假定没有重传。在这种情况下，平均时延可以通过初始传输的时延近似计算。

5.3.3.2 控制面时延

控制面时延定义参见本书5.3.1.7节，URLLC也可以采用同样的评估方法。

5.3.3.3 可靠性

根据参考文献[2]可知，可靠性是指在所要求的最大时延时间内传输一个层 2/3 数据包的成功概率；最大时延时间是指在一定的信道质量下，从无线协议层 2/3 SDU 入口点向无线接口的无线协议层 2/3 SDU 出口点，传送一个小数据包所需的时间。

使用系统级仿真和链路级仿真来评估可靠性需求的步骤如下[2]：

步骤 1，对候选技术进行下行或上行 Full Buffer 系统级仿真，对下行或上行 SINR 值进行统计并构造 SINR CDF。

步骤 2，使用 SINR CDF 中下行或上行第 5 个百分点的 SINR 值。

步骤 3，对 NLOS 或 LOS 信道条件运行相应的链路级仿真以获得传输成功概率（$1-P_e$），其中，P_e 是考虑重传的最大时延时间内的残留误包率。残留误包率与 SINR 具有对应函数关系。

步骤 4，该候选技术应保证：达到在步骤 2 的 5%的下行或上行 SINR 值时，在 IMT-2020 要求的时延内的步骤 3 中推导出的成功概率大于或等于 IMT-2020 要求的成功概率。

5.3.3.4　移动中断时间

移动中断时间定义参见本书 5.3.1.10 节，URLLC 也可以采用同样的评估方法。

5.4　5G 性能评估

采用上述评估方法，根据 eMBB、mMTC 和 URLLC 的性能需求评估 3GPP 5G NR 的能力。关键技术特性包括：本书 2.2 节中的宽带帧结构、物理信道结构、参考信号设计等 5G NR 载波和信道设计；本书 2.4 节中的 LTE/NR 共存设计；本书 2.5 节中包括 NR 大规模 MIMO、多址、波形等的新物理层设计。上述技术特性均对满足 IMT-2020 的需求或性能改进做出了重要贡献。

5.4.1　5G 宽带帧结构和物理信道结构

5G NR 支持宽带帧结构和宽带物理信道结构（请参阅本书 2.2 节）。宽带帧结构的特点是支持多种子载波间隔、OFDM 符号到短时隙的灵活结构以及保护带的减少。NR 的宽带物理信道结构包括 PDCCH 设计、PDSCH 和 PUSCH 资源映射、参考信号结构。

宽带帧结构和物理信道结构可以有效地利用宽带信道，进而可以减少开销，提升频谱效率。多子载波间隔的设计可以使在短时延和高多普勒扩展时使用更宽的子载波间隔。使用较少的 OFDM 符号来形成短时隙数据调度可以降低少量数据传输的时延。PDCCH 和 PDSCH 资源共享可以降低全带宽场景下的 PDCCH 开销。而 NR 中定义的资源映射类型 B 可以在一个时隙内实时数据传输。这些能力可用于低时延和高移动性的场景。因为减少的一次性传输时延可以在给定的传输时延内引入更多重传，所以能够提高可靠性。接下来，本节会对这些特点进行评估。

5.4.1.1 对减少开销和频谱效率 / 数据速率提升的贡献

5G NR 的宽带帧结构和物理信道结构支持降低开销和降低保护带比例，从而提升频谱效率和小区数据速率。频谱效率和小区数据速率都与用户吞吐量 $R_i(T)/T$ 相关（参见本书 5.3.1.3 节和 5.3.1.5 节等），并且用户传输比特 $R_i(T)$ 与保护带比 $\overline{\eta}$ 和开销 OH 的关系如下：

$$R_i(T)=\left[N_{\mathrm{RE}}^{\mathrm{BW}}\times(1-\overline{\eta})\times(1-\mathrm{OH})\right]\times M\times \mathrm{CR}\times N_{\mathrm{layer}} \qquad (5\text{-}8)$$

式中：

- $N_{\mathrm{RE}}^{\mathrm{BW}}=N_{\mathrm{RB}}^{\mathrm{BW}}\times 12\times N_{\mathrm{OS}}$ 是整个系统带宽上的资源单元（RE）的数量。其中，$N_{\mathrm{RB}}^{\mathrm{BW}}$ 是整个系统带宽上的资源块（RB）的数量，12 是在一个 RB 中子载波的数量，N_{OS} 是持续时间 T 期间的 OFDM 符号的数量。
- $\eta=(1-\overline{\eta})$ 为频谱利用率，N_{RE} 为可用带宽（不包括保护带）上的 RE 数。即

$$N_{\mathrm{RE}}=N_{\mathrm{RE}}^{\mathrm{BW}}\times(1-\overline{\eta})=N_{\mathrm{RE}}^{\mathrm{BW}}\times\eta \qquad (5\text{-}9)$$

- OH 是由 $\mathrm{OH}=N_{\mathrm{RE}}^{\mathrm{OH}}/N_{\mathrm{RE}}$ 给出的开销。其中，$N_{\mathrm{RE}}^{\mathrm{OH}}$ 为控制信道、公共信号和参考信号占用的 RE 个数。
- M 为调制阶数。
- CR（Coding Rate）为编码速率。
- N_{layer} 为该用户的层数。
- M、CR 和 N_{layer} 的值与通过高级多天线处理方案增强后的后处理 SINR

有关。

考虑保护带开销和控制 / 参考信号开销后的总开销定义为

$$\Gamma = 1-(1-\overline{\eta})\times(1-\mathrm{OH}) \tag{5-10}$$

图 5-4 示出了保护带 RE、开销 RE 和数据 RE，以及如何计算 $N_{\mathrm{RE}}^{\mathrm{BW}}$、$N_{\mathrm{RE}}$ 和 $N_{\mathrm{RE}}^{\mathrm{data}}$ 的值。因此，可以观察到，通过减小保护带和开销 OH，可以提高频谱效率和数据速率。如果两种技术提供的后处理 SINR 相同（支持相同调制阶数、相同编码速率、每用户相同层数），则保护带比和开销越小越好。

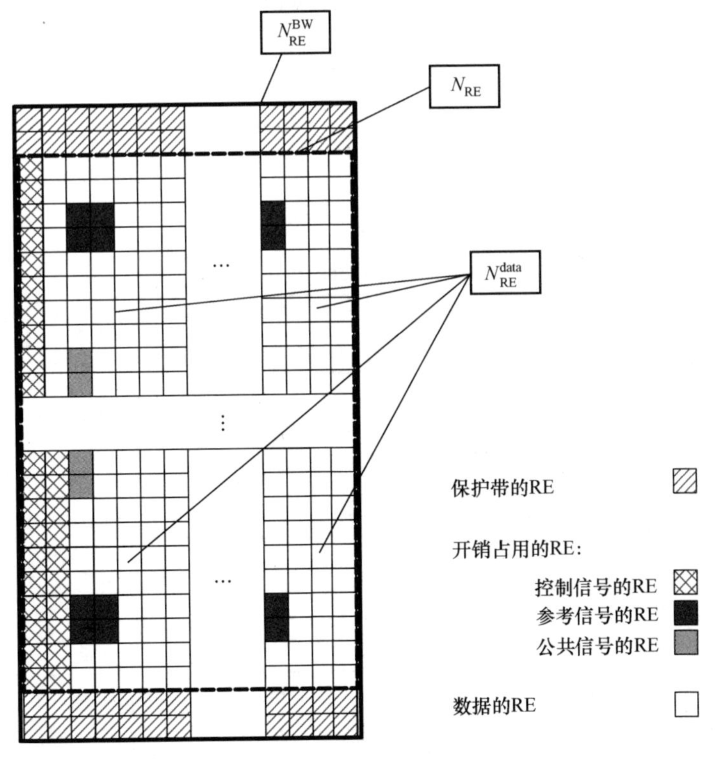

图 5-4　保护带 RE、开销 RE 和数据 RE 示意图

下面分别分析 NR 和 LTE 的保护带比（或频谱利用率）和开销。

NR 保护带比降低是通过对频率或时域滤波处理来实现的。保护带比可以通过给定的子载波间隔（Sub-Carrier Spacing，SCS），以及在系统带宽 BW 内允许的子载波数（N_{SC}）来简单计算：

$$\overline{\eta}=1-\eta=1-\frac{SCS\times N_{SC}}{BW}\qquad(5\text{-}11)$$

子载波的数量与在系统带宽 BW 内允许的资源块（Resource Block，RB）的数量 N_{RB} 相关，即

$$N_{SC}=N_{RB}\times 12\qquad(5\text{-}12)$$

式中，12 为一个 RB 中子载波的数量。

根据 3GPP TS38.104，通过考虑频率或时域滤波的处理，表 5-5 给出了不同子载波间隔（SCS）和系统带宽下所支持的 RB 数量。根据给定的 RB 个数，计算的频谱利用率（η）也显示在表 5-5 中。可以看出，NR 帧结构由于保护带的减少，在大带宽方面比 LTE 提供了更好的频谱利用率。对于 10 MHz 或 20 MHz 的系统带宽，15 kHz SCS 下 LTE 的频谱利用率为 90%，见表 5-6。

表 5-5　NR 频谱利用率

(a) FR1（6 GHz 以下）

子载波间隔 / kHz		5 MHz	10 MHz	15 MHz	20 MHz	25 MHz	30 MHz	40 MHz	50 MHz	60 MHz	70 MHz	80 MHz	90 MHz	100 MHz
15	N_{RB}	25	52	79	106	133	160	216	270	N/A	N/A	N/A	N/A	N/A
	η	90.0%	93.6%	94.8%	95.4%	95.8%	96.0%	97.2%	97.2%	N/A	N/A	N/A	N/A	N/A
30	N_{RB}	11	24	38	51	65	78	106	133	162	189	217	245	273
	η	79.2%	86.4%	91.2%	91.8%	93.6%	93.6%	95.4%	95.8%	97.2%	97.2%	97.7%	98.0%	98.3%
60	N_{RB}	N/A	11	18	24	31	38	51	65	79	93	107	121	135
	η	N/A	79.2%	86.4%	86.4%	89.3%	91.2%	91.8%	93.6%	94.8%	95.7%	96.3%	96.8%	97.2%

(b) FR2（24 GHz 以上）

子载波间隔 / kHz		50 MHz	100 MHz	200 MHz	400 MHz
60	N_{RB}	66	132	264	N/A
	η	95.0%	95.0%	95.0%	N/A
120	N_{RB}	32	66	132	264
	η	92.2%	95.0%	95.0%	95.0%

表 5-6　LTE 频谱利用率（子载波间隔为 15 kHz）

信道带宽 $BW_{Channel}$ / MHz	1.4	3	5	10	15	20
N_{RB}	6	15	25	50	75	100
η	77.1%	90.0%	90.0%	90.0%	90.0%	90.0%

另一方面，NR 宽带帧结构和物理信道结构有助于减少控制和参考信号开销。节省控制信令开销，可以理解为控制信号不会随着带宽的增加而线性增加。如果控制信令大小可以在大带宽和小带宽下保持近似，那么系统开销将减少。具体地，对于带宽 BW_1 的 NR 系统（假设为 NR 系统 1）和带宽 BW_2 的 NR 系统（假设为 NR 系统 2），如果两个系统的服务用户数相同且 SINR 变化不大（例如，两个带宽不同的系统的干扰水平相当），则两个系统中的 PDCCH 占用的 OFDM 符号数近似为

$$N_{\mathrm{PDCCH},1}\mathrm{BW}_1 = N_{\mathrm{PDCCH},2}\mathrm{BW}_2 \tag{5-13}$$

或者

$$N_{\mathrm{PDCCH},2} = N_{\mathrm{PDCCH},1}\frac{\mathrm{BW}_1}{\mathrm{BW}_2} \tag{5-14}$$

式中，$N_{\mathrm{PDCCH},1}$ 和 $N_{\mathrm{PDCCH},2}$ 分别为 NR 系统 1 和 NR 系统 2 的 PDCCH 的 OFDM 符号数。

当 FDD 在 10 MHz 以上带宽或 TDD 在 20 MHz 以上带宽时，NR 开销评估会使用到该模型。此时，FDD BW1=10 MHz，TDD BW1=20 MHz，通常称为参考带宽。

对于参考信号开销，NR 去掉了 LTE 中非 MBSFN 子帧中固定存在的公共参考信号 CRS。这非常有助于减少参考信号开销。此外，NR DM-RS 解调参考设计有助于在采用更多层数时减少开销而且 NR 支持配置 SSB 的传输周期。因此，即使基于波束传输这些公共信号，开销也能被很好地控制到较低的水平。

表 5-7 总结了 NR 和 LTE 的下行控制和参考信号开销。

表 5-7　NR 和 LTE 的下行控制和参考信号开销总结

控制信道和参考信号		NR	LTE
公共信号	SSB	同步信号	—
	TRS	跟踪参考信号	—
	PSS/SSS	—	主副同步信号
	PBCH	—	广播信道
控制信道	PDCCH	下行控制信道，该信道适用于 FR1（6 GHz 以下）内最大 100 MHz 带宽	下行控制信道，该信道适用于每个载波单元的最大带宽为 20 MHz

（续表）

控制信道和参考信号		NR	LTE
参考信号	DM-RS	解调参考信号	解调参考信号
	CSI-RS	用于信道测量	用于信道测量
	CSI-IM	用于干扰测量	用于干扰测量
	CRS	—	公共参考信号
保护周期	GP	用于 TDD 帧结构的保护周期开销；如果 GP 占用 *N* 个 OFDM 符号，则下行 GP 开销时隙为 *N*/2 个 OFDM 符号	用于 TDD 帧结构的保护周期开销

NR 和 LTE 下行开销计算如下：

$$\mathrm{OH}=\frac{N_{\mathrm{RE}}^{\mathrm{data}}}{N_{\mathrm{RE}}}=\frac{N_{\mathrm{RE}}-N_{\mathrm{RE}}^{\mathrm{OH}}}{N_{\mathrm{RE}}}=1-\frac{N_{\mathrm{RE}}^{\mathrm{OH}}}{N_{\mathrm{RE}}} \tag{5-15}$$

式中：

- $N_{\mathrm{RE}}=N_{\mathrm{RB}}\times 12\times N_{\mathrm{OS}}$ 为时频资源块（$T_{\mathrm{DL}}, \eta\times\mathrm{BW}$）中的 RE 个数，其中：
  - T_{DL} 表示给定上下行配比的一个周期内用于下行传输的 N_{OS} OFDM 符号的个数，例如，每 10 个时隙（NR）或 10 个传输时间间隔 TTI（LTE）。
  - η为频谱利用率，BW 为系统带宽。
  - N_{RB} 为带宽$\eta\times\mathrm{BW}$ 内的 RB 数。
  - 12 为 1 个 RB 内的子载波数。
  - （$\eta\times\mathrm{BW}$）是不包括保护带的带宽，一半的 GP 符号被视为用于下行资源，因此在计算 N_{OS}（参见图 5-5）时应该将其考虑在内。
- $N_{\mathrm{RE}}^{\mathrm{data}}$ 为同一时频资源（T_{DL}，$\eta\times\mathrm{BW}$）内可用于下行数据传输的 RE 个数。
- $N_{\mathrm{RE}}^{\mathrm{OH}}$ 是在同一时频资源（T_{DL}，$\eta\times\mathrm{BW}$）内用于控制信号、公共信号和参考信号的开销 RE 的数量。
- $N_{\mathrm{RE}}=N_{\mathrm{RE}}^{\mathrm{data}}+N_{\mathrm{RE}}^{\mathrm{OH}}$。

时频资源块（T_{DL}，$\eta\times\mathrm{BW}$）如图 5-5 所示。在图 5-5 中，假设 DL/UL 的配比是“DDDSU”，即 3 个下行时隙、1 个特殊时隙和 1 个上行时隙，每个时隙

由 14 个 OFDM 符号组成。1 个特殊时隙由 10 个下行 OFDM 符号、2 个 GP 符号和 2 个上行 OFDM 符号组成。一个 GP 符号作为下行资源，另一个 GP 符号作为上行资源。因此，T_{DL} 在一个 DDDSU 周期（5 个时隙）内由 3×14+11=53 个 OFDM 符号组成。RE 数（N_{RE}）、$N_{\mathrm{RE}}^{\mathrm{data}}$ 和 $N_{\mathrm{RE}}^{\mathrm{OH}}$ 将在 53 个 OFDM 符号内计算。如果采用 10 个时隙作为 DL/UL 周期，则 T_{DL} 将包括 106 个 OFDM 符号。

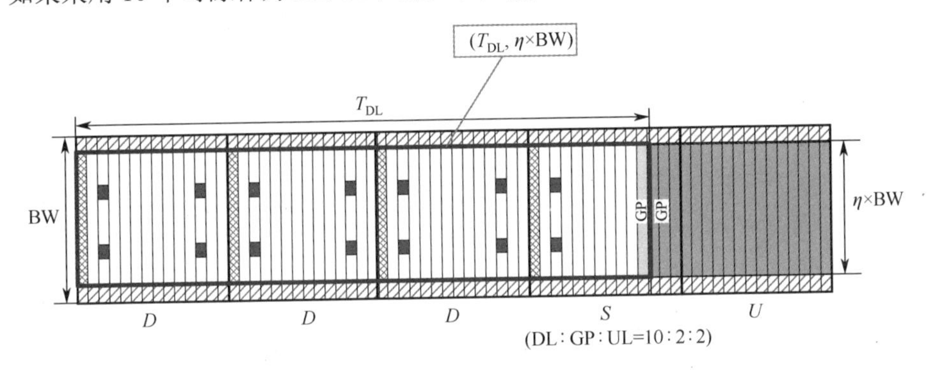

图 5-5　开销计算中的时频资源块（T_{slot}，η×BW）的说明

据表 5-7 所述，用于下行传输的 NR 开销 RE 是由 SSB、TRS、PDCCH、DM-RS、CSI-RS、CSI-IM 和 GP 占用的 RE 组成的；而 LTE 开销 RE 是由 PSS/SSS、PBCH、PDCCH、DM-RS、CSI-RS、CSI-IM、CRS 和 GP 占用的 RE 组成的。$N_{\mathrm{RE}}^{\mathrm{OH}}$ 的值为上述信号或物理信道的 RE 数之和。

一旦确定了保护带比 $\overline{\eta}$ 和开销 OH，则可以通过 $\Gamma=1-(1-\overline{\eta})\times(1-\mathrm{OH})$ 计算得到总开销 Γ 。如果进一步假设两种候选技术的处理后 SINR 相同，则降低开销本身带来的频谱效率增益或小区数据速率增益可以表示为

$$G_{\mathrm{OH}}=\frac{1-\Gamma_1}{1-\Gamma_0}-1 \tag{5-16}$$

式中，Γ_0 为参考技术的总开销，Γ_1 为比较技术的总开销。

采用上述分析方法，典型 FDD 和 TDD 配置下 NR 和 LTE 的下行开销分别见表 5-8 和表 5-9。在两种分析中，都假定 Full Buffer 传输，即在每个时隙或传输时间间隔 TTI 中都需要数据传输。与 LTE 10 MHz 的 33.7%开销相比，NR FDD 40 MHz 宽带配置的总开销可以降低到 18%；与 LTE 20 MHz 的 40%开销相比，NR TDD 100 MHz 的开销可以降低到 28%。通过这些开销的减少，NR 宽带帧结构设计可以为宽带配置带来 20%以上的增益。

表 5-8 FDD 的 NR 和 LTE 8Tx 下行开销分析

参数		LTE	NR	NR	NR	开销评估假设的备注
		8 Tx，MU 层数为 4～8，with 6 MBSFN 子帧	8 Tx，MU 层数为 8，SCS=15 kHz 10 MHz BW	8 Tx，MU 层数为 8，SCS=15 kHz 40 MHz BW	8 Tx，MU 层数为 8，SCS=30 kHz 40 MHz BW	
系统带宽 / MHz		10	10	40	40	
子载波带宽 / kHz		15	15	15	30	
全系统带宽总 RB 数（N_{RE}^{BW}）		55.6	55.6	222.2	111.1	
下行时隙 / TTI 总数		10	10	10	10	
T_{DL} 长度的下行 OFDM 符号数（N_{OS}）		140	140	140	140	
全系统带宽的下行 RE 总数（N_{RE}^{BW}）		93 333.3	93 333.3	373 333.3	186 666.7	
扣除保护带的下行总 RB 数（N_{RB}）		50	52	216	106	
扣除保护带的下行总 RE 数（N_{RE}）		84 000	87 360	362 880	178 080	
公共信号						
SSB	SSB 时隙数量（10 个时隙中）	—	0.5	0.5	0.25	SSB 的传输周期假设为 20 ms
	SSB RE（10 个时隙中）	—	480	480	240	
	SSB OH	—	0.51%	0.13%	0.13%	
TRS	TRS 时隙数量（10 个时隙中）	—	0.5	0.5	0.25	20 ms 周期，2 个突发时隙，以及假设 2 × (3×2) RE/PRB
	TRS RE（10 个时隙中）	—	312	312	156	
	TRS OH	—	0.33%	0.08%	0.08%	
PSS/SSS	PSS/SSS RE（在一个 TTI 中）	144	—	—	—	PSS/SSS 周期假设为 5 ms
	PSS/SSS 的 TTI 数量（在 10 个 TTI 中）	2	—	—	—	

（续表）

参数		LTE	NR	NR	NR	开销评估假设的备注
		8 Tx，MU 层数为 4～8，with 6 MBSFN 子帧	8 Tx，MU 层数为 8，SCS=15 kHz 10 MHz BW	8 Tx，MU 层数为 8，SCS=15 kHz 40 MHz BW	8 Tx，MU 层数为 8，SCS=30 kHz 40 MHz BW	
PSS/SSS	PSS/SSS RE（在 10 个 TTI 中）	288	—	—	—	PSS/SSS 周期假设为 5 ms
	PSS/SSS OH	0.31%	—	—	—	
PBCH	PBCH	240	—	—	—	PBCH 周期是 10 ms
	PBCH RE（在 10 个 TTI 中）	240	—	—	—	
	PBCH OH	0.26%	—	—	—	
控制信道						
PDCCH	每个时隙中 PDCCH 使用的 OFDM 符号数	2	2	0.5	0.5	每个时隙假设 2 个 OFDM 符号。当 NR 使用比 BW_1=10 MHz 更大的带宽 BW_2 时，PDCCH 使用的 OFDM 符号数假设为 $2\times(BW_1/BW_2)=2\times(10/BW_2)$（$BW_2>10$，单位：MHz）
	PDCCH RE（在 10 个时隙中）	12 000	12 480	12 960	6 360	
	PDCCH OH	12.86%	13.37%	3.47%	3.41%	
参考信号						
DM-RS	传输 DM-RS 的时隙数（在 10 个时隙中）	10	10	10	10	NR 假设使用 Type II DM-RS 图案
	每个 RB 的 DM-RS RE 数量	12	16	16	16	
	DM-RS RE（在 10 个时隙中）	6 000	8 320	34 560	16 960	
	DM-RS OH	6.43%	8.91%	9.26%	9.09%	

（续表）

参数		LTE	NR	NR	NR	开销评估假设的备注
		8 Tx，MU 层数为 4～8，with 6 MBSFN 子帧	8 Tx，MU 层数为 8，SCS=15 kHz 10 MHz BW	8 Tx，MU 层数为 8，SCS=15 kHz 40 MHz BW	8 Tx，MU 层数为 8，SCS=30 kHz 40 MHz BW	
CSI-RS	传输 CSI-RS 的时隙数（在 10 个时隙中）	2	2	2	2	CSI-RS 周期假设为 5 个时隙或 5 个 TTI
	每个 RB 的 CSI-RS RE 数量	8	8	8	8	小区级 CSI-RS 假设 （例如，非波束赋形 CSI-RS）
	CSI-RS RE（在 10 个时隙中）	800	832	3 456	1 696	
	CSI-RS OH	0.86%	0.89%	0.93%	0.91%	
CSI-IM	CSI-IM 的时隙数（在 10 个时隙中）	2	2	2	2	—
	每个 RB 的 CSI-IM RE 数量	4	4	4	4	
	CSI-IM RE 数量（在 10 个时隙中）	400	416	1 728	848	
	CSI-IM OH	0.43%	0.45%	0.46%	0.45%	
CRS	MBSFN 子帧（TTI）的数量（在 10 个 TTI 中）	6	—	—	—	—
	CRS 端口数量	2	—	—	—	
	每个 PRB 中的 CRS RE 数量	12	—	—	—	
	用于传输 CRS 的 TTI 数量（在 10 个 TTI 中）	4	—	—	—	
	CRS RE 在 10 个 TTI 中	2 400	—	—	—	
	CRS OH	2.57%	—	—	—	

（续表）

参　数	LTE	NR	NR	NR	开销评估假设的备注
	8 Tx，MU 层数为 4～8，with 6 MBSFN 子帧	8 Tx，MU 层数为 8，SCS=15 kHz 10 MHz BW	8 Tx，MU 层数为 8，SCS=15 kHz 40 MHz BW	8 Tx，MU 层数为 8，SCS=30 kHz 40 MHz BW	
在 10 个时隙中的开销 OH RE 总数，这里未考虑保护频带	22 128	22 840	53 496	26 260	—
在 10 个时隙中的开销 OH RE 总数，这里考虑保护频带	31 461.3	28 813.3	63 949.3	34 846.7	
总开销（OH）	26.3%	26.1%	14.7%	14.7%	
保护频带比例（$\overline{\eta}$）	10.00%	6.40%	2.80%	4.60%	
综上开销：$\Gamma=1-(1-\text{OH})(1-\overline{\eta})$	33.71%	30.87%	17.13%	18.67%	
总体开销减少带来的增益（相比基线）	0%（基线）	4.3%	25.0%	22.7%	

表 5-9 TDD 的 NR 和 LTE 32Tx 下行开销分析（DL/UL 图案为“DDDSU”）

参数		LTE	NR	NR	NR	开销评估假设的备注
		32 Tx，MU 层数为 4～8，with 4 MBSFN 子帧	32 Tx，MU 层数为 8，SCS=30 kHz 20 MHz BW	32 Tx，MU 层数为 8，SCS=30 kHz 40 MHz BW	32 Tx，MU 层数为 12，SCS=30 kHz 100 MHz BW	
系统带宽 / MHz		20	20	40	100	—
子载波带宽 / kHz		15	30	30	30	—
全系统带宽总 RB 数 $\left(N_{RE}^{OH}\right)$		111.1	55.6	111.1	277.8	—
10 个时隙 / TTI 的下行时隙 / TTI 总数		8	8	8	8	For LTE: DSUDD For NR: DDDSU 特殊时隙中符号配比 DL：GP：UL=10：2：2
T_{DL} 长度的下行 OFDM 符号数（N_{OS}）		106	106	106	106	—
全系统带宽的下行 RE 总数（N_{RE}^{BW}）		141 333.3	70 666.7	141 333.3	353 333.3	—
扣除保护带的下行总 RB 数（N_{RB}）		100	51	106	273	—
扣除保护带的下行总 RE 数（N_{RE}）		127 200	64 872	134 832	347 256	—
公共信号						
SSB	SSB 时隙数量（10 个时隙中）	—	0.25	0.25	0.25	1 SSB 的传输周期假设为 20 ms
	SSB RE（在 10 个时隙中）	—	240	240	240	
	SSB OH	—	0.34%	0.17%	0.07%	
TRS	TRS 时隙数量（10 个时隙中）	—	0.25	0.25	0.25	20 ms 周期，2 个突发时隙，以及假设 2×(3×2) RE/PRB
	TRS REs（在 10 个时隙中）	—	153	156	156	
	TRS OH	—	0.22%	0.11%	0.04%	

（续表）

参数		LTE	NR	NR	NR	开销评估假设的备注
		32 Tx，MU 层数为 4～8，with 4 MBSFN 子帧	32 Tx，MU 层数为 8，SCS=30 kHz 20 MHz BW	32 Tx，MU 层数为 8，SCS=30 kHz 40 MHz BW	32 Tx，MU 层数为 12，SCS=30 kHz 100 MHz BW	
PSS/SSS	PSS/SSS Re（在一个 TTI 中）	144	—	—	—	PSS/SSS 周期假设为 5 ms
	PSS/SSS 的 TTI 数量(在 10 个 TTI 中)	2	—	—	—	
	PSS/SSS RE（在 10 个 TTI 中）	288	—	—	—	
	PSS/SSS OH	0.2%	—	—	—	
PBCH	PBCH	240	—	—	—	PBCH 周期为 10 ms
	PBCH RE（在 10 个 TTI 中）	240	—	—	—	
	PBCH OH	0.17%	—	—	—	
控制信道						
PDCCH	每个时隙中 PDCCH 使用的 OFDM 符号数	2	2	1	0.4	每个时隙假设 2 个 OFDM 符号。当 NR 使用比 BW_1=10 MHz 更大的带宽(BW_2)时，PDCCH 使用的 OFDM 符号数假设为 $2\times(BW_1/BW_2)=2\times(10/BW_2)$（$BW_2>10$，单位：MHz）
	PDCCH RE（在 10 个时隙中）	19 200	9 792	10 176	10 483.2	
	PDCCH OH	13.58%	13.86%	7.20%	2.97%	
参考信号						
DM-RS	传输 DM-RS 的时隙数（在 10 个时隙中）	8	8	8	8	NR 假设使用 Type II DM-RS 图案

（续表）

参数		LTE	NR	NR	NR	开销评估假设的备注
		32 Tx，MU 层数为 4～8，with 4 MBSFN 子帧	32 Tx，MU 层数为 8，SCS=30 kHz 20 MHz BW	32 Tx，MU 层数为 8，SCS=30 kHz 40 MHz BW	32 Tx，MU 层数为 12，SCS=30 kHz 100 MHz BW	
DM-RS	每个 RB 的 DM-RS RE 数量	12	16	16	24	NR 假设使用 Type II DM-RS 图案
	DM-RS RE（在 10 个时隙中）	9 600	6 528	13 568	52 416	
	DM-RS OH	6.79%	9.24%	9.60%	14.83%	
CSI-RS	传输 CSI-RS 的时隙数（在 10 个时隙中）	2	2	2	2	CSI-RS 周期假设为 5 个时隙或者 5 个 TTI
	每个 RB 的 CSI-RS RE 数量	32	32	32	32	小区级 CSI-RS 的假设（例如，非波束赋形 CSI-RS）
	CSI-RS RE（在 10 个时隙中）	6 400	3 264	6 784	17 472	
	CSI-RS OH	4.53%	4.62%	4.80%	4.94%	
CSI-IM	CSI-IM 的时隙数（在 10 个时隙中）	2	2	2	2	—
	每个 RB 的 CSI-IM RE 数量	4	4	4	4	
	CSI-IM RE 数量(在 10 个时隙中)	800	408	848	2184	
	CSI-IM OH	0.57%	0.58%	0.60%	0.62%	
CRS	MBSFN 子帧（TTI）的数量 (在 10 个 TTI 中)	4	—	—	—	在特殊子帧 S 中，只有 8 RE/PRB 用于 2 端口的 CRS
	CRS 端口数量	2	—	—	—	

（续表）

参　数		LTE	NR	NR	NR	开销评估假设的备注
		32 Tx，MU 层数为 4～8，with 4 MBSFN 子帧	32 Tx，MU 层数为 8，SCS=30 kHz 20 MHz BW	32 Tx，MU 层数为 8，SCS=30 kHz 40 MHz BW	32 Tx，MU 层数为 12，SCS=30 kHz 100 MHz BW	
CRS	每个 PRB 中的 CRS RE 数量	12	—	—	—	在特殊子帧 S 中，只有 8 RE/PRB 用于 2 端口的 CRS
	用于传输 CRS 的 TTI 数量（在 10 个 TTI 中）	4	—	—	—	
	CRS RE（在 10 个 TTI 中）	4 000.000	—	—	—	
	CRS OH	2.83%	—	—	—	
GP	GP 符号数（在 10 个时隙中）	2	2	2	2	—
	GP RE 数量（在 10 个时隙中）	2 400	1 224	2 544	6 552	—
	GP OH	1.70%	1.73%	1.80%	1.85%	—
在 10 个时隙中的开销 OH RE 总数，这里未考虑保护频带		42 928	21 609	34 316	89 503	—
在 10 个时隙中的开销 OH RE 总数，这里考虑保护频带		31 461.3	28 813.3	63 949.3	34 846.7	—
总开销（OH）		33.7%	33.3%	25.5%	25.8%	
保护频带比例（$\bar{\eta}$）		10.00%	8.20%	4.60%	1.72%	
综上开销：$\Gamma = 1-(1-\mathrm{OH})(1-\bar{\eta})$		40.37%	38.78%	28.88%	27.05%	
总体开销减少带来的增益（相比基线）		0%（基线）	2.7%	19.3%	22.3%	

5.4.1.2 对时延的贡献

NR 宽带帧和物理信道结构支持减少 OFDM 符号长度的大子载波间隔，以及小于 14 个 OFDM 符号可以组织成一个短时隙来传输少量数据。上述两个特性均有利于降低用户面时延和控制面时延。表 5-10 给出了 1 个 OFDM 符号的平均长度、2/4/7 个 OFDM 符号的短时隙长度和 14 个 OFDM 符号的 1 个时隙长度。这里的平均长度是指假设 14 个 OFDM 符号的长度相等。虽然在 5G NR 帧结构中并非如此（NR 和 LTE 中第一个 OFDM 符号比其他 OFDM 符号稍长），但这种近似的假设，在评估中不会损失太多的准确性。

按照 5G NR 的帧结构，30 kHz SCS 将减少 50%的符号长度，60 kHz SCS 将减少 75%的长度，这将有助于减少与空口传输相关步骤的时延。

表 5-10　1 个 OFDM 符号平均长度、2/4/7 个 OFDM 符号的短时隙长度和 14 个 OFDM 符号的 1 个时隙长度　　单位：ms

OFDM 符号数	SCS			
	15 kHz	30 kHz	60 kHz	120 kHz
M=1	0.071 4	0.035 7	0.017 9	0.008 9
M=2（2 个 OFDM 符号的时隙）	0.142 9	0.071 4	0.035 7	0.017 9
M=4（4 个 OFDM 符号的时隙）	0.285 7	0.142 9	0.071 4	0.035 7
M=7（7 个 OFDM 符号的时隙）	0.5	0.25	0.125	0.062 5
M=14（14 个 OFDM 符号的时隙）	1	0.5	0.25	0.125

此外，5G NR 物理信道设计支持 PDSCH 和 PUSCH 传输两种资源映射类型：资源映射类型 A 和资源映射类型 B。本书 2.2.3.2 节和 2.2.3.4 节对此进行了详细介绍。对于资源映射类型 A，PDSCH 传输可以在时隙的前 3 个 OFDM 符号开始，持续时间为 3 个符号或更多，直到时隙结束。对于资源映射类型 B，只要满足不超过时隙边界的数据传输，那么 PDSCH 传输可以在时隙中的任何位置（最后一个 OFDM 符号除外）开始，持续时间为 2、4 或 7 个 OFDM 符号。PDSCH 和 PUSCH 资源映射类型的可用起始 OFDM 符号索引见表 5-11。其中，S 为有效的 OFDM 符号起始索引，L 为 PDSCH 或 PUSCH 的数据传输长度。给定 S 的值，对于常规循环前缀，应选择 $S+L\leqslant 14$；对于扩展循环前缀，应选择 $S+L\leqslant 12$。

表 5-11　NR 资源映射有效的 S+L 组合

（a）PDSCH 资源映射

PDSCH 映射类型	常规循环前缀			扩展循环前缀		
	S	L	$S+L$	S	L	$S+L$
类型 A	{0,1,2,3}①	{3,…,14}	{3,…,14}	{0,1,2,3}①	{3,…,12}	{3,…,12}
类型 B	{0,…,12}	{2,4,7}	{2,…,14}	{0,…,10}	{2,4,6}	{2,…,12}

（b）PUSCH 资源映射

PUSCH映射类型	常规循环前缀			扩展循环前缀		
	S	L	$S+L$	S	L	$S+L$
类型 A	0	{4,…,14}	{4,…,14}	0	{4,…,12}	{4,…,12}
类型 B	{0,…,13}	{1,…,14}	{1,…,14}	{0,…,12}	{1,…,12}	{1,…,12}

注：① $S=3$ 只被用于 DM-RS-类型 A-Position = 3 的情况。

因此，使用资源映射类型 B，与资源映射类型 A 相比，帧对齐时间可以缩短。资源映射类型 A 和类型 B 的对比如图 5-6 所示。通过图 5-6 说明，以 PDSCH 传输为例，而且左右两个情况对应了不同的短时隙长度。左侧假设 4 个符号的短时隙传输（数据量小），而右侧假设 7 个符号的短时隙传输；在这两种情况下，上一步的结束时间都被假定为符号#8 的末尾（符号索引号从 0 开始）。对于资源映射类型 A，由于它仅允许从符号#0～2 开始传输 PDSCH，所以尽管可以有短时隙长度但数据传输应等到下一个时隙开始，因此帧对齐时间为 5 个符号。然而，对于资源映射类型 B，假设传输不超过时隙的边界，在时隙内的任一 OFDM 符号（最后一个 OFDM 符号除外）处传输 PDSCH 是可能的。因此，对于 4 个符号的短时隙传输的资源映射类型 B，因为传输可以立即发生，所以帧对齐时间为 0。这样就缩短了帧对齐时间。

但是，由于 7 个符号的短时隙传输将超出时隙的边界，因此传输都应等到下一个时隙的开始。在这种情况下，资源映射类型 B 的帧定位时间与资源映射类型 A 的时间相同。

通过上述分析可以看出，通过采用更大的子载波间隔、短时隙传输、资源映射类型 B，可以大大减少用户面时延。

NR FDD 的下行用户面时延评估结果见表 5-12（也可参见 3GPP TR37.910）。

这些值是根据本书 5.3.1.6 节中描述的评估方法推导出的。*p* 表示一次重传的概率，“*p*=0”表示没有重传，“*p*=0.1”表示有 10%的概率发生一次重传。这里也评估了 3GPP 定义的两个 UE 能力。

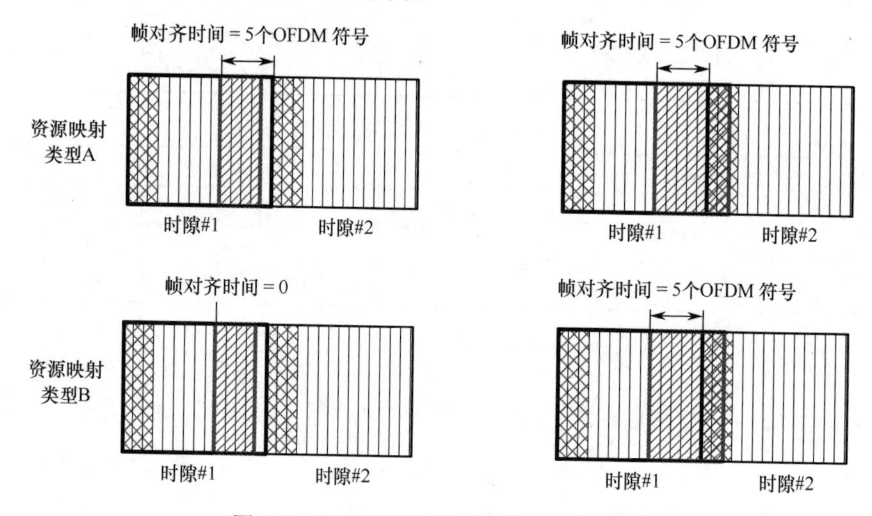

图 5-6 资源映射类型 A 和类型 B 的对比

表 5-12 NR FDD 下行用户面时延评估结果 单位：ms

下行用户面时延：NR FDD			UE 能力 1				UE 能力 2		
			SCS				SCS		
			15 kHz	30 kHz	60 kHz	120 kHz	15 kHz	30 kHz	60 kHz
资源映射类型 A	*M*=4（4 个 OFDM 符号的短时隙）	*p*=0	1.37	0.76	0.54	0.34	1.00	0.55	0.36
		p=0.1	1.58	0.87	0.64	0.40	1.12	0.65	0.41
	M=7（7 个 OFDM 符号的短时隙）	*p*=0	1.49	0.82	0.57	0.36	1.12	0.61	0.39
		p=0.1	1.70	0.93	0.67	0.42	1.25	0.71	0.44
	M=14（14 个 OFDM 符号的时隙）	*p*=0	2.13	1.14	0.72	0.44	1.80	0.94	0.56
		p=0.1	2.43	1.29	0.82	0.51	2.00	1.04	0.63
资源映射类型 B	*M*=2（2 个 OFDM 符号的短时隙）	*p*=0	0.98	0.56	0.44	0.29	0.49	0.29	0.23
		p=0.1	1.16	0.67	0.52	0.35	0.60	0.35	0.28
	M=4（4 个 OFDM 符号的短时隙）	*p*=0	1.11	0.63	0.47	0.31	0.66	0.37	0.27
		p=0.1	1.30	0.74	0.56	0.36	0.78	0.45	0.32
	M=7（7 个 OFDM 符号的短时隙）	*p*=0	1.30	0.72	0.52	0.33	0.93	0.51	0.34
		p=0.1	1.49	0.83	0.61	0.39	1.08	0.59	0.40

由于在 NR（FDD）中配对频谱的 DL 和 UL 部分始终存在 DL 和 UL 资源，因此 FDD 不受 DL/UL 图案选择的影响，也就不存在 DL/UL 图案导致的

等待时间。从而展现了 NR 在时延性能上的最大能力。这里对 FDD 情况的帧结构和物理信道结构对降低时延的影响提供了深入的评估。

从表 5-12 可以看出，在 2 个符号的短时隙传输，资源映射类型 B 的情况下，15 kHz SCS 可以达到 0.49 ms 的用户面时延。30 kHz SCS 可低至 0.29 ms，相比 15 kHz SCS 可降低 41%。而 60 kHz SCS 可进一步降低时延 20%至 0.23 ms。

另外，在 15 kHz SCS 和资源映射类型 B 的情况下，7 个符号的短时隙传输时延为 1.49 ms，p=0.1；4 个符号短时隙传输时延降低 13%，达到 1.30 ms。2 个符号短时隙传输时延降低 22%至 1.16 ms。最后，比较资源映射类型 A 和资源映射类型 B 时，可以看到，通常资源映射类型 B 可以获得约 10%的时延减少。

说明，在所有配置中都实现了 4 ms eMBB 时延要求，并且在更大的 DL 子载波间隔下实现了 URLLC 时延要求（1 ms）。

表 5-13 给出了 NR FDD 免授权传输的上行用户面时延评估结果（也可参见 3GPP TR 37.910）。可以发现在所有配置中都实现了 4 ms eMBB 时延要求，并且在更大的 UL 子载波间隔下实现了 URLLC 时延要求（1 ms）。

表 5-13　NR FDD 免授权传输的上行用户面时延评估结果　　单位：ms

上行用户面时延（免授权传输）：NR FDD			UE 能力 1				UE 能力 2		
			SCS				SCS		
			15 kHz	30 kHz	60 kHz	120 kHz	15 kHz	30 kHz	60 kHz
资源映射类型 A	M=4（4 个 OFDM 符号的短时隙）	P=0	1.57	0.86	0.59	0.37	1.20	0.65	0.41
		p=0.1	1.78	1.01	0.69	0.43	1.39	0.75	0.47
	M=7（7 个 OFDM 符号的短时隙）	p=0	1.68	0.91	0.61	0.38	1.30	0.70	0.43
		p=0.1	1.89	1.06	0.71	0.44	1.50	0.80	0.49
	M=14（14 个 OFDM 符号的时隙）	p=0	2.15	1.15	0.73	0.44	1.80	0.94	0.56
		p=0.1	2.45	1.30	0.84	0.51	2.00	1.06	0.63
资源映射类型 B	M=2（2 个 OFDM 符号的短时隙）	p=0	0.96	0.55	0.44	0.28	0.52	0.30	0.24
		p=0.1	1.14	0.65	0.52	0.34	0.62	0.36	0.28
	M=4（4 个 OFDM 符号的短时隙）	p=0	1.31	0.72	0.52	0.33	0.79	0.43	0.30
		p=0.1	1.50	0.84	0.61	0.39	0.96	0.55	0.37
	M=7（7 个 OFDM 符号的短时隙）	p=0	1.40	0.77	0.55	0.34	1.02	0.55	0.36
		p=0.1	1.60	0.89	0.63	0.40	1.19	0.64	0.42
	M=14（14 个 OFDM 符号的时隙）	p=0	2.14	1.14	0.74	0.44	1.81	0.93	0.56
		p=0.1	2.44	1.30	0.84	0.51	2.01	1.03	0.63

5.4.1.3 对可靠性的贡献

如本书 5.4.1.2 节所述，较大的子载波间隔，例如，30 kHz 或 60 kHz SCS，可降低 OFDM 符号持续时间，进而降低一次性传输时延。根据本书 5.3.3.3 节可知，可靠性被定义为给定时延预算（例如，1ms）内的总体传输成功概率。因此，如果可以降低所述的一次性传输时延，则可以在所述的时延预算内进行更多重复，进而提高可靠性。

在 5G NR 中，时隙聚合是重复发送的一种方式。不同时隙聚合级别的时延可按照用户面时延评估方法进行近似估计。以下行时隙聚合为例，通过使用表 5-2 和表 5-14 中的符号，时隙聚合的时延可以近似由以下公式给出：

$$T_{SA}(n)=t_{BS\_tx}+t_{FA\_DL}+n\times t_{DL\_duration}+t_{UE\_rx}$$

式中，n 是时隙聚合中的时隙数。

表 5-14 时隙聚合时延分析

符　号	备　注	取　值
$t_{BS,tx}$	BS 处理时延：从生成数据包到数据到达的时间间隔	计算方法同表 5-2
$t_{FA,DL}$	下行帧对齐（传输对齐）：它包括帧对齐时间和等待下一个可用下行时隙的时间	
$t_{DL\_duration}$	下行数据包传输的 TTI	
$t_{UE,rx}$	用户处理时延：从接收 PDSCH 到数据解码之间的时间间隔	

不同子载波间隔的计算结果见表 5-15。如果可靠性定义在 2 ms 时延预算内，则 15 kHz 的 SCS 只能支持 1 个时隙传输，30 kHz 的 SCS 可以支持 3 个时隙聚合，60 kHz 的 SCS 可以支持 5 个以上的时隙聚合。

表 5-15 NR FDD 下行时隙聚合时延 单位：ms

下行时隙聚合时延：NR FDD			UE 能力 2		
			SCS		
			15 kHz	30 kHz	60 kHz
资源映射类型 A	M=14（14 个 OFDM 符号的时隙）	n=1	1.8	0.94	0.56
		n=2	2.8	1.44	0.81
		n=3	3.8	1.94	1.06
		n=4	4.8	2.44	1.31
		n=5	5.8	2.94	1.56

如果一个时隙传输可以达到 99%的可靠性（即 1%的错误概率），那么 3 个时隙聚合可以达到 $1-(1\%)^3$=99.9999%的可靠性，5 个时隙聚合可以达到接近 100%的可靠性。当 URLLC 数据包大小相同时，子载波间隔越大，那么需要的带宽则越大。因此，需要选择合适的子载波间隔，在时延和带宽之间进行权衡。

5.4.2　NR MIMO、多址和波形

据本书 2.5 节所述，NR 支持包括 NR Massive MIMO、UL CP-OFDM 波形和 UL OFDMA 的新物理层设计。这些新特性可以分别对下行和上行的频谱效率提升带来增益，进而提升区域流量容量和用户体验速率。

5.4.2.1　对频谱效率提升的贡献

NR Massive MIMO 的设计特点包括先进的码本设计、参考信号设计和快速 CSI 信息获取设计。

5.4.2.1.1　下行评估

下行 FDD 可以采用类型-Ⅱ（Type Ⅱ）码本。据本书 2.5.3 节中的介绍，NR 类型-Ⅱ码本是多个波束的组合，以提高 CSI 反馈的准确度，代价是更高的反馈开销。类型-Ⅱ码本包括单面板码本和端口选择码本。NR 类型-Ⅱ码本支持更细的量化粒度，包括子带相位上报、非均匀比特分配的子带幅度上报等。通过这种方式，特别是多径传播的场景，NR 类型-Ⅱ码本获得的预编码信息通常比 NR 类型-Ⅰ码本和 LTE 高级码本（与 NR 类型-Ⅱ码本机制类似）更加精确。特别是在配对用户数较多时，更细的粒度和更精确的预编码信息可以有助于提升 MU-MIMO 的性能。

另外，NR MIMO 应用中 DM-RS 的设计，可参考本书 2.2.4.2 节内容。DM-RS 的 OFDM 符号数可以灵活配置。在低移动性的情况下（例如，行人和室内用户），在一个或两个 OFDM 符号上配置 DM-RS 就足够了。这可以减少 DM-RS 开销。此外，DM-RS 类型-2 配置最多支持 12 个正交端口。一方面，

通过这种方法，可以很好地支持多达 12 个多用户层，特别是在密集的用户场景下很有用。另一方面，如果多用户层的数目小于 12，例如 8 层配对，则 DM-RS 类型-2 配置与 DM-RS 类型-1 配置相比可以进一步减少开销，但可能降低信道估计精度。然而，如果信道频率选择性不是那么严重，这种损失将是十分有限的。

NR 中处理时延非常低的高性能用户可支持快速 CSI 反馈。NR CSI 反馈可以在接收参考信号时紧接在时隙之后进行。当信道在时域上快速变化时，快速 CSI 反馈可以带来一些好处。

在下行 TDD 中，NR 与 LTE 相同可以依赖于上行探测参考信号 SRS，通过信道互易性获取下行预编码信息。此外，NR 可以在上行时隙上使用更多资源传输 SRS，从而可以在更短的时间内扫描整个带宽。这种快速扫描可以为下行 TDD 传输带来更准确的预编码信息。

为评价上述机制带来的好处，对此进行了系统级仿真。通过系统级仿真评估了系统的频谱效率。评估采用 ITU-R M.2412 报告中定义的密集城区场景，系统配置参数见表 5-16。该场景的特点是密集部署，每 TRxP 中有 10 个用户，80%的用户位于室内环境且移动性低（3 km/h），20%的用户位于室外环境且移动性中（30 km/h）。室内用户由于分布在不同楼层所以需要 3D MIMO 建模。Massive MIMO 在这种场景下可以带来频谱效率的提升和用户速率的提升。但是，这就需要精确的预编码信息来最大化 Massive MIMO 能力。因此，一方面，类型-II 码本和 SRS 快速扫描能够有助于预编码信息估计；另一方面，快速的 CSI 反馈对室外中速移动用户也有一定的好处。

表 5-16　密集城区场景的系统配置假设

系统配置参数	取　值
评估载频	1 层（宏站部署），中心频点 4 GHz
基站天线高度	25 m
每 TRxP 总发射功率	44 dBm for 20 MHz 带宽 41 dBm for 10 MHz 带宽
UE 功率等级	23 dBm
高路损和低路损的建筑类型占比	20%高路损，80%低路损

（续表）

系统配置参数	取　　值
站间距	200 m
用户部署	80%室内，20%室外（车内） 在宏站部署区域中随机均匀分布
UE 密度	每个 TRxP 10 个用户 在宏站部署区域中随机均匀分布
UE 天线高度	室外用户：1.5 m 室内用户：$3(n_{fl}-1)+1.5$； n_{fl} 是楼层，在（$1,N_{fl}$）中均匀分布，N_{fl} 是最高楼层，在（4,8）中分布
UE 速度	室外用户（车内）：30 km/h 室内用户：3 km/h
BS 噪声系数	5 dB
UE 噪声系数	7 dB
BS 天线振子增益	8 dBi
UE 天线振子增益	0 dBi
热噪声等级	−174 dBm/Hz
UE 移动性模型	所有用户具有固定等速$\|v\|$的相同移动等级，随机均匀分布在各个方向
机械下倾角	90° 基于全局坐标系（指向水平方向）
电子下倾角	105°
切换边界 / dB	1
UE 吸附	基于端口 0 的 RSRP［参见 3GPP TR36.873 公式（8.1-1）］
围绕部署站点方法	基于地理距离的围绕
业务	满缓冲（Full Buffer）

NR 的技术配置参数见表 5-17。同时，对 LTE 也进行了评估。与 NR 相比，LTE 使用以下参数：PDSCH 编码方式采用 Turbo 码，FDD 10 MHz 和 TDD 20 MHz 采用 15 kHz SCS，保护带比例 10%，FDD 采用 LTE Advanced 码本。在码字到层映射中采用两个码字，LTE DM-RS 配置 4 个正交端口，在特殊子帧中配置 2 个 OFDM 符号用于 SRS 传输。LTE 其他参数与 NR 相同。

表 5-17　NR 下行 MIMO 频谱效率评估技术参数

技术配置参数	NR FDD	NR TDD
多址接入	OFDMA	OFDMA
复用	FDD	TDD
网络同步	同步	同步
调制	最大 256QAM	最大 256QAM

（续表）

技术配置参数	NR FDD	NR TDD
PDSCH 的编码技术	LDPC 最大码块为 8 448 bit	LDPC 最大码块为 8 448 bit
子载波间隔	15 kHz SCS，14 个 OFDM 符号 / 时隙	30 kHz SCS，14 个 OFDM 符号 / 时隙
仿真带宽上的保护带比例	FDD：6.4%（10 MHz）	TDD：8.2%（51 RB for 30 kHz SCS 和 20 MHz 带宽）
系统带宽	10 MHz	20 MHz
帧结构	全下行	DDDSU
传输方式	下行 SU/MU-MIMO 闭环自适应	下行 SU/MU-MIMO 闭环自适应
下行 CSI 测量	基于非预编码 CSI-RS	基于非预编码 CSI-RS
下行码本	类型 II 码本；4 波束，宽带+子带幅度量化，8 PSK 相位量化	类型 II 码本；4 波束，宽带+子带幅度量化，8 PSK 相位量化 基于预编码的 SRS
PRB 捆绑	4 PRB	4 PRB
MU 维度	最多 12 层	最多 12 层
SU 维度	4Rx：最多 4 层	4Rx：最多 4 层
码字到层映射	1 个码字：1～4 层； 2 个码字：5 层或更多	1 个码字：1～4 层； 2 个码字：5 层或更多
SRS 传输	N/A	UE 4 发射端口：非预编码 SRS，4 SRS 端口（对应 4 SRS 资源），30 kHz SCS 的每 5 个时隙中的 4 个符号； 每个 OFDM 符号中 8 RB
DM-RS 配置	类型-2 配置	类型-2 配置
CSI 反馈	每 5 个时隙周期的 PMI、CQI 和 RI； 基于子带	每 5 个时隙周期的 PMI、CQI 和 RI； 基于子带
干扰测量	子带 CQI； 用于小区间干扰测量的 CSI-IM	子带 CQI； 用于小区间干扰测量的 CSI-IM
最大 CBG 数量	1	1
ACK/NACK 时延	下一个有效上行时隙	下一个有效上行时隙
重传时延	接收 NACK 之后的下一个有效下行时隙	接收 NACK 之后的下一个有效下行时隙
TRxP 的天线配置	32T：（M,N,P,Mg,Ng；Mp,Np） =（8,8,2,1,1；2,8 ）(d_H, d_V) =(0.5, 0.8)λ	32T：(M,N,P,Mg,Ng; Mp,Np) =(8,8,2,1,1;2,8)(d_H, d_V) =(0.5, 0.8)λ
UE 的天线配置	4R：(M,N,P,Mg,Ng; Mp,Np) =(1,2,2,1,1; 1,2)(d_H, d_V) =(0.5, N/A)λ	4R：(M,N,P,Mg,Ng; Mp,Np) =(1,2,2,1,1; 1,2)(d_H, d_V) =(0.5, N/A)λ

（续表）

技术配置参数	NR FDD	NR TDD
调度	比例公平	比例公平
接收机	MMSE-IRC	MMSE-IRC
信道估计	非理想	非理想

说明：

天线配置中，符号（*M*, *N*, *P*, Mg, Ng; Mp, Np）的意义分别如下：

- *M*：一个极化方向上，一个面板内垂直方向的天线阵子数。
- *N*：一个极化方向上，一个面板内水平方向的天线阵子数。
- *P*：极化数。
- Mg：垂直面板数。
- Ng：水平面板数。
- Mp：一个极化方向上，一个面板内的垂直收发器单元（TXRU）数。
- Np：一个极化方向上，一个面板内的水平 TXRU 数

NR 下行 Massive MIMO（32T4R）的评估结果见表 5-18。可以看出，在相同的天线配置和带宽配置下，通过合理的参考信号设计、码本设计和 CSI 获取设计，NR Massive MIMO 相对 LTE 可带来 18%～25%的平均频谱效率增益。此外，由本书 5.4.1 节中分析的宽带帧结构和物理信道结构，NR 在宽带上可带来明显增益。同时，NR 频谱效率是 IMT-Advanced 要求的 3 倍以上（参见 ITU-R M.2134 报告），实现了 5G 频谱效率的能力愿景。

表 5-18　NR 下行 Massive MIMO（32T4R）的评估结果

32T4R DL MU-MIMO	FDD 10 MHz				TDD 20 MHz			
	3GPP Rel-15（15 kHz SCS，6 MBSFN 子帧 / 10 ms）	NR（15 kHz SCS）			3GPP Rel-15（15 kHz SCS，DSUDD，4 MBSFN 子帧 / 10 ms）	NR（30 kHz SCS，DDDSU）		
带宽	10 MHz	10 MHz	20 MHz	40 MHz	20 MHz	20 MHz	40 MHz	100 MHz
平均频谱效率（bps/Hz/TRxP）	9.138（基线）	11.45（+25%）	12.94（+42%）	13.83（+51%）	10.64（基线）	13.04（+22%）	15.17（+43%）	16.65（+56%）
第 5 个百分点用户的频谱效率（bps/Hz）	0.29（基线）	0.376（+30%）	0.425（+47%）	0.454（+57%）	0.30（基线）	0.382（+18%）	0.445（+51%）	0.488（+65%）

5.4.2.1.2 上行评估

上行 NR MIMO 设计和多址接入增强相结合，可以提升上行频谱效率。NR 上行除支持 SC-FDMA 外，还支持 OFDMA。当上行使用 OFDMA 时，上行调度可以更加灵活，且上行 DM-RS 可以与下行 DM-RS（下行也使用 OFDMA）共享相同的设计。少量发射天线的情况下，相比基于 SC-FDMA 的 DM-RS 图案，基于 OFDMA 的 DM-RS 图案的开销更少。因为 SC-FDMA 需要保留单载波特性，所以必须为 DM-RS 传输预留专用 OFDM 符号。SRS 快速扫描有助于 NR FDD 和 TDD 及时获取上行 CSI。有了这些功能，与 LTE 相比，NR 可以带来性能增强。

上行频谱效率可以通过表 5-16 中的密集城区场景参数进行系统级仿真来评估。NR 上行 MIMO 频谱效率评估技术参数见表 5-19。与 NR 相比，LTE 使用以下参数：上行波形使用 DFT-S-OFDM，多址接入使用 SC-FDMA，PUSCH 编码方式使用 Turbo 码。FDD 10 MHz 和 TDD 20 MHz 采用 15 kHz SCS、10% 保护带，在码字到层映射中使用两个码字，FDD 为 SRS 配置一个 OFDM 符号，TDD 在特殊子帧中为 SRS 传输配置两个 OFDM 符号。LTE 的其他参数同 NR。NR 和 LTE 均考虑功率回退模型。由于 NR 在上行链路使用 OFDMA，所以 NR 的功率回退将大于 LTE。但是，在密集城区的场景，这种回退功率的损失在站间距为 200 m 的情况是比较小的。

表 5-19 NR 上行 MIMO 频谱效率评估技术参数

技术配置参数	NR FDD	NR TDD
多址接入	OFDMA	OFDMA
复用	FDD	TDD
网络同步	同步	同步
调制	最大 256 正交幅度调制	最大 256 正交幅度调制
PUSCH 的编码技术	LDPC 最大码块为 8 448 bit	LDPC 最大码块为 8 448 bit
子载波间隔	15 kHz SCS，14 个 OFDM 符号 / 时隙	30 kHz SCS，14 个 OFDM 符号 / 时隙
仿真带宽上的保护带比例	FDD：6.4%（10 MHz）	TDD：8.2%（20 MHz、30 kHz、51 RB）

（续表）

技术配置参数	NR FDD	NR TDD
系统带宽	10 MHz	20 MHz
帧结构	全上行	DDDSU
传输方式	上行 SU-MIMO 闭环自适应	上行 SU-MIMO 闭环自适应
上行码本	2Tx：NR 2Tx 码本	2Tx：NR 2Tx 码本
SU 维度	最多 2 层	最多 2 层
码字到层映射	1～4 层，码字 1； 5 层或更多，2 个码字	1～4 层，码字 1； 5 层或更多，2 个码字
SRS 传输	UE 发射端口：非预编码 SRS，2 SRS 端口（对应 2 SRS 资源）每 5 个时隙中的 2 个符号，每个符号的 8 PRB	UE 发射端口：非预编码 SRS，2 SRS 端口（对应 2 SRS 资源 ）每 5 个时隙中的 2 个符号，每个符号的 8 PRB
TRxP 的天线配置	32R：(M,N,P,Mg,Ng; Mp,Np) = (8,8,2,1,1; 2,8)；(d_H, d_V) =(0.5, 0.8)λ	32R：(M,N,P,Mg,Ng; Mp,Np) = (8,8,2,1,1; 2,8)(d_H, d_V) =(0.5, 0.8)λ
UE 的天线配置	2T：(M,N,P,Mg,Ng; Mp,Np) = (1,1,2,1,1; 1,1); (d_H, d_V) =(N/A, N/A)λ	2T：(M,N,P,Mg,Ng; Mp,Np) = (1,1,2,1,1; 1,1); (d_H, d_V) =(N/A, N/A)λ
最大 CBG 数量	1	1
上行重传时延	接收 NACK 之后的下一个有效上行时隙	接收 NACK 之后的下一个有效上行时隙
调度	比例公平	比例公平
接收机	MMSE-IRC	MMSE-IRC
信道估计	非理想	非理想
功率控制参数	P_0 = −86，alpha = 0.9	P_0 = −86，alpha = 0.9
功率回退模型	连续 RB 分配:遵循 FR1 的 TS 38.101。 非连续 RB 分配：额外 2 dB 降低	连续 RB 分配：遵循 FR1 的 TS 38.101。 非连续 RB 分配：额外 2 dB 降低

说明：

天线配置中，符号（M, N, P, Mg, Ng; Mp, Np） 意义分别如下：

- M：一个极化方向上，一个面板内垂直方向的天线阵子数。
- N：一个极化方向上，一个面板内水平方向的天线阵子数。
- P：极化数。
- Mg：垂直面板数。
- Ng：水平面板数。
- Mp：一个极化方向上，一个面板内的垂直 TXRU 数。
- Np：一个极化方向上，一个面板内的水平 TXRU 数

NR 上行 MIMO（2T32R）的评估结果见表 5-20。可以看出，在相同的天线配置和带宽配置下，NR 通过采用 OFDMA 多址接入方案、基于 OFDMA 的

DM-RS 设计、快速 SRS 扫描和 UL MIMO，可以得到 15%～21%的平均频谱效率增益。

表 5-20　NR 上行 MIMO（2T32R）的评估结果

2T32R UL SU-MIMO	FDD		TDD	
	LTE Rel-15（15 kHz SCS）	NR（15 kHz SCS）	LTE Rel-15（15 kHz SCS，DSUDD）	NR（30 kHz SCS，DDDSU）
带宽	10 MHz	10 MHz	20 MHz	20 MHz
平均频谱效率（bps/Hz/TRxP）	6.738（基线）	8.12（+21%）	5.318（基线）	6.136（+15.4%）
第 5 个百分点用户频谱效率（bps/Hz）	0.238（基线）	0.388（63.0%）	0.244（基线）	0.276（13.1%）

5.4.2.2　对区域流量容量的贡献

根据本书 5.3.1.5 节，区域流量容量与平均频谱效率和聚合带宽相关。一方面，5G NR 通过 Massive MIMO 技术、合适的多址接入方案和波形可以提升 3 倍以上的平均频谱效率，从而提升区域流量容量。另一方面，5G NR 支持更大的聚合带宽。根据表 5-21 可以看出，FR1（即低于 6 GHz）的最大聚合带宽范围为 800 MHz～1.6 GHz。5G NR 相比 Rel-10 LTE（它是 2010 年开发的 IMT-Advanced 的第一个版本）提升 8～16 倍。对于下行，可以假设数据速率按聚合带宽的比例增加。因此，即使不引入更密集的网络部署，通过使用 Massive MIMO 和大聚合带宽，区域流量容量也将提高 24～48 倍。

表 5-21　NR 带宽能力

	SCS / kHz	单载波最大带宽 / MHz	载波聚合的最大载波数	最大聚合带宽 / MHz
FR1	15	50	16	800
	30	100	16	1 600
	60	100	16	1 600
FR2	60	200	16	3 200
	120	400	16	6 400

5.4.3　LTE/NR 共存（上下行解耦）

通过本书 2.4 节内容可知，NR 支持 LTE/NR 共存，从而可以在 C-band 等频段提前部署 5G。通过 DL 和 UL 频段的解耦，NR 下行传输可以在较高频段（例如 C-band 甚至更高频段）上，其中较高频段通常是具有较大带宽（例如带宽大于 100 MHz）的 TDD 频段，但具有较大的传播损耗。NR 上行传输可以在较低频段（例如，1.8 GHz 或 900 MHz）上，其中该较低频段通常是具有中等带宽（例如 10 MHz 带宽）的 FDD 频段的上行部分，但具有明显较小的传播损耗。在上下行解耦中使用的 FDD 频段的上行部分通常称为辅助上行（SUL）频段。通过这种方式，较高频率 TDD 频段能够集中于下行传输，从而更好使用下行主导的 DL/UL 图案（例如，DDDSU）；较低频率的 SUL 频段可用于改善上行覆盖，从而提高上行小区边缘用户数据速率。此外，对于下行主导的 DL/UL 图案，SUL 频段还可以减少 UL CSI 和 HARQ 反馈时延。

同时，如果仅使用较高频率 TDD 频段来传输 DL 和 UL，那么下行主导的帧结构将引入较大的上行时延。因为较高频段的传播损耗相对较大，上行传输将受限于功率。由于较大的上行时延将导致 CSI 信息无法及时上报和 HARQ 反馈的时延将增加重传时间，所以较大的上行时延将降低 DL 用户数据速率。上行功率受限也将导致上行用户速率下降。

总之，上下行解耦可以提高下行和上行用户体验速率，并有助于在 DDDSU TDD 帧结构的情况下降低上行用户面时延。接下来，我们将对这些技术好处进行评估。

5.4.3.1 对下行用户体验速率的贡献

为了评估下行用户体验数速，进行了 Burst Buffer 业务的系统级仿真。在这种情况下，用户感知吞吐率（User Perception Throughput，UPT）用于评估用户体验速率。为简单起见，以每个数据包为基础对 UPT 进行评估。计算如下：

$$\mathrm{UPT}_i = \frac{S_i}{T_i} \approx \frac{S_i}{T_0 + n\left(T_{\mathrm{ACK}} + T_{\text{re-tx}}\right)} \tag{5-17}$$

式中，S_i 为第 i 个数据包的大小（通常在模拟中假定数据包的大小相同），T_i 为第 i 个数据包从到达到正确接收之间的时间消耗，T_0 为第 i 个数据包的第一次传输的时间消耗，T_{ACK} 为与帧结构有关的 HARQ 反馈时延，$T_{re\text{-}tx}$ 为重传的时间消耗，n 为重传次数。第二个等式是一个近似式，因为它引用了以下假设：每个重传都采用相同 MCS 和时频资源，并且具有相同的调度时延。根据上述定义，可以评估上行解耦对用户体验速率的影响。

为了保证较高的下行用户体验速率，需要将 TDD 频段配置为下行主导帧结构。因为通常预期的下行业务比上行业务多很多，例如，参考文献[5]预测 DL 流量将比 UL 流量多 6 倍。另外，对于下行主导帧结构，也应保持低的 UL 时延。

如上所述，上下行解耦是一项很有应用前景的技术，它可以在 TDD 频段上启用 DL 主导帧结构配置，同时通过使用 SUL 频段来保持低 UL 时延。

为了适应参考文献[5]所示的 DL/UL 业务模式，通常使用具有 30 kHz SCS 的下行主导配置“DDDSU”，其中具有一个特殊时隙、一个上行时隙和三个下行时隙。在特殊时隙中，下行、保护间隔和上行的 OFDM 符号数为 10∶2∶2。在这种配置下，下行资源约为上行资源的 4 倍。使用 30 kHz SCS 是为了支持一个载波单元的 100 MHz 带宽，见表 5-5。

NR 与 LTE TDD 相邻部署时，为了避免相邻频段干扰，NR 和 LTE 的帧结构需要保持一致。从 LTE 使用的帧结构考虑，使用了三种典型帧结构进行评估。

DDDSU：由于 DL/UL 业务特点，大部分 LTE TDD 运营商在网络中采用 DSUDD。

DDDDDDDSUU：考虑到 LTE 仅支持 15 kHz SCS，而 NR 可能使用 30 kHz SCS，因此具有 NR 30 kHz SCS 的“DDDDDDDSUU”可能会与 LTE 15 kHz SCS 的“DDDSU”保持相同的帧结构。特殊时隙的 OFDM 符号配置为 DL∶GP∶UL=6∶4∶4。

DSDU：如果仅使用 TDD 频段，则一般使用“妥协”帧结构，如 30 kHz SCS 的“DSDU”，目的是减少 UL 时延。

为了评估 DL 主导帧结构的好处，采用了三种帧结构：DDDSU、DSDU 和 DDDDDDDSUU（均具有 30 kHz SCS）。该评估仅适用于 TDD 频段。然而，应注意的是，对于这三个帧结构，一个 DL/UL 图案的周期分别是 2.5 ms、2 ms 和 5ms。这意味着在 DDDDDDDSUU 中，UL ACK 和 CSI 反馈时延是 DDDSU 和 DSDU 的两倍以上。因此，如果没有上下行解耦，则 DDDDDDDSUU 的用户感知吞吐量将很差，尤其是考虑到重传数据包的时候，请参阅 UPT 的计算公式（5-17）。为了应对较大的 UL 时延所带来的潜在损失，TDD + SUL 额外应用于 DDDDDDDSUU。

总而言之，本节将评估下面四种情况。

- 仅 TDD 的频段：适用于 DDDSU、DSDU 和 DDDDDDDSUU 三种频段（均具有 30 kHz SCS 和 14 个 OFDM 符号时隙），从而证明下行主导帧结构 DDDSU 的下行用户感知吞吐量优于 DSDU，以及没有 SUL 频段的 DDDDDDDSUU 问题。三种帧结构如图 5-7 所示。
- TDD+SUL 频段：应用于 DDDDDDSUU，以证明使用 SUL 频段时可以带来 UL 时延减少，从而可以提高 DL 主导帧结构 DDDDDDDSUU 中下行用户感知吞吐量。

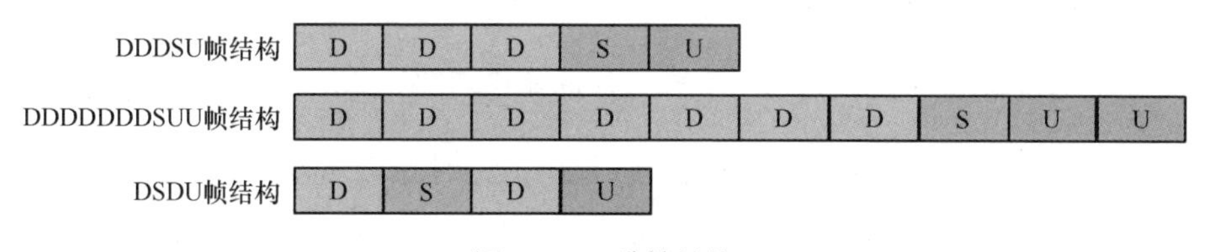

图 5-7　三种帧结构

评估采用 Burst Buffer 业务，城市宏小区场景。与城市宏小区相关的系统配置参数见表 5-22。与表 5-16 中的密集城区参数相比，城市宏小区场景的特点是 500 m 站间距比密集城区的 200 m 大。但两个场景中室内外用户分布基本一致，室内用户占比 80%，室外用户占比 20%。因此，城市宏小区场景的挑战是需要更大的覆盖（支持 80%室内用户的 500 m 站间距）。

表 5-22　城市宏小区场景系统配置参数

系统配置参数	取　值
测试环境	城市宏小区
载频	TDD 频段: 3.5 GHz SUL 频段: 1.8 GHz
基站天线高度	20 m
每个 TRxP 的最大传输功率	46 dBm
UE 功率等级	23 dBm
站间距	500 m
用户分布	室内：80% 室外：20%
用户移动速度	室内用户：3 km/h 室外用户：30 km/h
业务模型	突发缓冲区：文件大小为 0.5 MB，到达率 0.5/1/2/3
UE 密度	每 TRxP 10 个用户
UE 天线高度	室外 UE：1.5 m 室内 UT：$3(n_{fl}-1)+1.5$；n_{fl} 表示楼层，在$(1, N_{fl})$均匀分布，其中 N_{fl} 表示最高楼层，其在（4,8）均匀分布
机械下倾角	90°基于全局坐标系（指向水平方向）
电子下倾角	105°

在给出评估结果之前，研究了不同帧结构对性能的影响因素，发现以下方面很重要：

- 保护间隔（GP）开销：下行 / 上行切换点必然要引入 GP，频繁的 DL/UL 切换将引入更大的 GP 开销，这将导致系统容量降低。
- 上行时隙可用性引起的上行时延：上行时隙可用性影响 CSI 反馈和 ACK/NACK 反馈时延，更多的可用上行子帧将减少 CSI 和 ACK/NACK 反馈时延。
- 上下行比例：与帧结构相关的 DL/UL 比例应该和上下行业务模式很好地保持一致，否则将导致下行或上行系统容量下降。

基于以上的分析，DSDU 帧结构可以从快速 CSI 测量和反馈中受益，但是该帧结构中的频繁下行和上行切换将带来额外的开销。另外，DDDSU 和 DDDDDDDSUU 帧结构可能受到相对较慢的 CSI 反馈的影响，然而它们可以从减少的 GP 开销中受益。

考虑到取决于设备移动速度分布的信道变化特性（在城市宏小区场景中，其中 80%的室内用户以 3 km/h 的速度移动，而 20%的室外用户具有更快的移动速度），则通过不同的候选帧结构来评估 CSI/ACK 反馈与 DL/UL 切换点开销的权衡。

可以按照本书 5.4.1.1 节中所述的类似方法来分析开销。下行不同帧结构的开销假设见表 5-23，基于表中列出的评估假设，提供了不同帧结构的总开销。在三种帧结构中，因为用于快速 CSI 测量 CSI-RS 和用于上下行切换的 GP 开销增加，所以 DSDU 具有最高的开销；DDDSU 帧结构在开销和 CSI 获取间取得了很好的平衡。DDDDDDDSUU 系统开销是最低的，但是如果系统仅在 TDD 频段上则 DDDDDDDSUU 的 UL 反馈（用于 CSI 和 ACK）将大大延迟，因此 DDDDDDDSUU 的 UPT 性能可能会降低。在这种 DDDDDDDSUU 情况下，由于 SUL 频段将减少 CSI 和 ACK 反馈时延，因此采用上下行解耦技术将有很大好处。

表 5-23　下行不同帧结构的开销假设

开销假设	DDDSU	DDDDDDDSUU	DSDU
PDCCH	下行时隙的 2 个完整符号	下行时隙的 2 个完整符号	下行时隙的 2 个完整符号 上行时隙的 1 个完整符号
DM-RS	类型-2 配置	类型-2 配置	类型-2 配置
CSI-RS	每个用户 4 个天线端口，5 时隙周期； 供 10 用户使用的资源为 40 RE/PRB	每个用户 4 个天线端口，5 时隙周期； 供 10 用户使用的资源为 40 RE/PRB	每个用户 4 个天线端口，5 时隙周期； 供 10 用户使用的资源为 40 RE/PRB
SSB	每 20 ms 的 8 SSB	每 20 ms 的 8 SSB	每 20 ms 的 8 SSB
TRS	每 20 ms 中 2 个突发连续时隙，带宽为 51 PRB	每 20 ms 中 2 个突发连续时隙，带宽为 51 PRB	每 20 ms 中 2 个突发连续时隙，带宽为 51 PRB
GP	2 符号	4 符号	2 符号
总开销	0.38	0.35	0.46

系统级仿真评估了开销和 CSI/ACK 反馈时延的总体影响。用于下行用户体验速率（或 DL UPT）评估的技术配置参数见表 5-24。本次评估中的 UPT 是

基于数据包定义的，即 UPT 性能统计是由评估的数据包吞吐量分布来构建的。

表 5-24　下行用户体验速率评估的技术配置参数

技术配置参数	取　值
多址接入	OFDMA
子载波间隔	TDD 频段：30 kHz SCS SUL 频段：15 kHz SCS
仿真带宽	20 MHz（51 PRB）
帧结构	DDDSU, DDDDDDDSUU 和 DSDU（3.5 GHz） SUL 频段为全上行（1.8 GHz）
传输方案	闭环 SU/MU-MIMO 自适应
MU 维度	最多 12 层
SU 维度	最多 4 层
SRS 传输	非预编码的 SRS，4 个发射端口； 每个符号为 8 PRB； 每 10 个时隙（DDDDDDDSUU）中占用 2 个符号； 每 5 个时隙（DDDSU）中占用 2 个符号； 每 4 个时隙（DSDU）中占用 2 个符号
CSI 反馈	DDDDDDDSUU，CQI/RI 为每 10 个时隙反馈一次； DDDSU，CQI/RI 为每 5 个时隙反馈一次； DSDU，CQI/RI 为每 4 个时隙反馈一次； 基于子带的非 PMI 反馈
干扰测量	SU-CQI
最大 CBG 数量	1
ACK/NACK 时延	N+1
重传时延	接收 NACK 的下一个有用下行时隙
TRxP 的天线配置	32T，(M,N,P,Mg,Ng; Mp,Np) = (8,8,2,1,1;2,8)，(d_H, d_V)= (0.5, 0.8) λ，垂直 1 至 4
UE 的天线配置	4R，(M,N,P,Mg,Ng; Mp,Np)= (1,2,2,1,1; 1,2)，(d_H, d_V)=(0.5, N/A)λ
调度	比例公平
接收机	MMSE-IRC
信道估计	非理想

在图 5-8 和图 5-9 中，显示了不同到达率下的平均 UPT 和 5% UPT 的评估结果。结果表明，在开销和反馈时延的良好平衡下，DDDSU 在大多数情况下具有最佳性能，相比于 DSDU 其性能增益可达 10%以上。但是对于 DDDDDDDSUU，尽管 GP 开销很小，由于上行时延较大，所以性能会下降。具体地，当重传成为主导时就可以观察到这种情况，例如，对于最差 5%的数

据包性能显著下降。这解释了为什么 DDDDDDDSUU 的第 5 个百分点的 UPT 比 DSDU 差，即使 DDDDDDDSUU 的开销比 DSDU 小。在上述情况下，上下行解耦可以通过使用 SUL 来帮助 DDDDDDDSUU 恢复性能。SUL 频段可以及时上报 CSI 和 ACK/NACK 反馈，因此 UPT 增加到了 DDDSU 的相似水平。

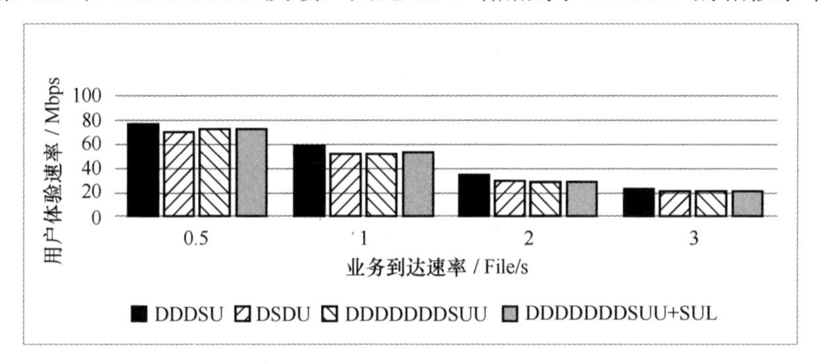

图 5-8　上下行解耦前后，不同帧结构的下行平均 UPT

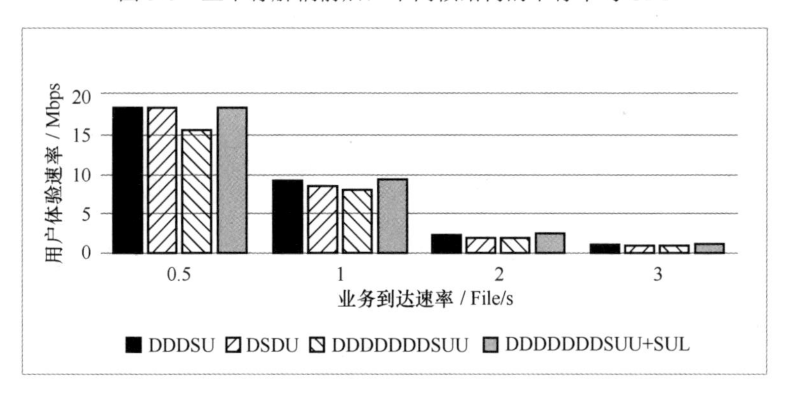

图 5-9　上下行解耦前后，不同帧结构的下行第 5 个百分点的 UPT 性能

由此可见，DDDSU 和 DDDDDDDSUU 的帧结构可以得到较高的下行用户感知吞吐量，而 SUL 结合 DDDDDDDSUU 可以提升第 5 个百分点的下行用户感知吞吐量。

5.4.3.2　对上行用户体验数据速率的贡献

上下行解耦可以提升上行用户体验速率。因为上下行解耦通常在较低频段（例如，1.8 GHz 附近）的 SUL 频段上进行上行传输。与较高频段（例如，3.5 GHz 附近）的 TDD 频段相比，较低频段的 SUL 频段的传播损耗大大降低。从 3.5 GHz 附近频段的功率受限情况到 1.8 GHz 附近频段的非功率受限情况来看，这可以使上行传输受益。功率受限情况表示 UE 达到最大传输功率，因此传输功率密度会随着带宽的增加而成比例地减小。这意味着无论分配给 UE 多少带宽，都不能提高数据速率。通过使用低频段的 SUL，低传播损耗消除了功率限制。

同时，SUL 频段中的上行资源在时域上是连续的。相反，在 DDDSU 情况下，UL 资源是有限的。这意味着 SUL 可以提供更多的上行传输机会，因此可以提高上行数据速率。

总之，较低频率的 SUL 频段可以从两个方面帮助提高上行数据速率：一方面是通过与高频率 TDD 频段相比具有较低传播损耗的特性来消除功率限制，另一方面是提供上行传输所需的可用上行时隙。

在本节中，将对以下情况的上行平均吞吐量和 5%用户吞吐量（小区边缘用户吞吐量）进行系统级仿真评估：TDD 频段的三个帧结构（DSDU、DDDSU 和 DDDDDDDSUU）和 TDD 频段加上 SUL 频段的情况。仿真不仅采用的假设是高负载网络，而且采用表 5-22 中给出的城市宏小区场景。

频段 f_1 使用 3.5 GHz（TDD 频段），频段 f_2 使用 1.8 GHz（SUL 频段）的载波频率。通过合理选择 RSRP 门限，可以观察到 30%用户（在 3.5 GHz 上低于 RSRP 门限）会选择 SUL 频段，而其他 70%的用户选择 TDD 频段。UL 评估的其他技术参数见表 5-25。

表 5-25　上行用户体验速率评估技术配置参数

技术配置参数	取　值
多址接入	OFDMA
子载波	TDD 频段：30 kHz SCS SUL 频段：15 kHz SCS
系统带宽	TDD 频段：100 MHz SUL 频段：20 MHz
帧结构	在 TDD 频段（3.5 GHz）上：DDDSU、DDDDDDDSUU 和 DSDU 在 SUL 频段（1.8 GHz）上：全上行
传输方式	SU 自适应
上行 CSI 测量	非预编码的 SRS 和宽带 PMI
上行码本	基于码本
SU 维度	最多 2 层

（续表）

技术配置参数	取　　值
SRS 传输	非预编码的 SRS，2 个发射端口，每个符号为 8 PRB， TDD 频段： 每 10 个时隙（DDDDDDDSUU）中占用 2 个符号； 每 5 个时隙（DDDSU）中占用 2 个符号； 每 4 个时隙（DSDU）中占用 2 个符号； SUL 频段：每 5 个时隙（DDDSU）中占用 2 个符号
最大 CBG 数量	1
TRxP 的天线配置	32R，$(M,N,P,\mathrm{Mg},\mathrm{Ng};\ \mathrm{Mp},\mathrm{Np})=(8,8,2,1,1;2,8)$，$(d_\mathrm{H}, d_\mathrm{V})=(0.5, 0.8)\lambda$， 垂直从 1 到 4
UE 的天线配置	2T，$(M,N,P,\mathrm{Mg},\mathrm{Ng};\ \mathrm{Mp},\mathrm{Np})=(1,1,2,1,1;\ 1,2)$，$(d_\mathrm{H}, d_\mathrm{V})=(0.5, \mathrm{N/A})\lambda$
功率控制参数	$P_0 = -60$ dBm，补偿因子$\alpha = 0.6$
功率回退	连续 RB 分配：遵循 FR1 的 TS 38.101 非连续 RB 分配：额外 2 dB 降低
调度	比例公平
接收机	MMSE-IRC
信道估计	非理想

评估结果如图 5-10 和图 5-11 所示。一方面，SUL 频段可以带来约 40%的小区平均吞吐率增益。因为 30%的用户被分流到 SUL 后，70%的 TDD 用户可以被分配更多的频谱资源。另一方面，得益于较低的传播损耗和足够的带宽，SUL 频段上的边缘用户可以获得 5 倍左右的增益。

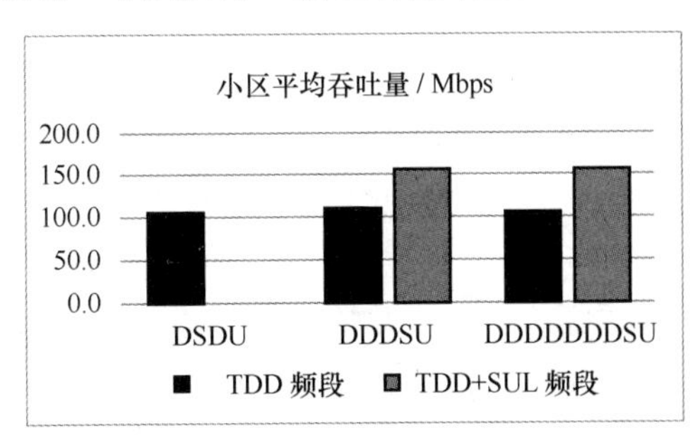

图 5-10　上下行解耦前后，不同帧结构的上行平均吞吐率（高负载）

5.4.3.3　对上行用户面时延的贡献

上下行解耦对降低上行用户面时延的好处是明显的：在 DL 主导的帧结构中，上行时隙的数量是有限的。使用 SUL 频段后，上行资源就一直存在，所以可以降低上行时延。

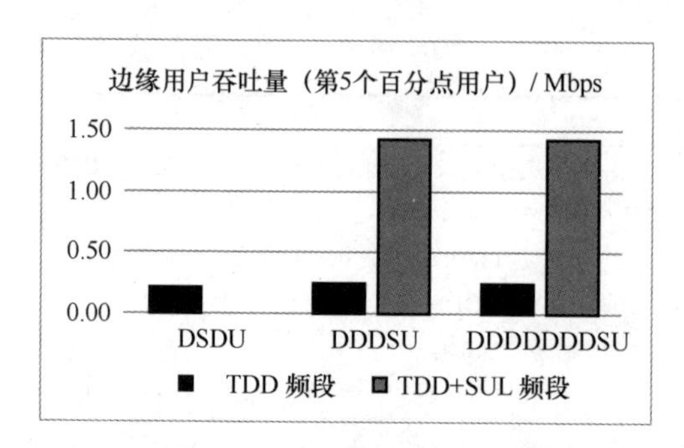

图 5-11　上下行解耦前后，不同帧结构的上行边缘吞吐率（高负载）

上行用户面时延评估使用本书 5.3.1.6 节和 5.4.1.2 节中提到的方法。假设免授权传输，评估结果见表 5-26。本次评估中，假设对于 30 kHz SCS 的 TDD 频段和 15 kHz SCS 的 SUL 频段，UE 和 BS 的处理时延都是基于 15 kHz SCS 计算，这相当于是假设 UE 和 BS 的最低处理能力。如果采用更高能力处理的基站，TDD+SUL 将能进一步降低时延。

引入 SUL 频段后，上行时延一般可以降低 15%以上，在某些情况下能够降低 60%。

表 5-26　NR TDD + SUL 无授权调度的上行用户面时延

（TDD 载波的帧结构：DDDSU）　　单位：ms

上行用户面时延：NR TDD (DDDSU)+SUL			UE 能力 1			UE 能力 2		
			SCS			SCS		
			30 kHz TDD	30 kHz (TDD)+ 15 kHz (SUL)	30 kHz (TDD) + 30 kHz (SUL)	30 kHz TDD	30 kHz (TDD) + 15 kHz (SUL)	30 kHz (TDD) + 30 kHz (SUL)
资源映射类型 A	*M*=4（4 个 OFDM 符号的短时隙）	*p*=0	1.86	1.57	0.86	1.65	1.18	0.65
		p=0.1	2.11	1.79	1.01	1.90	1.38	0.76
	M=7（7 个 OFDM 符号的短时隙）	*p*=0	1.91	1.68	0.91	1.71	1.29	0.71
		p=0.1	2.16	1. 90	1.06	1.96	1.49	0.82
	M=14（14 个 OFDM 符号的时隙）	*p*=0	2.16	2.18	1.16	1.96	1.79	0.96
		p=0.1	2.41	2.48	1.32	2.21	2.01	1.12
资源映射类型 B	*M*=2（2 个 OFDM 符号的短时隙）	*p*=0	1.36	1.04	0.59	1.10	0.54	0.33
		p=0.1	1.60	1.22	0.70	1.35	0.63	0.39
	M=4（4 个 OFDM 符号的短时隙）	*p*=0	1.63	1.32	0.73	1.39	0.86	0.49
		p=0.1	1.88	1.52	0.85	1.64	0.97	0.56
	M=7（7 个 OFDM 符号的短时隙）	*p*=0	1.69	1.43	0.79	1.48	1.04	0.58
		p=0.1	1.93	1.63	0.91	1.73	1.17	0.66

5.4.4 NB-IoT

NB-IoT 具备满足 IMT-2020 愿景所需的高连接密度能力。在参考文献[4]中，NB-IoT 的连接密度是通过系统级仿真评估的。根据 ITU-R M.2412 报告，假设连接密度为 C（每平方千米设备数），那么设备数 $N=C\times A$（A 为仿真区域，以平方千米为单位）。丢包率小于等于 1%，丢包率定义为没有成功接收的数据包数［如下（1）所述］与总包数［如下（2）所述］的比例：

（1）在传输时延小于等于 10 s 内，没有成功传递到目的接收方的包数。

（2）（$N=C\times A$）个设备在 T 时间内产生的总包数。

数据包的传输时延可以理解为上行数据包从到达设备到在基站被正确接收之间的时延。对于 NB-IoT，传输时延与接入流程中各步骤的时延有关。在参考文献[4]中，使用了提前数据传输过程。该流程分为 6 个步骤：

步骤 1，从基站到设备的同步+主系统信息 MIB 传输；

步骤 2，从设备到基站 PRACH Message1 传输；

步骤 3，从基站到设备的 NPDCCH+RAR（含 UL grant）传输；

步骤 4，从设备到基站的上行数据传输；

步骤 5，从基站到设备的 RRCEarlyDataComplete 传输；

步骤 6，从设备到基站的 HARQ ACK。

传统的系统级仿真一般假设设备处于激活态，在这种情况下系统级仿真将重点放在步骤 4。对于连接密度评估，这 6 个步骤都需要在动态系统级仿真器中建模。参考文献[5]中提出了简化的 SINR-to-delay 模型，以便能够评估步骤 1～步骤 4 以及步骤 6 的时延。基于此模型，NB-IoT 的连接数密度评估结果见表 5-27。NB-IoT 采用 2 个 RB 可满足每平方千米 100 万个设备的连接密度需求。

另外，连接效率评估可参见表 5-27，其中连接效率为

$$CE = \frac{C \cdot A}{M \cdot W} \text{（连接数 / Hz / TRxP）} \quad (5\text{-}18)$$

式中，CE 为连接效率，C 为连接密度（每平方千米设备数），A 为以平方千米为单位的仿真区域，M 为仿真区域 A 的 TRxP 数量，W 为上行带宽（FDD）。由此可见，NB-IoT 在连接效率上表现出了良好的能力，这意味着在连接海量设备时可以有效地利用频谱资源。

表 5-27　NB-IoT 的连接数密度评估结果

		ISD = 1 732 m，在 ITU-R M.2412 报告中定义的信道模式 A	ISD = 1 732 m，在 ITU-R M.2412 报告中定义的信道模式 B
NB-IoT	支持的设备数 / km² / 180 kHz	599 000 个	601 940 个
	支持 1 000 000 个设备需要的带宽	360 kHz	360 kHz
	连接效率（连接数 / Hz / TRxP）	2.88	2.896
eMTC	支持的设备数 / km² / 180 kHz	369 000 个	380 000 个
	支持 1 000 000 个设备需要的带宽	540 kHz	540 kHz
	连接效率（连接数 / Hz / TRxP）	1 777	1 828

5.4.5　LTE/NR 频谱共享外场测试

前面讨论主要用于 IMT-2020 评估。下面的结果来自 LTE/NR 频谱共享能力的外场测试。LTE/NR 频谱共享的外场测试（a.k.a.上下行解耦）在 IMT-2020 推进组组织的 5G 技术测试活动中完成。IMT-2020 推进组及其 5G 技术测试相关活动信息分别见本书 1.2.2.2 节和 6.3.1 节。在非独立（NSA）和独立（SA）部署场景下分别进行测试，验证了上下行解耦在上行覆盖中的优势，其中，相比 3.5 GHz 上行性能增益在 NSA 中为 2～5 倍，在 NSA 中为 2～6 倍。室外测试结果表明，上下行解耦在覆盖受限场景下，性能增益明显。

5.4.5.1　NSA 部署的室内测试

NSA 部署上下行解耦外场测试场景如图 5-12 所示，其中基站与测试 UE 之间的距离约为 340 m。测试用户在建筑物内，基站与建筑物之间没有障碍物。部署的测试用户位置如图 5-13 所示。

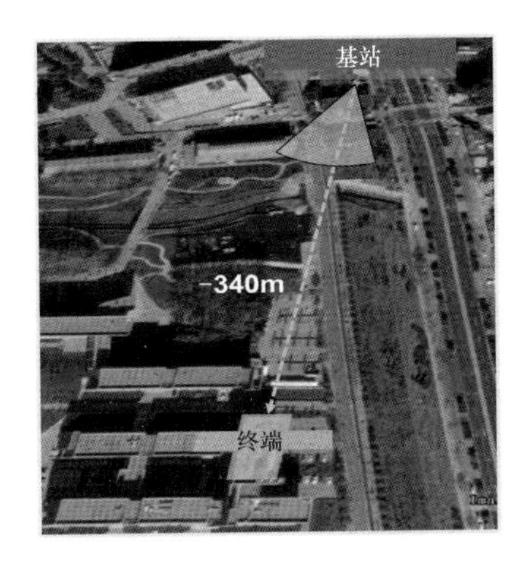

图 5-12　NSA 部署的上下行解耦外场测试场景

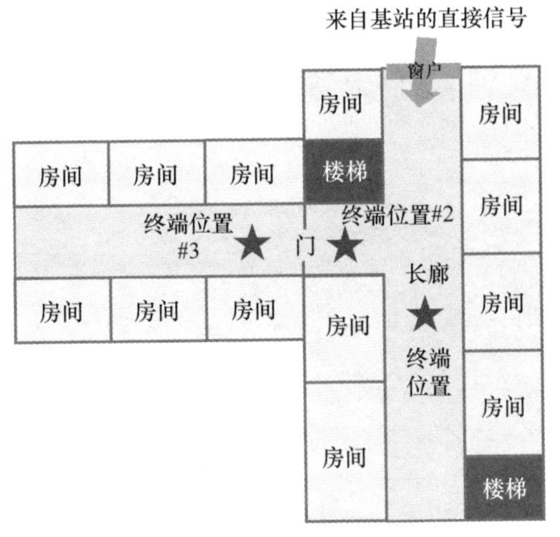

(a) 大楼的第4层

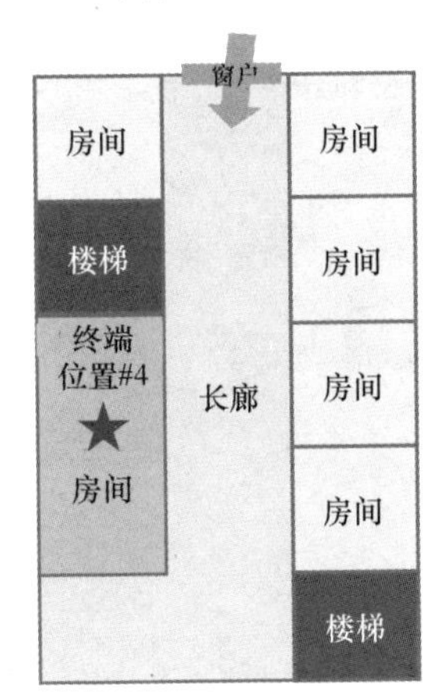

(b) 大楼的第5层

图 5-13　部署的测试用户位置.

表 5-28 总结了 NSA 部署情况下的上下行解耦测试结果，评估了辅小区组的上行吞吐量。对于非上下行解耦场景，上行仅使用 3.5 GHz 载波。在采用上下行解耦的情况下，还可以使用额外的 2.1 GHz 辅助上行载波。与未采用上下行解耦时相比，采用上下行解耦后上行吞吐率有明显提升，上下行解耦的上行性能增益大于 100%。特别地，在对应的下行参考信号接收功率（RSRP）较低的用户时，上行性能增益可达 430%。如此高的增益是由于 2.1 GHz SUL 载波的传播损耗较低。

表 5-28　NSA 部署情况下的上下行解耦测试结果

测试 UE 位置	测试组	RSRP / dBm	上行吞吐量 / Mbps		增益
			无上下行解耦	采用上下行解耦	
#1	1	−102	16.8	38.7	130%
#2	2	−113	2.7	7.1	160%
	3	−114	2.85	10.76	270%
#3	4	−118	1.3	6.97	430%
#4	5	−116	2.6	6.8	160%
	6	−115	2.5	7.74	210%

5.4.5.2　SA 部署的室内测试

外场测试场景如图 5-14 和图 5-15 所示，测试用户放置在建筑物内，基站距离建筑物约 300 m。对于非上下行解耦场景，上行仅使用 3.5 GHz 载波。在上下行解耦的情况下，可以使用额外的 2.1 GHz SUL 载波。

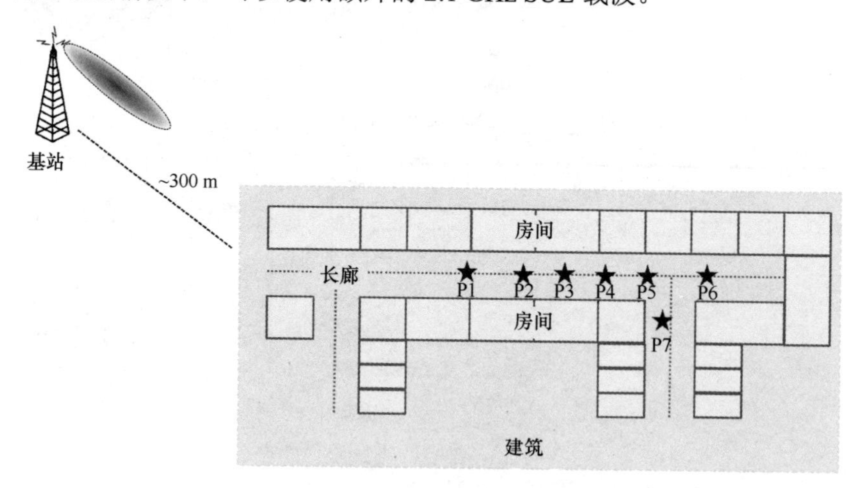

图 5-14　SA 部署单用户测试中的用户位置

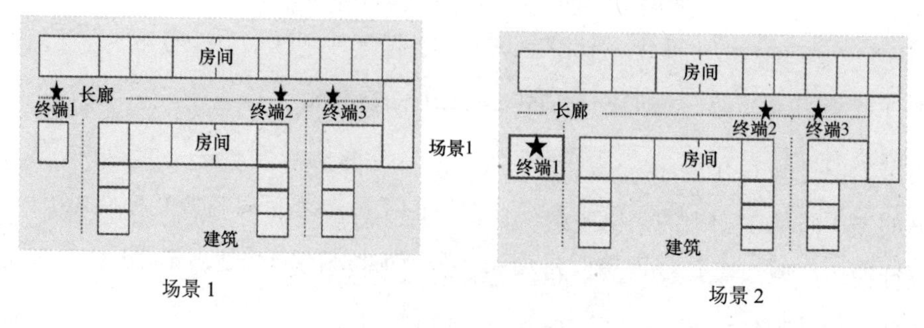

图 5-15　SA 部署多用户测试的用户位置

在图 5-14 中，是单 UE 测试，UE 的位置在 P1～P7 标记的点。SA 部署单用户测试的测试结果汇总见表 5-29，其中 7 个测试点的 RSRP 均在−117～−106 dBm。对于 RSRP＜−109 dBm 的测试点，上下行解耦对应的上行吞吐率增益大于 100%，在 RSRP= −117 dBm 的情况下，上下行解耦对应的上行吞吐率增益可以达到 600%。对于 RSRP 较高的测试点即−106 dBm，上下行解耦对应的上行吞吐率增益可以大于 50%。

表 5-29　SA 部署单用户测试的测试结果汇总

测试位置	CSI 参考信号接收功率 / dBm	无上下行解耦		采用上下行解耦		增益 / %
		上行吞吐量 / Mbps	用户发射功率 / dBm	上行吞吐量 / Mbps	用户发射功率 / dBm	
P1	−106	9.75	23	14.75	20	51
P2	−109	6.62	23	16.73	20	153
P3	−111	4.02	23	16.05	20	299
P4	−112	3.13	23	12.08	20	286
P5	−114	2.16	23	10.32	20	378
P6	−115	1.42	23	8.36	20	489
P7	−117	0.57	23	3.98	20	602

多 UE 测试如图 5-15 所示。特别地，同时调度三个 UE 进行上行传输。考虑下面两种场景：

- 场景 1：1 个 RSRP 高的用户为近点用户，另外 2 个 RSRP 低的用户为远点用户。
- 场景 2：所有 3 个 UE 的 RSRP 均较低。

SA 部署多用户测试场景下的上下行解耦测试结果汇总见表 5-30。上下行解耦开启后，RSRP 低的用户会从 3.5 GHz 上行切换到 2.1 GHz SUL 上行。由于 2.1 GHz SUL 相对于 3.5 GHz 上行有更低的传播损耗，所以对于 RSRP 较差的用户的上行吞吐率可以明显提升，性能增益可以达到 200%以上。对于 RSRP 高的 UE 即场景 1 中的 UE1，尽管在启用上下行解耦后，其仍驻留在 3.5 GHz 上行载波，但 UE1 可以获得 100%以上的上行增益。这是因为 UE2 和 UE3 在切换到 2.1 GHz SUL 后，UE1 可以独占 3.5 GHz 上行的所有上行资源。所以在应用上下行解耦时，RSRP 高和 RSRP 低的 UE 都可以获得明显的上行性能增益。

表 5-30　SA 部署多用户测试场景下的上下行解耦测试结果汇总

	测试用户	参考信号接收功率 / dBm	无上下行解耦		采用上下行解耦		增益 / %
			上行吞吐量 / Mbps	用户发射功率 / dBm	上行吞吐量 / Mbps	用户发射功率 / dBm	
场景 1	UE1	−84	34.78	20	84.77	20	144
	P2	−114	1.55	23	4.89	20	216
	UE3	−110	2.08	23	6.48	20	211
场景 2	UE1	−108	3.15	23	7.04	20	123
	P2	−112	1.74	23	6.12	20	251
	UE3	−110	2.33	23	6.41	20	175

5.4.5.3　室外测试

上下行解耦的室外测试场景如图 5-16 所示。测试用户放置在逆时针方向移动的汽车上，速度为 20～30 km/h，测试 3 轮。

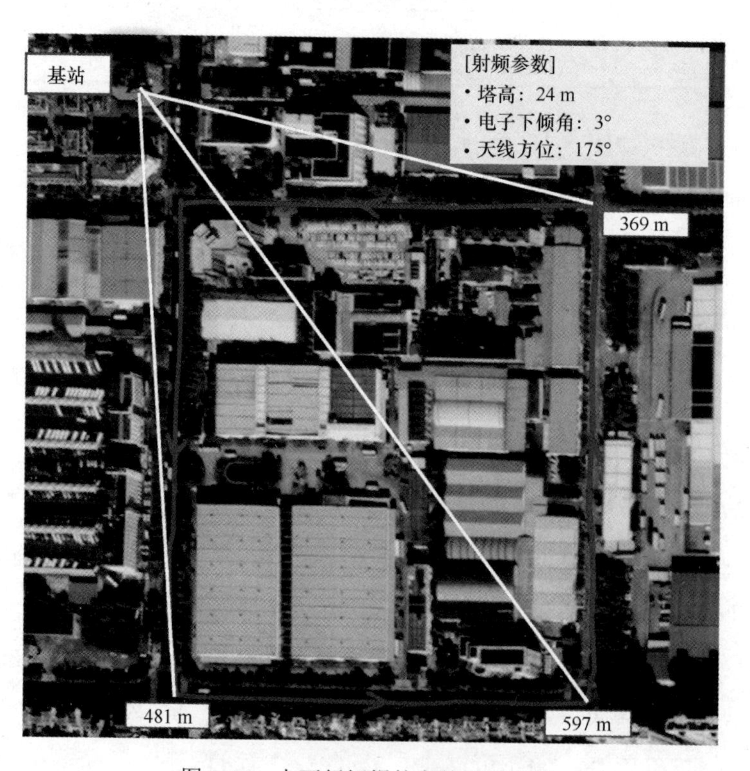

图 5-16　上下行解耦的室外测试场景

- **第 1 轮测试：** 上下行解耦特性关闭，上行使用 3.5 GHz TDD 载波。
- **第 2 轮测试：** 上下行解耦特性开启，3.5 GHz TDD 载波和 1.8 GHz SUL 载波均可用于上行传输。上下行解耦 RSRP 门限设置为−105 dBm。
- **第 3 轮测试：** 上下行解耦特性开启，3.5 GHz TDD 载波和 1.8 GHz SUL 载波均可用于上行传输。上下行解耦 RSRP 门限设置为−50 dBm。

室外实验测试参数见表 5-31，表中列出了包括带宽、天线配置和发射功率等的配置参数。

表 5-31　室外实验测试参数

参　　数	NR TDD 3.5 GHz	NR SUL 1.8 GHz	LTE 1.8 GHz（SUL）
带宽	100 MHz	10 MHz	15 MHz
RB 数量	273 RB	52 RB	23 RB
基站天线配置	64 发 64 收	4 收	4 发 4 收
用户天线配置	1 发 4 收	1 发	1 发 2 收
基站发射功率	200 W	—	60 W

整个往返过程中不同位置的 UL 载波的下行 RSRP 和频率测试如图 5-17 所示。在三轮测试中，整个往返过程中在不同位置由 CSI-RS 测量的 DL RSRP，以及选择用于 UL 传输的 UL 载波的频率。显然，在第一轮测试中，上行传输只能使用 3.5 GHz TDD 载波。在第二轮测试中，UE 可以根据测量到的 RSRP，动态选择 3.5 GHz TDD 载波或 1.8 GHz SUL 载波进行上行传输。在第三轮测试中，由于 RSRP 门限设置过高，UE 会一直选择 SUL。

上下行解耦前后三轮上行吞吐量的分布如图 5-18 所示。在 RSRP＜−105 dBm 的区域，在上下行解耦的情况下，上行平均吞吐率约为 1.4 Mbps。在−105 dBm 和−50 dBm RSRP 门限下，上下行解耦的上行平均吞吐率分别可达 10.2 Mbps 和 10.8 Mbps。上下行解耦性能增益大于 600%。

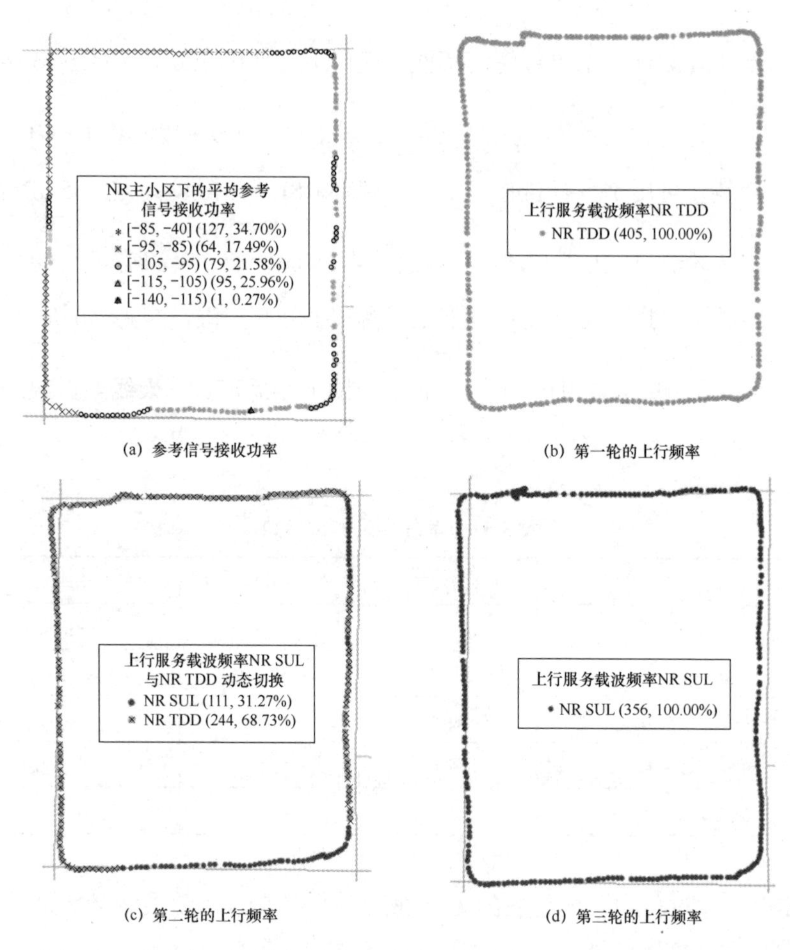

(a) 参考信号接收功率　　(b) 第一轮的上行频率

(c) 第二轮的上行频率　　(d) 第三轮的上行频率

图 5-17　整个往返过程中不同位置的 UL 载波的下行 RSRP 和频率测试

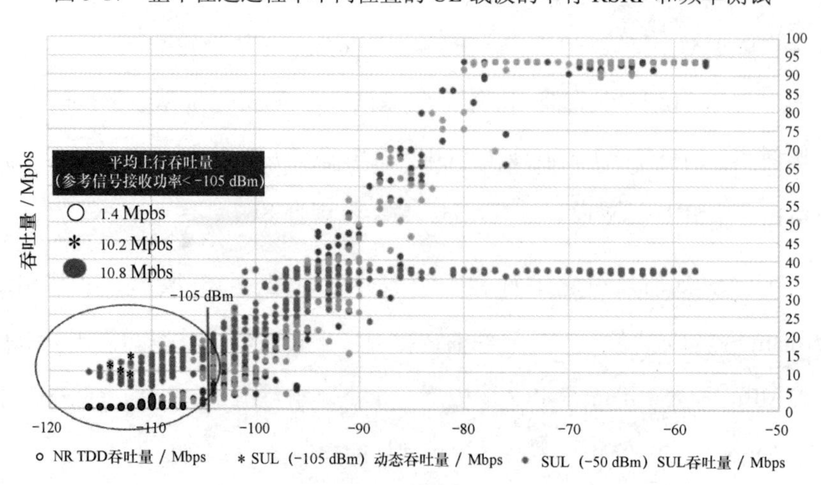

图 5-18　上下行解耦前后三轮上行吞吐量的分布

5.5　本章小结

本章主要通过本书 5.3 节介绍的 ITU-R M.2412 报告定义的评估方法，结合外场测试，对 5G 能力进行 eMBB、URLLC、mMTC 性能需求评估。本次性能评估主要对 5G 关键技术特性进行了性能评估，包括 5G 宽带帧结构和物理信道结构，以及 NR Massive MIMO、多址和波形、LTE/NR 共存（上下行解耦）的物理层关键特性。

实践证明，与 4G 相比，5G 的宽带帧结构和物理信道结构可以减少很多开销，从而可以提高频谱效率和小区 / 用户速率。宽带帧结构还有利于用户面时延和可靠性，因此 5G 网络可以保证比 1 ms 低得多的时延，反过来在 1 ms 时延内 5G 可以提供足够高的可靠性。

5G NR Massive MIMO 引入先进的码本设计、参考信号设计和 CSI 获取设计，在相同的天线配置和带宽配置下，相比 3GPP Rel-15 LTE，可获得较好的频谱效率增益（约 18%～25%）。具体而言，对于上行通过使用 CP-OFDM 波形和 OFDMA 多址接入方案，UL MIMO 可以在 3GPP Rel-15 LTE 版本的基础上引入约 20%的增益。

与“仅 TDD”部署相比，LTE/NR 共存（上下行解耦）在高频 TDD 频段之外还使用低频 SUL 频段的，可以改善下行和上行用户体验速率。通过这种方式，可以在较高频率 TDD 频段上保留 DL 主导帧结构，同时通过 SUL 频段提供完整上行资源。与“妥协”帧结构相比，下行用户体验速率可以提高 10%以上，与仅 TDD 配置相比，UL 用户体验的数据速率可以提高数倍。上行用户面时延可以减少 15%至 60%。

本章并没有评估 ITU-R M.2412 报告中定义的所有技术要求，例如，没有提供峰值频谱效率、峰值数据速率、能效、移动性和移动中断时间等的评估。

5G 关键技术特性也将有助于这些技术要求，有兴趣评估这些技术性能要求的读者可以参考 3GPP 的自评报告 TR 37.910，以获得更为详细的结果。

毫无疑问，3GPP 的 5G 技术表现出了满足 ITU-R 定义的 IMT-2020 所有要求的强大能力。这种能力是 3GPP 5G 进一步向更多行业应用演进的基础，也是弥补未来业务需求与现实差距的基础。接下来的第 6 章将讨论 5G 无线系统的市场情况。普遍认为，通信技术的应用与服务正从 eMBB 的同质市场向多个垂直行业扩展的多元化市场过渡。

参 考 文 献

[1] 3GPP TR38.913, Study on Scenarios and Requirements for Next Generation Access Technologies[S] 3GPP , 2017-06.

[2] Report ITU-R M.2410, Minimum requirements related to technical performance for IMT-2020 radio interface(s)[R]. ITU-R , 2017-11.

[3] 3GPP TR36.814, Further advancements for E-UTRA physical layer aspects[S]. 3GPP, 2017-03.

[4] Huawei. Considerations and evaluation results for IMT-2020 for mMTC connection density: R1-1808080[R]. IMT-2020, 2018-08.

[5] Report ITU-R M.2370, IMT Traffic estimates for the years 2020 to 2030[R]. TU-R, 2015-07.

第6章　5G市场和产业[①]

本章介绍当前的全球 5G 市场。尽管增强移动宽带（Enhanced Mobile Broadband，eMBB）仍然是无线商用市场的重要部分，但是 5G 的功能使其能够超越 eMBB 并进一步支持垂直行业。人与人之间的通信、人与机器的通信，以及机器对机器的通信的相互融合，将是第四次工业革命的关键推动力。伴随全球统一的 5G 标准和来自不同行业的生态系统，本章将介绍行业如何向前推进，然后介绍早期的 5G 外场试验和部署计划，并在本章展望 5G 未来可能的发展。

6.1　5G 市场

泛在普遍的商用无线通信的存在一直在改变人类的相互沟通。4G 主要是解决人与人之间的相互沟通，即所谓的社交媒体革命。技术上的基础变迁则是从以电话为主的移动电话向智能电话的发展。智能电话的应用不仅是信息的传递，而且还能够按照独特和个性化的方式与他人进行社交。我们如何与他人交往可以根据自己的愿望量身定制。

随着迈向 5G 时代，人类不仅会彼此交流，而且相互的交流将融合在一起，包括物理、数字和生物世界，并迎来第四次工业革命[1]。它提供了前所未有的机会来打破当前经济增长与环境可持续性之间的联系[2]。通过创新来延长生产周期，并使制造商与他们的供应链和消费者建立联系，以实现闭环的反馈，

① 宋泽强，阿曼达・香合. 5G 市场和产业[R]. Futurewei，美国得克萨斯州普莱诺.

从而改善产品、生产流程并缩短产品上市时间，这将使我们能够同时提高利润率和可持续性。当经济增长以牺牲环境及可持续性为代价时，消费者和监管者将不再满意。5G 的主要社会效益可以说是节省时间和成本，以及通过特定的超定制服务和应用提高效率，同时增强了可持续性。

在这种转变中，人与人之间的交流将是这场革命的支柱之一，另一个支柱将是为不同垂直行业提供广泛的、超定制的通信。尽管如此，很明显，第一个部署商用的仍将是增强移动宽带服务。

6.1.1　5G 的增强移动宽带业务

人与人之间的通信，即所谓的移动宽带（Mobile Broadband，MBB）服务，是 4G 时代蜂窝通信行业的经济基础。实质上，该服务可随时随地为用户提供 Internet 连接。在短短的十多年中，这项服务已从一种有趣的好奇心发展成为人类日常生活的重要组成部分。我们在消逝的一个小时中很难不去检查我们的电子邮件。只需打开 Internet 浏览器应用程序并使用 Internet 搜索引擎寻找答案，就可以回答几乎所有我们能想到的问题。它改变了我们在视频会议方面进行合作的方式以及我们与 Facebook、YouTube 和 Twitter 等进行社交互动的方式。无论如何，这项服务已经改变了人类的体验，目前已从 51 亿订阅者增加到 90 亿移动连接[3]。

5G 的第一阶段是通过 eMBB 服务对 MBB 服务进行大规模改进。网络的容量、覆盖范围和时延将大大改善。最终用户将在更多地方找到更快的互联网体验。但是，最显著的改进可能是缩短了等待时间，这使得互联网可以扩展到另一个人体感应系统。5G 不仅能让互联网提供视觉和听觉体验，还可以将互联网扩展到触觉[4]。这些新功能让世界即将迎来增强和虚拟现实的时代。这意味着随着 5G 提供的技术进步，互联网时代的生产力下降可能被消除[5]。

6.1.2　5G 在垂直行业的应用

鉴于当前的移动连接数量，地球上几乎每个想要移动连接的人都可以拥有一个移动连接。因此，增加来自 eMBB 服务的移动运营商的收入将是困难的。因此，5G 的成功将不仅取决于 eMBB 服务，业界将需要扩大 5G 的应用范围。

幸运的是，5G 凭借 10 Gbps 的超高数据速率、低至 1 ms 的超低时延以及适用于不同部署选项的灵活网络架构，不仅吸引了众多需要通信能力的垂直应用和行业，而且还可以激发新技术、应用程序和业务模型创新。也就是说，将来连接的事物的数量将远远超过地球上的人数。Hung[6]得出结论，在 2020 年，已连接设备的数量能够达到 200 亿。预计这种增长将是指数级的，并且是无限的。5G 将成为推动移动技术成为通用技术并推动全球经济产出 12.3 万亿美元的驱动力[7]。到 2030 年，类似的预测为 14 万亿美元[8]。5G 使能的各种行业的空间如图 6-1 所示。

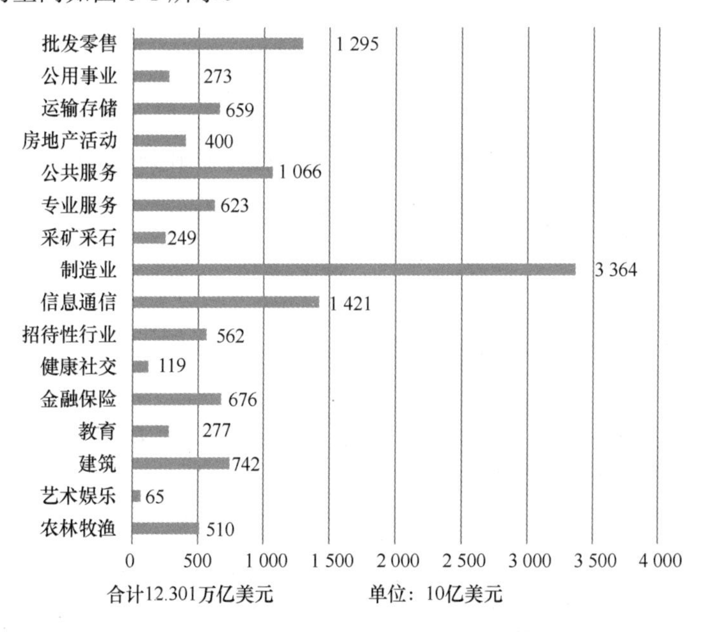

图 6-1　5G 使能的各种行业的空间[7]

与主要用于消费类移动宽带应用的 3G 和 4G 部署相比，垂直应用和行业将贡献 5G 的大部分业务收入。根据参考文献[9]可知，垂直应用和工业应用大概有高达 1.2 万亿美元的商业财政收入。5G 潜在的垂直应用场景如图 6-2 所示。当前，第一个可能采用 5G 的垂直行业是智能制造和网联汽车。然而，就潜在收入而言，主要应是能源公用事业和制造业，分别占潜在总收入的 20% 和 19%[9]。

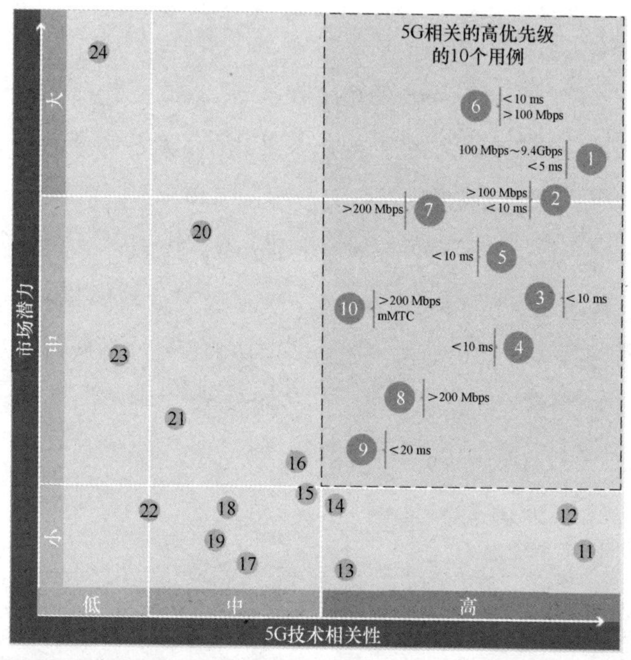

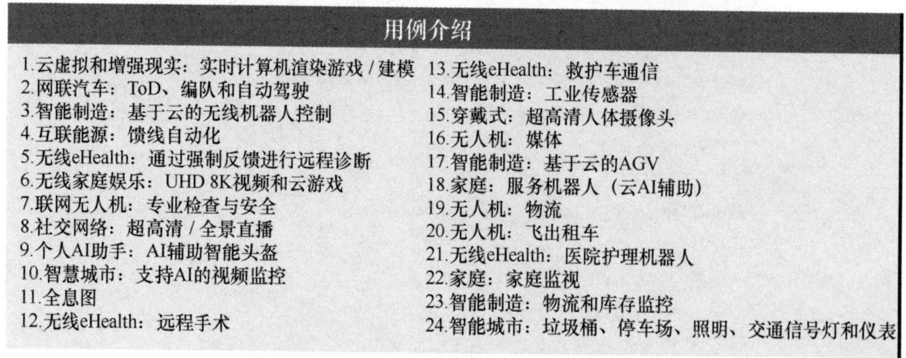
用例介绍

1.云虚拟和增强现实：实时计算机渲染游戏 / 建模
2.网联汽车：ToD、编队和自动驾驶
3.智能制造：基于云的无线机器人控制
4.互联能源：馈线自动化
5.无线eHealth：通过强制反馈进行远程诊断
6.无线家庭娱乐：UHD 8K视频和云游戏
7.联网无人机：专业检查与安全
8.社交网络：超高清 / 全景直播
9.个人AI助手：AI辅助智能头盔
10.智慧城市：支持AI的视频监控
11.全息图
12.无线eHealth：远程手术
13.无线eHealth：救护车通信
14.智能制造：工业传感器
15.穿戴式：超高清人体摄像头
16.无人机：媒体
17.智能制造：基于云的AGV
18.家庭：服务机器人（云AI辅助）
19.无人机：物流
20.无人机：飞出租车
21.无线eHealth：医院护理机器人
22.家庭：家庭监视
23.智能制造：物流和库存监控
24.智能城市：垃圾桶、停车场、照明、交通信号灯和仪表

图 6-2　5G 潜在的垂直应用场景[10]

然而对于蜂窝产业，要实现垂直行业增长并非易事。与 eMBB 相对单一的业务不同，图 6-1 和图 6-2 列举了许多垂直行业，每个行业都有自己的业务需求。这就是所熟悉的长尾业务，其中 eMBB 代表头部主要业务，垂直业务代表尾部[11]。长尾中的每个垂直业务不会产生可观的收入，但是由于尾巴很长，所以不同的垂直业务的数量很大，因此总收入是可观的，并且通常多于头部业务。

6.2　全球统一的 5G 标准和生态系统

5G 为庞大的市场和生态系统提供了技术支持，代表了巨大的潜在商机，而这很难由个别公司或组织创造。相反地，它要求许多利益相关者齐心协力，以自己的专业能力针对 5G 的需求进行协作，开发具有 5G 统一标准的健康生态系统。在本节中，将概述一些关键的标准组织或行业联盟，这些组织或行业联盟将影响各个垂直行业的 5G 应用。

6.2.1　3GPP

由于 5G 正在成为比传统信息通信技术（Information and Communications Technology，ICT）行业更广泛的生态系统的通用技术，5G 标准需要满足各种垂直行业和应用的不同需求，因此全球统一的 5G 标准是 5G 成功的关键。尽管第三代合作伙伴计划（The Third Generation Partnership Project，3GPP）研发的 3G、4G 技术已被垂直行业用于满足某些通信需求，但是这些技术在很大程度上是以 ICT 为中心，依赖于某些部署模型（例如，依赖于移动运营商的公共网络）以及通信服务性能。部署模型和通信服务性能可能对于某些 MBB 服务已经足够好了，但不足以满足垂直行业的严格要求。因此，作为 5G 通信技术核心标准组织的 3GPP 是各行业都瞄准的关键组织，并且 3GPP 发展得也更加开放和灵活。

- 除 5G 标准化工作的传统 ICT 参与者（如移动运营商、ICT 供应商和参与者）之外，越来越多的垂直行业参与者也加入 3GPP，并且带来垂直行业维度的专业知识，在 3GPP 中发挥着重要作用，以帮助 3GPP 创建适用于垂直行业的 5G 技术。当前，诸如汽车行业、智能制造和工业自动化、铁路、节目制作和特别活动（Program Making and Special Events，PMSE）行业和无人机行业等垂直行业正在积极参与 3GPP 的工作。

- 3GPP 还与其他垂直行业的产业联盟，例如，5G 汽车联盟（5G Automotive Association，5GAA）、5G 产业自动化联盟（5G Alliance for Connected Industries and Automation，5G-ACIA）和在线交互 PMSE 服务（Live interactive PMSE service，LIPS）等紧密合作，以直接引入这些垂直需求，并推动相应的 3GPP 工作满足其要求。

在 3GPP 开始开发技术解决方案之前，了解不同垂直行业的业务需求非常重要。收集这些业务需求的工作是 SA1 的职责，SA1 正在与垂直合作伙伴就下列行业 / 应用程序的服务要求进行合作：

- 网络物理控制应用程序（TS 22.104）；
- 铁路通信（TS 22.289）；
- V2X（TS 22.186）；
- 医疗应用（TR 22.826）；
- 资产跟踪（TR 22.836）；
- 节目制作和特别活动（PMSE）（TR 22.827）；
- 蜂窝连接无人机及其应用和流量管理（TS 22.125，TR 22.829）。

与正常的 MBB 业务相比，某些垂直行业需要一些特定甚至更严格的要求才能满足其需求。例如，智能工厂是工业 4.0 的关键组件，对 5G 的超可靠低时延通信（Ultra Reliable Low Latency Communications，URLLC）要求非常严格，如 3GPP SA1 TS 22.104 中定义的智能制造需求，见表 6-1。

除对服务质量（Quality of Service，QoS）关键性能指标（Key Performance Indicator，KPI）的服务要求外，3GPP SA1 还致力于垂直行业的其他业务要求。例如，专用网络、网络切片、QoS 监控、安全性、公共网络与专用网络之间的业务连续性等。在 SA1 为垂直应用开发服务需求和用例的同时，3GPP 的其他工作组也在开发 5G 技术以满足这些需求。例如：

表 6-1 智能制造需求[12]

参数特性				影响量						
通信业务可用性[1]	通信业务可靠性：平均故障间隔时间	最大端到端时延[2]	业务比特率：用户体验速率	消息大小 / Byte	传输间隔：目标值	生存时间	UE 速度	UE 数量/个	服务区域[3]	备注
99.999 %	低于 1 年，高于 1 月	<传输间隔值	≥200 kbps	≤200	100 ms	~500 ms	≤ 160 km/h	< 25	50 km×200 m	轨道交通——自动列车控制（A.3.2）[4]
99.999 % ～ 99.999 99 %	～10 年	<传输间隔值	—	50	500 μs	500 μs	≤75 km/h	≤ 20	50 m×10 m×10 m	运动控制（A.2.2.1）
99.9999 % ～ 99.999999 %	～10 年	<传输间隔值	—	40	1 ms	1 ms	≤75 km/h	≤50	50 m×10 m×10 m	运动控制（A.2.2.1）
99.9999 % ～ 99.999999 %	～10 年	<传输间隔值	—	20	2 ms	2 ms	≤75 km/h	≤100	50 m×10 m×10 m	运动控制（A.2.2.1）
99.999 9 %	—	<5 ms	1 kbps（稳定状态） 1.5 Mbps（故障案例）	<1 500	<60 s（稳定状态） ≥1 ms（故障案例）	待定	固定	20	30 km×20 km	配电——用于隔离和服务恢复的分布式自动交换（A.4.4）[5]
99.9999 % ～ 99.999999 %	～10 年	<传输间隔值		1 000	≤10 ms	10 ms	—	5～10	100 m×30 m×10 m	运动控制中的从控制到控制（A.2.2.2）
> 99.9999 %	～10 年	<传输间隔值	—	40 ～ 250	1～50ms [6][7]	传输间隔值	≤50 km/h	≤100	≤1 km^2	移动机器人（A.2.2.3）
99.9999 % ～ 99.999999 %	～1 月	<传输间隔值	—	40 ～ 250	4～8ms [7]	传输间隔值	<8 km/h	待定	50 m×10 m×4 m	移动控制面板——远程控制组装机器人，铣床（A.2.4.1）
99.9999 % ～ 99.999999 %	～1 年	<传输间隔值	—	40～250	<12 ms [7]	12 ms	<8 km/h	待定	典型 40 m×60 m; 最大 200 m×300 m	移动控制面板——远程控制，例如移动式起重机、移动式泵、固定式门式起重机（A.2.4.1）

（续表）

参数特性				影响量						
通信业务可用性①	通信业务可靠性：平均故障间隔时间	最大端到端时延②	业务比特率：用户体验速率	消息大小 / Byte	传输间隔：目标值	生存时间	UE 速度	UE 数量/个	服务区域③	备注
99.9999 % ～ 99.999999 %	≥1 年	<传输间隔值	—	20	≥10 ms ⑧	0	通常是固定的	典型 10 到 20	典型≤100 m×100 m×50 m	过程自动化——闭环控制（A.2.3.1）
99.999 %	待定	～ 50 ms	—	～100	～50 ms	待定	固定	≤100 000	几平方千米到 100 000 km^2	主频率控制（A.4.2）⑨
99.999 %	待定	～100 ms	—	～100	～200 ms	待定	固定	≤100 000	几平方千米到 100 000 km^2	分布式电压控制（A.4.3）⑨
> 99.9999 %	～1 年	<传输间隔值	—	15 000 ～ 250 000	10～100 ms⑦	传输间隔值	≤50 km/h	≤100	≤1 km^2	移动机器人——视频操作的遥控器（A.2.2.3）
> 99.9999 %	～1 年	<传输间隔值	—	40 ～ 250	40～500 ms⑦	传输间隔值	≤50 km/h	≤100	≤1 km^2	移动机器人（A.2.2.3）
99.99 %	≥1 周	<传输间隔值	—	20～255	100～60 s⑦	≥3 倍传输间隔值	通常固定	≤10 000 到 100 000	≤10 km×10 km×50 m	过程监控（A.2.3.2），工厂资产管理（A.2.3.3）

注：① 为了满足通信服务可用性要求，可能会发生一次或多次网络层数据包的重传。

② 除非另有说明，否则所有通信都包括 1 条无线链路（UE 到网络节点或网络节点到 UE），而不是 2 条无线链路（UE 到 UE）。

③ 长×宽（×高）。

④ 每个列车单元 2 个 UE。

⑤ 通信包括两个无线链路（UE 到 UE）。

⑥ 这涵盖了针对不同相似用例的不同传输间隔，其目标值为 1 ms、1～10 ms 和 10～50 ms。

⑦ 传输间隔偏离其目标值（−25%，25%）。

⑧ 传输间隔偏离其目标值（−5%，5%）。

⑨ 通信可能包括两个无线链路（UE 到 UE）。

- 无线接入网络（Radio Access Network，RAN）工作组是无线接入网络以及 5G 终端与基站之间的空中接口的工作组，研究满足 1 ms 时延和高可靠性（99.999%）数据包传输要求的垂直应用无线技术。
- 系统架构 2（System Architecture 2，SA2）工作组负责根据 SA1 的业务要求，确定网络的主要功能和实体，研究这些实体如何相互连接以及信息交换。SA2 工作组致力于网络架构的增强和网络实体之间的信息交换，以实现针对垂直市场以及其他垂直特定需求（如支持 V2X、UTM）的独立专用网络部署。
- 系统架构 3（System Architecture 3，SA3）工作组负责确定 3GPP 系统中的安全性和隐私要求，并标准化安全架构和协议。他们将研究 5G 安全特性，以支持垂直应用，如垂直行业的专用网络。

3GPP 花费近 34 个月的时间成功地完成了 Rel-15 标准规范，这是第一个支持 5G NR 独立组网而无须依赖 4G LTE 技术的 5G 版本。对于许多垂直市场参与者来说，这可以看作 5G 标准的真正开端，因为这使垂直行业能够利用 5G 的全部优势，而不必担心与 4G 技术的互操作。在 Rel-15 发布之后，3GPP 便立即开始着手 Rel-16 的标准化工作。Rel-16 进一步增强了 5G 功能，以便于更好地进行商业部署，尤其是满足 eMBB 应用以外的垂直领域（如 V2X 的需求）和工业自动化的基本需求。Rel-15 标准是以 eMBB 应用为中心，第一个提供 5G 基本功能的独立标准，许多垂直市场参与者将 Rel-16 视为首个用于 5G 垂直初始商业部署的标准版本。3GPP 已于 2020 年 6 月完成 Rel-16 标准。在 Rel-17 中，对先前涵盖的垂直应用进行了进一步的增强，并增加了新的垂直应用，如无人机、关键医疗应用（远程手术、无线手术室等）、PMSE（程序制作和特别活动）和资产跟踪等。从 Rel-16 版本开始，越来越多的垂直应用参与者积极参与并为 3GPP 5G 的标准化工作做出了贡献。

6.2.2 其他组织

除 3GPP 的工作组外，产业生态系统中还建立了其他许多论坛，以帮助在各种垂直行业中应用 5G。到目前为止，最重要的是分别用于智能制造和汽车垂直行业的 5G-ACIA 和 5GAA。

6.2.2.1 用于制造业和加工业的 5G-ACIA

由于 5G 无与伦比的可靠性和超低时延能力，且能够利用云、移动边缘计算（Mobile Edge Computing，MEC）等新的 IT 技术来支持大量的 IoT 设备和灵活的创新架构，所以 5G 吸引了越来越多的工厂，以及未来加工行业智能工厂及工业 4.0。为确保电信行业（尤其是 3GPP）充分理解并考虑制造和加工行业的特定需求，所有相关的参与者之间都需要密切合作，以使 5G 的功能得以完全实现，并且被制造业和加工业所使用。出于相关参与者的强烈愿望，2018 年 4 月成立了 5G-ACIA，它是解决、讨论和评估相关技术、法规和相关 5G 工业领域商业方面的全球论坛。5G-ACIA 生态系统如图 6-3 所示，它反映了整个生态系统的情况，涵盖了运营技术（Operational Technology，OT）行业、信息通信技术（Information and Communications Technology，ICT）行业和学术界的所有相关利益方。

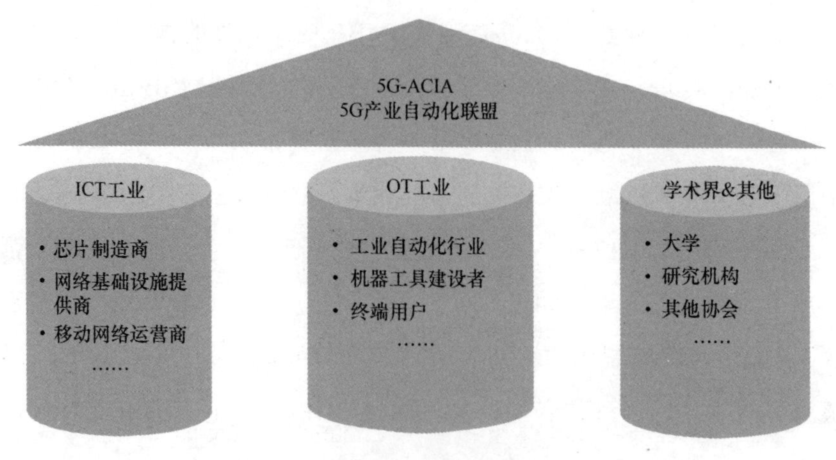

图 6-3 5G-ACIA 生态系统的示意图

在撰写本书时，5G-ACIA 已有 41 家成员单位，其中包括 ICT、OT 行业的一些主要参与者，如西门子、博世、沃达丰、T-mobile、Orange、中国移动、爱立信、华为、诺基亚和高通等。5G- ACIA 的活动目前由五个不同的工作组（Working Group，WG）组成，如图 6-4 所示。

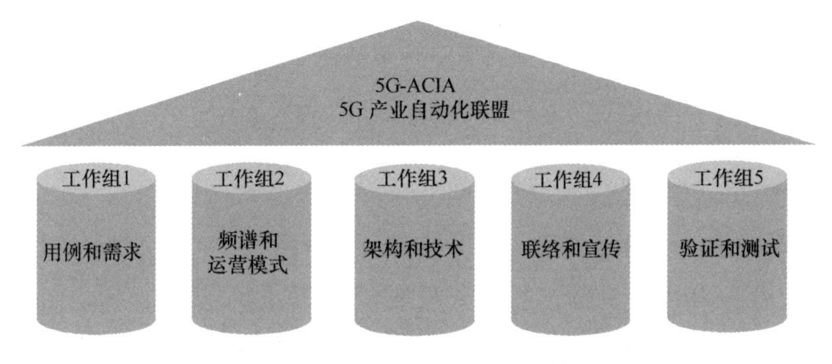

图 6-4　5G-ACIA 技术工作组结构

- 工作组 1（WG1）负责从制造和加工行业中收集和开发 5G 的需求和用例，并将其作为输入提供给 3GPP SA1。还将对 OT 参与者进行有关现有 3GPP 需求的沟通，不仅使双方一起合作，而且还有助于找出 5G 差距，以解决这些 OT 合作伙伴的需求。例如，3GPP SA1 网络物理控制应用的使用和需求工作的主要输入（3GPP TR 22.804 和 TS 22.104），是来自 5G-ACIA 成员的共同努力。WG1 的许多活跃成员也是 3GPP 的活跃成员。

- 工作组 2（WG2）是确定和阐明工业 5G 网络特定频谱需求并探索新运营模式的工作组。例如，用于在工厂或工厂内运营私有或中立的 5G 网络，以及协调 5G-ACIA 成员参加相关的监管活动。

- 工作组 3（WG3）是技术工作组，负责制定和评估支持 5G 未来工业连接的整体架构，评估和集成与 5G 相关的关键制造和加工行业，如工业以太网 / 时间敏感型网络（Time Sensitive Network，TSN）。工作组将基于 3GPP 标准技术以及其他相关标准组织而工作，例如，国际电子技术委员会（International Electrotechnical Commission，IEC）和电气电子工程师学会（Institute of Electrical and Electronics Engineers，IEEE）等。在撰写本书时，WG3 完成了针对工厂环境的无线电传播分析和评估，从而促成 3GPP RAN WG 的一项新工作，以研究工厂环境的信道模型。WG3 还在研究专用网络部署和 5G 架构中工业以太网技术的无缝集成，其成果将成为 3GPP 5G 工作的潜在输入。

- 工作组 4（WG4）与其他倡议者和组织互动，建立联络活动。
- 工作组 5（WG5）负责 5G 工业应用的最终验证，包括启动互操作性测试、大规模试验，以及潜在的专用认证程序。

由于 3GPP 标准的 5G 技术及其 5G 标准化工作是 5G-ACIA 的关键支柱之一，因此 3GPP 和 5G-ACIA 建立了紧密合作。工作组中正在完成的工作与 3GPP 5G 工作密切相关（3GPP 和 5G-ACIA 之间的协作示例如图 6-5 所示），促使 3GPP 与 5G-ACIA 之间的紧密合作，3GPP 还批准了 5G-ACIA 作为 3GPP 市场代表合作伙伴（Market Representation Partner，MRP），以使统一的 5G 可用于工厂应用。

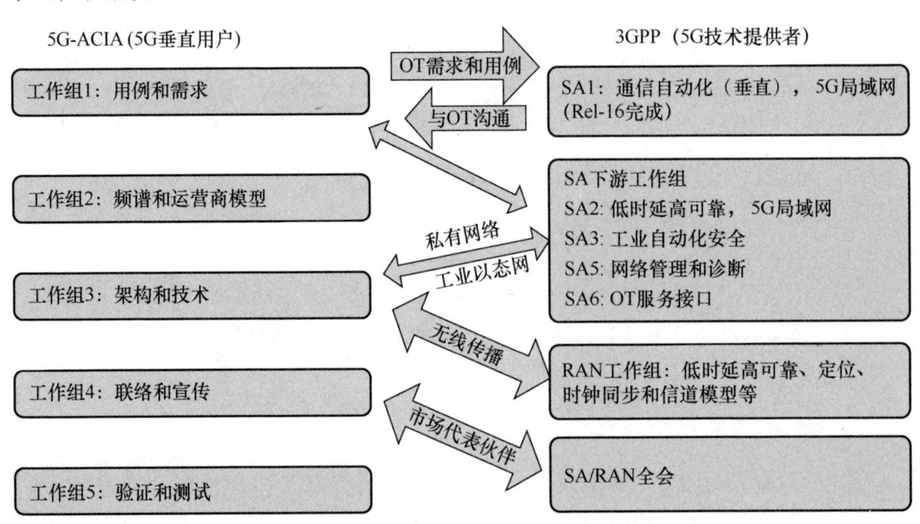

图 6-5　3GPP 和 5G-ACIA 之间的协作示例

5G-ACIA 一直在研究未来智能工厂中 5G 的使用[13]，并与 3GPP 合作提出了如何置换现有的工业应用方案[14]。结果表明，到目前为止所有用例可以大致分为 5 个主要特征：工厂自动化、流程自动化、人机界面（Human Machine Interface，HMI）和生产 IT 化、监视和维护。工厂自动化涉及工厂过程和工作流程的自动控制、监视和优化。过程自动化是生产设备中对食品、化学药品和液体等物质进行控制和处理的自动化。HMI 和生产 IT 化负责处理生产设备人机接口（如机器上的面板）与 IT 设备（如计算机、打印机等），以及基于 IT 的制造应用程序。例如，制造执行系统（Manufacturing Execution System，MES）和企业资源计划（Enterprise Resource Planning，ERP）系统。物流和仓储与工业制造中物料和产品的存储和流通有关。监视和维护涵盖了存储以及工业制造中的材料和产品流。除通常的 5G 性能要求外，这些用例通常还包含操作和功能要求。总体而言，尽管需要增强 5G 以涵盖所有已确定的用例，但是当前版本的 5G 功能足以支持约 90%的用例①。

6.2.2.2 用于网联汽车的 5GAA

由于蜂窝网络拥有广泛的覆盖范围和可靠的连接性，因此蜂窝 5G 技术可以成为协作智能交通系统（Cooperative Intelligent Transport Systems，C-ITS）和 V2X 的平台。为了使汽车行业更好地与 5G 技术结合，2016 年 9 月通信厂家与车厂等联合成立 5G 汽车联盟（5GAA），有来自汽车和 ICT 行业的 80 多家成员单位，其中包括 8 个创始成员：奥迪股份公司、宝马集团、戴姆勒股份公司、爱立信、华为、英特尔、诺基亚和高通公司。这是一个由汽车、信息通信技术（ICT）组成的全球性跨行业组织，致力于通过 5G 技术为未来的移动性和运输服务开发端到端的解决方案。

5GAA 中有 5 个工作组，涵盖了开发未来网联汽车及其应用的各个方面，5GAA 技术工作组的结构如图 6-6 所示。

- 工作组 1（WG1）：用例和技术需求组，它定义用例的端到端结构，并导出移动解决方案的技术需求和性能指标（例如，通信架构、无线协议、无线参数、频谱和载波聚合组合）。它确保了 V2X 和其他受影响技术的互操作性。
- 工作组 2（WG2）：系统架构和解决方案开发组，负责定义、开发和推

① 详细讨论可参考文献[11]的第 10 章。

荐系统架构以及可互操作的端到端解决方案，以解决用例和相关服务。WG2 还审查当前技术领域中可用的解决方案，如无线空中接口技术、无线网络部署模型、无线接入网络和云、连接性和设备管理或安全性、隐私性和身份验证等，以适用于汽车应用。

- 工作组 3（WG3）：评估、测试平台和试验组，该小组通过测试平台来评估和验证端到端解决方案。通过选择用例和进入市场的策略，以及试点和大规模试验来促进商业化和标准化。
- 工作组 4（WG4）：标准和频谱组，它实际作为"行业规范组"，为欧洲电信标准化协会（European Telecommunications Standards Institute，ETSI）、3GPP 和其他标准组织提供建议，输出贡献。它针对 ITS、MBB 和非授权频段中的 V2X 制定了频谱要求。它还代表着与其他行业组织的关系。
- 工作组 5（WG5）：商业模式和市场策略组，负责确定相关组织和公司，并确定其优先级。

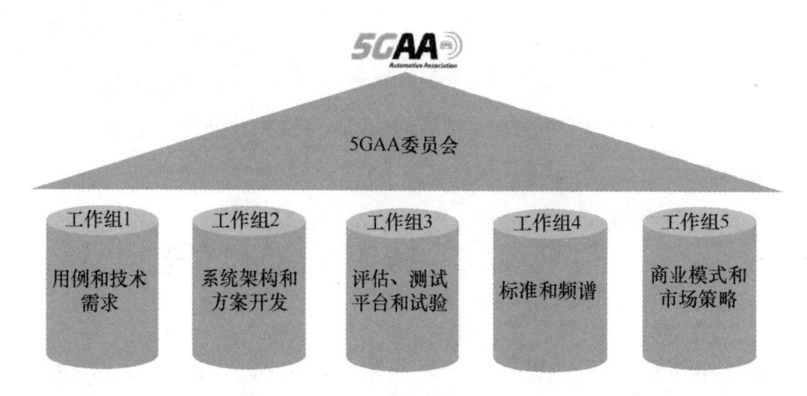

图 6-6　5GAA 技术工作组的结构

作为 3GPP MRP 的成员，5GAA 与 3GPP 紧密合作。例如，5GAA 作为 V2X（TS22.186）上各种 3GPP 业务需求的关键输入[15]，3GPP 工作组将根据这些需求开发最终的 V2X 技术解决方案。V2X 特性包括四种通信类型：车对车（Vehicle to Vehicle，V2V）、车对基础设施（Vehicle to Infrastructure，V2I）、车对网络（Vehicle to Network，V2N）和车对行人（Vehicle to Pedestrian，V2P）。

该特性具有两个互补的通信链路：网络连接和侧行链路。网络连接是传统的蜂窝连接，它提供远距离覆盖能力。侧行链路是不同车辆之间的直接链路，通常比网络连接的时延低，范围较短。侧行链路已在 LTE 中实现为 PC5 链路，并且 NR 对 V2X 的支持已在 Rel-16 中完成。

5GAA 还针对蜂窝 V2X 架构解决方案针对感兴趣的两个主要用例进行了广泛的分析：十字路口的移动辅助和易受攻击的用户发现[16]。结论表明，Rel-15 版本可以充分支持这两种用例。

6.2.2.3　其他垂直行业

当前的模式是，每个垂直行业都有一个行业论坛。行业目前正在讨论当垂直行业数量很大时，这种模式是否可以成比例扩展。每个行业具备一个专门论坛可以高度专注于特定行业，但是实现这种全覆盖的代价相当高。

因此，该行业目前正在讨论其他模式，以实现垂直行业所需的发展。例如，垂直行业是否应该有一个或几个论坛来讨论其用例和需求？显然，这更有效，但缺点是某些垂直行业可能无法在如此多样化的论坛中找到自己的声音。目前尚无明确答案，随着产业界不断努力寻找答案，可能会有专门论坛和一般论坛并行运作。

需要注意的是，不仅需要讨论用例和需求，而且每个垂直行业的概念证明（Proof of Concept，PoC）也将是采用的关键。因此，这些行业不仅充当 3GPP 的上游实体（提供用例和需求），而且还充当下游实体，为垂直行业提供 PoC 和参考部署。

6.3　早期部署

随着 5G NR 标准的发展，5G 技术的测试活动也同步进行，以验证候选技术，测试系统设计，并促进 5G 产业发展。这将促进 5G 产业的成熟，并为未来规模商用奠定良好的基础。因此，5G 外场试验活动在促进 5G 的早期部署和商用方面发挥着非常重要的作用。在本节中，将讨论由 IMT-2020（5G）推进组所组织的 5G 测试活动以及较早的部署信息。

6.3.1　IMT-2020（5G）推进组的 5G 试验

5G 试验是 IMT-2020（5G）推广小组的重要任务之一，运营商、基础设施供应商、芯片供应商、仪表公司、大学和研究所共同参与，以加速 5G 的发展。在这些行业公司的参与下，他们共同推动了 5G 产业的发展。

5G 试验活动包括 5G 技术测试（第一阶段：2015 年 9 月至 2018 年 12 月）和 5G 产品测试（第二阶段：2019 年至 2020 年）。5G 技术测试是由 IMT-2020（5G）推进组所组织的，目标是验证 5G 技术设计、支持标准化并促进 5G 产业。运营商将推动第二阶段的 5G 产品测试，以验证网络部署，提高产业成熟度并积累商业部署经验。这里将主要介绍第一阶段测试。第一阶段的测试计划包含三个步骤：

步骤 1，验证关键技术，即通过原型测试每个关键技术的性能。

步骤 2，验证技术方案，即在使用相同频率和规格部署的基站测试来自不同公司技术方案的性能。

步骤 3，对系统进行验证，即在网络部署下进行 5G 系统性能测试并演示 5G 典型服务。此步骤还有更多测试工作，包括在 NSA 和 SA 方案中测试室内、室外、设备和互操作性。

第一阶段这三个步骤的试验结果总结见表 6-2～表 6-5[17]。

表 6-2　第 1 步试验的完成状态[17]

供应商	大规模天线	新多址技术	新多载波	高频	极化编码	密集网络	全双工	空间调制
华为	●	●	●	●	●		●	
爱立信								
中兴	●	●	●	●				
三星			●	●				●

（续表）

供应商	大规模天线	新多址技术	新多载波	高频	极化编码	密集网络	全双工	空间调制
诺基亚	●	●						
CATT	●	●				●		
Intel	●							

表 6-3 基础架构供应商的第 2 步试验的完成状态[18]

供应商	无缝广域覆盖	低时延高可靠	低时延大连接	高容量热点（低频）	高容量热点（高频）	高低频混合场景	混合场景	5G 高层协议	5G 核心网
华为	●	●	●	●	●	●	●	●	●
爱立信	●	●		●	●	●			
中兴	●	●	●	●	●	●	●	●	
CATT	●	●	●	●	◖		●		
诺基亚	◖	◖		◖	◖				

● 完成　　◖ 部分完成

表 6-4 NSA 第 3 步试验的完成状态[19]

基础设施供应商	NSA 核心网	3.5 GHz			4.9 GHz	Rel-16
		基站功能	无线频率	NSA 现场网络		
华为	●	●	●	●	●	●
爱立信	●	●	●	●	◔	
中国信息通信科技集团	●	●	●	●	●	
诺基亚	●	●	●	◕	●	◔
中兴	●	●	●	●	●	●

表 6-5 SA 第 3 步试验的完成状态[19]

基础设施供应商	核心网功能	核心网性能	安全	基站功能	基站性能	现场网络
华为	●	●	●	●	●	●
爱立信	●	●	●	●		●
中国信息通信科技集团	●	●	●	●		◕
诺基亚	◖			●		◖
中兴	●	●	●	●	●	●

6.3.2 5G 部署计划

非独立组网（NSA）和独立组网（SA）的 5G NR 标准化分别于 2017 年 12 月和 2018 年 6 月冻结，并且 5G 产业在网络、芯片和终端设备等方面日趋成熟，目前正处于预商用和商用阶段。此外，一些国家已经宣布了他们的 5G 商用计划。

截止到 2020 年 1 月，全球移动供应商协会（Global mobile Suppliers Association，GSA）宣称 119 个国家 / 地区的 348 家运营商正在积极投资 5G，77 家运营商声明在他们的网络中已部署了遵从 3GPP 标准的 5G 技术[20]。

在包括中国、美国、欧洲、日本和韩国在内的第一批 5G 商用国家和地区中，它们已在 2019 年至 2020 年正式启动 5G 商用网络，简要介绍如下[21]。

6.3.2.1 欧洲

欧洲多个国家 / 地区在 C 波段分配了 5G 频谱，并给移动网络运营商发布了 5G 运营许可证。自 2019 年以来，芬兰是欧洲最早授予 3.5 GHz 频谱许可，以允许建设 5G 网络的国家之一。芬兰通信管理局在 2018 年 10 月安排了 3 410～3 800 MHz 频谱拍卖，芬兰的三个主要电信运营商 Telia、Elisa 和 DNA 分别获得了 3 410～3 540 MHz，3 540～3670 MHz 和 3 670～3 800 MHz 的运营许可，运营商支付了总计 7 700 万欧元。

德国于 2019 年 3 月开始拍卖 1 920～1 980 MHz、2 110～2 170 MHz 和 3 400～3 700 MHz 的频谱，最后的总竞拍价是 73 亿美元，其中包括三个现有运营商德国电信（130 MHz）、沃达丰（130 MHz）和西班牙电信（90 MHz）以及新进入的 1&1 Drillisch（70 MHz），所有运营商都承诺将为德国家庭、高速公路和街道提供 98%以上的高数据覆盖率。

西班牙通过出售 3.6～3.8 GHz 频谱给四家移动运营商 Movistar、Orange、沃达丰（Vodafone）和 Masmovil 筹集了约 5.07 亿美元。

意大利于 2018 年 10 月进行的 5G 拍卖包括 700 MHz 频段中的 75 MHz 频谱，3.6～3.8 GHz 中的 200 MHz 和 26.5～27.5 GHz 范围中的 1 GHz，成交价 65.5 亿欧元（合 76 亿美元）。其中在 C 频段，意大利电信赢得了 80 MHz，Vodafone 赢得了 80MHz，lliad 和 Wind Tre 分别赢得了 20 MHz 的频谱。

瑞士在 2019 年的 700 MHz、1.4 GHz、2.6 GHz 和 3.5 GHz 频谱拍卖筹集

了 3.8 亿瑞士法郎，而在 3.5 GHz 附近频段中，Swisscom、Sunrise 和 Salt 分别获得了 120 MHz、100 MHz 和 80 MHz。瑞士电信于 2019 年 4 月 11 日宣布在 3.5 GHz 附近频段提供 5G 商业服务“inOne Mobile”，首批 5G 终端设备包括华为、三星、LG 和 OPPO。

2019 年 3 月，在奥地利举行的 3.4～3.8 GHz 中 390 MHz 可用带宽 5G 频谱拍卖获得 18.8 亿欧元。奥地利电信赢得 100～140 MHz，T-Mobile 和 3 Austria 赢得 110 MHz 和 100 MHz。

2018 年，英国从 3.4 GHz 和 2.3 GHz 的 5G 频谱获得了 14 亿英镑，包括英国电信拥有的 EE（3.4 GHz 附近频段的 40 MHz）、沃达丰（3.4 GHz 附近频段的 50 MHz）、Telefonica 的 O2（2.3 GHz 附近频段的 40 MHz）、和记三号（20 MHz 和之前拍卖的 3.4 GHz 附近频段 40 MHz）。英国通信管理局（Ofcom）在 2019 年拍卖了低频段。

欧洲其他国家也正在或计划进行 5G 频谱拍卖。

6.3.2.2　中国

工业和信息化部（Ministry of Industry and Information Technology，MIIT）在 2018 年 12 月 10 日向中国移动、中国电信和中国联通发布了 5G 试用许可证，并给三大运营商分配了 2.6 GHz、3.5 GHz、4.9 GHz 附近频段的 5G 试用频谱。中国电信和中国联通分别获得了 100 MHz 带宽频谱资源，分别为 3.4～3.5 GHz 和 3.5～3.6 GHz。中国移动获得 2 515～2 575 MHz、2 635～2 675 MHz 和 4 800～4 900 MHz 的频谱。如果与中国移动拥有的现有 4G TD-LTE 频谱 2 575～2 635 MHz 结合使用，这家全球最大的运营商将拥有总计 260 MHz 的带宽可用于 5G 部署。工业和信息化部于 2019 年 6 月 6 日正式向中国电信、中国移动、中国联通和中国广电发放 5G 商用牌照。2019 年 10 月底三大运营商正式开启 5G 商业应用，预期在 2020 年年底 5G 套餐的签约用户数量会超过 1.5 亿，基站数量预计达到 70 万。中国移动在 2019 建设超过 5 万个基站的同时，中国电信和联通的网络共建共享也得到了业界的广泛关注，双方在区域性进行了相应的合作和划分，到 2019 年 12 月份，双方开通的共享基站的数量已经超过了 2.7 万个。中国广电也在近期逐步公布了网络建设。总体来看，四个运营商都在积极推动独立组网的网络建设的工作。

6.3.2.3 日本

日本运营商测试了典型的 5G eMBB 用例，如虚拟现实。根据内务和通信部（Ministry of Internal Affairs and Communications，MIC）在 2018 年发布的 5G 计划，5G 网络将在原计划的东京奥运会之前正式商用。2019 年 4 月 10 日，MIC 批准了四个移动运营商 NTT DoCoMo、KDDI、Softbank 和 Rakuten 之间的共计 2.2 GHz 的 5G 频谱分配，其中，C 频段为 600 MHz，28 GHz 毫米波频谱为 1.6 GHz。这四家移动运营商的计划已获得日本政府的批准，该计划在未来五年内建立 5G 无线网络，投资额将达到 1.6 万亿日元（约合 144 亿美元）。在此期间，NTT DoCoMo 计划最大的支出目标是至少投资 7 950 亿日元的 5G 网络部署。KDDI 宣布投资额为 4 660 亿日元，而 Softbank 和 Rakuten 的目标投资分别为 2 060 亿日元和 1 940 亿日元。

6.3.2.4 韩国

韩国运营商在 2018 年平昌冬奥会上部署了 5G 网络并演示了实时 VR。2018 年 6 月 18 日，韩国三大电信运营商 SKT、KT 和 LG-Uplus 申请到了 5G 网络的 3.5 GHz 附近频段的 280 MHz 带宽和 28 GHz 附近频段的 2.4 GHz 带宽。SKT 和 KT 各自赢得 3.5 GHz 附近频段的 100 MHz，而 LG-Uplus 则获得了 80 MHz。三家电信运营商各自获得 28 GHz 附近频段的 800 MHz 带宽，并为频谱支付了 36 183 亿韩元，比起价 3.3 万亿韩元高出 3400 亿韩元。科学和信息通信技术部批准了电信运营商在未来 10 年内使用 3.5 GHz 附近频段的频谱，并在 5 年内使用 28 GHz 附近频段的频谱。2018 年 7 月，韩国三大运营商共同发表声明，将在 2019 年 3 月推出 5G 商用网络。2019 年 4 月 3 日，SKT 发布了首个 5G 网络服务，这是世界上发布的首个 5G 商用服务。三大运营商可能在首尔先用 3.5 GHz 附近频段的频谱提供 5G 商用服务，然后再开始使用 28 GHz 附近频段的频谱。

6.3.2.5　美国

美国允许在现有的 600 MHz、2.6 GHz、28 GHz 和 38 GHz 的毫米波频段中许可使用 5G。联邦通信委员会（Federal Communications Commission，FCC）在 2019 年第二季度之前已经完成了 5G 频谱的两次拍卖。自 2018 年 11 月至 2019 年 1 月，首先针对 28 GHz 毫米波频谱拍卖，拍卖价为 7.02 亿美元，获得 2 965 个许可；而第二次拍卖是在 2019 年 4 月进行 24 GHz 附近 700 MHz 带宽的频谱拍卖，获得 19 亿美元的 2 904 个许可。2019 年 4 月 12 日，FCC 宣布了第三次 5G 频谱拍卖计划，被称为“最大的频谱拍卖”。2019 年 12 月 10 日开始，在 37 GHz、39 GHz 和 47 GHz 毫米波频段进行带宽总计 3.4 GHz 的频谱拍卖。此外，FCC 公布了一项计划，在未来十年内提供 204 亿美元的资金，将多达 400 万农村家庭和小型企业连接到高速互联网。美国最大的电信公司之一 Verizon 于 2019 年 4 月 3 日宣布正式运营其在美国两个城市芝加哥和 Minneapolis 的商用 5G 网络[22]，使其成为全球第二个提供 5G 移动服务的运营商。运营商 Sprint 宣布将与 LG 电子合作开发与 2.6 GHz 频谱兼容的 5G 智能手机，2019 年上半年该手机由 Sprint 在美国 9 个城市推出 5G 服务时使用。AT&T 已进行了相关试验，以评估 5G 如何改变垂直行业[23]。2019 年 4 月 9 日，AT&T 声称其 5G 服务将在 7 个或更多的城市的部分地区中可用[24]。

6.4　展望

到目前为止，已经介绍的系统主要考虑 5G 的第一阶段部署。如果我们可以从 1G 到 4G 的商用蜂窝系统中进行借鉴，那就是：

- 通信是人类技术发展的核心，通信使我们能够以人类而不是个体的身份前进。

- 随着通信能力的大幅提升，技术中的根本变化将越来越难预测。以 4G 为例，难以预见智能手机的发展及其对我们日常生活的影响。

尽管最后几节内容试图去描述 5G 的未来用例，但是有可能我们仍没有阐明将再次完全改变我们日常生活的用例。尽管如此，我们仍希望这些重要的用例能够带动整个行业前进。我们可以从提供的这些用例中推测，尽管 5G 系统的性能远大于 4G，但实际上，并不是每种业务都需要其全部功能。将来随着我们在第一阶段之后继续推进 5G，网络将为应用提供定制的功能。与 4G 网络适合所有人的情况不同，未来的 5G 网络允许针对特定应用优化网络。在此还应注意，网络定制的概念一直延伸到物理层的空中接口。例如，在 5G 的未来版本中，5G IoT 的空口可能与 eMBB 不同。

此外，由于业务种类繁多，因此高度定制意味着未来的 5G 将是一种非常灵活的部署，可以对其进行定制以满足用户不断变化的需求。广泛讨论的切片技术不仅允许定制，而且还允许多种业务共存于单个系统中的定制服务。

可扩展性也是未来 5G 部署的一个重要标志，定制和可扩展性将齐头并进。由于部分网络是为您的服务定制的，因此网络也需要扩展以适应服务的动态变化。网络不仅易于扩展以适应用户不断变化的需求，而且还能够自我修复。当发生故障时，例如由于自然灾害，网络可以轻松获得其他资源来接替发生故障的资源。

3GPP 已经讨论对 5G 标准的进一步增强，以朝着实现这种未来的网络迈出一步。产业生态系统正在形成，我们的工程师也正努力再次改变系统。

参考文献

[1] Schwab K. The Fourth Industrial Revolution[R]. Geneva: World Economic Forum, 2016.

[2] World Economic Forum. A New Era of Manufacturing in The Fourth Industrial Revolution: $7 Billion Possbibilities Uncovered in Michigan[R/OL], 2019. https://www.weforum.org/

whitepapers/a-new-era-of-manufacturing-in-the-fourth-industrial-revolution-7-billion-of-pos sibilities-uncovered-in-michigan.

[3] Global Data, GSMA Intelligence[R/OL]. 2018-08. https://www.gsmaintelligence.com/. Accessed 20.

[4] Simsek M, Aijaz A, Dohler M, el al.5G-enabled tactile internet[D]. IEEE Journal on Selected Areas in Communications 34(3), 2016: 460–473 .

[5] Syverson C. Challenges to mismeasurement explanations for the US productivity slowdown[R]. Cambridge: Natioal Bureau of Economic Research, 2016.

[6] Hung M. Leading the IoT[R]. Stamford: Gartner Research, 2017.

[7] Campbell K, Diffley J, Flanagan B, el al. The 5G Economy: How 5G Technology will Contribute to the Global Economy, IHS Economics and IHS Technologies[R/OL]. 2017. https://cdn.ihs.com/www/pdf/IHS-Technology-5G-Economic-Impact-Study.pdf.

[8] Word Economic Forum. Digital Transformation Initiative: Telecommunication[R/OL]. 2017. http://reports.weforum.org/digital-transformation/wp-content/blogs.dir/94/mp/files/pages/files/dti-telecommunications-industry-white-paper.pdf.

[9] Ericsson. The 5G Business Potintial[R/OL]. 2017. http://www.5gamericas.org/files/7114/9971/4226/Ericsson_The_5G_Business_Potential.pdf.

[10] Huawei. 5G Unlocks a World of Opportunities[R/OL]. 2017. https://www.huawei.com/en/industry-insights/outlook/mobile-broadband/insights-reports/5g-unlocks-a-world-of-oppo rtunities.

[11] Vannithamby R, Soong A C. 5G Verticals: Customising Applications, Technologies and Deployment Techniques[M]. New York: Wiley, 2020.

[12] 3GPP. TS 22.104: Service Requirements for Cyber-Physical Control Applications in Vertical Domains[S/OL]. https://portal.3gpp.org/desktopmodules/Specifications/SpecificationDetails.aspx?specificationId=3528.

[13] 5G-ACIA. 5G for Connected Industries and Automation: Second Edition [R/OL]. 2019. https://www.5g-acia.org/index.php?id=5125.

[14] 3GPP. TR22-804 v16.2.0: Study on Communication for Automation in Vertical Domains (CAV)[S/OL].2018. https://portal.3gpp.org/desktopmodules/Specifications/SpecificationDetails.aspx?specificationId=3187.

[15] 3GPP. TS22.185: Service Requirements for V2X Services V15.0.0[S/OL]. 2018. https://portal.3gpp.org/desktopmodules/Specifications/SpecificationDetails.aspx?specificatio nId=2989.

[16] 5GAA. Cellular V2X Conclusions based on Evaluation of Available Architectural Opations[R/OL].2019. http://5gaa.org/wp-content/uploads/2019/02/5GAA_White_Paper_on_CV2X_Conclusions_based_on_Evaluation_of_Available_Architectural_Options.pdf.

[17] IMT-2020 (5G) Promotion Group. 5G Wireless Technologies Test Progress and Follow Up Plan[R/OL]. 2016. http://www.imt-2020.cn/zh/documents/1?currentPage=2&content=.

[18] IMT-2020(5G) Promotion Group. 5G Technologies Step 2 Trial Progress and Follow Up Plan[R]. 2017.

[19] IMT-2020(5G) Promotion Group. Summary of 5G Technologies Step 3 Trial[R]. 2019.

[20] Global Mobile Suppliers Association. Global Progress to 5G-Trials, Deployments and Launches[R]. 2019.

[21] GTI. Sub-6GHz 5G Pre-Commercial Trial White Paper[R].2019.

[22] Verizon. Customers in Chicago and Minneapolis are First in the World to Get 5G-Enabled Smartphones Connected to a 5G Network[R/OL]. https://www.verizon.com/about/news/customers-chicago-and-minneapolis-are-first-world-get-5g-enabled-smartphones-connected-5g. Accessed 9 Apr 2019.

[23] AT&T. 5G's Promise[R/OL]. https://about.att.com/pages/5G. Accessed 9 Apr 2019.

[24] AT&T. AT&T is the First to Offer Mobile 5G in 7 More U.S. Cities[R/OL]. https://about.att.com/story/2019/mobile_5g.html. Accessed 9 Apr 2019.

缩 略 语

缩略语	英文全称	中　　文
1G	The First Generation Mobile Networks	第一代移动通信网络
2G	The Second Generation Mobile Networks	第二代移动通信网络
3G	The Third Generation Mobile Networks	第三代移动通信网络
3GPP	The Third Generation Partnership Project	第三代合作伙伴计划
4G	The Fourth Generation Mobile Networks	第四代移动通信网络
5G	The Fifth Generation Mobile Networks	第五代移动通信网络
5G PPP	The 5G Infrastructure Public Private Partnership	5G 基础设施公私合作伙伴关系
5GAA	5G Automotive Association	5G 汽车联盟
5G-ACIA	5G Alliance for Connected Industries and Automation	5G 产业自动化联盟
5GC	5G Core Network	5G 核心网
5G-GUTI	5G Globally Unique Temporary Identifier	5G 全球唯一临时标识符
5GMF	The Fifth Generation Mobile Communications Promotion Forum，Japan	日本第五代移动通信推进论坛
5GS	5G System	5G 系统
5QI	5G QoS Identifier	5G QoS 标识
ACK	Acknowledgement	应答
AF	Application Function	应用功能
AGC	Automatic Gain Control	自动增益控制
AM	Acknowledge Mode	确认模式
AMBR	Aggregate Maximum Bit Rate	聚合最大比特速率
AMC	Adaptive Modulation and Coding	自适应调制编码
AMF	Access and Mobility Management Function	接入和移动性管理功能
ANR	Automatic Neighbor Relation	自动邻区关系
AR	Augmented Reality	增强现实
ARIB	Association of Radio Industries and Businesses，Japan	日本无线工业及商贸联合会
ARP	Allocation and Retention Priority	分配和保留优先级
AS	Application Server	应用服务器
ATIS	The Alliance for Telecommunications Industry Solutions，The United States of America	美国电信行业解决方案联盟

（续表）

缩 略 语	英 文 全 称	中 文
AUSF	Authentication Server Function	认证服务器功能
BCCH	Broadcast Control Channel	广播控制信道
BCH	Broadcast Channel	广播信道
BFR	Beam Failure Recovery	波束失败恢复
BFRQ	Beam Failure Recovery Request（BFR Request）	波束失败恢复请求
BLER	Block Error Rate	误块率
BM	Beam Management	波束管理
BPSK	Binary Phase Shift Keying	二进制相移键控
BSR	Buffer Status Report	缓冲状态报告
BWP	Bandwidth Part	部分带宽
CA	Carrier Aggregation	载波聚合
CBG	Code Block Group	码块组
CBGTI	CBG Transmission Information	码块组传输信息（CBG 传输信息）
CC	Chase Combining	跟踪合并
CC	Component Carrier	载波单元
CCCH	Common Control Channel	共享控制信道
CCE	Control Channel Element	控制信道单元
CCSA	China Communications Standards Association	中国通信标准化协会
CDF	Cumulative Distribution Function	累积分布函数
CDM	Code Division Multiplexing	码分复用
CDMA	Code Division Multiple Access	码分多址
CE	Coverage Enhancement	覆盖增强
CEPT	Confederation of European Posts and Telecommunications	欧洲邮电管理委员会
CGI	Cell Global Identification	小区全球标识
CITEL	The Secretariat of the Inter-American Telecommunication Commission	美洲电信委员会秘书处
C-ITS	Cooperative Intelligent Transport Systems	协作智能运输系统
CM	Connection Management	连接管理
CM	Cubic Metric	立方度量
CMP	Cubic Metric Preserving	立方度量保留
CORESET	Control Resource Set	控制资源集合
CP	Cyclic Prefix	循环前缀
CP-OFDM	Cyclic Prefix-OFDM	循环前缀-正交频分复用
CQI	Channel Quality Indication	信道质量指示
CRB	Common Resource Block	公共资源块

（续表）

缩 略 语	英 文 全 称	中　　文
CRC	Cyclic Redundancy Check	循环冗余校验
CRI	CSI-RS Resource Indicator	信道状态信息参考信号资源指示（CSI-RS 资源指示）
C-RNTI	Cell-Radio Network Temporary Identifier	小区无线网络临时标识
CRS	Cell-specific Reference Signal	小区特定参考信号
CSI	Channel State Information	信道状态信息
CSI-IM	Channel State Information-Interference Measurement	信道状态信息干扰测量
CSI-RS	Channel State Information Reference Signal	信道状态信息参考信号
CU-DU	Central Unit - Distributed Unit	集中单元–分布式单元
D2D	Device to Device	设备到设备（设备直联）
DC	Dual Connectivity	双连接
DCCH	Dedicated Control Channel	专用控制信道
DCI	Downlink Control Information	下行控制信息
DCN	Dedicated Core Network	专用核心网
DFT	Discrete Fourier Transform	离散傅里叶变换
DFT-S-OFDM	Discrete Fourier Transform Spread Orthogonal Frequency Division Multiplexing	离散傅立叶变换扩频的正交频分复用
DL	Down Link	下行链路
DL-SCH	Downlink Shared Channel	下行共享信道
DM-RS	Demodulation Reference Signal	解调参考信号
DN	Data Network	数据网络
DNN	Data Network Name	数据网络名称
DRB	Data Radio Bearer	数据无线承载
DRS	Discovery Reference Signal	发现参考信号
DRX	Discontinuous Reception	非连续接收
DTCH	Dedicated Traffic Channel	专用业务信道
DwPTS	Downlink Pilot Time Slot	下行导频时隙
ECC	Electronic Communications Committee，European	欧洲电子通信委员会
EC-GSM	Extended Coverage for GSM	GSM 覆盖扩展
EDT	Early Data Transmission	数据提前传输
eIMTA	enhanced Interference Management Traffic Adaption	增强干扰管理和业务适配
EIRP	Effective Isotropic Radiated Power	等效全向辐射功率
eMBB	enhanced Mobile Broadband	增强移动宽带
eMTC	enhanced Machine Type Communication	增强机器类型通信
eNB	evolved Node B	演进型基站
EN-DC	E-UTRA-NR Dual Connectivity	E-UTRA-NR 双连接

（续表）

缩略语	英文全称	中文
EPC	Evolved Packet Core	演进分组核心网
EPDCCH	Enhanced Physical Downlink Control Channel	增强的物理下行控制信道
ERP	Effective Radiated Power	有效辐射功率
ERP	Enterprise Resource Planning	企业资源计划
ETSI	European Telecommunications Standards Institute	欧洲电信标准化协会
E-UTRA	Evolved Universal Terrestrial Radio Access	演进通用陆地无线接入
FCAPS	Fault Configuration Accounting Performance and Security	错误、配置、计账、性能和安全
FD	Frequency Domain	频域
FD-CDM	Frequency Domain-Code Division Multiplexing	频域码分复分
FDD	Frequency Division Duplex	频分双工
FDM	Frequency Division Multiplexing	频分复用
FDMA	Frequency Division Multiple Access	频分多址
FDSS	Frequency Domain Spectral Shaping	频域谱成形
FPS	Frame Per Second	每秒帧数
FR	Frequency Range	频率范围
FSTD	Frequency Switching Transmit Diversity	频率切换发送分集
GAP	Generic Access Profile	通用访问配置文件
GB	Guard Band	保护带
GBR	Guaranteed Bit Rate	保证比特率
GERAN	GSM EDGE Radio Access Network	GSM/EDGE 无线通信网络
gNB	next generation NodeB	下一代 NodeB
GNSS	Global Navigation Satellite System	全球导航卫星系统
GoS	Grade of Service	服务等级
GP	Guard Period	保护间隔
GPS	Global Positioning System	全球定位系统
GPSI	Generic Public Subscriber Identifier	通用公共用户标识
GSA	Global mobile Suppliers Association	全球移动供应商协会
GSCN	Global Synchronization Channel Number	全球同步信道编号
GSM	Global System for Mobile Communication	全球移动通信系统
GUAMI	Globally Unique AMF Identifier	全球唯一 AMF ID
GUTI	Globally Unique Temporary Identifier	全球唯一临时标识
HARQ	Hybrid Automatic Repeat reQuest	混合自动重传请求
HMI	Human Machine Interface	人机界面
HO	Handover	切换
HPLMN	Home PLMN	归属公共陆地移动网（归属 PLMN）
HSPA	High Speed Packet data Access	高速分组数据接入

（续表）

缩 略 语	英 文 全 称	中　　文
IAM	Initial Access and Mobility	初始接入和移动性
ICT	Information and Communications Technology	信息通信技术
ID	Identification	标识号
IE	Information Element	信息单元
IFFT	Inverse Fast Fourier Transform	快速傅里叶逆变换
IIoT	Industrial Internet of Things	工业物联网
IMS	IP Multimedia Subsystem	IP 多媒体子系统
IMT	International Mobile Telecommunications	国际移动通信
IMT-Advanced	International Mobile Telecommunications-Advanced	先进的国际移动通信 / 4G
IoT	Internet of Things	物联网
IPSec	Internet Protocol Security	互联网安全协议
IR	Incremental Redundancy	增量冗余
ITU	International Telecommunication Union	国际电信联盟
ITU-R	ITU-Radiocommunication sector	国际电信联盟无线电通信部门
KPI	Key Performance Indicator	关键性能指标
L1-RSRP	Layer 1 Reference Signal Received Power	层 1 参考信号接收功率
LAA	License Assisted Access	授权辅助接入
LADN	Local Area Data Network	本地局域数据网络
LBRM	Limited Buffer Rate-Matching	有限缓冲速率匹配
LCG	Logical Channel Group	逻辑信道组
LCID	Logical Channel Identifier	逻辑信道标识符
LDPC	Low-Density Parity-Check	低密度奇偶校验
LI	Layer Indicator	层指示
LIPS	Live interactive PMSE service	在线交互 PMSE 服务
LPWA	Low Power Wide Area	低功耗广域技术
LTE	Long Term Evolution	长期演进
LTE-Advanced	Long Term Evolution-Advanced	长期演进增强
LTE-TDD	Long Term Evolution，Time Division Duplex	长期演进-时分双工
MAC	Medium Access Control	媒体接入控制
MANO	Management and Orchestration	管理与编排
MBB	Mobile Broadband	移动宽带
MBMS	Multimedia Broadcast Multicast Services	多媒体广播多播业务
MBSFN	Multicast Broadcast Single Frequency Network	多播广播单频网
MC-CDMA	Multi Carrier-Code Division Multiple Access	多载波码分多址
MCG	Master Cell Group	主小区组
MCL	Maximum Coupling Loss	最大耦合损耗

（续表）

缩 略 语	英 文 全 称	中 文
MCPTT	Mission Critical Push To Talk	关键任务一键通
MCS	Modulation Coding Scheme	调制编码方案
MEC	Mobile Edge Computing	移动边缘计算
MeNB	Master eNB	主基站
MES	Manufacturing Execution System	制造执行系统
METIS	Mobile and wireless communications Enablers for Twenty-twenty（2020）Information Society	面向 2020 年信息社会的移动和无线通信实现者
MIB	Master Information Block	主信息块
MICO	Mobile Initiated Connections Only	移动发起连接模式
MIIT	Ministry of Industry and Information Technology of the Peoples' s Republic China	中华人民共和国工业和信息化部
MIMO	Multiple Input Multiple Output	多输入多输出
MME	Mobility Management Entity	移动性管理实体
mMTC	massive Machine Type Communications	海量机器类通信
MMTEL	Multi-Media Telephony	多媒体电话
MN	Master Node	主基站
MPDCCH	MTC Physical Downlink Control Channel	机器类通信物理下行控制信道
MPTCP	MultiPath TCP	多路传输控制协议
MR-DC	Multi-Radio Dual Connectivity	多无线双连接
MRP	Market Representation Partner	市场代表合作伙伴
MSD	Maximum Sensitivity Deduction	最大灵敏度扣除
MTC	Machine Type Communication	机器类通信
MU	Multi-User	多用户
MU-MIMO	Multi-User Multiple-Input Multiple-Output	多用户多入多出技术
N/A	Not Applicable	不适用
N3IWF	Non-3GPP InterWorking Function	非 3GPP 互通功能
NAS	Non-Access Stratum	非接入层
NB-CIoT	Narrow Band Cellular IoT	窄带蜂窝物联网
NB-IoT	Narrow Band-Internet of Things	窄带物联网
NB-LTE	Narrow Band LTE	窄带 LTE
NB-M2M	Narrow Band M2M	窄带机器间通信（窄带 M2M）
NB-OFDM	Narrow Band OFDMA	窄带 OFDMA
NE-DC	NR-E-UTRA Dual Connectivity	NR-E-URTA 双连接
NEF	Network Exposure Function	网络开放功能
NF	Network Function	网络功能
NF Service	Network Function Service	网络功能服务

（续表）

缩 略 语	英 文 全 称	中 文
NFV	Network Function Virtualization	网络功能虚拟化
NGAP	NG Application Protocol	NG 应用协议
NGC	Next Generation Core	下一代核心网
NGEN-DC	NG-RAN E-UTRA-NR Dual Connectivity	NG-RAN E-UTRA-NR 双连接
NGMN	Next Generation Mobile Networks	下一代移动网络
NG-RAN	Next Generation-Radio Access Network	下一代无线接入网
NR	New Radio	新空口
NRF	Network Repository Function	网络存储功能
NSA	Non-standalone	非独立组网
NSSAI	Network Slice Selection Assistance Information	网络切片选择辅助信息
NSSF	Network Slice Selection Function	网络切片选择功能
NUL	Normal Uplink	正常上行链路
NWDAF	Network Data Analytic Function	网络数据分析功能
NZP	Non Zero Power	非零功率
OAM	Operation Administration and Maintenance	操作维护管理
OCC	Orthogonal Cover Code	正交覆盖码
Ofcom	Office of Communications	英国通信办公室
OFDM	Orthogonal Frequency Division Multiplexing	正交频分复用
OFDMA	Orthogonal Frequency Division Multiple Access	正交频分多址
ONAP	Open Network Automation Platform	开放式网络自动化平台
OP	Organization Partner	组织合作伙伴
OT	Operational Technology	运营技术
PAPR	Peak to Average Power Ratio	峰值平均功率比
PBCH	Physical Broadcast Channel	物理广播信道
PC	Parity Check	奇偶校验
PCC	Policy Control and Charging	策略控制和计费
PCC	Primary Component Carrier	主载波
PCCH	Paging Control Channel	寻呼控制信道
PCell	Primary Cell	主小区
PCF	Policy Control Function	策略控制功能
PCFICH	Physical Control Format Indicator Channel	物理控制格式指示信道
PCH	Paging Channel	寻呼信道
PCRF	Policy and Charging Regulation Function	策略和计费规则功能
PDCCH	Physical Downlink Control Channel	物理下行控制信道
PDCH	Physical Downlink Channel	物理下行信道
PDCP	Packet Data Convergence Protocol	分组数据汇聚协议

（续表）

缩略语	英文全称	中文
PDSCH	Physical Downlink Shared Channel	物理下行共享信道
PF	Paging Frame	寻呼帧
PGW	Packet Gateway	分组网关
PGWC	PGW Control Plane Function	分组网关控制面功能
PGWU	PGW User Plane Function	分组网关用户面功能
PHICH	Physical Hybrid ARQ Indicator Channel	物理混合自动重传指示信道
PHY	Physical Layer	物理层
PLMN	Public Land Mobile Network	公共陆地移动网
PMCH	Physical Multicast Channel	物理多播信道
PMI	Precoding Matrix Indicator	预编码矩阵指示
PMSE	Program Making and Special Events	节目制作和特别活动
PO	Paging Occasion	寻呼机会
PoC	Proof of Concept	概念证明
PRACH	Physical Random Access Channel	物理随机接入信道
PRB	Physical Resource Block	物理资源块
PRG	Precoding Resource block Group	预编码资源块组
PRS	Positioning Reference Signal	定位参考信号
PSA	PDU Session Anchor	DU 会话锚点
PSCell	Primary Secondary Cell	主辅小区
PSD	Power Spectrum Density	功率谱密度
PSM	Power Saving Mode	功率节省模式
PSS	Primary Synchronization Signal	主同步信号
PT-RS	Phase Tracking Reference Signal	相位跟踪参考信号
PUCCH	Physical Uplink Control Channel	物理上行控制信道
PUSCH	Physical Uplink Shared Channel	物理上行共享信道
QAM	Quadrature Amplitude Modulation	正交振幅调制
QCL	Quasi Co-Location	准共址
QFI	QoS Flow ID	服务质量流标识
QoS	Quality of Service	服务质量
QPSK	Quadrature Phase Shift Keying	正交相移键控
QRO	Quasi-Row Orthogonal	准行正交
RACH	Random Access Channel	随机接入信道
RAN	Radio Access Network	无线接入网络
RAR	Random Access Response	随机接入响应
RARG	Random Access Response Grant	随机接入响应授权
RAT	Radio Access Technology	无线接入技术

（续表）

缩 略 语	英 文 全 称	中　　文
RB	Resource Block	资源块
RBG	Resource Block Group	资源块组
RE	Resource Element	资源单元
REG	Resource Element Group	资源单元组
RF	Radio Frequency	射频
RFSP	RAT Frequency Selection Priority	无线接入技术频段选择优先级
RI	Rank Indicator	秩指示
RLC	Radio Link Control	无线链路控制
RM	Registration Management	注册管理
RMSI	Remaining Master System Information	剩余主系统信息
RNA	RAN based Notification Area	基于 RAN 的通知区域
RNAU	RNA Update	RNA 更新消息
RRC	Radio Resource Control	无线资源控制
RRM	Radio Resource Management	无线资源管理
RS	Reference Signal	参考信号
RSFP	RAT Frequency Selection Priority	空口接入技术频率选择优先级
RSRP	Reference Signal Received Power	参考信号接收功率
RSRQ	Reference Signal Received Quality	参考信号接收质量
RTT	Round Trip Time	往返时间
RV	Redundancy Version	冗余版本
SA	Standalone	独立组网
SA	System Architecture	系统架构
SBA	Service Based Architecture	基于服务的架构
SBI	Service Based Interface	基于服务化接口
SCC	Secondary Component Carrier	辅助载波单元
SCell	Secondary Cell	辅小区
SC-FDMA	Single Carrier-Frequency Division Multiplexing Access	单载波频分多址
SCG	Secondary Cell Group	辅小区组
SC-PTM	Single Cell-Point to Multipoint Transmission	单小区点到多点传输
SCS	Sub-Carrier Spacing	子载波间隔
SCTP	Stream Control Transmission Protocol	流控制传输协议
SD	Slice Differentiator	切片区分器
SDAP	Service Data Adaptation Protocol	业务数据适配协议
SDL	Supplementary Downlink	补充下行链路
SDO	Standard Development Organization	标准开发组织

（续表）

缩 略 语	英 文 全 称	中　　文
SDSF	Structured Data Storage network Function	结构化数据存储网络功能
SEPP	Security Edge Protection Proxy	安全边缘保护代理
SFBC	Space Frequency Block Coding	空频块编码
SFI	Slot Format Indicator	时隙格式指示
SFN	System Frame Number	系统帧号
SFTD	System Frame Timing Difference	系统帧定时差
SG	Study Group	研究组
SgNB	Secondary gNB	辅基站
SGW	Serving Gateway	服务网关
SI	Study Item	研究项目
SI	System Information	系统消息
SIB	System Information Block	系统信息块
SIC	Successive Interference Cancellation	串行干扰消除
SINR	Signal to Interference plus Noise Ratio	信号与干扰噪声比，简称信干噪比
SLA	Service Level Agreement	服务等级协议
SMF	Session Management Function	会话管理功能
SMS	Short Message Service	短消息服务
SN	Secondary Node	辅基站
S-NSSAI	Single NSSAI	单一网络切片选择辅助信息
SpCell	Special Cell	特殊小区
SR	Scheduling Request	调度请求
SRB	Signalling Radio Bearer	信令无线承载
SRI	SRS Resource Indicator	探测参考信号资源指示
SRS	Sounding Reference Signal	探测参考信号
SS	Synchronization Signal	同步信号
SSB	Synchronization Signal/PBCH Block	同步信号 / 广播信道块
SSBRI	SSB Resource Indicator	SSB 资源指示
SSS	Secondary Synchronization Signal	辅助同步信号
SST	Slice/Service Type	切片 / 服务类型
SUL	Supplementary Uplink	补充上行链路
SU-MIMO	Single-User Multiple-InputMultiple-Output	单用户多入多出技术
SUPI	Subscription Permanent Identifier	用户永久标识
TAI	Tracking Area Identifier	跟踪区标识
TB	Transport Block	传输块
TBCC	Tail Biting Convolutional Code	咬尾卷积编码
TBS	Transport Block Size	传输块大小

（续表）

缩 略 语	英 文 全 称	中　　文
TCI	Transmission Configuration Indicator	传输配置指示
TD	Time Domain	时域
TDD	Time Division Duplex	时分双工
TDM	Time Division Multiplexing	时分复用
TDMA	Time Division Multiple Access	时分多址
TD-SCDMA	Time Division Synchronous Code Division Multiple Access	时分同步码分多址
telco	Telephone company	电话公司
TFDM	Time and Frequency Domain Multiplexing	时频复用
TM	Transmission Mode	传输模式
TM	Transparent Mode	透明模式
TMSI	Temporary Mobile Subscriber Identity	临时移动用户标识
TPMI	Transmit Precoding Matrix Indicator	发送预编码指示
TRI	Transmit Rank Indicator	发送秩指示
TRS	Tracking Reference Signal	跟踪参考信号
TS	Time Slot	时隙
TSDSI	Telecommunications Standards Development Society，India	印度电信标准发展协会
TSN	Time Sensitive Network	时间敏感型网络
TTA	Telecommunications Technology Association，Republic of Korea	韩国电信技术协会
TTC	Telecommunication Technology Committee，Japan	日本电信技术委员会
TTI	Transmission Time Interval	传输时间间隔
UAC	Unified Access Control	统一接入控制
UCI	Uplink Control Information	上行控制信息
UDM	Unified Data Management	统一数据管理
UDR	Unified Data Repository	统一数据存储
UDSF	Unstructured Data Storage Network Function	非结构化数据存储功能
UE	User Equipment	用户设备
UHD	Ultra High Definition	超高清
UHF	Ultra High Frequency	特高频
UL	Up Link	上行链路
UL-SCH	Uplink Shared Channel	上行共享信道
UM	Un-Acknowledged Mode	非确认模式
uMTC	ultra-reliable Machine-Type Communications	超可靠机器类型通信
UMTS	Universal Mobile Telecommunications System	通用移动通信系统

（续表）

缩 略 语	英 文 全 称	中 文
UPF	User Plane Function	用户面功能
UpPTS	Uplink Pilot Time Slot	上行导频时隙
UPT	User Perception Throughput	用户感知吞吐率
URLLC	Ultra Reliable and Low Latency Communications	超可靠低时延通信
URSP	UE Route Selection Policy	用户路由选择策略
UTC	Coordinated Universal Time	协调世界时
V2I	Vehicle to Infrastructure	车对基础设施
V2N	Vehicle to Network	车对网络
V2P	Vehicle to Pedestrian	车对行人
V2V	Vehicle to Vehicle	车对车
V2X	Vehicle to Everything	车联万物
VoLTE	Voice over Long-Term Evolution	长期演进语音承载
VPLMN	Visited PLMN	访问公共陆地移动网（访问 PLMN）
VR	Virtual Reality	虚拟现实
WCDMA	Wideband Code Division Multiple Access	宽带码分多址接入
WG	Working Group	工作组
WI	Work Item	工作项目
WiMAX	World Interoperability for Microwave Access	全球微波接入互操作性
WP	Working Party	工作组
WRC	World Radiocommunication Conference	世界无线电通信大会
WUS	Wake Up Signal	唤醒信号
xMBB	extreme Mobile Broadband	极限移动宽带
ZP	Zero Power	零功率

反侵权盗版声明